行星科学丛书

Introduction to Planetary Science

行星科学导论

李春辉　编著

刘耘　朱丹　审

GUANGXI NORMAL UNIVERSITY PRESS

广西师范大学出版社

·桂林·

行星科学导论

XINGXING KEXUE DAOLUN

图书在版编目（CIP）数据

行星科学导论 / 李春辉编著. -- 桂林：广西师范大学
出版社，2024.8（2024.12 重印）
（行星科学丛书）
ISBN 978-7-5598-6975-3

Ⅰ．①行… Ⅱ．①李… Ⅲ．①行星—研究 Ⅳ．①P185

中国国家版本馆 CIP 数据核字（2024）第 099957 号

广西师范大学出版社出版发行

（广西桂林市五里店路 9 号　邮政编码：541004）

　网址：http://www.bbtpress.com

出版人：黄轩庄

全国新华书店经销

广西广大印务有限责任公司印刷

（桂林市临桂区秧塘工业园西城大道北侧广西师范大学出版社

集团有限公司创意产业园内　邮政编码：541199）

开本：787 mm × 1 092 mm　1/16

印张：22.75　　字数：540 千

2024 年 8 月第 1 版　　2024 年 12 月第 2 次印刷

定价：118.00 元

如发现印装质量问题，影响阅读，请与出版社发行部门联系调换。

出版说明

行星科学是地球科学、天文学、空间科学与技术等交叉而成的新兴学科。随着嫦娥工程和天问一号等任务的逐渐展开，我国对行星科学和深空探测等领域的人才需求越来越旺盛。

2020 年 3 月，成都理工大学开始制定行星科学英才班培养方案。虽然当时这一方案中将行星科学放置于地质学专业下，但是在整体架构和实施细节方面，行星科学都是被作为独立的专业来对待的。2020 年 9 月，成都理工大学面向全校选拔出 20 位同学组建了第一批行星科学英才班。2021 年 7 月，在 2020 级行星科学英才班实践的基础上，成都理工大学向教育部申请增设行星科学为我国普通高等学校本科专业。经过多轮评审，2021 年 12 月教育部正式发文（教高函〔2021〕14 号）同意将行星科学作为全国普通高等学校本科专业（070804TK），归属于地球物理学类。本教材的出版得到了科学技术部青年科技人才中长期出国（境）培训专项（P222009002）、中国科学院 B 类战略性先导科技专项"类地行星的形成演化及其宜居性"（XDB41000000）、成都理工大学珠峰引才计划（10912-KYQD2020/2023-08294）、四川省"天府峨眉计划"青年人才项目（川峨眉第 1941 号）、2021-2023 年四川省高等教育人才培养质量和教学改革项目（J2021-659）的资助。

截至本教材出版之时，全国已经有几所高校开始进行行星科学本科生的培养。在这些高校的培养方案中，"行星科学导论"都被作为该专业的第一门课程。成都理工大学作为全国第一个开设该课程的院校，愿抛砖引玉出版本教材供大家参考使用。每个学校对学生培养的侧重不同，因此本教材存在的疏漏之处，请大家批评指正。本教材在编写过程中参考了许多领域内的书籍、资料等，在此向其作者表示谢意。未尽事宜，敬请读者与我们联系（联系方式：lichunhui@cdut.edu.cn；kjsyb@bbtpress.com）。

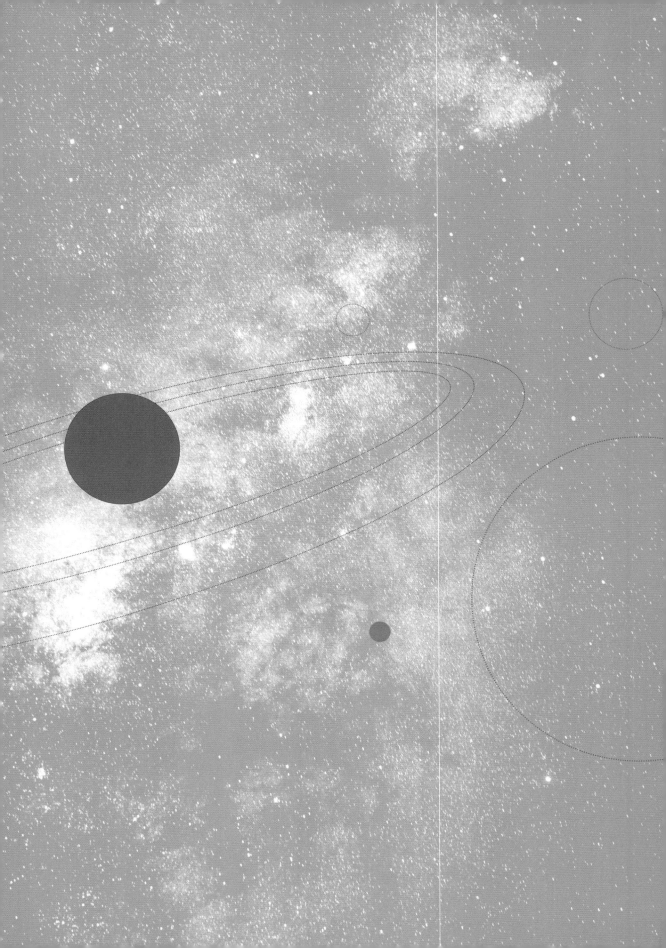

序
Preamble

  遥远而深邃的星空，始终驱动着具有好奇心的人类对其进行无尽的探索。行星科学是伴随深空探测的一门新兴学科。20世纪70年代初，我国成功发射了第一颗人造地球卫星，标志着我国登上了太空探索的舞台。2004年，我国正式开展月球探测工程，并命名为嫦娥工程。随着嫦娥工程的开展，我国的深空探测的远景规划逐渐清晰。

  深空探测需要大批有志向、有能力的科研人才和技术工程人才。如何为行星科学源源不断地注入新生力量？2020年，成都理工大学组建了行星科学英才班，提出了国内首个行星科学本科人才培养方案；中国科学院地质与地球物理研究所设置行星科学研究生专业，为行星科学高层次人才的培养开辟道路。2021年12月，教育部将行星科学列入全国普通高等学校本科专业目录。至此，我国行星科学的人才培养体系得以建立。

  作为新兴学科的行星科学，急需一门导入性质的课程，引导学生由浅入深地了解行星科学的来龙去脉和前沿研究方向。《行星科学导论》起到了普及相关知识和激发学生兴趣的积极作用。目前开设行星科学本科专业的高校多将其作为导论课程。编者从他们几年的实践探索中总结出本教材，侧重从物理、化学、地质等多角度探讨行星的形成和演化，内容全面，文字简明流畅，紧跟行星科学的前沿动态，不失为一本急需的、探索行星科学领域里的实用教材。是为序。

中国科学院院士 南京大学教授

杨绍绥

2024年5月17日

前　言
Preface

　　导论教材是一个专业的入门教材，需要照顾该专业的后续课程并对涉及的知识要点进行提纲挈领式的总结。更为重要的是，导论课程还需将该学科最根本的思维范式潜移默化，例如，地质学中"将今论古"的思想在诸多普通地质学教材中都有展示。因此，一本好的导论教科书必须具备这两方面的功能。

　　自 2020 年成都理工大学开始培养行星科学本科生以来，我们就一直在寻找一本合适的行星科学导论教材。正如很多同行所感受到的一样，我们发现行星科学相关的导论教材不多，并且多数相关教材都力图对现有认识尤其是观测数据进行总结，而较少将最根本的思维范式浸润到教材的字里行间。此外，虽然行星科学诞生已有 80 多年，但是与物理学、地质学或者天文学等古老的学科相比，它仍然是一个极为年轻的学科，我们对与行星有关的诸多认识依然处在不断更新的阶段。因此，撰写一本既有提纲挈领的知识又洋溢着根本思维范式的行星科学导论教材是极为困难的。

　　如果说地球科学的终极使命是揭示地球的形成，那么"将今论古"作为其核心的思维范式无疑是极为合适的，因为我们无法回到具体地质事件发生的现场。同样，行星科学的主要目标是探索太阳系行星及其他天体的形成和演化过程。一方面要借助地质学"将今论古"的思想，另一方面要将"比较行星学"的意识根植在脑海中。毕竟地球是我们了解得最多的行星，想要了解一个地外天体的形成和演化，最简便的方式就是把它和地球相比较。具体而言，我们用来比较的地球也不是当下的地球，而是 40 亿年前的那个地球。不幸的是，我们对 40 亿年前甚至 35 亿年前的地球也知之甚少。因此，目前面临的困境是双重的：不仅对地外天体的数据掌握不全，而且对早期地球的认识也不深。于是，一本好的教材所需要的两个基本方面都不得不大打折扣：对地外天体的数据掌握不足，难以真正做到对行星科学知识进行提纲挈领式的总结；对早期地球了解不够，难以做到立足早期地球并将"比较行星学"的思维范式贯穿到教材中。因此，大家在使用这本教材时，应该时刻提醒自己，这本教材是一个"早产儿"。

本教材分为三部分，大体上呈现总 - 分 - 总的样式。第一部分简要介绍宇宙的形成及目前天文学的相关进展，这是行星科学所有故事发生的背景场所；第二部分占据全书大部分体量，主要介绍太阳系的天体及探测设备；第三部分在介绍系外行星的基础上，重点介绍行星的形成理论。在具体内容排布方面，我们不想一一呈现各个天体的物理和化学参数，因为市面上绝大多数青少年科普读物都含有这部分知识。我们想从科学研究的角度来呈现对某一天体形成和演化历史的认识。

需要注意，在实际的教学过程中，有关天体的基本数据和研究历史及现状的部分由授课教师提前录制好视频让学生课前自学，相当一部分课堂时间需要给学生讲解最经典和最新的研究文献。本教材的内容可以勉强在 48 学时（每学时 45 分钟）内完成，这也是我们授课的学时。但是据同学们反映，大约需要付出 80 学时的努力才能基本掌握本教材涉及的内容。在此基础上，我们鼓励学生们自行撰写一篇本课程所涵盖话题的综述论文，与其他考核形式相结合，才能够较好地完成本课程所需要达到的人才培养目标。

在成都理工大学的教学中，我们把这门课安排在大二第一学期。此时，学生们已经完成了微积分、大学物理和大学化学等数理课程及普通地质学和一部分矿物学与岩石学内容的学习，应该能阅读并理解本课程大部分内容。如果同学们还自修过普通天文学的内容，就会有更清晰的框架意识。除此之外，本教材的习题没有设置大量计算。这样设计的初衷有两个，一是这是一本导论教材，旨在引起大家的兴趣；二是在实际的教学中同学们需要阅读的文献数目不少，这对于大二本科生而言难度不小。

本教材是在成都理工大学行星科学英才班近几年教学的基础上总结得到的。国内外诸多专家学者都曾为行星科学英才班授课，毫无疑问，本教材最精华的部分都是这些专家学者的思想结晶。先后讲授过"行星科学导论"课程部分章节的校外专家包括中国科学院紫金山天文台的蒋云和赵玉晖、上海天文台的邓洪平、南方科技大学的林玉峰和法国国立高等地质学院（Ecole Nationale

Superieure de Geologie）的 Joti Rouillard。成都理工大学参与授课和课程设计的教师有刘耘、周游、孙新蕾、张兆峰、赵宇鴳、刘芳、罗瑞、庞润连和张普等。最初，我们认为广泛接受英文教材应该能满足人才培养的要求，但在刘耘教授的鼓励和实际的教学过程中，我们形成了本教材的编写思路。本教材是在上述专家殚精竭虑和无私奉献的课堂教学基础上编写形成的。虽然本人跟听了上述专家的授课，但受能力所限，本教材的内容不足以呈现上述专家授课神采之万一。

除了上述专家的贡献之外，成都理工大学行星科学英才班的同学们也为本书出力不少。2020 级的刘航成和 2023 级的尹睿鹏认真修改了本教材中存在的错别字等问题，2021 级的赵宏鑫对第六章做了增改。2020 级和 2021 级的所有同学不仅忍受了缺乏教材的痛苦，而且"以身试险"为本教材的编写提供了大量真实体验。在很大程度上，本教材是师生互动、教学相长的产物。在此向他们的付出表示感谢。

由于行星科学涉及的知识面极广，编者仅对其中极少数领域有所了解，因此本教材的编写强烈依赖于前人的研究进展，尤其是他们所撰写的高质量综述。编者可能对文献理解不足，甚至在选材时也有所偏颇，在此恳请专家学者批评指正。

本教材形成于我访问德国科隆大学期间，特别感谢 Carsten Münker、Frank Wombacher 和 Mario Fisher-Gödde 等学者提供的便利与帮助。因此，本教材所呈现的内容不仅是成都理工大学"行星科学导论"教学团队集体智慧的结晶，更是向国内外同行积极学习的结果。

本教材由李春辉完成，由刘耘和朱丹审读。张青女士阅读了本书初稿，并提出了很多建设性意见，在此一并感谢。广西师范大学出版社的胡君辉先生、冯铂先生、肖慧敏和蒋蓉女士为本教材的出版付出了巨大努力，没有他们的专业处理，本教材不可能最终呈现给读者。本教材中的相关图件由桂林广大迅风艺术完成。

希望本教材的出版能够为行星科学本科教学带来便利。再次恳请专家学者和同学们指出其中的疏漏之处，以便再版时修改。

李春辉

2024年4月

于德国科隆

行星科学导论总纲

BRIEF CONTENTS

目　录
CONTENTS

第三部分　形成一颗行星

Introduction
绪 论

任何一门自然科学都是面向宇宙的发问。

中学阶段的物理（physics），尤其是牛顿力学部分告诉我们：这个世界怎么运动，力、时间和距离是怎样的关系。当把观察的对象从现实生活中的汽车、小船换成月球、太阳及火星的时候，我们就进入了天体力学的研究领域。中学阶段的化学（chemistry）让我们知道世界的组成。例如，一块石头是由一种或多种矿物组成的，这些矿物又是由元素形成的晶体。我们可以将不同元素看成不同的原子，原子由原子核和核外电子组成，原子核还可以细分为中子和质子。当然，还可以继续细分，到达基本粒子和基本作用力的范畴。实际上，当到达原子的尺度时，物理和化学的分野就十分模糊了。

针对行星科学我们遇到了类似的问题：到底该采取何种路径来学习这门课程？是从微观到宏观（bottom-up）的视角，还是先宏观后微观（top-down）的思路？换言之，我们是从熟悉的事物开始学习，逐步深入到更抽象、更不熟悉的事物，还是从中学阶段并不经常涉及的概念直接开始？

仔细观察相关大学的院系分类，你会发现物理学和天文学（astronomy）经常是平行的院系。这和我们在中学时代的认识是不同的，中学阶段涉及天文学的内容属

于物理的一部分。如果你观察得更仔细还会发现有些大学里的天文学、天体物理学（astrophysics）和宇宙学（cosmology）也是平行架构。如果你有很重的好奇心，还会发现有些大学将行星科学（planetary science）和天文学设在一起，而另一些大学则将行星科学和地球科学（earth science）设在一起。那么，这些不同学科的研究内容是什么？它们之间的区别和联系是什么？为什么有这么多的学科分类呢？

通常来说，天文学是通过天文望远镜对太空进行观测。这些在地球表面或者太空中的天文望远镜收集它所能收集的各种光，并通过对光的分析对事物进行命名和分类。天体物理学则是通过数学和物理的手段对天文观测到的现象进行深层次的解释，让我们了解这些现象的发生机制。宇宙学的使命则更为宏观，它将宇宙作为整体来看待，探讨宇宙的起源和演化，探讨时间、空间和物质的关系等。如果这还不够清晰，我们可以从这几个学科关注的具体科学问题来进一步认识它们。宇宙背景辐射（cosmic background radiation）、宇宙膨胀（cosmic expansion）、大爆炸核合成过程（big-bang nucleosynthesis）及哈勃膨胀（Hubble expansion）等是宇宙学关注的重点。而在天文学里，我们会更多地接触到星云

（nebula）、原行星盘（protoplanetary disk）、系外行星（extrasolar planet）、星系（galaxy）和分子云（molecular cloud）等关键词。天体物理学关注的对象则横跨天文学和宇宙学，如太阳物理（solar physics）、星际物质（interstellar matter）、星系、黑洞（black hole）和引力波（gravitational wave）等。

回到行星科学，这个学科为什么有时候与天文学设在一起，有时候与地球科学设在一起？我们已经注意到，天文学的主要研究工具是天文望远镜，那地球科学的是什么？地球科学主要研究地球及其各组成部分的形成和演化，所能使用的工具五花八门，既可以是价值几百万元甚至上千万元的大型质谱仪，也可以是地质锤、小刀等看起来很"原始"的工具。行星科学主要使用地球科学的工具研究地球之外的天体，包括太阳系的行星、小行星、天然卫星和彗星等天体的特点及其形成与演化过程。如果需要简单划分，那么人类通过火箭或宇宙飞船发射的探测器能到达的天体可以被认为是行星科学的研究领域，而人类目前无法将探测器送达的天体依然属于天文学的研究领域。与行星科学经常同时出现的还有空间科学与技术，它更侧重于研究如何将人类探测器送到指定的天体。

重新回到前面提出的问题，这样细致的学科分类有用吗？这个问题很难回答。一方面，我们可以用量子力学（极微观）的手段来讨论行星的形成（极宏观），这样似乎不应存在天文学和行星科学的分别，甚至物理学和行星科学之间也不会有较大区别。另一方面，单纯学习量子力学又不足以使我们回答行星科学中需要解释的现象和难题，即单靠量子力学是无法知道行星科学研究的未知领域的。这时，量子力学更像工具，而不是我们的研究对象。行星科学里哪个具体的问题才是我们的研究对象？例如，木星的核到底是什么？火星的金属核里硫元素的含量有多少？从这个最功利的角度来看，细致的学科分类又是有价值的。

那么到底是"从微观到宏观"还是"从宏观到微观"的视角来呈现本课程的内容呢？具体到本部分，我们到底该了解多少天文学、天体物理学和宇宙学的知识，才能进入行星科学的知识领域呢？

让我们现在开始吧！

part.1

第一部分

我们所处的宇宙

第一章

从大爆炸到元素

From Big-bang to Elements

本章主要介绍宇宙的主要化学组成、宇宙大爆炸的过程及之后的物质演化顺序和时间序列。在此过程中，简单引入恒星燃烧过程形成比氢更重的元素的概念，这一概念将在第五章详细介绍。

道生一，一生二，二生三，三生万物。

——老子《道德经》

1.1　元素

我们喝的水、爬的山、呼吸的空气甚至我们自身都是由各种元素（element）组成的。这些不同的元素是具有不同质子数的原子（atom）。原子由带正电的原子核（nucleus）和带负电的核外电子（electron）组成，原子的质量主要由原子核决定，原子的体积则主要由电子决定。

例如，氢原子核的直径约为 1.70×10^{-15} m，而氢原子的核外电子到原子核之间的距离约为 5.29×10^{-11} m。一个电子的质量为 9.11×10^{-31} kg，而质子与中子的质量相当，约为 1.67×10^{-27} kg。

既然原子核带正电而电子带负电，为什么不遵循"同极相斥、异极相吸"的原理，合并在一起进而正负相抵发生湮灭呢？原因就在于，电子不仅以接近光速围绕原子核做高速运动，而且离原子核很远。以氢原子为例，如果其原子核是放在成都天府广场中心的一个乒乓球，那么核外电子则是在 30 km 外的兴隆湖里的一粒沙子。二者之间的距离太远，其电荷间的静电力早已经失效了。

大家可能还有疑问：原子核很小，而电子又离原子核很远，难道它们之间的空间是空的吗？如果把电子围绕原子核的运动类比为地球围绕太阳的轨道运动，那确实可以推测原子核与电子"轨道"之间的空间是空的。但实际上，电子围绕原子核的运动并没有确定的轨道，而是像一团包裹原子核的云，这

就是电子云。迄今为止，人类只弄清楚了氢原子的电子云状态（图 1.1）。

回到本章初始的问题，人体是由碳（C）、氮（N）、氧（O）和氢（H）等元素组成的，岩石则大多由氧（O）、硅（Si）、铝（Al）和镁（Mg）等元素组成。那么，太阳系的主要组成元素是什么？由于太阳占太阳系总质量的绝大部分，我们可以用太阳的质量来指代太阳系的质量。太阳的总质量中氢约占 73.46%，氦（He）约占 24.85%，还有一

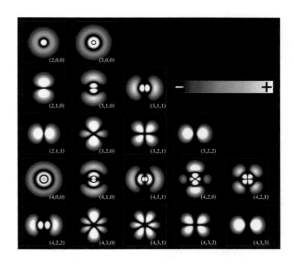

图 1.1　不同能级的氢原子的电子轨道

不同的亮度代表发现电子的概率，亮度越高，代表电子出现在此处的概率就越大。氢原子波动方程为

$$\varphi_{nlm}(r,v,\phi) = \sqrt{\left(\frac{2}{na_0}\right)^3 \frac{(n-l-1)!}{2n[(n+l)!]}} \, e^{-\rho/2} \rho^l L_{n-l-1}^{2l+1}(\rho) \cdot Y_{lm}(v,\phi)$$

式中，a_0 为玻尔半径，$a_0 = \dfrac{4\pi\varepsilon_0 h^2}{\mu e^2}$；$L_{n-l-1}^{2l+1}$ 为广义拉盖尔多项式；$Y_{lm}(v,\phi)$ 为球谐函数；n 为主量子数，l 和 m 为量子数；$\rho = \dfrac{2r}{na_0}$

些其他元素［O（0.77%）、Si（0.29%）、Fe（0.16%）和 Ne（0.12%）等］。因此，虽然地球上的物质由多种元素组成，但是太阳的组成却很简单。其他恒星系统大体也如此。目前的观测表明，整个宇宙中的可见物质都是由约 75% 的氢和约 25% 的氦组成的。为什么宇宙的主要组成呈现这种情况？元素周期表上其他元素的来源是什么？为什么它们的占比这么小？这涉及宇宙的起源。

1.2　宇宙大爆炸

自古以来，人们对宇宙的起源提出了各种各样的假说，可以说这是最能"引无数英雄竞折腰"的问题。虽然各种起源假说的分歧依然很大，但人们至少对一些最容易回答的问题达成了共识，那就是目前我们所处的宇宙形成于一次超级大爆炸，在这次爆炸中不仅诞生了目前已知的所有物质与能量，也诞生了控制宇宙运行的物理规律。如图 1.2 所示，大爆炸理论（big-bang theory）

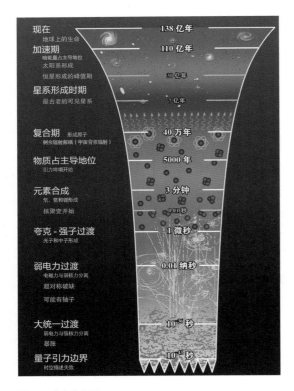

图 1.2　宇宙演化图

的基本架构并不复杂，大约在 138 亿年前，过去和当下宇宙内的所有物质和能量都储存在一个体积无限小而密度无限大的奇点（singularity）之中。奇点尚未发生暴胀的时期至奇点暴胀后的 10^{-43} s，被称为普朗克时期（Planck epoch）。在奇点未暴胀时，人们推测此时只有量子引力。在 138 亿年前的某一时刻，奇点开始暴胀（记为 $t=0$ s），时间随之开始，物质和能量随之分离出来并逐渐演化。这个奇点到底因何暴胀？现代宇宙学的一个观点是引力相斥（gravitation repulsion）作用，其中的细节远远超过了本教材的知识范畴。我们的重点是了解奇点初始暴胀之后发生的事情。

在 $t=0$ s 到 $t=10^{-43}$ s 的时间段内（即普朗克时期）新生的宇宙极不稳定，温度极高，约为 10^{32} K。从 $t=10^{-43}$ s 到 $t=10^{-36}$ s 为宇宙的温度转变期，也称为大统一时期（grand unification epoch）。这个时期宇宙的温度从 10^{32} K 逐渐冷却到 10^{29} K，最基本的作用力开始分离并逐渐显现。首先是引力与规范场力（gauge forces）分离。由此，宇宙从普朗克时期进入了暴胀期（inflation epoch）。在暴胀期的初始时刻 $t=10^{-36}$ s，由于极高的温度和压力，宇宙以指数级的速度发生膨胀。从 $t=10^{-36}$ s 到 $t=10^{-32}$ s，宇宙的温度降低到 10^{28} K，规范场力分离为电磁力和弱核力。这个时期物质与反物质不断创造和毁灭，但是随着温度的降低，最终发生了物质与反物质失衡，物质的量超过了反物质的量（即 baryonic asymmetry，量子不对称性）。在暴胀期结束时，宇宙是一团由夸克 - 胶子组成的等离子体（quark-gluon plasma），当然其中还有其他基本粒子。从此以后，宇宙进入冷却期（cooling epoch），通常意义上的物质开始形成。

进入冷却期以后，宇宙的密度和温度进一步降低，基本粒子不断发生相变并使得四种基本力成为现在的形式。从这一时期开始，人们可以通过各种物理实验验证基本粒子和基本力。因此，这个时期的证据相较于普朗克时期和暴胀期则越来越多。例如，当时间来到奇点初始暴胀后的 $t=10^{-6}$ s 时，夸克和胶子结合形成重子（baryon）[如质子（proton）和中子（neutron）]。由于夸克的量略超过反夸克，所以形成的重子总量也略超过反重子。此时温度已经比较低，不足以形成新的重子 - 反重子对，因此不断进行质子 - 反质子、中子 - 反中子湮灭，最终的结果是反重子被全部消耗，只剩下了重子，而此时重子的量可能只有其初始量的十亿分之一。大约在 $t=1$ s 时，电子与正电子也发生了类似的过程。当这些粒子湮灭过程结束后，宇宙中的物质只剩下了少量中子、质子和电子，而宇宙中的能量则呈现为光子和中微子等形式。

当时间来到奇点暴胀后的几分钟时

（$t=3$ min），宇宙的温度降至约 10^9 K，这一时期称为大爆炸核合成期（big-bang nucleosynthesis）。在这一时期，一部分中子和质子结合形成宇宙中第一种稳定的元素氘（deuterium，氢元素的一种稳定同位素）及氦（^{3}He）。然而，实际上绝大部分质子依然处于游离状态。可能是在奇点暴胀后的 38 万年时，电子和游离的质子结合形成了氕（氢元素的一种稳定同位素，只有质子没有中子）。这就解释了为什么宇宙中最主要的元素是氢和氦。与此同时，奇点暴胀时发出的能量以电磁辐射的形式在宇宙中扩散，这就是宇宙背景辐射，它是宇宙中最古老的光。宇宙中最古老的光随着扩散能量迅速损失，在 300 万年内蜕变为红外光，于是宇宙中失去了最初的可见光，一片"漆黑"。

此后，宇宙进入所谓的黑暗时期（dark age），一直持续 15 亿年左右。虽然宇宙中的物质和能量总体上分布很均匀，但仍然存在局部不均匀，尤其是当物质过密时，引力开始起作用，形成氢气组成的分子云。宇宙中最早的一批恒星形成，发出了属于恒星自己的第一道光，从此进入了现代宇宙的成型期（structure epoch）。组成现代宇宙中可见物质的其他可见元素（这里指除了宇宙大爆炸核合成时期形成的 H 和 He 之外）就形成于这一时期，而且主要与大质量恒星的燃烧（stellar burning）与燃烧殆尽后的超新星（supernova）爆发有关。

1.3　恒星的燃烧与元素的起源

恒星怎么燃烧？假如我们做饭使用的是天然气，并将天然气简化为甲烷（CH_4），那么火苗就是甲烷在氧气中燃烧的结果。

$$CH_4 + 2O_2 \Longrightarrow CO_2 + 2H_2O \qquad （1.1）$$

恒星的燃烧也大体如此，并且更为简单。恒星燃烧的实质是核聚变，而我们已知恒星的主要物质是氢和氦，那么恒星最初始和最主要的燃烧过程就是氢和氦的核聚变过程。

恒星最初的热核聚变过程称为质子 - 质子链（proton-proton chain reaction，pp 链或 pp-chain），即质子 - 质子聚变。如图 1.3 所示，pp 链式反应的过程是三个氢原子发生核聚变在形成一个 ^3He 的同时，放出电子中微子（ν_e）、正电子（e^+）及伽马射线（γ）。当恒星核心的氢消耗到一定程度时，就会发生 ^3He 核聚变过程，形成 ^4He 和 ^7Be。^7Be 如果与电子相结合形成 ^7Li，如果与质子相结合则形成 ^8B。质子 - 质子聚变之后，恒星的燃烧进入碳氮氧（carbon-nitrogen-oxygen，CNO）循环阶段，并最终形成元素

周期表中从 He 到 Fe 的所有元素。恒星的燃烧也到此为止。

元素周期表中排在 Fe 之后的元素是怎么形成的？大质量恒星燃烧殆尽时会急剧膨胀为红巨星（red giant），红巨星最终发生爆炸，形成超新星爆发。超新星爆发喷出的物质中有大量的中子和质子，这些中子和质子被 Fe 捕获，进而形成元素周期表中排在 Fe 之后的元素。当然，实际的形成过程更为复杂，在后面的章节中将详细讨论。

恒星燃烧和超新星爆发形成元素的过程称为恒星核合成（stellar nucleosynthesis）。

元素随着分子云或原行星盘的演化，逐渐凝聚为固体，与此同时原行星盘中的绝大多数氢气和氦气汇聚在盘中央形成恒星，而固体尘埃与剩余的少数氢气和氦气逐渐结合在一起，形成围绕恒星运行的岩质行星（rocky planet）、气巨星（gas giant planet）和冰巨星（ice giant planet）等行星，以及彗星（comet）和小行星（asteroid）等天体。

太阳还在燃烧，并未死亡，组成地球生命体的碳、氮和氧是哪里来的呢？其实这是上一代恒星死亡后的残留物。太阳并不是宇宙中的第一代恒星，在它之前宇宙中已经有很多恒星形成又死去。再进一步想，人体由大量的水组成，而水的主要成分是氢和氧，氢还是宇宙大爆炸直接的产物。因此，我们的血肉不仅是父母之爱的结晶，也与时间同初始。这可真是致广大而尽精微呀！

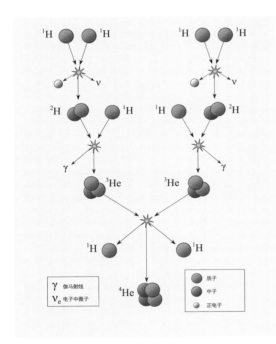

图 1.3　pp 链式反应

· 习题与思考 ·

　　宇宙大爆炸的一个直接引申就是乔治·伽莫夫（George Gamow）在 1948 年提出的宇宙背景辐射。当时人们掌握的数据十分有限，现在提供伽莫夫当时知道的信息，看看你能否提出宇宙背景辐射这个概念。伽莫夫知道氢元素形成的温度必须在 10^9 K 左右，此时宇宙的年龄为 100 亿年。假定宇宙是平的，而且只有辐射这一个过程。

　　（1）根据这些假设，如何推断出氢形成时的能量密度和哈勃常数？开始形成氢的具体时间是多少？在辐射主导的情况下，现在宇宙的温度是多少？

　　（2）如果宇宙从辐射为主导的状态转换成物质为主导的状态，且假定氢形成的时间和温度都不变，这样推断出来的现今宇宙的温度比辐射主导下的现今宇宙温度更高还是更低？为什么？

## 第 二 章

观测宇宙

Observe the Universe

在第一章我们介绍了宇宙的诞生和演化过程，为什么本章要暂时停下来特地介绍宇宙的观测呢？这是因为自然科学首先是对自然现象的观察，之后才是对自然现象的解释。我们首先需要知道有这样的自然现象，因此，观测是第一位的。我们用来"观天"的设备有一个统一的名字——天文望远镜（astronomical telescope）。天文望远镜最根本的功能是收集各种各样的光，从光中解析有关发光天体的信息。本章我们将简要介绍可见光望远镜、红外望远镜、射电望远镜和事件视界望远镜，目的是让大家对天文观测有所了解。在本章的末尾，我们还将简要介绍天文学中的长度、时间和质量单位。在第十七章介绍系外行星时，可能会用到这些内容。

工欲善其事，必先利其器。

——《论语》

2.1　可见光望远镜

在发明望远镜之前的几千年甚至上万年内，人类一直用肉眼来观察天上各种发光的天体，并把它们统称为"星星"。最早的望远镜制造者是汉斯·李普希（Hans Lippershey），但他是否真正最早发明望远镜不得而知，只知道他注册了世界上第一个望远镜专利。伽利略·伽利雷（Galileo Galilei）利用李普希的望远镜专利制作了一个放大倍数为30倍的望远镜。随后，伽利略制作了放大倍数不等的望远镜，并迅速将此商业化。他就是用这些望远镜观测的数据出版了他的第一本天文学著作 Sidereus Nuncius（《星际信使》）。在这本书里，他描述了自己观测到的月球和火星表面的情形。这类最早被使用的天文望远镜属于光学望远镜，它可观测的波段为近红外区到近紫外区，波长为 400 ～ 700 nm。

可见光望远镜大体可以分为三类。最基础的是折射望远镜（refracting telescope，图 2.1），这类望远镜的主要光学部件是透镜。很多天文爱好者使用的都是这类望远镜，它虽然价格低廉，但是也能将月球及其他太阳系天体的表面情形观测清楚。

科学家常用的可见光望远镜是反射望远镜（reflecting telescope，图 2.2），其主要光学部件是曲面镜，通过曲面镜的反射来进行光学成像。和折射望远镜使用的透镜相比，反射望远镜使用的曲面镜通常更大。世界上最大的反射望远镜是位于美国亚利桑那州格拉姆

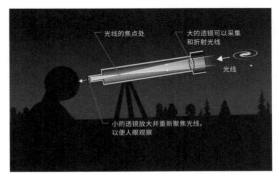

图 2.1　折射望远镜工作原理

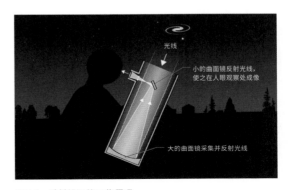

图 2.2　反射望远镜工作原理

山国际天文台的大双筒望远镜（large binocular telescope），它由两块直径为 8.4 m 的曲面镜组成，有效孔径（effective aperture；有效孔径越大收集光的能力越强、获得的图像的分辨率也越高）为 11.9 m。我国最大的反射望远镜是中国科学院国家天文台兴隆观测站的郭守敬望远镜（large sky area multi-object fibre spectroscopic telescope，LAMOST），它的有效孔径为 4.9 m。这两台望远镜都属于陆基望远镜。我们所熟知

的哈勃空间望远镜和韦布空间望远镜实际上都属于反射望远镜。

　　折射望远镜和反射望远镜都有自身的缺点，因此也有很多望远镜是折射 - 反射连用的，称为折反射望远镜（catadioptric telescope）。目前世界上最大的施密特 - 卡塞格林（Schmidt-Cassegrain）型折反射望远镜是英国的格雷戈里望远镜。

2.2　红外望远镜

　　红外望远镜（infrared telescope）可观测的波长为 75 ～ 300 mm。红外望远镜通常和可见光望远镜一起配置。红外光在穿越地球大气层时会被其中的水蒸气所吸收，因此大部分红外望远镜都被放置在海拔很高的干燥地区，或者直接置于太空。例如，斯皮策太空望远镜和赫歇尔太空望远镜都属于红外望远镜。2021 年发射的韦布空间望远镜也属此类（图 2.3、图 2.4），它位于日地距离的第二拉格朗日点上。韦布空间望远镜由 18 块六边形曲面镜组成，有效孔径是 6.5 m。

　　红外辐射是一种肉眼看不见的电磁辐射，但人类的皮肤能感受到红外辐射的存在。例如，我们感受到的电磁炉散发的热就是红外辐射。科学家们利用红外望远镜可以准确掌握各种天体（包括行星表面、恒星、恒星团和星际尘埃等）的温度。很多星际分子都会吸收红外辐射，因此红外望远镜也是研究空间组成物质的重要工具。

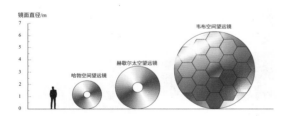

（a）镜面直径对比

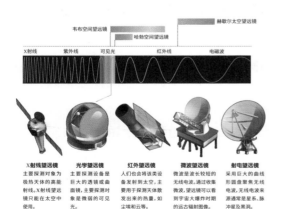

（b）探测光谱波段

图 2.3　太空望远镜的有效镜面与观测波段

图 2.4　韦布空间望远镜

2.3 射电望远镜

射电望远镜由特制的天线和无线电接收器组成，用来接收各类天体发出的电磁波（图 2.5）。电磁波的波谱非常宽，人们设计了各种射电望远镜用于接收不同的电磁波。看起来像电视机信号接收天线的射电望远镜可以接收的电磁波波长为 3～30 m，这些望远镜通常有一个固定的朝向。看起来像"大锅盖"［专业名词为抛物面碟形天线（parabolic dish antennas）］的天文望远镜可以接收更短的波段，如 0.3～3 m。通常，"锅盖"越大，它所能接收的电磁波波长就越短。目前最著名的射电望远镜是位于贵州的中国天眼（图 2.6），它的直径为 500 m。

射电望远镜的一个突出特点是可以把多个独立的射电望远镜排成一个阵列，形成射电望远镜干涉阵列，从而形成一个更大的射电望远镜，获得单个望远镜无法达到的观测能力和分辨率。2013 年，欧洲南方天

文台与其国际合作伙伴在智利北部的阿塔卡马（Atacama）沙漠中放置了 66 个射电望远镜，用以观测毫米及亚毫米波段的电磁波，图 2.7 就是著名的阿塔卡马大型毫米波／亚毫米波阵（Atacama large millimeter/submillimeter array，ALMA）。这组射电天文望远镜阵列可以获得恒星诞生初期的精细图像，捕捉行星形成的场景。不仅如此，射电天文望远镜阵列还可以作为更大天文观测设备的组成部分，例如 ALMA 就为事件视界望远镜（event horizon telescope）生成第一幅黑洞图片做出过贡献。

图 2.6　中国天眼

图 2.5　澳大利亚帕克斯天文台的射电望远镜

图 2.7　阿塔卡马大型毫米波／亚毫米波阵

2.4 事件视界望远镜

黑洞就属于一种高能宇宙事件。这类事件或者天体发射出来的是高能光子，如 X 射线和 γ 射线。这类高能光子不同于其他波段的光子，它一般是非热属性。通过研究这种非热光子的发射可以让我们了解稳态宇宙之外那一部分极不稳定的宇宙区域，如中子星与黑洞。现在用于高能天文事件观测的望远镜类型可以分为 X 射线望远镜和 γ 射线望远镜等。

X 射线的光子能通常低于 100 keV，其来源主要是那些温度高达上百万开尔文的气体。地球的大气层可以吸收 X 射线，因此 X 射线望远镜需要升空。通过热气球搭载望远镜升空，只要热气球能飞到海拔 40000 m 以上的高空，地球大气层对 X 射线的影响就微乎其微。美国的高能聚焦望远镜（high-energy focusing telescope）就是一台放在热气球上的 X 射线望远镜，科学家用它来观测蟹状星云。更优方案是 X 射线探测卫星，它可以探测所有 X 射线波段内的事件。我国在 2017 年发射的"慧眼"硬 X 射线调制望

远镜（hard X-ray modulation telescope）就是这样一台设备，可以用来观测黑洞、中子星等高能天文事件。

那些更高能（大于 100 keV）的光子辐射需要用 γ 射线望远镜来观测，这已经属于电磁波辐射中能量最高的部分了。太阳耀斑放出的 γ 射线能量大概在 MeV 量级，更加高能的 γ 射线需要更剧烈的事件来形成，例如，电子与正电子的湮灭和逆康普顿效应。这些极端事件可能与超新星或极超新星（hypernova）爆发及脉冲星（pulsars）和耀变体（blazars）有关。2021 年，我国在川西高原建成了高海拔宇宙线观测站（large high altitude air shower observatory，LHAASO，也称拉索，图 2.8），并通过该设备发现了迄今为止最高能的 γ 射线爆发时间，γ 射线的能量高达 1.4 PeV。

运用不同的望远镜让我们不仅能够获得近地天体的表面图像，还能了解黑洞这样的极端天文事件，把宇宙图景拼得越来越完整。

图 2.8　高海拔宇宙线观测站（拉索）

2.5　天文学中常用的单位

在了解了主要的天文望远镜之后，还需要了解几个天文学研究中常用的单位，它们经常出现在各种研究文献和报告中，尤其是在对系外行星的研究中。

2.5.1　长度单位

首先是天文单位（astronomical unit，AU），其最初的定义是地球与太阳之间的平均距离，但是这一定义依赖于太阳引力常数和太阳质量，实际上没有办法对二者进行高精度的独立测量。2012 年通过无记名投票的形式，天文学家们将 1 个天文单位固定为149597870700 m。因此，

$$1\ \text{AU} = 149597870700\ \text{m}$$
$$= 1.58125074098 \times 10^{-5}\ \text{ly}$$
$$= 4.84813681111 \times 10^{-6}\ \text{pc} \qquad (2.1)$$

在一般的估算中，依然可以将日地距离看作 1 AU，用来衡量太阳系内天体之间的距离，如火星与太阳的距离大约为 1.5 AU，木星与太阳的距离为 5.2 AU，而冥王星与太阳的平均距离为 40 AU。

光年是长度单位，指光在真空中一年内传播的距离，大约为 9.46×10^{15} m。光年一般用来测量太阳系与邻近恒星的距离。

秒差距（parsec，pc）也是宇宙长度单位，用来测量太阳系外天体的距离。虽然我们在中学时代的学习中并没有遇到这个单位，但它是最古老也是最标准的表征恒星距离的物理量。

如图 2.9 所示，底部居于中心的黄色小球代表太阳，围绕黄色小球转动的蓝色小球代表地球，"较近的恒星"是我们想要观测的恒星，表观视差运动的两个小球则代表这

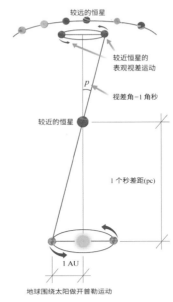

图 2.9　秒差距示意图

颗恒星与更遥远的恒星。我们很难直接获得这颗恒星与地球的距离，但是可以前后两次对该恒星拍照，比较后一时刻与前一时刻该恒星相对位置的夹角，取该夹角的一半（p），进而可以将该几何图形视为一个直角三角形，就能计算出恒星与太阳之间的距离。

假设前后两次观测获得的该恒星的相距差距为 1 pc，即 1° 的 1/3600。那么该恒星与太阳之间的距离（x）则可以通过以下公式计算：

$$\tan 1'' = \frac{1\ \text{AU}}{x} \qquad (2.2)$$

$$x = \frac{1\ \text{AU}}{\tan 1''} = \frac{1\ \text{AU}}{\dfrac{1}{60 \times 60} \times \dfrac{\pi}{180}}$$

$$\approx 206264.81\ \text{AU} \qquad (2.3)$$

可以发现，秒差距是比光年更大的天文长度单位：

$$1\ \text{pc} = 3.085677582 \times 10^{15}\ \text{m}$$
$$= 206264.806247096\ \text{AU}$$
$$= 3.261563777\ \text{ly} \qquad (2.4)$$

2.5.2　时间单位

天文学中使用的时间单位是天，用符号 d 表示，一天为 86400 s，365.25 天为一年。

2.5.3　质量单位

天文学中的质量单位是太阳质量，用 $M_\odot$ 表示。太阳的质量为 1.98892×10^{30} kg。

在实际操作中，人们会将 $GM_\odot$ 作为质量单位来使用，但是正如 2.5.1 节提到的，没有办法对引力常数和太阳的质量进行高精度的独立测量。现在接受的 $GM_\odot$ 为 $1.32712442099(10) \times 10^{20}$ m³·s⁻²。

可以发现，天文学中使用的单位量非常大，实际中没有多少生活经验可比较，这很难让我们获得更加感性的认识。

· 习题与思考 ·

如果我们要在月球上布置一台天文望远镜，该将它布置在哪里？为什么？可以布置什么类型的天文望远镜？为什么？（提示：可以从天文望远镜工作所需要的物质条件及数据传输等方面进行综合考虑。）

第三章

行星诞生的场所
Place Where Planets Are Born

终于来到了行星章节，我们首先了解行星形成的理论，重点在于天文观测获得的行星形成的情景。在很长的时期内，人们只能通过研究太阳系来了解行星的形成过程，直到 1992 年，人们才观测到第一颗太阳系以外的行星。更为困难的是，太阳系的行星早在 45 亿年以前就已经形成，人们无法观察它真实的形成过程。但是，这并不妨碍科学家设想一些可能发生的场景。

　　本章首先介绍星云假说，然后向大家呈现观测到的原行星盘的结构，即环 - 沟结构。这一结构对我们理解行星的形成和星云的演化有至关重要的作用，第十八章还会反复研究原行星盘的环 - 沟结构。大家还将看到一个正在原行星盘中发生的行星大碰撞事件。星子、星胚或原行星之间的碰撞是行星增生和卫星形成的主要过程，目前的研究认为月球就是大碰撞的产物。

有两种东西在我心中唤起的惊奇和敬畏与日俱增，那就是头顶的星空和心中的道德定律。

——康德《实践理性批判》

3.1　星云假说

对于太阳系的形成，目前被广为接受的说法是伊曼纽·斯威登堡（Emanuel Swedenborg）在 1734 年首创的，康德于 1755 年进一步完善了星云假说（nebular hypothesis）。一言以蔽之，星云假说认为包裹在太阳周围的气体和尘埃不断凝聚在一起形成了行星。目前的研究认为，星云模型也能解释宇宙中其他恒星系统的形成。

根据这个理论，恒星实际上是由质量相对较大并且较为稠密的氢气组成的分子云（hydrogen molecular cloud）形成的。分子云本身并不是处于绝对稳态的，由于重力或磁场等发生扰动，分子云的局部开始稠密化，形成较小的团块。这些团块经历旋转和坍塌等一系列复杂过程后，氢气在中央凝聚形成太阳。与此同时，剩余的物质围绕太阳形成一个扁平的圆盘，叫作原行星盘（protoplanetary disk），太阳系的行星、天然卫星、小行星和彗星等都是从原行星盘中诞生的。原行星盘实际上是一个增生盘，盘中的物质会一直被新生的太阳吸积，让太阳的体积与质量越来越大。可想而知，这个盘最初是比较热的，随着时间的推移，盘逐渐冷却，这时盘中的离子凝聚为矿物，进而黏合成尘埃。这些尘埃的主要组成物质是一些硅酸盐矿物，如橄榄石和辉石。这些尘埃颗粒逐步增生到千米级别就形成了星子（planetesimal）。如果这时原行星盘可供使用的原料还很丰富，行星就进入了失控增生阶段，即星子很快会长到与火星近似的尺寸，成为行星胚胎（星胚）。这些星胚再经过复杂的增生过程，尤其是当星胚所在区域内氢气有限时，留下的那些星子就会变成类地行星（terrestrial planet），即主要由岩石组成的行星（和地球相似）。

巨行星的形成可能更复杂。人们认为它们最初形成的区域在雪线（water snow line、snow line 或 frost line；由于挥发组分的凝结温度不同，不同挥发组分会形成不同的雪线，通常所说的雪线指的是水分子凝结的雪线）之外，因为这里距离太阳足够远且温度足够低，原行星盘中剩下的气体不会被吹散。人们推测，在雪线之外，星胚可以生长得更大，如达到 5 ～ 10 倍地球质量，当星胚生长到这个尺寸时，它的引力就足以控制原行星盘中的氢气和氦气。巨行星体量的大小就取决于有多少氢气和氦气能被它吸收，一旦它运行轨道区域内的氢气和氦气都被消耗殆尽，巨行星也就停止了增长。

3.2 原行星盘的环-沟结构

当拥有框架式的概念以后，我们就很想知道真实的观察数据是否支持星云假说。下面，我们以位于智利北部阿塔卡马沙漠的ALMA为例，看看有关行星形成的最新实拍图景。

图3.1即为ALMA拍摄的一个原行星盘HL Tauri（金牛座HL），它距离地球450 ly，年龄约为100万年。该图展示了围绕宿主恒星形成的一个个闪亮的圆环（ring），这些圆环被暗色的沟（gap）所分割。由于ALMA能观测到毫米和亚毫米级的尘埃，因此圆环亮度越高，证明此处的尘埃量越大。相对地，这些暗色的沟表明此处尘埃量比较少，即尘埃已经凝聚为较大的卵石或者星子等较大的天体，并且开始清空轨道。由于这些较大天体具有更强的引力，它还能迫使散布在其轨道周围的尘埃和气体集聚成一个环带，这就是我们看到的闪亮的条带。虽然HL Tauri的宿主恒星比太阳小，但是原行星盘延展的范围可能是太阳系最外环行星海王星的3倍左右。

普通的可见光望远镜无法给出如此清晰的图像，因为可见光望远镜只能拍摄到一大团气体和尘埃环绕着宿主恒星，无法穿越尘

埃和气体直接捕捉临近宿主恒星附近的场景。这正是康德在星云假说中所设想的场景。人类之前也曾进行过毫米波段的观测，但是未曾到达亚毫米波段。图3.2中的主要部分是1993年野边山（Nobeyama）毫米波阵列所拍摄的HL Tauri，从这样的图像中并不能提取出如右下角小图所显示的环状结构。

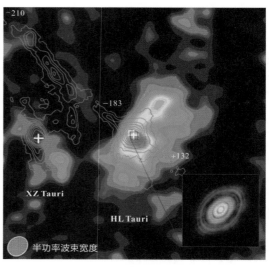

图3.2 1993年野边山毫米波阵列和ALMA获取的图像

ALMA目前获得的星系图像中大多数都有明显的环状结构，但并没有哪两个图像的环状结构完全相同。图3.3是ALMA拍摄的系外行星系统的环-沟结构。

AS 209距离地球400 ly，年龄为100万年，可以看到，它的两道外环非常细和暗，而内环则又明又宽。

HD 143006距离地球540 ly，年龄约为500万年。它的宿主恒星和尘埃带之间有很宽的沟，尘埃带本身的内环更加明显，而外环稍暗，内外环之间并未真正清空成为一个暗沟，还有不少弥散的尘埃和气体。它外环的边缘有一个亮团，沿着环展布成弧形，这

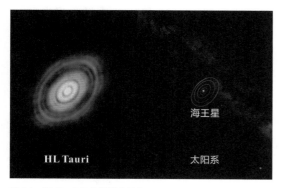

图3.1 HL Tauri 与太阳系的对比

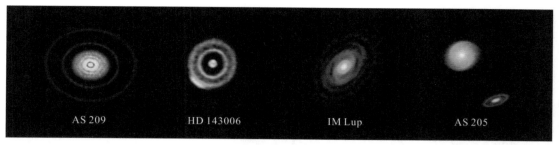

图 3.3　ALMA 拍摄的系外行星系统的环 - 沟结构

里可能聚集了大量的尘埃和气体，可能会是恒星的诞生场所。

距离地球 515 ly 处的 IM Lup 系统则明显不同，它有清晰的旋臂状结构，可能是由一个正在形成的行星扰动造成的，也有可能是原行星盘本身就有的不稳定性，例如，太阳系就在银河系的旋臂上。

上面介绍的恒星系统都是单一宿主恒星，而 AS 205 由多个宿主恒星组成，它距离地球大约 420 ly。AS 205 的每一个宿主恒星都有自己的尘埃盘。实际上，银河系中多数恒星系统都是多星的，因此，我们可以借此了解多星系统中行星的形成过程。

3.3　正在形成的行星

虽然我们在 HL Tauri 的图像（图 3.4）中看到了原行星盘的环 - 沟结构，也推测其中的暗沟中可能就有一颗较大的天体，但是我们并没有看到这些较大的天体（如星子或者星胚）。我们在另一颗恒星 TW Hydrae（长蛇座 TW）上找到了蛛丝马迹。TW Hydrae 在 190 ly 以外，它的年龄比 HL Tauri 更大，约为 1000 万年。与 HL Tauri 的侧面照对比，我们恰好能获得 TW Hydrae 的正面照，这为我们放大细节提供了便利。

图 3.4 显示，距离核心最近的环十分明亮，如果放大这一区域，我们会发现最亮的环与宿主恒星之间是暗色的沟壑，最亮的环与宿主恒星的距离与地球到太阳的距离相当。前面提到，环越亮说明尘埃物质越多，据此推测亮环可能就是类地行星形成的区域。图 3.4 中还显示了一些细节，最亮的环与宿主恒星之间还有一些"联系"，环中的

物质似乎正在被宿主恒星吸收。

在 TW Hydrae 的正面环中，人类首次看到了一颗正在形成的行星（图 3.5）。我们此前着重观察了距离 TW Hydrae 核心最近区域的情形，现在把关注点挪到其外环区域，可以发现它有一个较亮的团块。离宿主恒星越远，气体的温度就越低，因此很难用可见光望远镜来观察离宿主恒星区域较远的地区，但是 ALMA 恰好可以观测到这些区域。这个团块并不是正圆形，而是一个长轴方向与其公转轨道同向的椭球体。这个椭球体团块的体积很大，它的短轴长度几乎相当于木星与太阳之间的距离，长轴长度约为木星与太阳距离的 4.5 倍。

这个团块到底是什么？目前仍处于推测阶段。它可能是围绕正在形成的行星的盘（circumplanetary disk），这颗行星可能还不太大，可能有海王星大小。它也有可能是一

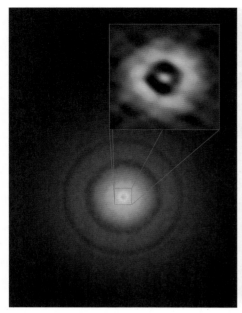

图 3.4　ALMA 拍摄的 HL Tauri　　　　　图 3.5　ALMA 拍摄的 TW Hydrae 中正在形成的行星

个高速旋转的气团，源源不断地吸收周边区域的尘埃物质。无论是哪种可能性，都可能预示着一颗行星正在此处形成。虽然这个发现很令人惊喜，但是理论预测在这样的原行星盘中应该有更多类似团块结构，而在目前对 TW Hydrae 的观测中，只发现了这一处。

3.4　一颗系外"月球"的诞生

利用 ALMA 观测到行星的形成过程已经让人们无比惊喜，更让人意想不到的是，我们还有可能目睹了一颗系外"月球"（exomoon）的诞生（系外"月球"指系外行星的天然卫星）。关于月球的诞生有很多假说，目前最被广泛接受的是月球形成大碰撞假说（moon-forming giant impact hypothesis）。这个假说认为大约在 45 亿年前，一颗和现今火星大小相当的天体与当时的地球发生剧烈碰撞，碰撞过程中飞溅出来的物质重新凝聚成了地球。这样的大撞击非常剧烈，可以说是天崩地坼。ALMA 获得的图像可能记录了这样一个行星之间剧烈碰撞的时刻。

如图 3.6 所示，ALMA 拍摄的 PDS 70 距离地球大约 370 ly，其中的亮环就是尘埃积聚而成的环带，环与宿主恒星之间是气体已经消散的沟壑，但这个沟壑里并不是空无一物，而是有两个小亮斑，离宿主恒星更近的小亮斑是 PDS 70b，被认为是一颗行星，它到宿主恒星的距离约等于天王星到太阳的距离。稍远的是 PDS 70c，它到宿主恒星的距离大约为海王星到太阳的距离。PDS 70c 的大小至少相当于一颗木星，也可能是木星体量的 10 倍。但 PDS 70c 的情况比木星更为复杂，它非常亮，并且其可见光谱中还有大量的氢谱。ALMA 已经不足以观测 PDS 70c 的细节。PDS 70c 如此闪亮且出现大量的氢谱，可能预示着这里有一个高能事件，因为高能的行星相撞过程会释放大量的能量，形成的高温环境也足以使氢气离子化。

ALMA 极大地促进了人们对原行星盘和行星形成过程的认识，不仅证实大多数原行星盘都有环 - 沟结构，而且可能让我们观测到行星形成甚至系外"月球"形成的现场。

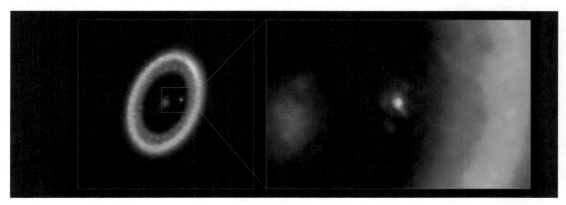

图 3.6　ALMA 拍摄的 PDS 70 中由于大碰撞形成的月球

· 习题与思考 ·

相较于第一章中的宇宙学，本章中的天文学与行星科学关联更直接。以 ALMA 为例，它能给出距离宿主恒星 5 AU 之内的图像细节吗？为什么？它能给出距离宿主恒星 1 AU 之内的图像细节吗？为什么？（提示：将天文观测数据与地球的形成关联起来。）

part.2

第二部分

我们的太阳系

第四章

太阳系巡游
Overview of the Solar System

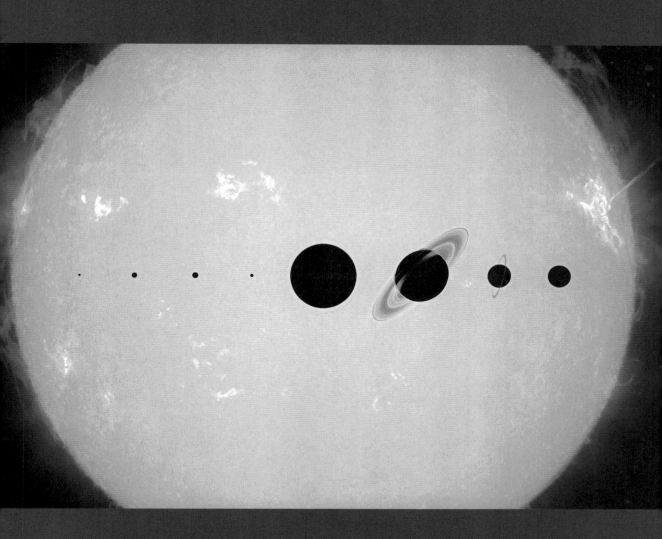

本章将由外向内简单介绍太阳系的主要物质与结构，这有助于大家对太阳系有宏观的认识。在后续的章节中，我们将大体遵循由内向外的原则详细介绍太阳系的主要天体。

　　在前面的章节中介绍了宇宙大爆炸和星云假说，从现在开始让我们把注意力拉回到太阳系。在本章，我们先巡游一番太阳系。既然要巡游，就要确定出发地和方向。是采用常规的路线，从地球出发逐步向外，还是由太阳系的最外边界开始逐步向内推进呢？建议大家选择从外到内的旅程，这样有助于破除自己难以察觉的思维定势，即太阳系的边界就在冥王星或者至少不太远。这样的认识实在是错得太离谱了，我们的太阳系大着呢！

真理并不因相信或不相信的人数之多寡而改变。

——乔尔丹诺·布鲁诺

4.1 奥尔特云

目前人们认为奥匹克 - 奥尔特云（Öpik-Oort cloud，图 4.1，后文简称奥尔特云）是太阳系的最外边界，距离太阳约 150000 AU。人们虽然接受奥尔特云作为太阳系的边界，但并没有真正观测到奥尔特云，天文望远镜也没有观测到其他恒星系统存在这样的结构。那它到底是怎么出现的呢？

一切都源于彗星。几千年以来，人们总是能看到彗星在星空中来来去去，而且它来

的时候总是会点亮星空。但是，彗星到底从哪里来？人们想象在离太阳极远的地方有一团由冰块和石头组成的云，彗星的家就在那里。当有一些彗星离家出走，并且经过地球轨道时，我们就能看到它们。这一团由冰块和石头组成的云，就是奥尔特云。

奥尔特云的概念于 1932 年由爱沙尼亚天文学家恩斯特·奥匹克（Ernst Öpik）首次提出，用于解释长周期彗星的起源。1950 年，

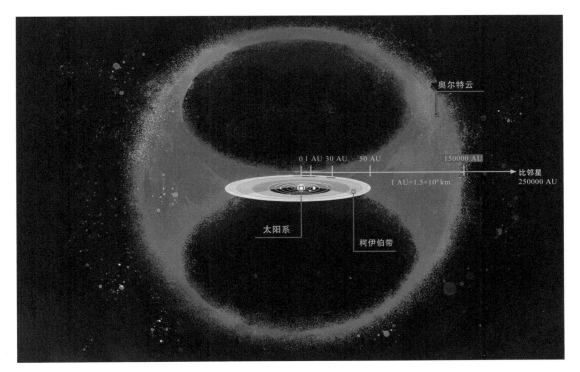

图 4.1 太阳系结构的艺术再现

太阳系的边界狭义上为海王星的轨道位置（30 AU）。但实际上即使只考虑柯伊伯带，太阳系的边界也已延伸至 50 AU；如果考虑奥尔特云，那其边界就为 150000 AU

扬·奥尔特（Jan Oort）在解释长周期彗星的行为时也认为需要这样一团云。奥尔特云是理论预测的一个球壳，太阳就在这个球壳的中央，球壳的主要组成物质是星子大小的石块和冰块。

通常，太阳光可到达的最远处被称为日球层（heliosphere），距离太阳约 100 AU，从这里向内，是通常意义上的太阳系。日球层向外一直到奥尔特云，太阳光已经微弱，而这一星际空间内与太阳有关的因素就是太阳的引力，因此由奥匹克 - 奥尔特云界定的太阳系是太阳引力能把物质聚拢的最外边界。

虽然人们还没有观测到奥尔特云，但是已经对它的结构进行了理论分析。研究推测奥尔特云从距离太阳 2000 AU 或 5000 AU 开始，直到 100000 AU 或 200000 AU 为止。科学家进一步将奥尔特云分为内外两层：内层云整体可能是盘状，为 2000 ~ 20000 AU，奥尔特云的内层称为希尔斯云（Hills cloud）；

从 20000 AU 向外就是奥尔特云的外层，这才是真正球壳状的云团（图 4.2）。人们推测哈雷彗星就是来自奥尔特云外层。

奥尔特云的来源是什么？一种理论认为它是太阳星云原行星盘的残留物，大概形成于 46 亿年前。具体而言，这些残留物质原本在能够形成行星的区域内，但是当木星形成以后，木星和太阳的引力相互作用，逐渐把这些冰块和石块弹射出去，形成轨道为几乎椭圆的天体或者轨道为双曲线的天体。另一种理论认为，奥尔特云是太阳与邻近恒星进行物质交换的产物，这些物质本来就离太阳很远。后一种理论能够比较好地解释为什么外层的奥尔特云是球形，而内层的希尔斯云是圆盘状。

由于奥尔特云距离地球太远，人类已经发射的探测器无一可以对其进行观测，在未来很长一段时间内，对它的探测进展可能也很有限。目前主要通过电脑模拟的办法对其进行研究。

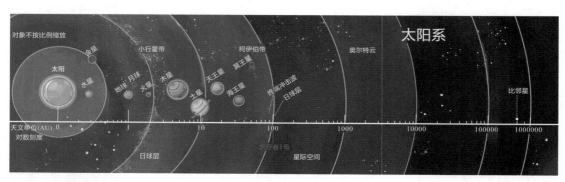

图 4.2　太阳系结构

4.2　日球层

距离太阳 100 AU 处是日球层（图 4.2）。日球层是一个磁层，是太阳大气的最外边界。可以把日球层想象成一个气泡，由太阳喷射出来的物质源源不断地吹起这个气泡。探测器旅行者 1 号和 2 号（Voyager-1 和 Voyager-2）均已到达日球层，为我们了解这一区域提供了第一手证据。

虽然从名字上看，日球层应该是一个球，但实际上它并不是正球体。这主要是因为日球层的形成受控于三个因素：星际物质、太阳风及太阳的运动。星际物质和太阳风都是流体性质，因此日球层的形状也是流动的，类似一个软气泡。太阳风的变化只能在很短的时间尺度上影响日球层的形状，更重要的影响因素是太阳的运动及日球层与星际物质的相互作用。

虽然太阳风对日球层的形状影响不大，但是它的另外一个作用是形成终端冲击波（termination shock）。太阳风从太阳喷出时，速度约为 400 km/s。当太阳风到达距离太阳 90 AU 位置时，其速度已经很小了，约为 100 km/s。太阳风与星际物质相互作用，导致星际物质发生压缩、升温并引起磁场变化，于是形成了冲击波。

日球层对太阳系有着很重要的保护作用。来自银河系的绝大部分离子化的辐射都被日球层阻拦，当然，那些不带电的射线（如 γ 射线）还是能够穿过日球层。

4.3　柯伊伯带

1930 年，克莱德·汤博（Clyde Tombaugh）通过闪视比较仪（blink comparator；一种对同一天文区域不同时段照片进行对比的设备）发现了冥王星（Pluto）。弗雷德里克·伦纳德（Frederick Leonard）推测冥王星可能是外海王星星群中第一个被发现的天体，并且应该还有更多的类似天体等待发现。1943 年，肯尼斯·埃奇沃思（Kenneth Edgeworth）推测原始太阳星云的物质在这么远的地方很难凝聚为行星，只能凝聚成一些星子大小的天体。1951 年，杰拉德·柯伊伯（Gerard Kuiper）推测这些残余的小天体可能会形成一个盘，而冥王星的来来去去会使得盘里的小天体要么向内散射要么向外散射。他进一步推测，即便当初真的有一条由小天体组成的带，现在可能也消失了。柯伊伯的推测依据是，自冥王星之后人们再也没有发现过类似的天体。

然而，人们一直怀疑这样一个充满冰块和石块的残留带可能还存在。一些短周期彗星（如哈雷彗星）每次靠近太阳的时候，它们的冰块和挥发性物质就会因为太阳而挥发，等到再次发现它们的时候，它们又获得了新的冰块和挥发性物质。人们推测肯定有一个源区，让这些短周期彗星获得物质补充，但这个源区不可能是奥尔特云，因为那里太远了。

对类冥王星天体的观测也有进展。1977 年，查尔斯·科瓦尔（Charles Kowal）发现了喀戎星（Chiron，小行星 2060 号）——一个轨道在土星和海王星之间的冰质小行星。随后，人们发现了大约 10 万个类似的小天体。现在人们把这一区域叫作柯伊伯带（Kuiper belt）或者埃奇沃思·柯伊伯带（Edgeworth-Kuiper belt）（图 4.2）。但实际上，这两个人都没有对这一区域进行任何真正的推测。现在有人建议把这个区域叫作"海王星外天体"。不管名称是什么，这个区域指的是距离太阳 30～50 AU 的一条小天体带，主要组成物质是类似于彗星的冰冻挥发性物质。现在，科学家对柯伊伯带进行了更为细致的结构划分，将它分为主带和共振带等多个次级组成单元。

目前，人们认为柯伊伯带是太阳星云

形成行星时未被使用的残留物质。尼斯模型（Nice model）认为柯伊伯带的形成与木星有关，它是木星在太阳系内不断迁移而形成的。

需要特别指出的是，不要将柯伊伯带和奥尔特云相混淆。二者之间有三处不同：柯伊伯带已经被观测证实，而奥尔特云仍是理论推测；柯伊伯带距离太阳 30 ～ 50 AU，而奥尔特云则在 2000 AU 之外；柯伊伯带是一条环形的带，而奥尔特云则是一个太阳位于其中心的球壳。

4.4 巨行星

要被定义为行星必须满足三个条件：①围绕宿主恒星运行（围绕恒星公转）；②达到了静力学平衡（是一个近球体）；③清空了轨道。冥王星被降格为矮行星（dwarf planet）就是因为它没有清空自己的轨道。

先介绍巨行星（giant planet）比先介绍类地行星更便于我们理解太阳系及其他恒星系统的形成和演化。首先，巨行星是太阳系内除太阳之外质量最大的天体，它们可能蕴含了更多太阳星云演化的信息。其次，从巨行星出发有助于我们破除思维定势。如果从类地行星出发，依然是以人类为主的视角，即从对人类自身有益出发。最后，巨行星有着完全不同于类地行星的特征，能够让我们从一开始就建立多样性的概念，避免在使用"比较行星学"思路时，下意识地将基于地球获得的对类地行星的认识简单延伸到巨行星上。

在与太阳的距离方面，木星距离太阳最近，约 5.2 AU；土星稍远，约 9.6 AU；天王星更远，约 19 AU；海王星最远，约 30 AU。

在体量方面，太阳系中除太阳之外质量最大的巨行星是木星，相当于 317 个地球或太阳质量的千分之一。土星则较小，相当于 95 个地球。海王星更小，相当于 17.5 个地球。天王星最小，相当于 14.5 个地球。

在外观方面，这四颗巨行星各具特色。木星的表面布满沿纬向分布、颜色深浅不同的条带；在条带的交接处会有漩涡结构。人们认为木星的纬向条带类似于地球的大气环流。木星的一个显著特点是具有大红斑（great red spot），据说是一种大气涡旋。木星有强大的磁场，在木星的南北极也有类似地球的极光（aurorae，图 4.3）。木星有 95 颗天然卫星和一条比较暗淡的行星环。土星与木星最大的不同是，土星有十分漂亮的行星环和 146 颗天然卫星。天王星的表面真色是蓝白色，也有很多行星环。

在成分方面，巨行星的主要组成物质是沸点比较低的挥发性物质，木星和土星的

图 4.3 木星的极光

来源：美国国家航空航天局（NASA，也称美国宇航局）和欧洲航天局（ESA）。

主要组成物质是氢和氦，而天王星与海王星的主要组成物质则是水、甲烷（methane）和氨（ammonia）。

在内部结构方面，巨行星可能都有一个由硅酸盐组成的核心。不同的是，木星与土星的内部压力和温度极高，导致氢呈现金属态，这些金属态的氢围绕着硅酸盐核心；而天王星和海王星较小，内部没有金属态的氢。

巨行星的其他物理参数留待后面章节专门讲述。

4.5　小行星带

小行星带是巨行星和类地行星的分界，它位于火星和木星之间，由很多不规则的小行星（asteroid 或 minor planet）组成。小行星带又称为小行星主带或主带（main asteroid belt 或 main belt），以区别太阳系的其他小行星带。

小行星带最大的天体是谷神星（Ceres），半径约 950 km，这基本上达到了矮行星的量级。稍微大一些的天体是灶神星（Vesta）、智神星（Pallas）和健神星（Hygiea），它们的半径不到 600 km。成分上，小行星主带大体可以分为三类：碳质型（carbonaceous；C 型）、硅酸盐型（silicate；S 型）和金属型（metal-rich；M 型）。

人们推测小行星带也是太阳系原行星盘增生的残留物，这些物质没能进一步聚集成更大的天体是因为它离木星太近，木星产生的引力扰动等因素都会使它增生困难。这说明，小行星主带可能会有激烈的相互碰撞，碰撞产生的碎片落在地球表面就是陨石（meteorite）。

我们再来了解小行星带的发现。丹麦天文学家第谷·布拉赫（Tycho Brahe）积累了大量观测数据，但是他的数理基础有限，没能进行有效分析。1596 年，开普勒分析这些数据时发现木星和火星之间的距离很大，他根据轨道共振原理推测，在木星和火星之间还应该存在一个天体。1766 年，德国天文学家约翰·提丢斯（Johann Titius）的译著中的一条批注，揭示了太阳系行星轨道的一个规律，即提丢斯 - 波得（Titius-Bode）定则，该定律也推测木星和火星之间应该有一颗行星。1781 年，天王星被发现证实了该定律的有效性。1801 年 1 月 1 日，意大利天文学家朱塞普·皮亚齐（Giuseppe Piazzi）在预测的轨道附近发现了一个移动的小天体，他把它命名为谷神星。之后不到一年半，海因里希·奥伯斯（Heinrich Olbers）在这个轨道区域发现了第二颗小天体，即智神星。随后，人们发现了更多的小天体。虽然提丢斯 - 波得定则不能解释后来发现的海王星的轨道，科学家们也不认为这个定律的背后具有何种物理机制，但即便该定律只是巧合，人们也确实利用它发现了小行星带和天王星。

4.6　类地行星

太阳系共有四颗类地行星（terrestrial planet），分别是水星（Mercury）、金星（Venus）、地球（Earth）和火星（Mars）。之所以将这些天体称为类地行星，是因为它们和地球的圈层结构很类似（图 4.4），都有一个铁镍金属组成的核心（metallic core），一个主要由硅酸盐矿物组成的幔（silicate mantle）。这些明显的特征表明，它们可能有类似的起源与圈层分异过程。但是，这四颗类地行星之间的差异也十分显著，下面让我们从外向内初步了解一下吧。

地球和金星有浓密的大气层（atmosphere），相比之下火星和水星的大气层几近于无。地球和金星虽然都有大气层，但是二者的大气层完全不同。地球大气层的主要成分是氮气（78%）和氧气（21%），而金星大气层的主要成分是二氧化碳（96%）。它们的大气层不仅成分差异很大，密度差异也很大，金星的大气压强为地球的 90 多倍。

此外，现今地球的表面还有海洋和淡水系统组成的水圈（hydrosphere），而在其他三颗类地行星的表面都没有发现液态水。稍有不同的是火星。火星在很久以前可能广泛存在过海洋、湖泊及河流等液态水系统，但是现在已经没有了。

这四颗类地行星固体表面的情形也十分不同。水星和火星的表面有大量的陨石坑，地球和金星表面的陨石坑则要少得多。除此之外，虽然在地球、金星和火星的表面都有高耸的山脉，但是地球上大部分山脉都与板块运动有关（图 4.5），而火星和金星上大部分高山都与地幔柱作用有关（图 4.6）。水星上的山脉则更加奇特，既不与板块运动有关，也和地幔柱作用关系不大，而是可能与陨石撞击有关。

这四颗类地行星虽然在圈层的结构上类似，但是各圈层的厚度和组成仍有很大不同。以地球为例，固体地球的最外层是地壳，向内则是上地幔，上地幔与下地幔之间还有一个过渡带。地球的金属核还可以分为液态的外核、固态的内核及一个固态的内内核。金星的体量与地球十分接近，堪称"姐

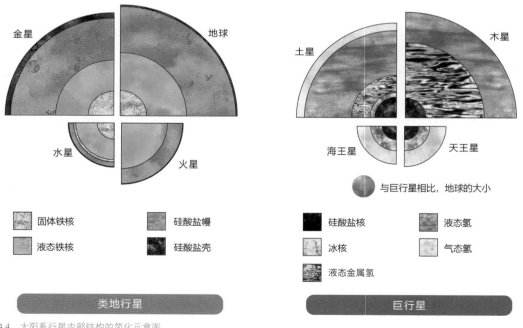

图 4.4　太阳系行星内部结构的简化示意图

此处呈现的巨行星内部圈层结构为核幔边界，分界清晰，但另一种观点认为巨行星的核心可能是弥散状态

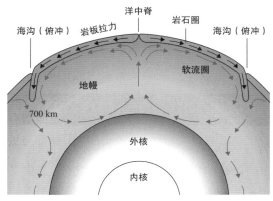

图 4.5 地球的圈层结构与动力学
该图所示的地幔对流为全地幔对流，地幔对流的能量来源为地核。洋壳向陆壳下俯冲，洋壳可能一路向下，堆积在地幔深处，形成洋壳墓场

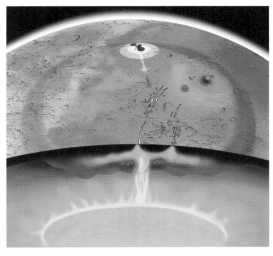

图 4.6 洞察号探测到火星内部地幔柱造成的地震

妹"星球，但是我们除了知道金星的核幔比与地球类似之外，对其中的细节一无所知。我们了解得稍多的天体是火星。2021 年美国洞察号（Interior Exploration using Seismic Investigations，Geodesy and Heat Transport；InSight）携带的地震仪揭示了火星的内部圈层结构，火星有一个很薄的壳（crust）、一个不太厚的硅酸盐幔和一个巨大的金属核，且这个金属核还极有可能处于熔融状态（图 4.6）。水星的核幔结构则更为奇怪，它

的核很大，看起来像是它丢失了一大部分硅酸盐幔。需要特别指出的是，只有地球和火星的固体圈层结构是通过地震仪获得的，水星和金星的内部圈层结构是基于陨石学和天体力学数据推测的。

它们的磁场也极为不同。理论上，金星和地球的大小相当，核幔比也十分接近，二者应该都有全球性磁场且磁场强度也应相当。是的，它们都有全球性磁场，但是金星的磁场强度不到地球的千分之一。火星则没有全球性磁场，只有一些表面含铁矿物记录的局部剩余磁场。水星作为太阳系中最小的行星，不仅拥有全球性磁场，而且磁场强度比金星强 10 倍。最让人意想不到的是水星的磁场并不像地球一样均匀分布，其北半球的磁场强度是南半球磁场强度的 3 倍。行星磁场的形成多与带电导体中电流的定向流动有关，因此它们磁场的差别可能预示了内部金属核的差异。

从天然卫星来看，四颗类地行星也很不同。地球有一颗巨大的天然卫星——月球。火星有两颗较小的天然卫星，即火卫一（Phobos）和火卫二（Deimos）。金星和水星则没有天然卫星。相比类地行星，巨行星的天然卫星数目非常多。

四者之间，最为不同的是地球上有生命，而其他三颗类地行星上还没有发现生命的迹象。人们推测水星离太阳太近，表面温度太高且没有大气层，极度不适合生命的孕育。金星不仅表面温度很高，而且大气层有毒，可能也不适宜生命的孕育。火星上曾经有过海洋与湖泊等液态水存在的标志，从常理判断，应该存在过生命或者拥有形成生命的初始有机物。但是迄今为止，人们还没有找到坚实的证据。

比较行星学（comparative planetology）

通过比较类地行星之间的某些特征，探讨它们的形成和具体演化过程的差异。比较类地行星可以就一些较为细致的现象进行更宏观的解释，这不仅能让我们更加了解地球的独特性，也能让我们对其他类地行星的秉性有更深的认识。

4.7 太阳

太阳是太阳系最主要的天体，它控制了太阳系几乎一切物理与化学特征，如《两小儿辩日》中提出的问题：到底是早晨的太阳离我们近，还是中午的太阳离我们近？诸如此类的问题已渗透到了人类生活的方方面面。在天文学中，以太阳为标准，对宇宙中的其他恒星进行研究。

我们从距离太阳 150000 AU 处的奥尔特云一路向内，穿过 100 AU 处的日球层和 30 ～ 50 AU 的柯伊伯带，正式进入了狭义上的太阳系行星范畴。我们看到了太阳系的巨行星，它们是太阳系中的巨无霸；随后越过小行星带，从比较行星学的角度重新认识了本以为熟悉的类地行星，它们那么形似，却又迥然不同。

· 习题与思考 ·

（1）以旅行者 1 号为例，假定它在飞行的过程中不会与其他物体发生碰撞，它什么时候可以飞到柯伊伯带？它能飞出柯伊伯带吗？

（2）如果我们把天王星作为狭义太阳系的边界，那么人类已经飞出了太阳系；但就太阳系的实际边界而言，人类依然没有飞出太阳系。这主要涉及飞行所需要的燃料。如果你现在负责设计一款旨在到达奥尔特云的飞行器，你会采用什么物质作为能量来源？为什么？按照你的设计，多长时间可以飞到奥尔特云？

## 第五章

太阳
The Sun

太阳对我们而言既熟悉又陌生。熟悉是因为我们每天都能见到它，它的一些基本参数我们也都耳熟能详；陌生是因为我们可能并不知道太阳的基本参数从何而来。本章大体分为四部分，第一部分介绍人们如何获得太阳的各种参数；第二部分是第一章中恒星核合成（stellar nucleosynthesis）的详细展开；第三部分介绍太阳的内部圈层结构与表层活动；第四部分把太阳放在整个恒星系统来考虑，进一步介绍恒星的"生老病死"。

永远不要丧失好奇心。

——爱因斯坦

5.1　度量太阳

重新回到《两小儿辩日》中提出的问题：到底是早晨的太阳离我们近，还是中午的太阳离我们近？支持早晨时太阳更近的小朋友所依据的是早晨的太阳看起来更大，中午的太阳看起来更小；根据近大远小的规律，所以是早晨的太阳离我们近。支持中午的太阳更近的小朋友从温度出发，认为早晨温度低，太阳离得远；而中午温度高，所以太阳离得近。就如同我们离火苗远，就感觉不到温度；而离得越近，所感受到的温度就越高。

从这则两千多年前的《列子》中的故事可以发现，当时的人就已经开始基于生活经验思考与太阳有关的参数，例如，太阳的直径、太阳的质量和密度、太阳的光度、太阳的表面温度等。下面将对这些参数进行一一介绍。

5.1.1　太阳的直径

估算太阳的直径所需要的数学知识极为简单。已知日地距离（D）为 1 AU，从地球看向太阳的视线所成的张角 θ 读数为 $30'$，此时 θ 比较小，适合用小角近似，那么太阳的直径就可以用以下公式计算：

$$R = D \times \theta \tag{5.1}$$

运用该公式时，首先要把角分转换为弧度（单位为 π）：

$$\theta = \frac{30}{60 \times 57.3} = 8.7 \times 10^{-3} \tag{5.2}$$

代入式（5.1），可知：

$$\begin{aligned} R &= D \times \theta = 1.5 \times 10^{8} \times 8.7 \times 10^{-3} \\ &= 1305000 \text{ km} \end{aligned} \tag{5.3}$$

这一估算值与实际测量值（1391978 km）十分接近，由此估算太阳的半径（r）大约为 700000 km。

5.1.2　太阳的质量和密度

可以从地球绕太阳公转的离心力等于太阳的万有引力入手来估算太阳的质量：

$$\frac{MmG}{D^2} = \frac{mv^2}{D} \tag{5.4}$$

式中，等号左侧为太阳的万有引力；右侧为地球绕太阳公转的离心力；M 为太阳的质量；m 为地球的质量；D 为日地距离；v 为地球公转的角速度；G 为万有引力常数。

由式（5.4）可得

$$M = \frac{v^2}{G} D \tag{5.5}$$

地球的公转角速度可以用下式估算：

$$v = \frac{2\pi D}{P} \tag{5.6}$$

式中，P 为公转周期。由式（5.5）和式（5.6）可得太阳的质量：

$$\begin{aligned} M &= \frac{4\pi^2 D^3}{GP^2} \\ &= \frac{4 \times \pi^2 \times (1.5 \times 10^{11})^3}{(6.67 \times 10^{-11}) \times (3.156 \times 10^{7})^2} \\ &\approx 2.0 \times 10^{30} \text{ kg} \end{aligned} \tag{5.7}$$

在获得了太阳的半径和质量之后，就可以计算太阳的平均密度。假设太阳为正球体，则太阳的体积为

$$V = \frac{4}{3}\pi r^3 = 1.4 \times 10^{27} \ \text{m}^3 \quad (5.8)$$

太阳的平均密度 ρ 为

$$\rho = \frac{M}{V} = 1428 \ \text{kg/m}^3 \quad (5.9)$$

可以发现，太阳的平均密度比水在常温常压下的密度更高。太阳的主要组成物质为氢气和氦气，氢气和氦气在常温常压下的密度都很低，而太阳的平均密度却远远大于常温常压下氢气的密度。说明在太阳的内部，由于温度和压力的作用，氢和氦并不是以气体的形式存在。

5.1.3　太阳的光度

太阳的光度就是太阳的功率。首先假设一个正球体，它以太阳为原点，以日地距离为半径。如果我们知道这个正球体单位面积的光照强度，再乘以正球体的表面积，就可以获得太阳的功率。人们在地球大气层顶部测得太阳的单位功率为 1370 W/m^2，这就是所谓的太阳常数。太阳的光度 E 为

$$E = 1370 \times 4\pi D^2 = 3.86 \times 10^{26} \ \text{W} \quad (5.10)$$

5.1.4　太阳的表面温度

对太阳表面温度的估算可以从普朗克的黑体辐射定律来考虑。黑体辐射指的是热平衡状态，其公式如下：

$$I(v,T)\mathrm{d}v = \left[\left(\frac{2hv^3}{c^2}\right) \times \left(\frac{1}{\mathrm{e}^{\frac{hv}{kT}}-1}\right)\right]\mathrm{d}v \quad (5.11)$$

式中，h 为普朗克常数；c 为光速；k 为玻耳兹曼常数；v 为电磁辐射频率；T 为物体

的绝对温度；$I(v,T)$ 为辐射率，指单位时间内从单位表面积和单位立体角度内以单位频率间隔或单位波长间隔辐射出的能量，单位为 $\text{J} \cdot \text{s}^{-1} \cdot \text{m}^{-2} \cdot \text{sr}^{-1} \cdot \text{Hz}^{-1}$。

根据斯特藩 - 玻尔兹曼（Stefan-Boltzmann）定律可知，黑体辐射的功率（单位为 W）与其表面积（A）有关：

$$E = \sigma A T^4 \quad (5.12)$$

式中，$\sigma = 5.67 \times 10^{-8} \ \text{W} \cdot \text{m}^{-2} \cdot \text{K}^{-4}$，即斯特藩 - 玻尔兹曼常数；$T$ 为温度。

由式（5.10）已经知道了太阳的光度 E，从而可以计算出太阳的表面温度 T：

$$T = \left[\frac{4 \times 10^{26}}{(5.67 \times 10^{-8}) \times [4\pi \times (7 \times 10^8)^2]}\right]^{-4}$$
$$= 5837 \ \text{K} \quad (5.13)$$

从普朗克黑体辐射公式［式（5.12）］可以看出，黑体辐射是热平衡状态，因此不同温度的黑体辐射的谱形的峰值对应的波长不同（图 5.1）。由此，给出维恩（Wien）位移定律，即谱形的峰值与黑体辐射温度的乘积是一个常数，即 $2.9 \times 10^6 \ \text{K} \cdot \text{nm}$。黑体的温度越高，其谱形的峰值就越小。我们可以简便地用维恩位移定律来计算。太阳是一个理想的黑体，而且黑体谱形的峰值对应的波长为 500 nm，即

$$\lambda_{\max} = 500 \ \text{nm}$$

因此，太阳的表面温度 T：

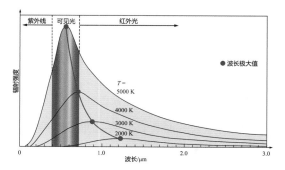

图 5.1　黑体辐射

$$T = \frac{2.9 \times 10^6}{500} = 5800 \text{ K} \qquad (5.14)$$

现在准确测量的太阳表面温度是 5780 K，

与利用普朗克黑体辐射公式和维恩位移定律估算的数值十分接近。

5.2　太阳的化学成分

5.2.1　夫琅禾费线

对太阳化学成分的估算则需要借助夫琅禾费（Fraunhofer）线。最早是牛顿使用棱镜对太阳光进行了分光实验，发现太阳的白光可以被分解成从偏紫色到偏红色的多种光。1802 年，威廉·沃拉斯顿（William Wollaston）发现太阳光分解的彩色光中有一些暗线，表明有一部分太阳光被太阳中的某种物质吸收了。1814 年，约瑟夫·冯·夫琅禾费（Joseph von Fraunhofer）精确定位了暗线所处的波长。1860 年左右，古斯塔夫·基尔霍夫（Gustav Kirchhoff）和罗伯特·本生（Robert Bunsen）发现这些暗线的波长与某些原子的发射线一一对应。1920 年，印度天体物理学家梅格纳德·萨哈（Meghnad Saha）将这些吸收线的强度与太阳的温度和化学成分联系起来。下面介绍如何从太阳光谱的吸收线中计算太阳的化学成分。

一般教材或通俗读物中使用的太阳光谱图如图 5.2 所示。似乎计算太阳的化学成分并不十分困难，因为并没有多少条暗线。但实际如图 5.3 所示，情况十分复杂，因为暗线很多。从牛顿的实验往后经过了大约 300 年的时间，人们终于可以从太阳光谱中获得太阳化学组成的准确值。整体思路可以分为三部分：一是确定暗线所对应的元素；二是计算暗线的强度；三是建立暗线强度与元素含量之间的数学关系。

图 5.2　纪念夫琅禾费发现太阳光谱暗线的邮票

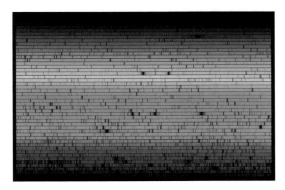

图 5.3　真正的太阳光谱暗线

5.2.2　夫琅禾费线对应的元素

精确定位暗线意味着要将某一波长处的暗线与某一特定元素联系，因此要知道暗线如何产生。暗线的产生必须同时满足四个条件：①必须有足够多的某种原子；②这种原子必须处于恰到好处的离子状态；③该原子必须处于合适的能级；④背景光子必须处于该能级所对应的波长。第一个条件很好理解，例如，波长 6563 Å 处的暗线对应氢原子的 Balmer-α 能级，那么该恒星内部必须有足够多的氢原子。第四个条件也很好理解，恒星的外层大气产生可观测的、波长为 6563 Å 的光子通量，否则就没有光子可被吸收。比较难以理解的是第二个和第三个条件。

如果一个氢原子吸收一个光子，导致其从能级 $n=2$ 跳跃到 $n=3$，那么与基态（$n=1$）相比，这个氢原子需要多少能量才能稳定在 $n=2$ 能级？答案是 $n=2$ 能级的能量减 $n=1$ 能级的能量，即 10.2 eV（图 5.4）。有什么方法可以让基态氢原子跃迁到 $n=2$ 能级？一种方法是让氢原子发生相互碰撞，尤其是在气体比较稠密时，碰撞可以将能量从一个原子转移到另一个原子。在热力学的学习中我们已经知道，气体中原子的速度遵循麦克斯韦 - 玻尔兹曼分布：

$$E \propto kT \qquad (5.15)$$

式中，$k = 1.38 \times 10^{-23}$ J/K，即玻尔兹曼常数；T 为气体的温度。假定这团温度为 T 的气体经过足够长时间的碰撞达到了热力学平衡，那么此时该气体中处于能级 a 和能级 b 的气体个数的比例为

$$\frac{N_b}{N_a} = \left(\frac{g_b}{g_a} \right) e^{\frac{E_b - E_a}{kT}} \qquad (5.16)$$

式中，g_a 和 g_b 是简并值，通常叫作统计权重。可以发现，如果能级 b 的能量比能级 a 高，那么处于能级 b 状态的原子数目就要少得多。据此可以推测，在波长为 6563 Å 处的吸收线会随着恒星表面温度的升高而变得更粗、更黑。但在 A 类恒星的光谱中，当恒星表面温度为 10000 K 时，该暗线最强；在更高温度的恒星中，这条暗线却消失了。这是因为氢原子发生了离子化。当氢原子获得的能量超过 13.60 eV 时，它的电子就会

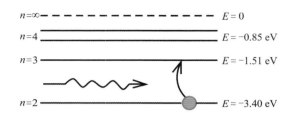

图 5.4　氢原子的能级

挣脱原子核的束缚，永远地离开原子核，此时氢原子就变成了氢离子，也就没有吸收线。因此，从光谱的暗线中提取波长为 6563 Å 处暗线的含量信息时，只有未电离的氢原子是有价值的。电离的氢原子另有用处。

麦克斯韦 - 玻尔兹曼方程给出了不同能级的未电离原子个数之间的关系，而处于不同电离能级的氢离子个数的关系由萨哈（Saha）电离方程给出：

$$\frac{N_{i+1}}{N_i} = \frac{2Z_{i+1}}{n_e Z_i} \times \left(\frac{2\pi m_e kT}{h^2} \right)^{\frac{3}{2}} \times e^{\frac{-x_i}{kT}} \quad (5.17)$$

式中，N_i 代表第 i 个电离状态的原子密度，即原子失去了 i 个电子；n_e 为电子密度；Z_i 为配分函数；m_e 为电子质量；T 为气体的温度；k 为玻尔兹曼常数；h 为普朗克常数；x_i 是移除能级状态为 i 的离子的一个电子所需要的能量，此时该离子从能级状态 i 变为了电离态 $i+1$。继续以氢原子为例，假设由基态氢原子 $i=1$ 获得 $x_i = 13.60$ eV，则会失去一个电子，到达电离态 $i+1=2$。可以看出，萨哈电离方程中的 Z_{i+1} 和 Z_i 实际上与麦克斯韦 - 玻尔兹曼方程中的物理意义一致。此时我们发现，随着温度的升高，一旦氢原子被电离，就不会有波长为 6563 Å 处

的暗线。从图 5.5 中可以看到，随着温度的升高，未电离的氢原子的数目急剧下降，氢离子的数目急剧上升。那么，在什么时候波长为 6563 Å 处的暗线最强呢？答案是当温度接近氢原子的电离极限时，此时体系中处于 $n=2$ 但是没有发生电离的氢原子的数目最多。

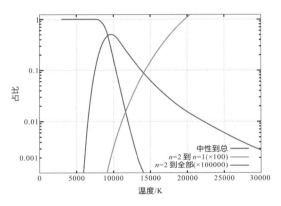

图 5.5　5000 ～ 30000 K 的 Balmer-α 吸收线

那么，是否吸收暗线越强，该类原子就越多呢？并不是，还需要这个原子处于合适的激发态，而恒星的温度决定了激发态。有时，暗线较淡或较窄，可能是该暗线对应的原子处于该激发态的数目少，而不是恒星中该原子的总数目少。

5.2.3　夫琅禾费线的吸收强度

我们该如何计算某处暗线的吸收强度？太阳光谱吸收线通常如图 5.6 所示，要计算吸收暗线的强度需要对连续光谱进行标准化至 1，此时可以获得一个波形的压缩比（图 5.7）。压缩比 $R_v = I - I_v$。I 为原始吸收暗线强度，I_v 为标准化后的暗线强度。

在获得图 5.7 后，可以对吸收线形成的波谷进行积分，获得积分面积。此时需要用一个当量宽度（W_λ）来衡量吸收线的强度，即计算一个矩形，使它的面积与吸收线波谷积分面积一致，长度等于连续光谱标准化值（这里是 1），从中可以求出的宽度即为该吸收线的当量宽度（图 5.8）。

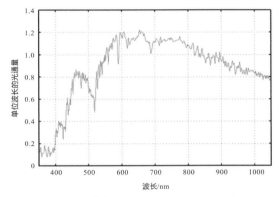

图 5.6　太阳光谱吸收线

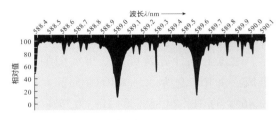

图 5.7　太阳光谱吸收线的压缩比

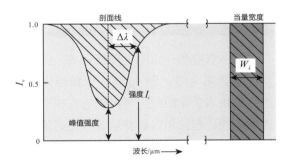

图 5.8　太阳光谱吸收线的当量宽度

5.2.4　夫琅禾费线吸收强度与元素丰度的关系

现在，我们直接给出当量宽度与太阳大气中某元素丰度之间的公式：

$$A = \left(\frac{W_\lambda}{\lambda}\right) - \left[\frac{\pi e^2}{m_e c^2} \times \frac{\dfrac{N_i}{N}}{U(T)} \times N_H\right]$$

$$-(gf\lambda) + \frac{5040}{T}x + (k_\nu) \qquad (5.18)$$

式中，A 为某元素的丰度；$\left(\dfrac{W_\lambda}{\lambda}\right)$ 为某吸收线的当量宽度；$\left[\dfrac{\pi e^2}{m_e c^2} \times \dfrac{\frac{N_i}{N}}{U(T)} \times N_H\right]$ 对某一特定恒星来说是一常数；$(gf\lambda)$ 为转移概率；$\dfrac{5040}{T}x$ 为恒星的有效温度；(k_ν) 为恒星大气的吸收系数。需要指出的是，上述每一项参数的确定还需要进一步的工作，这里给出的只是最后公式，真正的推导超过了本课程的范畴，感兴趣的同学可以参考恒星光谱（stellar spectroscopy）相关教材。

通过上述计算就可以获得太阳的化学组成。如图 5.9 所示，太阳的质量大概由 73.46% 的 H、24.85% 的 He、0.77% 的 O

和 0.29% 的 Si 等组成。此外，我们还可以用质谱仪直接测定某些特定类型的陨石的化学组成，这也可以代表太阳、太阳系及太阳星云的化学组成。这一工作最初是由地球化学家维克托·戈尔德施密特（Viktor Goldschmidt）在 1937 年完成的。在后面有关陨石的章节中，我们会对此进行简单介绍。

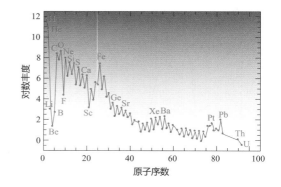

图 5.9　太阳系的化学组成
太阳系的元素丰度又称元素的宇宙丰度

5.3　太阳（恒星）的核合成过程

第一章初步介绍了太阳核合成（核聚变反应）的第一步，即 pp 链。下面将详细介绍体量相当于太阳的恒星内部进行核聚变链式反应的过程，用以解释从太阳光谱的吸收暗线中计算得到的部分元素的含量。

在进入正题之前，我们需要回顾两项前人的工作。首先是一篇对恒星的核合成过程有奠基性价值的文献，即 1957 年由 Margaret Burbidge、Geoffrey Burbidge、William Fowler 和 Fred Hoyle 在 *Reviews of Modern Physics* 上发表的题为 "Synthesis of the Elements in Stars" 的文章。这篇文章非

常重要，以至于它有了自己的名字 B²FH。

另一项需要回顾的内容为爱因斯坦的质能方程。对于一个如下核反应：

$$^{A1}_{Z1}X + ^{A2}_{Z2}Y \Longrightarrow ^{A3}_{Z3}M + ^{A4}_{Z4}N \qquad (5.19)$$

式中，A 代表质量数；Z 代表原子数；X、Y、M、N 指不同的元素。上述反应存在两个守恒：①质量守恒，$A1+A2=A3+A4$；②原子数守恒，$Z1+Z2=Z3+Z4$。在使用质能方程时，考虑的是核反应前后质量的变化：

$$E = [(A1+A2)-(A3+A4)]c^2 \qquad (5.20)$$

式中，c 为光速。如果 $E>0$，则为放热反应；$E<0$，则为吸热反应。下面介绍的核反应过

程中释放出的能量都是通过质能方程计算得到的。

5.3.1　恒星内部的氢燃烧

恒星内部的核聚变首先是氢的核聚变。在恒星内部，氢燃烧形成氦，有两个方法可以实现，第一个是 pp-chain；第二个是 CNO 循环。在恒星质量小于 2 倍太阳质量时，pp-chain 占主导；在恒星质量大于 2 倍太阳质量时，CNO 循环占主导。

首先来看 pp 链式反应，其具体过程如图 1.3 所示。我们再仔细了解每一步过程。pp-chain 的第一步是两个质子形成一个氘核：

$$p+p \longrightarrow D+e^{+}+\nu+0.42\,\text{MeV} \quad (5.21)$$

想要上述反应进行，环境温度必须在 4×10^6 K 以上。与此同时，该反应要求必须将一个质子（p）转变为一个中子（n），即

$$p \longrightarrow n+e^{+}+\nu \quad (5.22)$$

在这个过程中，会释放出一个正电子（e^{+}）和一个中微子（ν）。这个反应只能通过弱反应来实现，反应速率特别慢，这将导致 2 个质子聚变为氘核的过程十分缓慢，从根本上决定了 pp-chain 的速率。两个质子形成氘核的反应除了会释放出 0.42 MeV 的能量，还会有额外的能量生成。因为正电子会迅速与体系中的电子（带负电）湮灭，释放出更多能量：

$$e^{+}+e^{-} = \beta+1.02\,\text{MeV} \quad (5.23)$$

因此，2 个质子形成氘核的反应会释放出 1.44 MeV 的能量。一旦形成了氘核，反应速度就会加快。

$$D+p = {}^{3}\text{He}+\gamma+5.49\,\text{MeV} \quad (5.24)$$

后续的链式反应有两种路径，即 pp I-chain 和 pp II-chain，占比分别约为 85% 和 15%。pp I-chain 的反应所需要的体系温度也必须在 4×10^6 K 以上，具体是 2 个 ^{3}He 形成 1 个 ^{4}He，并释放出 2 个质子的过程：

$$^{3}\text{He}+{}^{3}\text{He} = {}^{4}\text{He}+2p+12.86\,\text{MeV} \quad (5.25)$$

如果体系的温度高于 1.4×10^7 K，则开始进行 pp II-chain：

$$^{3}\text{He}+{}^{4}\text{He} = {}^{7}\text{Be}+\gamma \quad (5.26)$$

在绝大多数情况下，上述反应发生后会立即发生下面两步反应，首先是电子捕获和中微子释放的反应：

$$^{7}\text{Be}+e^{-} = {}^{7}\text{Li}+\gamma \quad (5.27)$$

其次，^{7}Li 形成以后会迅速捕捉一个质子：

$$^{7}\text{Li}+p = 2\,{}^{4}\text{He} \quad (5.28)$$

在极少数情况下，^{7}Be 形成以后会进行 pp III-chain，首先捕捉一个质子：

$$^{7}\text{Be}+p \longrightarrow {}^{8}\text{B}+\gamma \quad (5.29)$$

^{8}B 不稳定，会释放出正电子和中微子：

$$^{8}\text{B} \longrightarrow {}^{8}\text{Be}+e^{+}+\nu \quad (5.30)$$

^{8}Be 也不稳定，会直接裂开：

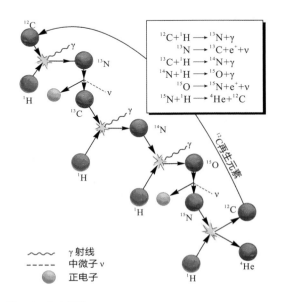

图 5.10　CNO 循环

$$^8Be \longrightarrow 2\,^4He \qquad (5.31)$$

ppⅠ-chain、ppⅡ-chain 和 ppⅢ-chain 的总效应是 4 个质子合成 1 个 ^4He，释放出 2 个正电子、2 个中微子和 26.73 MeV 能量，即

$$4p == {}^4He + 2e^+ + 2\nu + 26.73\ MeV \qquad (5.32)$$

另一个可以实现氢燃烧形成氦的路径是 CNO 循环，又叫作贝特 - 魏扎克（Bethe-Weizsäcker）循环。这一过程发生的温度要求是 1.5×10^7 K。CNO 循环的整体过程如图 5.10 所示。CNO 循环过程中，C、N 和 O 作为催化剂，既不消耗也不产生，其净反应与 pp-chain 一样。在 CNO 循环中，^{14}N 与 ^1H 反应形成 ^{15}O 的过程最慢，因此这一步骤决定了 CNO 循环的速率。

知识拓展 1　太阳的寿命

如何计算太阳的寿命？在知道太阳内部在进行氢聚变之前，人们猜测太阳的发光发热可能利用的是化学能源（就像烧煤），由此计算太阳的年龄只有 1000 多年，这明显不符合事实。亥姆霍兹（Helmholtz）认为太阳的主要能量来源是收缩释放的引力势能，计算得到的太阳寿命大约 2000 万年。现在，我们知道这个计算结果也不对。通过本节的内容我们已经了解到太阳的主要能量来源是核聚变，因此需要用质能方程来计算。反应产物为 ^4He，反应初始物为 4 个质子。电子的质量为 0.000549 amu，质子的质量为 1.007276 amu，中子的质量为 1.008665 amu，而 ^4He 的质量为 4.002603 amu，且 1 amu=1.66054×10^{-27} kg。因此，氢聚变释放出来的总能量：

$$\Delta E = (4 \times 1.007825 - 4.002603) \times c^2$$
$$= 26.73\ MeV \qquad (附 5.1)$$

我们可以粗略通过生产物与反应物的质量损失来估计上述反应的产能率：

$$\varepsilon = \frac{4 \times 1.007825 - 4.002603}{4.002603（氦核质量）} = 0.7\% \qquad (附 5.2)$$

假设太阳燃烧的产能率是 100%，我们可计算太阳单位时间内的质量损失：

$$\Delta M = \frac{3.8 \times 10^{26}\ W（太阳光度）}{c^2\ kg/s}$$
$$= 4.4 \times 10^9\ kg/s \qquad (附 5.3)$$

考虑到实际的氢聚变产能率只有 0.7%，因此，太阳保持现有光度需要消耗的质量会更大：

$$\Delta M = \frac{4.4 \times 10^9}{0.7\%} = 6.3 \times 10^{11}\ kg \qquad (附 5.4)$$

因此，用太阳的总质量除以维持现有光度单位时间内消耗的质量，就可以得到太阳的寿命：

$$太阳的寿命 = \frac{2 \times 10^{30}\ kg}{6.3 \times 10^{11}\ kg/s}$$
$$\approx 1000\ 亿年 \qquad (附 5.5)$$

实际上，并不是太阳的所有物质都能被用来燃烧维持光度，只有位于太阳核部分的氢才能燃烧，大约只占太阳总质量的 10%，因此太阳的寿命只有 100 亿年。

知识拓展 2　太阳中微子问题

另一个与氢聚变相关的是太阳中微子问题。氢聚变的产物除了氦核之外，还有中微子、正电子及释放能量。释放的一部分能量以电磁辐射的形式被 γ 射线带走，另一部分能量被中微子与带电粒子带走。中微子携带的能量在从太阳核穿越到太阳表面的过程中基本上不发生损失。1960 年左右，雷蒙德·戴维斯（Raymond Davis）等发现实测的中微子数量与理论推算的中微子数量有差别。这就是太阳中微子问题，又叫作中微子振荡（neutrino oscillation）。如何预测太阳核聚变过程中应该产生的中微子？如何观测中微子通量？

人们用太阳标准模型（solar standard model）来描绘太阳的核聚变过程，即前文提到的 pp-chain 和 CNO 循环。这个模型预测 pp 链式反应产生了太阳大约 99% 的中微子，而 CNO 循环可能只产生了 1% 的中微子。因此，可以用 pp-chain 产生的中微子来代表整个太阳标准模型产生的中微子通量，即 6×10^{10} cm^{-2}·s^{-1}。

戴维斯测量太阳中微子通量的实验叫作 Homestake（霍姆斯塔克）实验。Homestake 是一个金矿，实验就是在地下 1480 m 深的矿洞里进行的。实验时间很长，从 1970 年开始，直到 1994 年才获得首批数据。由于中微子与物质的反应截面很小，因此需要用大量的物质才能检测到中微子。在 Homestake 实验中，戴维斯使用了 615 t C_2C_{14} 液体来探测中微子。中微子在与液体反应时，会加速物体中的电子，使得电子的速度甚至超过了光在这种液体中的传播速度，形成一片蓝色的辉光。这就是切连科夫辐射（Cherenkov radiation）。基本反应过程是

$$^{37}Cl + \nu \Longrightarrow {}^{37}Ar + e^-$$ （附 5.6）

戴维斯每隔 60 ~ 120 d 就检测一次液体中的 ^{37}Ar，由此反算出的中微子通量只有 2.56×10^{10} cm^{-2}·s^{-1}，与理论预测值有明显差异。随后，诸多学者设计实验用以解释实测的中微子数目远远小于理论预测值的现象。这有两种可能性：①太阳标准模型有误，太阳核心的温度低于理论预测值；②中微子在传播过程中发生了尚未明确的反应。

氢聚变的速率由反应体系的温度决定。只要将氢聚变的温度降低 6%，就能将理论预测的中微子通量降低到观测值。这就破解了中微子消失之谜。但是日震学（helioseismology）的研究并不支持这个解释方案。

另一种解释是中微子振荡（neutrino oscillation），即中微子在电子中微子、μ 中微子和 τ 中微子三种味型（flavor）之间相互变换。而 Homestake 实验的设施实际上只能检测到电子中微子。最终，这种方案获得了证实。这是因为最初的太阳标准模型中中微子是无质量的，如果中微子是有质量的呢？可以设计一个实验来进行检测：如果中微子是没有质量的，那么它们将以光速传播；如果是有质量的，它们的传播速度就会低于光速。1998 年，日本科学家梶田隆章通过超级神冈探测器首次获得中微子振荡的证据，即 μ 中微子会转变为 τ 中微子。2001 年，加拿大萨德伯里（Sudbury）中微子观测站的阿瑟·麦克唐纳（Arthur B. McDonald）利用重水实验一次性观测到了三种味态的中微子。

通过大量的统计发现，太阳的中微子约有 35% 属于电子中微子，剩余的为 μ 中微子和 τ 中微子。

出于在研究太阳中微子问题上取得的成就，雷蒙德·戴维斯（2002 年）、梶田隆章（2015 年）与阿瑟·麦克唐纳（2015 年）分别获得诺贝尔物理学奖。当然，实际上有很多人为解决太阳中微子问题做出了巨大贡献，包括布鲁诺·庞蒂科夫（Bruno Pontecorvo）、陈华森和王贻芳等。庞蒂科夫最初发现了中微子与 ^{37}Cl 的反应，并设计实验检测核电站中的中微子，但是失败了。原因是核电站产生的不是中微子，而是反中微子。陈华森首先提出利用重水进行中微子探测并设计了储存重水的设备，但他于 1987 年英年早逝。王贻芳领导了大亚湾中微子实验室的工作，并与陆锦标一起测定了中微子混合的角度。

5.3.2 恒星内部的氦燃烧：碳和氧的形成

只要恒星的内部还有氢，就会一直进行氢聚变为氦的核反应。当恒星内部的氢燃烧完以后，会发生重力坍塌，导致内部的温度迅速从 10^6 K 升高到 10^8 K，促使氦聚变过程的发生，形成碳和氧。氦聚变的第一步如下：

$$^4He + {}^4He \longleftrightarrow {}^8Be \qquad (5.33)$$

^8Be 是一个放射性核素，半衰期只有 10^{-16} s，它会重新衰变为 ^4He。但是，^8Be 在它短暂的一生中，依然有机会捕捉一个 ^4He，生成 ^{12}C，即

$$^8Be + {}^4He \longrightarrow {}^{12}C + \gamma \qquad (5.34)$$

由此看来，实际上是 3 个 ^4He 形成了 1 个 ^{12}C。^8Be 与 ^4He 之间的平衡过程似乎会极大地限制可以形成的 ^{12}C 的量。但是，^{12}C 在 He 燃烧过程中会发生谐振（resonance），谐振极大地提高了反应的速率，能够形成较多 ^{12}C。

上述过程形成的 ^{12}C 中，约有一半会进一步转变为 ^{16}O：

$$^{12}C + {}^4He \longrightarrow {}^{16}O + \gamma \qquad (5.35)$$

至此，氦聚变结束。

氦聚变带来了两个很有趣的现象。如果恒星的质量小于 2 个太阳的质量，当恒星内部的氢燃烧殆尽时，升高的温度并不直接使氦燃烧，而是先出现恒星核的氦耀斑（He flare）现象，这是因为小质量恒星的核密度比大质量恒星的高。随着氦燃烧的进行，恒星核实际上已经不是理想气体，是一种"退化"的气体，它的压力仅与密度相关，而与温度无关了。因此，伴随 3 个 ^4He 聚变为 ^{12}C 的过程，恒星内部的温度逐渐升高，但是压力并没有变化，因此也不会导致燃烧的膨胀，这已不是通常意义上的流体静力学燃烧过程。在这种情况下，温度急剧升高，气体大量"退化"，在某一时刻，它的状态方程又与压力有关，会突然引发恒星核外层的膨胀，喷发后形成行星状星云（planetary nebula）。

如果恒星的质量比较大（有 2 ~ 8 个太阳质量），即渐近巨星支（asymptotic giant branch），那么氦燃烧通常发生在它们的红巨星阶段。当氦被燃烧殆尽时，燃烧层会形

成一个燃烧壳，逐渐向外膨胀迁移。这样，恒星就有两个燃烧层，一个是氦燃烧壳，另一个是正在燃烧的恒星表层的氢燃烧层。氦燃烧壳特别薄，辐射压撑不住它上面的氢燃烧层，导致氦燃烧壳被挤压得变小或者向内垮，这个向内压的过程造成的升温在达到某一临界值后，氦燃烧壳会突然向外爆炸，吹起更外层的氢燃烧层，这就是氦闪（Helium flash）现象。氦闪会导致恒星内部形成大尺度的对流圈，将不同尺度内的等离子体进行混合，进而发生慢中子捕获过程（slow neutron capture process，s-process）。

5.3.3　恒星继续燃烧：铁的形成

如果恒星质量达到 8 个太阳质量以上，氢燃烧后就会进行碳燃烧，此时恒星内部由于氦燃烧形成的重力坍塌导致的升温效应已经达到了 5×10^8 K。碳聚变的过程是两个碳核形成一个 ^{20}Ne 或者 ^{23}Na：

$$^{12}\mathrm{C} + {}^{12}\mathrm{C} \longrightarrow \begin{cases} ^{20}\mathrm{Ne} + {}^4\mathrm{He} \\ ^{23}\mathrm{Na} + \mathrm{p} \end{cases} \quad (5.36)$$

随着温度升高到 10^9 K，恒星内部的光子会把 ^{20}Ne 解离成 ^{16}O 和 ^{4}He，新形成的 ^{4}He 继续与 ^{20}Ne 反应，形成 ^{24}Mg：

$$^{20}\mathrm{Ne} + \gamma \longrightarrow {}^{16}\mathrm{O} + {}^4\mathrm{He} \quad (5.37)$$
$$^{20}\mathrm{Ne} + {}^4\mathrm{He} \longrightarrow {}^{24}\mathrm{Mg} + \gamma \quad (5.38)$$

如果温度继续升高到 2×10^9 K，就会发生 ^{16}O 的燃烧，形成 ^{28}Si：

$$^{16}\mathrm{O} + {}^{16}\mathrm{O} \longrightarrow {}^{28}\mathrm{Si} + {}^4\mathrm{He} \quad (5.39)$$

温度升高到 2×10^9 K 以后，就开始硅燃烧。当然，γ 射线会导致 ^{28}Si 的裂解（一种光解反应）：

$$^{28}\mathrm{Si} + \gamma \longrightarrow {}^{24}\mathrm{Mg} + {}^4\mathrm{He} \quad (5.40)$$

由此释放出来的 ^{4}He 会被一系列原子所捕获，形成新的核素：

$$^{28}\mathrm{Si} + {}^4\mathrm{He} \longrightarrow {}^{32}\mathrm{S} + \gamma \quad (5.41)$$
$$^{32}\mathrm{S} + {}^4\mathrm{He} \longrightarrow {}^{36}\mathrm{Ar} + \gamma \quad (5.42)$$
$$^{36}\mathrm{Ar} + {}^4\mathrm{He} \longrightarrow {}^{40}\mathrm{Ca} + \gamma \quad (5.43)$$

这样的反应可以一直进行下去，直到形成 ^{56}Ni（结合能最高且中子数与质子数相等）。实际上，这是一个光解反应与 ^{4}He 捕获过程的平衡，被称为核统计平衡（nuclear statistical equilibrium）。此时，在计算形成的元素丰度时，具体的反应过程和反应速率已不重要，更重要的是等离子体的温度和密度及核素结合能。

在燃烧产物是铁和镍时，恒星也会失去流体静力学平衡，发生重力坍塌，出现核心坍塌所致的超新星爆发。在超新星爆发时，随着冲击波向外传播，核合成过程会继续进行，形成一些新元素或者改变已经形成的元素的丰度。例如，超新星爆发导致 C、Ne 及 Si 层的燃烧会改变从 Ca 到 Fe 的丰度。而 γ 射线导致的光解作用会使重元素形成富含质子的同位素或核素（p-nuclide）。

5.3.4　中子捕获过程

恒星的核聚变链式反应只能形成铁和镍，不能形成比铁和镍更重的元素，如铅（Pb）和金（Au）。这些比铁更重的元素是怎么形成的？

中子捕获是最有可能的过程，因为对于一个重元素来说，它捕获中子不需要克服库仑斥力。如果体系中存在大量的中子，那么"种子"核素通过捕捉中子，就能形成比铁更重的核素。但是它也不会无限重，随着重元素中子数的增加，它越来越不稳定，开始发生 β^{-1} 衰变，将一个中子变成质子的同时，放出一个电子和一个反中微子（antineutrino）。这个中子捕获与 β^{-1} 衰变交织，能够形成大部分比铁更重的元素。

因此，中子捕获形成的核素丰度取决于两个参数：① β^{-1} 衰变的半衰期；② 两次中子捕获之间的时间间隔，这个时间间隔与中子捕获反应的速率和体系的中子通量成反比。如果中子捕获的速率不如 β^{-1} 衰变，那就只能形成最稳定的核素；如果中子捕获的速率大于 β^{-1} 衰变，那么就会形成富含中子的原子核。当体系中的自由中子消失后，这些富含中子的原子核就会发生一系列 β^{-1} 衰变，形成稳定同位素。上述两种情形就是慢中子捕获过程（s-process）和快中子捕获过程（rapid neutron capture process，r-process）。太阳系的重元素中，尤其是那些最外层电子被填满的重元素中，一半是由 s-process 形成的，一半是由 r-process 形成的。

s-process 的中子是哪里来的呢？以下两个反应可以提供大量中子：

$$^{13}C + {}^4He \longrightarrow {}^{16}O + n \qquad (5.44)$$

$$^{22}Ne + {}^4He \longrightarrow {}^{25}Mg + n \qquad (5.45)$$

^{13}C 的反应效率更高，因为它是放热反应。但在 He 燃烧过程中，^{13}C 捕获 ^4He 的过程实际上没有发生，反而是 ^{22}Ne 捕获 ^4He 的过程发生了。这是目前一个悬而未决的问题。无论如何，渐近巨星支的恒星形成了绝大多数 s-process 的重元素，这就是主要来源物（main component）。问题是，还有一些 s-procss 形成的较轻核素，它们是怎么形成的？这些与 s-process 有关的轻核素的丰度小于与 s-process 有关的重核素，叫作弱组分（weak component）。弱组分 s-process 主要发生在大质量恒星（大于 8 个太阳质量）。它们制造中子的形式是 ^{22}Ne 捕获 ^4He 的过程，但是这个过程不能形成比铁更重的元素。

哪些恒星更容易发生 s-process 呢？最容易的是已经拥有上一代恒星留下的一些铁族元素的恒星。如此，应该是年轻的恒星比年老的恒星更容易发生 s-process。

除了 s-process，r-process 制造了另一半比铁重的核素。人们推测 r-process 发生的环境可能与中子星的形成有关，但其中仍有许多不确定之处。一般来说，s-process 形成的元素到 Bi 为止，而 r-process 可以形成那些长半衰期的元素（如 U）。

5.3.5 质子捕获过程

中子捕获过程可以形成富含中子的同位素，但是还有 32 个富含质子的同位素，它们是怎么形成的？最简单的思路就是质子捕获过程（proton capture process，p-process）。人们认为这个过程发生在大质量恒星的 Ne/O 壳中。当这些恒星进入超新星爆发阶段时，冲击波穿过 Ne/O 壳，导致大量的中子发生光解，剩下的核素就富含质子。这个说法能够解释大部分富含质子的核素的形成原因。

最新的研究认为在中子星形成初期，中子星中存在中微子及反中微子的粒子流，此时中子星可能极富质子，到了演化的中后期再逐渐富集中子。因此，在中子星的早期阶段，也有可能发生大量 p-process。极少量的中子可能有助于通过反中微子作用下的质子捕获过程，进而形成更重的元素，即 vp-process。这可能是有些温度比较低的恒星，其 Sr、Y 和 Zr 的含量非常高的原因。

大质量恒星核坍塌导致超新星爆发，会形成大量的中微子、很多稀土元素及其同位素，如 ^{11}B 和 ^{19}F 及 ^{138}La 和 ^{180}Ta。这个过程叫作中微子光解作用（v-process）。

5.3.6　宇宙射线散裂

Li、Be 和 B 三种元素都很轻，原子核的结合能也不高，可能不是宇宙大爆炸或者恒星燃烧形成的。与质量数相近的其他元素相比，它们的宇宙丰度很低。就同位素而言，只有 ^7Li 可以在宇宙大爆炸和恒星燃烧过程中形成，^6Li、^9Be、^{10}B 和 ^{11}B 可能是更重的核素被宇宙射线打散形成的。

高能银河系宇宙射线的主要成分是 H 和 He，还有少量的 C、N 和 O。在高能宇宙射线的传播过程中，H 和 He 可以把 C、N 和 O 打散。人们在实际观测中证实了这一推测：银河系宇宙射线中 Li-Be-B 的含量比太阳中要高得多。但是只存在这个过程也不能产生观测到的 Li-Be-B 的含量，可能还需要其他过程，如超新星爆发时的中微子散裂也能形成 ^7Li 和 ^{11}B。

综上所述，元素的形成过程包括了宇宙大爆炸、行星燃烧、超新星爆发及宇宙射线散裂（cosmic ray spallation）等多个过程。

因此，每一种元素都是多个过程的综合产物（图 5.11）。

利用元素形成的知识可以研究地球和其他天体的物质组成及其来源。这是 2010 年以来比较前沿的研究方向，第七章还会说明这方面知识的应用。

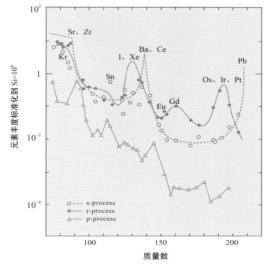

图 5.11　核合成过程对元素的贡献（Pagel，2009）

5.4　太阳的内部圈层与表层活动

5.4.1　太阳的内部结构

Leighton 等（1962）发现太阳表面的有些区域存在有规律的涨落，涨落的速度为 15 cm/s，涨落周期约为 5 min。因此，他们称这个现象为 5 min 振荡。最初，人们认为这个现象是太阳表层大气中的湍流造成的。但是 Ulrich（1970）、Leibacher 和 Stein（1971）分别发现这个现象具有全球性，是太阳内的 P 波穿越太阳内部最终在太阳表面的展示。因此，利用声波研究太阳内部结构

的时代开始了。这个思路和利用地震波研究地球内部圈层结构的思路一样，都是利用某种振荡产生的波及波在天体表面造成的变动来反演内部结构。用这种方法研究地球时，叫作地震学（seismology）；研究太阳时，叫作日震学（helioseismology）。

如图 5.12 所示，太阳可以分为内三区和外三层，内三区为太阳核（core）、辐射区（radiation zone）和对流区（convection zone）；外三层为光球（photosphere）、色球（chromosphere）和日冕（solar corona）。太阳核的温度约为 1.57×10^7 K。以太阳的核心为

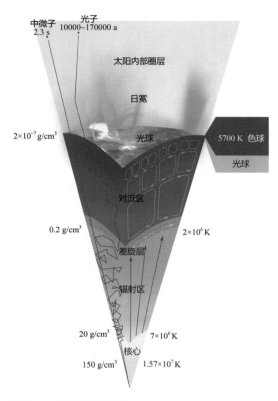

图 5.12 太阳的内部圈层结构

原点，太阳核的半径约为 200000 km。在太阳核中进行着 H 聚变为 He 的过程。

距离太阳核 200000 ～ 500000 km 的区域属于太阳的辐射区。从太阳核中产生的能量主要以辐射的形式传播出去。辐射区靠近核心的温度约为 7×10^6 K，靠近顶部的温度约为 2×10^6 K。虽然光子以光速传播，但是光子在传播过程中会与辐射区中的原子发生碰撞，因此对于一个特定的光子穿过辐射区需要几百万年。

距离太阳核 500000 ～ 700000 km 的区域属于太阳的对流区。这个区域的总体温度为 2×10^6 K，因此它会吸收从太阳核中释放出来的能量，进而促进对流。该过程与煮粥类似，加热导致粥中的某一区域形成气泡，气泡上升引起粥上下流动（即对流）。冷的粥沉到锅底，重新吸收热，再次变成气泡上

涌。太阳对流区的最顶部是颗粒状的，俗称米粒组织（granulation），一个个热泡泡被冷物质所包裹并分开。

对流区之上就是光球。光球是我们能直接"看到"的最深层。它的厚度是 400 km，底层温度是 6599 K，顶部温度是 4000 K。光球也被称为太阳的表面。

色球的厚度变化比较大，为 400 ～ 2100 km；温度从底部的 4000 K 到顶部的 8000 K，变化范围也比较大。

色球与日冕之间还有一个很窄的过渡带（transition zone），厚度约为 100 km，温度从底部的 8000 K 升到顶部的 5×10^5 K。

日冕是太阳大气的最顶部，温度很高，为 5×10^5 ～ 1×10^6 K。日冕可以一直向太空中延伸，没有固定的厚度。

5.4.2　太阳表面的活动

太阳表面的活动是太阳内部结构与动力学过程的表现。太阳表面的活动包括太阳黑子（sunspot）、太阳风（solar wind）、日珥（prominence）和耀斑（flare）。下面逐一进行介绍。

1. 太阳黑子

图 5.13 为 2014 年 10 月 22 日拍摄的太阳黑子图，我们可以发现此次拍摄的太阳黑子的面积比较大，接近木星大小。太阳黑子之所以是黑色的，是因为它的温度比周边区域低 1000 K。这个低温的区域又如何与周围高温的区域达到平衡呢？人们发现太阳黑子的磁场比较强，在高磁场的作用下，低温的太阳黑子就可以和周边高温的区域平衡共存。这也解释了为什么太阳黑子都是成对或者成群出现，因为磁场有南北极，通常成

对的黑子中一个是磁场的南极，另一个是磁场的北极。此外，太阳黑子还可以细分为本影（umbra）和半影（penumbra）两个区域（图 5.14），本影的温度高于半影。

太阳黑子在太阳表面的位置相对固定，会随着太阳的自转而转动。因此通过观察不同维度太阳黑子的位置变化，就能知道太阳不同维度的自转速度。人们发现太阳赤道的大气的转动周期为 28 d，两极的转动周期为 35 d。南北极和赤道形成了角差转动，有利于太阳磁场的形成。

太阳黑子的数目呈现周期性的变化。在一个周期内，每隔 3 ～ 4 年太阳黑子的数目增多，每隔 7 ～ 8 年太阳黑子的数目减少。这样一次增多和一次减少构成一个 10.5 年的周期。但是考虑到成对的太阳黑子存在南北极，一个完整的太阳黑子周期应该为 21 年。图 5.15 为太阳黑子的维度与时间分布

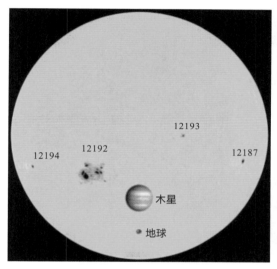

图 5.13　2014 年 10 月 22 日拍摄的太阳黑子图
太阳黑子的体积大小在地球和木星之间

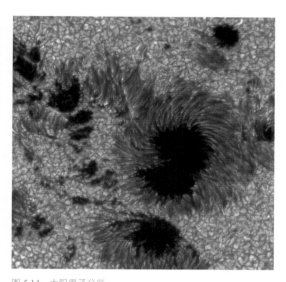

图 5.14　太阳黑子分区
最黑的区域是太阳黑子的本影，周边较浅色的区域是半影

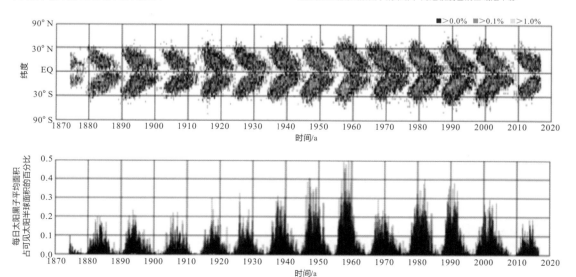

图 5.15　太阳黑子的蝴蝶图案

图，即蝴蝶图案（butterfly pattern），可以看到太阳黑子不仅在时间上呈现周期性，在空间上也呈现周期性。

　　由于可以用太阳黑子衡量太阳辐射的强度，而太阳辐射是地球表面温度的主要来源，因此二者之间可能存在相关性。从图5.16中可以看到，地球160多年以来的温度变化与太阳黑子的关系不大。

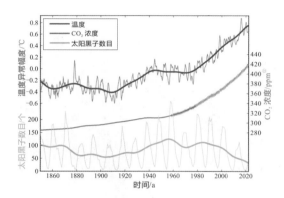

图 5.16　太阳黑子与地球气候变化

2. 太阳风

　　太阳风存在的证据主要来自对彗星的观测。彗星有两个彗尾，分别是离子彗尾和尘埃彗尾。尘埃彗尾是彗星挥发的产物，在太阳辐射压的作用下，尘埃彗尾的方向是彗星轨道的切线方向。离子彗尾通常呈蓝色，它沿着太阳与彗星的连线方向笔直地展开，呈现了与尘埃彗尾不同的特征，这是由太阳的带电粒子相互作用，动量守恒形成的。离子彗尾的特征证实了太阳风的存在。

　　观测发现，太阳风中每立方米的粒子数为700万，大多数为质子、电子和离子。太阳风的速度为200～700 km/s。利用这两个数据，我们就可以计算太阳通过太阳风损失的质量。首先，计算太阳风在单位时间内穿

过单位面积的质量：

$$1.7\times10^{-27}\times7\times10^{6}\times5\times10^{5}=6\times10^{-15}\ \text{kg}$$

那么，一年内太阳通过太阳风损失的质量为

$$6\times10^{-15}\times4\pi\times(1.5\times10^{11})^{2}\times864\,000\times365$$
$$=5\times10^{16}\ \text{kg}$$

因此，如果要靠太阳风把太阳的质量完全消耗掉，那么所花的时间比太阳的寿命还要长1000倍。

　　虽然对于太阳来说，太阳风使其损失的质量微不足道，但是太阳风中有各种离子，太阳风与行星磁场相互作用，极大地改变了行星磁场的形状，并形成多种自然现象。如图5.17所示，与太阳风迎面而来的行星磁场会被压扁，而背离太阳风一面的磁场则会在磁鞘（magnetosheath）的压缩下逐渐收缩闭合。当太阳风进入未被磁场覆盖的南北极时，就会形成极光现象。

　　太阳风是带电粒子流，因此太阳风会对地球的通信系统、宇航员的健康及地球的磁场造成影响。例如，它能引起地磁暴，导致地球磁场在短时间内发生剧烈变化，影响地磁导航或者电力系统。除此之外，没有磁场保护的天体表面会被太阳风冲击。月球、小行星等表面壤土的形成就与太阳风长时间的冲击有关。

3. 日珥

　　日珥（图5.18）是太阳表面一个巨大的等离子体和磁场结构，呈环形，它的根在太阳的光球，顶部可以冲出日冕。和日冕相比，日珥的温度比较低，成分和色球一样。日珥生成得很快，一天之内就可以长成，可以一直维持几周或者几个月，同时会把大量物质抛射到太空里，形成日冕物质抛射。

　　根据日珥的磁场环境，可以将日珥分成三类。①活动日珥（active prominence），主要形成于强磁场区，寿命为几小时到几

————————
① 表示10^{-6}。

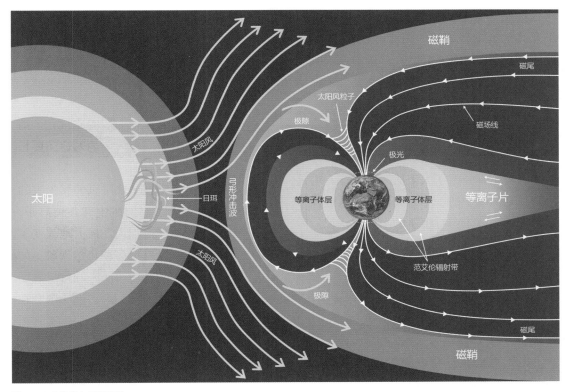

图 5.17　太阳风与地球磁场

绝大多数有磁场的行星的磁场都会与太阳风相互作用，太阳风与磁场的相互作用是空间物理的研究重点

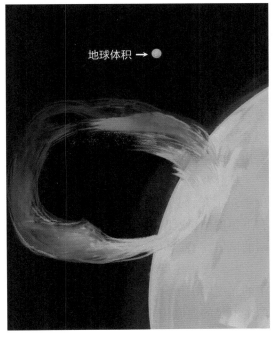

图 5.18　日珥

天。它是三类日珥中最常见的类型，主要出现在太阳的低纬度区域。②爆发日珥（eruptive prominence），主要出现在弱单极和活跃区之间的区域。③宁静日珥（quiescent prominence），主要出现在远离活动区域的弱背景磁场中，尤其是太阳的高纬度区域。宁静日珥的寿命通常比活跃日珥长，可以持续几个星期到几个月。宁静日珥的高度也比活跃日珥高。目前人们还不知道日珥的成因究竟是什么。

4. 耀斑

耀斑通常出现在黑子活跃区的上方，原因是成对的黑子是磁场。如果成对的黑子离得很近，就容易发生磁重联，在短时间内释放出大量的能量，如每分钟 10^{22} J。

这么高的能量会导致太阳表面的电子、质子及其他离子被加速到相对论速度（1/3 光速），抛射出大量日冕物质，其中不仅有质子、电子，甚至有铁和氧等元素。这种物质抛射对地球造成的影响和太阳风类似。耀斑的形成与太阳黑子有关，因此耀斑也有 21 年的周期。

5.5 太阳作为一颗恒星

以上主要介绍了太阳的一些特征，但是太阳只是恒星中的一个，我们需要从这样一个特殊的个体走向对恒星的一般化认识。因此，本节主要介绍恒星的分类和恒星的"生老病死"两方面内容。

5.5.1 恒星的分类

用于对恒星进行分类的工具叫作赫罗图（Hertzsprung-Russell diagram）。1911年，丹麦科学家埃希纳·赫茨普龙（Ejnar Hertzsprung）以恒星的绝对星等（absolute magnitude，衡量恒星的光度）和恒星的颜色（衡量恒星的表面温度）制作了一幅 X-Y 轴的散点图，发现很多恒星的分布具有一定规律。1913年，美国科学家亨利·罗素（Henry Russell）将恒星的光谱类型（也可以用来衡量恒星的温度）和绝对星等做成散点图，也从中发现了类似的现象。他们突然意识到，这背后可能隐藏着事关恒星演化的重要信息。

如图 5.19 所示，横轴代表恒星的表面温度或光谱类型，纵轴代表恒星的光度（$L_\odot$）或绝对星等。需要注意的是，光度的变化范围很大，因此使用了对数单位。恒星的光谱类型从高温到低温分成 OBAFGKM（Oh, Be A Fine Girl, Kiss Me[①]）。可以发现，表面温度从右到左逐渐升高，之所以这样排布是因

_____
① 以首字母作为记忆口诀。

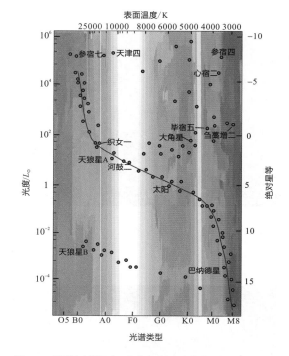

图 5.19　恒星的表面温度、光谱类型、光度和绝对星等（赫罗图）

为习惯上把表面温度最高的 O 型恒星排在最左边，而表面温度最低的 M 恒星排在最右边。图中每一个小圆点都代表一颗恒星。

从赫罗图中可以知道，既亮且热的恒星位于左上角，只亮不热的恒星位于右上角，右下角的恒星既暗且冷，左下角的是虽热但暗的恒星。

赫罗图中还反映了恒星大小的信息。恒星的光度取决于其表面温度和表面积。如果两个恒星的温度相等，那么光度更高的恒星直径就越大。

我们来具体研究赫罗图中的散点。首先，这些恒星并不是凌乱分布的，而是有规律地分布在几个区域内。从左上角到右下角的线叫作主序（main sequence）恒星，大约90%的恒星属于此列。太阳是一个主序恒星，它的光谱类型属于G2，绝对星等为4.8，光度为1个太阳光度。

其次，在主序恒星右上角的叫作巨恒星（giants），它们就是虽冷但亮的恒星。根据斯特藩-玻尔兹曼方程可知，如果一个恒星的辐射小，其温度就低。这些巨恒星辐射小，看起来还很亮，那么它就只能很大。巨恒星的体量至少比太阳大10倍，甚至100倍。如果体量比太阳大1000倍，那就属于超巨恒星（supergiants）。巨恒星的温度一般只有3000～6000 K，但光度基本上是太阳的100～1000倍。大部分巨恒星是红色的，叫作红巨恒星（红巨星），温度只有3000～4000 K。超巨恒星和巨恒星只占恒星总量的1%。

赫罗图左下角的恒星尺寸比较小，光谱颜色泛白，所以叫作白矮星（white dwarf）。实际上它们属于温度比较高但光度比较低的恒星，造成这种现象的原因就是它们的尺寸比较小。在制作赫罗图的时候，科学家们仰望夜空是看不到白矮星的，因为它们只有地球那么大。此外，这些白矮星已走到了生命的尽头，内部已经没有核聚变反应产热的过程，之所以现在还能够看到一些光亮，纯粹是它们的死前余晖而已。白矮星占已经观测到的恒星总量的9%。

5.5.2　恒星的"生老病死"

恒星一直在燃烧，不会静止不动，它

会随着时间演化，称为恒星演化（stellar evolution）。以太阳为例，它形成时属于主序恒星，如图5.20位置1处所示。现在太阳的年龄约为46亿年，即太阳内部的氢聚变已经进行了46亿年，再过约50亿年，太阳内部的氢聚变反应就会停止，太阳将脱离主序恒星（位置2）。此后太阳核开始坍塌，太阳会越来越冷，越来越大，开启红巨星阶段（位置3）。随着太阳核坍塌的进行，太阳的温度达到10^8 K时，氦聚变被正式点燃（位置4）。氦聚变会一直持续到位置5。当氦被消耗殆尽时，剩余氦壳外迁，太阳会重新变亮，但温度会逐渐降低，这时太阳就开始死去了（位置6）。随着太阳的死亡，太阳的大气会被抛射形成行星状星云（位置7）。当大气全部被抛射，而且行星状星云逐渐消散后，太阳惨白色的碳核就会露出来，进入白矮星阶段（位置8）。到了白矮星阶段，太阳虽然还会继续散热，但只有彻底死亡这一个结局。大质量恒星的生命历程也大体如此，只不过最终的产物是中子星或者黑洞（图5.21）。

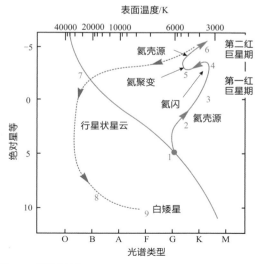

图5.20　恒星的演化

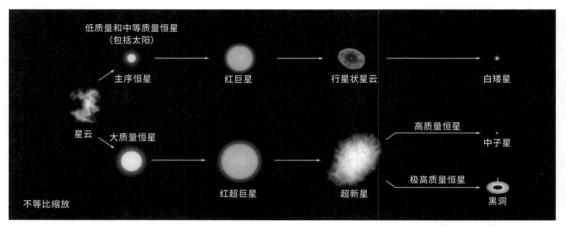

图 5.21　恒星的"生老病死"

· 习题与思考 ·

（1）太阳的化学组成代表整个太阳系的化学组成。除了太阳之外，太阳系中还有哪些物质可以代表太阳系的化学组成？为什么？

（2）为什么可以利用元素的形成机制破译地球的组成物质来源？

第六章

天体的运行
Movements of Planets

在逐一介绍太阳系的天体之前，我们还需要了解太阳系行星的运动规律，即广义上的天体力学（celestial mechanics）。广义的天体力学包含的内容很多，本章仅介绍四个相关的内容，那就是开普勒轨道、二体问题、三体问题和一些天体力学软件。

坐地日行八万里，巡天遥看一千河。

——毛泽东《七律二首·送瘟神》

6.1　开普勒轨道

第谷对行星的运行进行了大量的观测，积累了很多数据。而开普勒是第谷的助手，他接手了第谷留下来的大量数据，从这些数据中他提炼出了行星围绕太阳的轨道运行定律，也就是开普勒三定律。

开普勒第一定律即轨道定律：行星绕太阳做椭圆运动，太阳在椭圆的一个焦点上，公式为

$$r = \frac{P}{1 + e\cos\theta} \tag{6.1}$$

开普勒第二定律即面积定律：行星绕太阳运行时，单位时间内扫过的单位面积相等，公式为

$$\frac{\mathrm{d}A}{\mathrm{d}t} = \frac{r^2}{2} \frac{\mathrm{d}\theta}{\mathrm{d}t} \tag{6.2}$$

开普勒第三定律即周期定律：太阳系的不同行星具有相同的 $\dfrac{a^3}{T^2}$，其中 a 为行星运行轨道的半长轴；T 为行星的公转周期，公式为

$$\frac{a^3}{T^2} = \frac{GM}{4\pi^2} \tag{6.3}$$

虽然开普勒发现了行星的运行规律，但是他并没有找到规律运行的物理机制。牛顿为了解释行星运行轨道内的规律，逐渐建立起牛顿力学三定律。

牛顿第一定律，又称惯性定律：若施加于某物体的外力为零，则物体的运动速度不变。

牛顿第二定律，又称加速度定律：施加于物体的外力等于该物体的质量与加速度的乘积，公式为

$$F = ma \tag{6.4}$$

式中，F 为力；m 为质量；a 为加速度。

牛顿第三定律又称作用力与反作用力定律：当两个物体相互作用于对方时，彼此施加于对方的力大小相等、方向相反。

牛顿在此基础上提出了万有引力定律：两个质点彼此之间的相互吸引力与它们的质量乘积成正比，并与它们之间的距离的平方成反比。假定太阳的质量为 M，它位于坐标系的原点；一个行星的质量为 m，行星与太阳之间的距离为 r，那么万有引力的公式就可以表达为

$$F = -\frac{GMm}{r^2} \tag{6.5}$$

式中 G 为引力常量，

$$G = 6.67 \times 10^{-11} \ \mathrm{N \cdot m^2/kg^2}$$

开普勒定律与牛顿定律等价，但是中学物理并没有论证如何从牛顿定律出发证明开普勒定律。在本节中，我们将呈现证明过程，弥补这一缺憾。

6.1.1　椭圆轨道的基本标量

如图 6.1 所示，在直角坐标系中，太阳位于原点，即某行星运行轨道（图中红线）

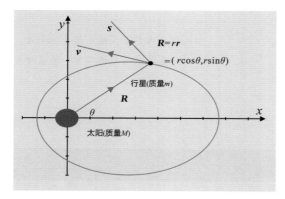

图 6.1 开普勒轨道基本参量

的一个焦点。R 是行星相较于太阳的空间向量，它的单位向量是 r。由于 $r \cdot r = 1$，对两边求导，因此 $r \cdot \left(\dfrac{d}{dt} r\right) = 0$。如果 $\dfrac{d}{dt} r$ 的单位向量是 s，那么 $r \cdot s = 0$。从该图可以看出，

$$r = (\cos\theta, \sin\theta) \quad (6.6)$$
$$s = (-\sin\theta, \cos\theta) \quad (6.7)$$

而且

$$\frac{d}{dt} r = \frac{d\theta}{dt} s \quad (6.8)$$
$$\frac{d}{dt} s = -\frac{d\theta}{dt} r \quad (6.9)$$

因此，如果用向量重新考虑万有引力公式，那么：

$$-\left(\frac{GMm}{r^2}\right) r = m \frac{d^2}{dt^2} R \quad (6.10)$$

对于行星而言，太阳对其施加的万有引力是拉向太阳的，因此式（6.10）有负号，其中 $\dfrac{d^2}{dt^2} R$ 比较复杂，我们可以从速度向量 v 入手，

$$v = \frac{d}{dt} R = \frac{d}{dt}(r \cdot r)$$
$$= \frac{dr}{dt} r + r\left(\frac{d}{dt} r\right)$$
$$= \frac{dr}{dt} r + r\frac{d\theta}{dt} s \quad (6.11)$$

有了速度，就可以求加速度 a：

$$a = \frac{d}{dt} v = \frac{d}{dt}\left(\frac{dr}{dt} r + r\frac{d\theta}{dt} s\right)$$
$$= \frac{d^2 r}{dt^2} r + 2\frac{dr}{dt}\frac{d\theta}{dt} s$$
$$+ r\frac{d^2\theta}{dt^2} s - r\left(\frac{d\theta}{dt}\right)^2 r$$
$$= \left[\frac{d^2 r}{dt^2} - r\left(\frac{d\theta}{dt}\right)^2\right] r$$
$$+ \left(2\frac{dr}{dt}\frac{d\theta}{dt} + r\frac{d^2\theta}{dt^2}\right) s \quad (6.12)$$

从万有引力公式中，可以知道加速度还可以表示为

$$a = -\frac{GM}{r^2} r \quad (6.13)$$

因此，

$$\left[\frac{d^2 r}{dt^2} - r\left(\frac{d\theta}{dt}\right)^2\right] r = -\frac{GM}{r^2} r \quad (6.14)$$

消除 r，就可以得到

$$\frac{d^2 r}{dt^2} - r\left(\frac{d\theta}{dt}\right)^2 = -\frac{GM}{r^2} \quad (6.15)$$

同样可知，

$$\left(2\frac{dr}{dt}\frac{d\theta}{dt} + r\frac{d^2\theta}{dt^2}\right) s = 0 \quad (6.16)$$

即

$$2\frac{dr}{dt}\frac{d\theta}{dt} + r\frac{d^2\theta}{dt^2} = 0 \quad (6.17)$$

6.1.2　开普勒第二定律

在上述基本分析的基础上，我们可以证明开普勒三定律。首先证明开普勒第二定律。以图 6.2 为例，开普勒第二定律表明行星从 t_1 到 t_2 扫过的轨道面积与从 t_3 到 t_4 扫过的轨道面积相等。

从 t_1 到 t_2 扫过的轨道面积 $S_{t_2-t_1}$：

$$S_{t_2-t_1} = \frac{1}{2}\int_{\theta_1}^{\theta_2} r^2 d\theta = \frac{1}{2}\int_{t_1}^{t_2} r^2 \frac{d\theta}{dt} dt \quad (6.18)$$

而

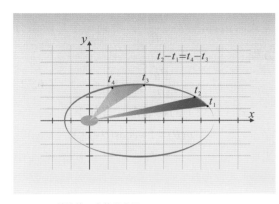

$$\frac{d}{dt}\left(r^2\frac{d\theta}{dt}dt\right)$$

$$= 2\frac{dr}{dt}\frac{d\theta}{dt}+r\frac{d^2\theta}{dt^2}=0 \qquad（6.19）$$

现在我们知道 $r^2\dfrac{d\theta}{dt}$ 是一个常数，这里记作 L，于是可以把式（6.18）表示为

$$S_{t_{2-1}}=\frac{1}{2}\int_{\theta_1}^{\theta_2}r^2d\theta=\frac{1}{2}\int_{t_1}^{t_2}r^2\frac{d\theta}{dt}dt$$

$$= \frac{1}{2}L(t_2-t_1) \qquad（6.20）$$

图 6.2　开普勒第二定律示意图

知识拓展 1　拉普拉斯 - 龙格 - 楞次矢量与行星公转轨道

费曼曾经就行星的公转轨道给出过一个极为精妙的证明，附录在此，供大家参考，不做要求。除了我们熟知的两种守恒量以外，在引力（符合平方反比的力）作用下还有一个不同于常见物理量的物理矢量，称为龙格 - 楞次矢量，它可以用于证明行星轨道是椭圆的。在这个问题中，我们定义：

$$\boldsymbol{B}=\boldsymbol{P}\times\boldsymbol{L}-mk\boldsymbol{R} \qquad（附 6.1）$$

式中，$\boldsymbol{P}$、$\boldsymbol{L}$ 和 $\boldsymbol{R}$ 分别代表动量、角动量和质点位矢的单位矢量；m 和 k 分别代表行星质量和一个常数，即 GMm。

对等式两边取对时间的导数 [式（附 6.2）~式（附 6.8）中，r 代表位置矢量]：

$$\frac{d}{dt}(\boldsymbol{P}\times\boldsymbol{L})=\boldsymbol{F}\times\left(\boldsymbol{r}\times m\frac{d\boldsymbol{r}}{dt}\right)（附 6.2）$$

$$\boldsymbol{F}\times\left(\boldsymbol{r}\times m\frac{d\boldsymbol{r}}{dt}\right)$$

$$=\left(\boldsymbol{F}\cdot m\frac{d\boldsymbol{r}}{dt}\right)\boldsymbol{r}-(\boldsymbol{F}\cdot\boldsymbol{r})m\frac{d\boldsymbol{r}}{dt}$$

$$=\left(-\frac{mk}{r^3}\boldsymbol{r}\cdot\frac{d\boldsymbol{r}}{dt}\right)\boldsymbol{r}+\frac{mk}{r}\frac{d\boldsymbol{r}}{dt} \qquad（附 6.3）$$

故

$$\frac{d}{dt}(\boldsymbol{P}\times\boldsymbol{L})=\frac{d}{dt}(mk\boldsymbol{R}) \qquad（附 6.4）$$

所以

$$\frac{d}{dt}\boldsymbol{B}=0 \qquad（附 6.5）$$

我们会发现等式的右边等于 0，换言之等式左边也等于 0，即龙格 - 楞次矢量是一个守恒量。

下面求解这个矢量的模长：

$$\boldsymbol{B}^2=(GMm)^2+\frac{2E\boldsymbol{L}^2}{m} \qquad（附 6.6）$$

式中，E 代表机械能，等于 $\dfrac{1}{2}mv^2-\dfrac{GMm}{r}$；$\boldsymbol{L}$ 代表角动量。

$$\boldsymbol{r}\cdot\boldsymbol{B}=\frac{L^2}{m}-GMmr=rB\cos\theta（附 6.7）$$

联立公式（附 6.6）和（附 6.7），可以得到

$$r=\frac{\dfrac{L^2}{GMm^2}}{1+\dfrac{B}{GMm}\cos\theta} \qquad（附 6.8）$$

其形式和椭圆的极坐标方程一致。这种方法反映了一种对称性，但是不是几何的对称性，它的来源是平方反比力，如引力。费曼的证明方法太过于巧妙，体现了他非凡的想象力。

$t_2 - t_1$ 是单位时间，$t_4 - t_3$ 也是单位时间，则

$$t_2 - t_1 = t_4 - t_3 \quad (6.21)$$

因此，可以证明开普勒第二定律（面积定律）成立：

$$S_{t_2-t_1} = S_{t_4-t_3} \quad (6.22)$$

即

$$S_{t_2-t_1} = S_{t_4-t_3} = \frac{1}{2}L(t_2 - t_1)$$

$$= \frac{1}{2}L(t_4 - t_3) \quad (6.23)$$

6.1.3 开普勒第一定律

证明开普勒第一定律的过程比证明开普勒第二定律更为复杂，需要一些小技巧。

前文提到 L 是一个常数，即

$$L = r^2 \frac{\mathrm{d}\theta}{\mathrm{d}t} \quad (6.24)$$

以此为基础，定义一个新常数 P：

$$P = \frac{L^2}{GM} \quad (6.25)$$

继续定义一个无量纲变量：

$$u = \frac{P}{r} \quad (6.26)$$

于是

$$\frac{GM}{r^2} = \frac{L^2 u^2}{P^3} \quad (6.27)$$

而且

$$\frac{\mathrm{d}\theta}{\mathrm{d}t} = \frac{L}{r^2} = \frac{Lu^2}{P^3} \quad (6.28)$$

此时

$$\frac{\mathrm{d}r}{\mathrm{d}t} = \frac{\mathrm{d}}{\mathrm{d}\theta}\left(\frac{P}{u}\right)\frac{\mathrm{d}\theta}{\mathrm{d}t}$$

$$= -\frac{P}{u^2}\frac{\mathrm{d}\theta}{\mathrm{d}t}\frac{\mathrm{d}u}{\mathrm{d}\theta} = -\frac{L}{P}\frac{\mathrm{d}u}{\mathrm{d}\theta} \quad (6.29)$$

对这个公式继续微分，得到

$$\frac{\mathrm{d}^2 r}{\mathrm{d}t^2} = -\frac{L}{P}\frac{\mathrm{d}^2 u}{\mathrm{d}\theta^2}\frac{\mathrm{d}\theta}{\mathrm{d}t} = -\frac{L^2 u^2}{P^3}\frac{\mathrm{d}^2 u}{\mathrm{d}\theta^2} \quad (6.30)$$

将式（6.30）代入式（6.15），得到

$$-\frac{L^2 u^2}{P^3}\frac{\mathrm{d}^2 u}{\mathrm{d}\theta^2} - \left(\frac{P}{u}\right)\left(\frac{Lu^2}{P^2}\right)^2 = -\frac{L^2 u^2}{P^3} \quad (6.31)$$

等式两边都消掉 $-\dfrac{L^2 u^2}{P^3}$，得到一个二阶微分方程：

$$\frac{\mathrm{d}^2 u}{\mathrm{d}\theta^2} + u = 1 \quad (6.32)$$

式（6.32）的解通常具有如下形式：

$$u = u(\theta) = 1 + e\cos(\theta - \theta_0) \quad (6.33)$$

式中 e 和 θ_0 都是常数，可以从初始条件中设定。

回到椭圆轨道，在极坐标系中，极半径为

$$r = \frac{P}{1 + e\cos(\theta - \theta_0)} \quad (6.34)$$

式中，θ_0 是太阳在极坐标系中的位置，如果放置在坐标系原点，那么：

$$r = \frac{P}{1 + e\cos\theta} \quad (6.35)$$

式（6.35）就是开普勒第一定律［即式（6.1）］。如果轨道是正圆形，那么 $e = 0$；如果轨道是椭圆形，那么 $|e| < 0$；如果轨道是抛物线，那么 $|e| = 1$；如果轨道是双曲线，那么 $|e| > 1$。

6.1.4 开普勒第三定律

开普勒第三定律中有两个变量，即行星的公转周期 T 与行星公转轨道的半长轴 a。

首先处理公转周期 T。行星公转一圈扫过的面积 S 为

$$S = \frac{1}{2}\int_{t=0}^{t=T} r^2 \frac{\mathrm{d}\theta}{\mathrm{d}t}\mathrm{d}t \quad (6.36)$$

已知 $r^2\dfrac{\mathrm{d}\theta}{\mathrm{d}t}$ 是常数 L，因此公转一圈的面积为

$$S = \frac{1}{2}LT \quad (6.37)$$

然后处理半长轴 a。椭圆形的面积也可以用半长轴 a 和半短轴 b 计算：

$$S = \frac{4b}{a}\int_0^a \sqrt{a^2 - b^2}\,\mathrm{d}x = ab\pi \quad (6.38)$$

式中，$b = a\sqrt{1 - e^2}$。联立式（6.37）和

式（6.38），得到

$$T = \frac{2A}{L} = \frac{2\pi a^2 \sqrt{1-e^2}}{L} \qquad (6.39)$$

我们知道

$$2a = r_{\min} + r_{\max} = \frac{P}{1+e} + \frac{P}{1-e} \qquad (6.40)$$

联立式（6.25）、式（6.36）与式（6.40）可得

$$L^2 = a(1-e^2)GM \qquad (6.41)$$

于是就能得到开普勒第三定律［式（6.3）］。

6.2　二体问题

在考虑行星围绕太阳转动时，由于太阳的质量远远大于行星，可以把行星简化为一个质点，而将系统的所有质量集中在太阳处。如果两个天体的质量相差不大，上述简化思路就无法使用。因此，我们需要考虑质量不能简化的体系中物体的运动规律。二体问题最根本的处理方案和太阳 - 行星的运动规律是一致的，就是假设它们只受彼此万有引力的影响。

6.2.1　轨道表达式

如图 6.3 所示，已知行星 1 的质量为 m_1，空间向量为 x_1；行星 2 的质量为 m_2，空间向量为 x_2。我们可以用空间向量来表示行星 1 和行星 2 的中心质量在坐标系中的位置 R：

$$R = \frac{m_1 x_1 + m_2 x_2}{m_1 + m_2} \qquad (6.42)$$

根据牛顿万有引力定律，行星 1 和行星

2 受到的引力大小为

$$F = \frac{Gm_1 m_2}{\left(|x_1 - x_2|\right)^2} \qquad (6.43)$$

由于二者彼此施加的力属于作用力与反作用力，因此：

$$(m_1 + m_2)\frac{d^2}{dt^2}R$$
$$= m_1 \frac{d^2}{dt^2}x_1 + m_2 \frac{d^2}{dt^2}x_2 = 0 \qquad (6.44)$$

式（6.44）告诉我们在二体系统的质心处加速度为零。体系的质心处也就是体系的引力处。于是，我们可以把体系的质心作为坐标系的原点，重设坐标系。后面的处理就不用考虑体系质心的运动，而是考虑 2 个行星相对于体系质心的运动。

如图 6.4 所示，现在重新定义空间向量 R 为由坐标系原点（体系的质心）到行星 1 的空间向量。行星 1 的运动受控于行星 2 的运动，反之亦然。因此，给出行星 2 的空间向量为 $-\dfrac{m_2}{m_1}R$。于是问题变得很简单，现在只需要知道行星 1 的空间向量 R 随时间变化的规律。定义 R 的长度为 r，单位向量为 r。两个行星之间的距离就是 $\left(\dfrac{m_1 + m_2}{m_2}\right)r$。那么行星 1 受到的万有引力则是

$$m_1 \frac{d^2}{dt^2}R = -\frac{Gm_1 m_2}{\left(\dfrac{m_1 + m_2}{m_2}\right)^2 r^2}r \qquad (6.45)$$

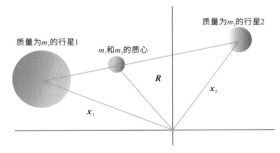

图 6.3　二体问题示意图

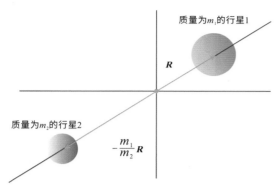

质量为m_1的行星1

R

质量为m_2的行星2

$-\dfrac{m_1}{m_2}R$

图 6.4　二体问题的坐标系处理

顺势求出行星 1 的加速度：

$$a = \frac{\mathrm{d}^2}{\mathrm{d}t^2}R = -\frac{Gm_2^3}{(m_1+m_2)^2 r^2}r \quad (6.46)$$

现在我们定义一个常数：

$$K = \frac{Gm_2^3}{(m_1+m_2)^2} \quad (6.47)$$

于是，可以把加速度表示为

$$a = \frac{\mathrm{d}^2}{\mathrm{d}t^2}R = -\frac{K}{r^2}r \quad (6.48)$$

为了处理微分方程式（6.48），且前文假设 r 是 R 的单位向量，我们现在继续假设 s 是 $\dfrac{\mathrm{d}}{\mathrm{d}t}r$ 的单位向量。从 $r \cdot r = 1$ 可以得到

$$\frac{\mathrm{d}}{\mathrm{d}t}(r \cdot r) = 0 = 2r \cdot \frac{\mathrm{d}}{\mathrm{d}t}r = 2r \cdot s \quad (6.49)$$

因为 $r = (\cos\theta, \sin\theta)$，可以知道

$$\frac{\mathrm{d}}{\mathrm{d}t}r = (-\sin\theta, \cos\theta)\frac{\mathrm{d}\theta}{\mathrm{d}t} = \frac{\mathrm{d}\theta}{\mathrm{d}t}s \quad (6.50)$$

同样还能知道

$$\frac{\mathrm{d}}{\mathrm{d}t}s = -\frac{\mathrm{d}\theta}{\mathrm{d}t}r \quad (6.51)$$

由此，可以知道行星 1 的速度向量为

$$v = \frac{\mathrm{d}}{\mathrm{d}t}R = \frac{\mathrm{d}}{\mathrm{d}t}(r \cdot r)$$
$$= \frac{\mathrm{d}r}{\mathrm{d}t}r + r\left(\frac{\mathrm{d}}{\mathrm{d}t}r\right) = \frac{\mathrm{d}r}{\mathrm{d}t}r + r\frac{\mathrm{d}\theta}{\mathrm{d}t}s \quad (6.52)$$

我们可以通过对速度进行微分求解加速度：

$$a = \frac{\mathrm{d}}{\mathrm{d}t}v = \frac{\mathrm{d}}{\mathrm{d}t}\left(\frac{\mathrm{d}r}{\mathrm{d}t}r + r\frac{\mathrm{d}\theta}{\mathrm{d}t}s\right)$$
$$= \frac{\mathrm{d}^2 r}{\mathrm{d}t^2}r + 2\frac{\mathrm{d}r}{\mathrm{d}t}\frac{\mathrm{d}\theta}{\mathrm{d}t}s$$

$$+ r\frac{\mathrm{d}^2\theta}{\mathrm{d}t^2}s - r\left(\frac{\mathrm{d}\theta}{\mathrm{d}t}\right)^2 r$$
$$= \left[\frac{\mathrm{d}^2 r}{\mathrm{d}t^2} - r\left(\frac{\mathrm{d}\theta}{\mathrm{d}t}\right)^2\right]r$$
$$+ \left(2\frac{\mathrm{d}r}{\mathrm{d}t}\frac{\mathrm{d}\theta}{\mathrm{d}t} + r\frac{\mathrm{d}^2\theta}{\mathrm{d}t^2}\right)s \quad (6.53)$$

结合式（6.48），我们可以得到以下两个等式：

$$\frac{\mathrm{d}^2 r}{\mathrm{d}t^2} - r\left(\frac{\mathrm{d}\theta}{\mathrm{d}t}\right)^2 = -\frac{K}{r^2} \quad (6.54)$$

$$2\frac{\mathrm{d}r}{\mathrm{d}t}\frac{\mathrm{d}\theta}{\mathrm{d}t} + r\frac{\mathrm{d}^2\theta}{\mathrm{d}t^2} = 0 \quad (6.55)$$

从式（6.55）可以发现：

$$\frac{\mathrm{d}}{\mathrm{d}t}\left(r^2\frac{\mathrm{d}\theta}{\mathrm{d}t}\right) = 2\frac{\mathrm{d}r}{\mathrm{d}t}\frac{\mathrm{d}\theta}{\mathrm{d}t} + r\frac{\mathrm{d}^2\theta}{\mathrm{d}t^2} = 0 \quad (6.56)$$

式中，$r^2\dfrac{\mathrm{d}\theta}{\mathrm{d}t}$ 是一个常数，定义为 H。

现在我们需要定义一个新变量：

$$u = \frac{H^2}{Kr} \quad (6.57)$$

于是

$$\frac{\mathrm{d}\theta}{\mathrm{d}t} = \frac{H}{r^2} = \frac{K^2 u^2}{H^3} \quad (6.58)$$

$$\frac{\mathrm{d}r}{\mathrm{d}t} = \frac{\mathrm{d}}{\mathrm{d}\theta}\left(\frac{H^2}{Ku}\right)\frac{\mathrm{d}\theta}{\mathrm{d}t}$$
$$= -\frac{H^2}{Ku^2}\frac{\mathrm{d}\theta}{\mathrm{d}t}\frac{\mathrm{d}u}{\mathrm{d}\theta} = -\frac{K}{H}\frac{\mathrm{d}u}{\mathrm{d}\theta} \quad (6.59)$$

对式（6.59）微分：

$$\frac{\mathrm{d}^2 r}{\mathrm{d}t^2} = \frac{\mathrm{d}}{\mathrm{d}\theta}\left(\frac{\mathrm{d}r}{\mathrm{d}t}\right)\frac{\mathrm{d}\theta}{\mathrm{d}t}$$
$$= -\frac{K}{H}\frac{\mathrm{d}^2 u}{\mathrm{d}\theta^2}\frac{\mathrm{d}\theta}{\mathrm{d}t} = -\frac{K^3 u^2}{H^4}\frac{\mathrm{d}^2 u}{\mathrm{d}\theta^2} \quad (6.60)$$

将式（6.60）代入式（6.54），得到

$$-\frac{K^3 u^2}{H^4}\frac{\mathrm{d}^2 u}{\mathrm{d}\theta^2} - \left(\frac{H^2}{Ku}\right)\left(\frac{K^2 u^2}{H^3}\right)^2 = -\frac{K^3 u^2}{H^4} \quad (6.61)$$

消除等式两边的 $-\dfrac{K^3 u^2}{H^4}$，得到

$$\frac{\mathrm{d}^2 u}{\mathrm{d}\theta^2} + u = 1 \quad (6.62)$$

在论证开普勒第三定律时，我们已经提到这类方程的解的形式如式（6.33）所示。

如果以极坐标系为参考系，那么行星 1 距离原点的距离就可以表示为

$$r = \frac{H^2}{Ku} = \frac{H^2}{K[1 + e\cos(\theta - \theta_0)]} \quad （6.63）$$

式中，K 和 H 均是常数，由式（6.47）和式（6.56）定义。

式（6.63）就是二体问题的轨道表达式。相比求证开普勒第一定律时得到的表达式（6.35），会发现二体问题的轨道不同于太阳 - 行星系统的行星轨道。

6.2.2 轨道偏心率

接下来介绍如何求解轨道的偏心率 e。对于二体问题，共有 4 个初始值：两个行星的位置和它们各自的速度。因此，也就会有 4 个积分常量：体系质心在初始坐标系中的初始位置和速度、偏心率 e 及式（6.63）中的 θ_0。

体系质心的运动比较容易确定。假设行星 1 的初始位置是 $x_1(0)$，行星 2 的初始位置是 $x_2(0)$，那么体系质心的初始位置就可以表达为

$$\boldsymbol{R}(0) = \frac{1}{m_1 + m_2}\left[m_1 \boldsymbol{x}_1(0) + m_2 \boldsymbol{x}_2(0) \right] \quad （6.64）$$

同样，如果行星 1 的初始速度是 $\boldsymbol{v}_1(0)$，行星 2 的初始速度是 $\boldsymbol{v}_2(0)$，那么体系质心的初始动量就可以表达为

$$\boldsymbol{p} = m_1 \boldsymbol{v}_1(0) + m_2 \boldsymbol{v}_2(0) \quad （6.65）$$

因此，体系的质心就将以恒定的速度运行：

$$\boldsymbol{v} = \frac{1}{m_1 + m_2}\boldsymbol{p} \quad （6.66）$$

当以体系质心为原点的坐标系处于运动状态时，那么行星 1 和行星 2 的初始速度则可以分别表达为

$$\boldsymbol{v}_1 = \boldsymbol{v}_1 - \boldsymbol{v} \quad （6.67）$$

$$\boldsymbol{v}_2 = \boldsymbol{v}_2 - \boldsymbol{v} \quad （6.68）$$

这里，我们选定 x 轴作为体系质心的移

动坐标系。在后面的小节中，我们就在此框架下进行讨论。如图 6.5 所示，设行星 1 到体系质心的距离为 r_0；此外，设 α 是 $\boldsymbol{v}_1$ 相对于移动坐标系运动的角度。假设在初始时刻 $t = 0$ 时，$\theta = 0$。那么式（6.63）就可以表达为

$$r_0 = \frac{H^2}{K(1 + e\cos\theta_0)} \quad （6.69）$$

对式（6.69）进行变形：

$$e\cos\theta = \frac{H^2}{Kr_0} - 1 \quad （6.70）$$

对式（6.63）进行时间微分：

$$\frac{\mathrm{d}r}{\mathrm{d}t} = \frac{H^2 \sin(\theta - \theta_0)}{K[1 + e\cos(\theta - \theta_0)]^2}\frac{\mathrm{d}\theta}{\mathrm{d}t} \quad （6.71）$$

式中，$\dfrac{\mathrm{d}r}{\mathrm{d}t}$ 代表 $\boldsymbol{v}$ 在 x 轴上的分量。

在初始时刻 $t = 0$ 时，

$$v_1'\cos\alpha = -\frac{Kr_0^2 e\sin\theta_0}{H^2} \times \frac{H}{r_0^2} = -\frac{Ke\sin\theta_0}{H} \quad （6.72）$$

式中，v_1' 是 $\boldsymbol{v}_1'$ 的长度。因此，

$$e\sin\theta_0 = -\frac{Hv_1'\cos\alpha}{K} \quad （6.73）$$

对式（6.73）两边取平方，并将式（6.72）代入，得到

$$e^2 = \left(\frac{H^2}{Kr_0} - 1\right)^2 + \frac{H^2(v_1')^2\cos^2\alpha}{K^2} \quad （6.74）$$

我们可以发现

$$H = r^2\frac{\mathrm{d}\theta}{\mathrm{d}t} = r_0 v_1'\sin\alpha \quad （6.75）$$

于是得到

$$e^2 = \left[\frac{r_0(v_1')^2\sin^2\alpha}{K} - 1\right]^2 + \frac{r_0^2(v_1')^4\cos^2\alpha}{K^2} \quad （6.76）$$

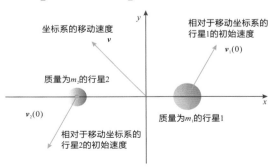

图 6.5 二体问题坐标系的进一步处理

式中，K 的含义见式（6.47）。

至此，我们用系统的 4 个初始量（两个行星的位置和它们各自的速度）完全表达了偏心率。

在证明开普勒第一定律时，我们证明了天体的轨道有三种形式：椭圆、双曲线和抛物线。但论证时，由于太阳的质量远远大于行星，因此忽略了行星的质量。上面论证了两个行星绕行时，其中某个行星相对于两个行星组成的体系质心的运行轨道。那么，一颗行星相对于另一颗行星而言，轨道是怎样的？

6.2.3　轨道形状

在图 6.6 所示的坐标系中，原点是两个行星的体系质心。如果 r 是行星 1 到体系质心的极坐标距离，其计算公式见式（6.63），两个行星之间的距离为

$$D = \frac{m_1 + m_2}{m_2} r \qquad （6.77）$$

那么行星 1 到行星 2 之间的极坐标距离为

$$R = -\frac{H^2(m_1 + m_2)}{Km_2[1 + e\cos(\theta - \theta_0)]} \qquad （6.78）$$

所以，当两颗行星绕行时，彼此依然受控于偏心率，轨道为椭圆、双曲线或者抛物线。

需要重新强调的是，我们进行二体问题推演的初衷是解决两个天体的质量相差不大时的轨道问题。

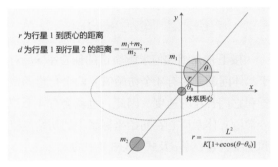

图 6.6　二体问题的轨道形状

6.3　限制性三体问题

三体问题（three-body problem）是数学和物理学研究中的一个经典问题。1687 年，牛顿首先提出并尝试解决这个问题："现有三个物体在它们共同的引力场中运动，如果已知三个物体的初始条件（质量与位置），求解它们的运行轨道"。直到 1890 年庞加莱（Poincaré）才在这个问题上取得真正突破。虽然这个问题的描述十分简单，但是它的一阶微分方程就有 18 个，通过一系列守恒定律（动量和能量守恒）和微积分运算，才能将方程数目减到 6 个。即便如此，方程还是太多了，难以得到解析解。本节讨论的是三体问题中极为特殊的一种情形。

如图 6.7 所示，假定有三个天体，其中两个天体的质量远远大于第三个天体。两个质量较大的天体的运行轨道为圆形。我们来推导当第三个较小质量的天体加入已有两个大质量天体的系统中时，它在体系中的运行规律。太阳系中也存在类似的简化情形。例如，我们可以将地球和月球视为质量较大的天体，将人造卫星视为第三个较小质量的物体，人造卫星的运行轨道就适用于上述三体问题的限制模型。实际上，如果把太阳 - 地球 - 月球简化为此模型，月球就是质量最小的天体。

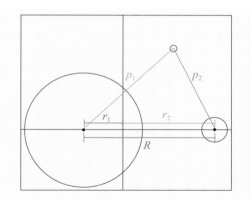

图 6.7　限制性三体问题示意图

6.3.1　初始条件的设定

依然设定横轴为 x、纵轴为 y 的指标坐标系，并且两个大质量天体的中心在坐标系的原点。第三个小天体运行的规律实际上是三维的，也就是说需要一个立体直角坐标系的 z 轴。但是处理 z 轴的运动特别复杂，在此只考虑 x-y 的指标坐标系。设定两个较大的天体的质量分别为 m_1 和 m_2，且 $m_1 \geqslant m_2$。第三个天体的质量为 m_3，且 $m_3 \ll m_2$。假定两个较大天体之间的距离表达为空间向量 R。

对于两个较大的天体而言，他们相对于原点的空间向量分别为

$$r_1 = \frac{m_2}{m_1 + m_2} R \qquad (6.79)$$

$$r_2 = \frac{m_1}{m_1 + m_2} R \qquad (6.80)$$

式（6.79）除以式（6.80）可以得到

$$\left| \frac{r_1}{r_2} \right| = \frac{m_2}{m_1} \qquad (6.81)$$

可以看到，由于两个较大质量的天体决定了体系的质量中心，因此它们与原点的距离比值是一个常数。为使后面的讨论简单一些，假设两个较大质量天体之间的距离为单位距离，即 1。因此，可以继续进行简化，假设 $\dfrac{m_2}{m_1 + m_2} = \mu$，则 $r_1 = -\mu$，$r_2 = 1 - \mu$。

6.3.2　小质量天体的运动

小质量天体的动能可以表达为

$$T = \frac{1}{2} m_3 (\dot{x}^2 + \dot{y}^2) \qquad (6.82)$$

它的势能完全是重力势能，为

$$V = -\frac{Gm_3 m_1}{p_1} - \frac{Gm_3 m_2}{p_2} \qquad (6.83)$$

式中，p_1 和 p_2 分别为小质量天体相对于大质量天体 1 和天体 2 的空间向量：

$$p_1 = \sqrt{(x - x_1)^2 + (y - y_1)^2} \qquad (6.84)$$

$$p_2 = \sqrt{(x - x_2)^2 + (y - y_2)^2} \qquad (6.85)$$

为了简化运算，我们认为两个大质量天体的连线是坐标系，而这个坐标系会随时间转动。那么转动后和转动前的坐标系有以下关系：

$$\begin{bmatrix} \cos\omega t & -\sin\omega t \\ \sin\omega t & -\cos\omega t \end{bmatrix} \begin{bmatrix} x \\ y \end{bmatrix} = \begin{bmatrix} x'(t) \\ y'(t) \end{bmatrix} \qquad (6.86)$$

我们使用一个旋转矩阵描述坐标系以 ω 的速度旋转。将 x' 和 y' 代入式（6.82），列出拉格朗日量，即

$$x'(t) = x\cos\omega t - y\sin\omega t \qquad (6.87)$$

$$y'(t) = y\cos\omega t + x\sin\omega t \qquad (6.88)$$

式中，ω 是两个大质量天体的角速度。

在该体系中，拉格朗日量为

$$\begin{aligned} L &= T - V \\ &= \frac{1}{2} m_3 \left[\dot{x}^2 + \dot{y}^2 + 2x\omega\dot{y} - 2y\omega\dot{x} + \omega^2(x^2 + y^2) \right] \\ &\quad + \frac{Gm_3 m_1}{p_1} \pm \frac{Gm_3 m_2}{p_2} \end{aligned} \qquad (6.89)$$

根据拉格朗日公式：

$$\frac{\mathrm{d}}{\mathrm{d}t}\left(\frac{\partial L}{\partial \dot{q}_i} \right) - \frac{\partial L}{\partial q_i} = 0 \qquad (6.90)$$

式中，$\dfrac{\partial L}{\partial q_i}$ 表示对拉格朗日量 L 取 q_i 的微分。在这个问题中，q_i 取 x 或 y。小质量天体的轨道的二阶微分方程是

$m_3\ddot{x} = 2m_3\omega\dot{y} + m_3x\omega^2$

$$- \frac{Gm_3m_1(x-x_1)}{p_1^3} - \frac{Gm_3m_2(x-x_2)}{p_2^3} \quad (6.91)$$

$m_3\ddot{y} = -2m_3\omega\dot{x} + m_3y\omega^2$

$$- \frac{Gm_3m_1(y-y_1)}{p_1^3} - \frac{Gm_3m_2(y-y_2)}{p_2^3} \quad (6.92)$$

上面两个公式中的 m_3 都可以消除，说明小质量天体的质量不影响它的运动。

从开普勒第三定律可知两个大质量天体的体系角速度为

$$\omega^2 = \frac{G(m_1+m_2)}{(r_1+r_2)^3} \quad (6.93)$$

由于 $r_1 + r_2 = 1$ ，因此有

$$G = \frac{\omega^2}{m_1+m_2} \quad (6.94)$$

将式（6.94）分别代入式（6.91）和式（6.92）可得

$$\ddot{x} = 2\omega\dot{y} + x\omega^2 - \frac{m_1}{m_1+m_2}\frac{\omega^2(x-x_1)}{p_1^3}$$
$$- \frac{m_2}{m_1+m_2}\frac{\omega^2(x-x_2)}{p_2^3} \quad (6.95)$$

$$\ddot{y} = -2\omega\dot{x} + y\omega^2 - \frac{m_1}{m_1+m_2}\frac{\omega^2(y-y_1)}{p_1^3}$$
$$- \frac{m_2}{m_1+m_2}\frac{\omega^2(y-y_2)}{p_2^3} \quad (6.96)$$

由于 $\frac{m_2}{m_1+m_2} = \mu$ ，因此式（6.95）和式（6.96）可以表示为

$$\frac{d^2x}{dt^2} = 2\omega\frac{dy}{dt} + x\omega^2$$
$$- \frac{\omega^2(1-\mu)(x-x_1)}{p_1^3} - \frac{\omega^2\mu(x-x_2)}{p_2^3} \quad (6.97)$$

$$\frac{d^2y}{dt^2} = -2\omega\frac{dx}{dt} + y\omega^2$$
$$- \frac{\omega^2(1-\mu)(y-y_1)}{p_1^3} - \frac{\omega^2\mu(y-y_2)}{p_2^3} \quad (6.98)$$

为了消除 ω^2 ，定义一个参数：

$$t = \frac{1}{\omega}\tau \quad (6.99)$$

将式（6.99）代入式（6.97）和式（6.98）中，就可以得到

$$\omega^2\frac{d^2x}{d\tau^2} = 2\omega^2\frac{dy}{d\tau} + x\omega^2$$
$$- \frac{\omega^2(1-\mu)(x-x_1)}{p_1^3}$$
$$- \frac{\omega^2\mu(x-x_2)}{p_2^3} \quad (6.100)$$

$$\omega^2\frac{d^2y}{d\tau^2} = -2\omega^2\frac{dx}{d\tau} + y\omega^2$$
$$- \frac{\omega^2(1-\mu)(y-y_1)}{p_1^3}$$
$$- \frac{\omega^2\mu(y-y_2)}{p_2^3} \quad (6.101)$$

消除式（6.100）和式（6.101）中的 ω^2 ，并把 τ 换回 t ：

$$\ddot{x} = 2\dot{y} + x - \frac{(1-\mu)(x-x_1)}{p_1^3} - \frac{\mu(x-x_2)}{p_2^3} \quad (6.102)$$

$$\ddot{y} = -2\dot{x} + y - \frac{(1-\mu)(y-y_1)}{p_1^3} - \frac{\mu(y-y_2)}{p_2^3} \quad (6.103)$$

在这种情况下，两个大质量天体的位置是相对静止的。将两个大质量天体的 y 轴位置定义在原点，那么这两个天体就落在了 x 轴的不同位置。由于 $r_1 = \mu$ ， $r_2 = 1-\mu$ ，因此两个大质量天体在坐标系中的位置为

$$(x_1, y_1) = (-\mu, 0) \quad (6.104)$$
$$(x_2, y_2) = (1-\mu, 0) \quad (6.105)$$

这样，体系的未知量降维至一个参数，即 μ ，这就不需要知道两个大质量天体的初始位置了。太阳系天体常用 μ 见表 6.1。

表 6.1 太阳系天体常用 μ

系统	m_1	m_2	μ
太阳 - 地球	1.9891E30	5.9736E24	3.0039E-7
太阳 - 月球	5.9736E24	7.3477E22	1.2151E-2
太阳 - 木星	1.9891E30	1.4313E27	7.1904E-4
太阳 - 土星	1.9891E30	5.8460E26	2.8571E-4
土星 - 泰坦星	5.8460E26	1.3452E23	2.3660E-4

因此，可以得到小质量天体的运动公式为

$$\ddot{x} = 2\dot{y} + x - \frac{(1-\mu)(x+\mu)}{p_1^3}$$
$$- \frac{\mu(x-1+\mu)}{p_2^3} \quad （6.106）$$

$$\ddot{y} = -2\dot{x} + y - \frac{(1-\mu)y}{p_1^3} - \frac{\mu y}{p_2^3} \quad （6.107）$$

式中，

$$p_1 = \sqrt{(x+\mu)^2 + y^2} \quad （6.108）$$
$$p_2 = \sqrt{(x-1+\mu)^2 + y^2} \quad （6.109）$$

由式（6.108）和式（6.109）可知，小质量天体的加速度取决于科里奥利力（Coriolis force）、向心力（centripetal force）和万有引力（universal gravitation）。科里奥利力的作用方向垂直于公转轴和小质量天体的速度方向，大小与小质量天体的公转速率成正比。向心力的作用方向为径向外指。

6.3.3　拉格朗日点

我们对三体问题中最简单的情形做了分析。在人类发射空间探测器或人造卫星时，其中一个重要的关注点是日 - 地 - 月的三体系统中哪些空间位置达到了力的平衡。这个平衡来自向心力与万有引力的平衡。这些空间位置又称拉格朗日点。在这些空间位置上，对于小质量天体而言，它的速度与加速度在两个方向上均为零。因此，在上一部分论证的位置公式可以简化为

$$x = \frac{(1-\mu)(x+\mu)}{p_1^3} + \frac{\mu(x-1+\mu)}{p_2^3} \quad （6.110）$$
$$y = \frac{(1-\mu)y}{p_1^3} + \frac{\mu y}{p_2^3} \quad （6.111）$$

1765 年，欧拉发现，当三个天体处于一条直线时，即 $y = \frac{(1-\mu)y}{p_1^3} + \frac{\mu y}{p_2^3} = 0$，存在平衡位置。因此可得

$$x - \frac{(1-\mu)(x+\mu)}{|x+\mu|^3} - \frac{\mu(x-1+\mu)}{|x-1+\mu|^3} = 0 \quad （6.112）$$

这个方程共有 3 个平衡位置，其中两个点（即 L_1 和 L_2）位于质量第二大的天体两侧，点 L_3 位于质量最大天体外侧很远的地方（表 6.2）。

表 6.2　太阳系部分天体的拉格朗日点

系统	μ	L_1	L_2	L_3
太阳 - 地球	3.0039E-7	0.995363	1.004637	-1.00001
太阳 - 月球	1.2151E-2	0.836915	1.15568	-1.00506
太阳 - 木星	7.1904E-4	0.938466	1.06267	-1.00030
太阳 - 土星	2.8571E-4	0.954750	1.04525	-1.00012
土星 - 泰坦星	2.3660E-4	0.957500	1.04250	-1.00010

1772 年，拉格朗日发现了另外两个平衡区域，即 L_4 和 L_5。这两个点位于较大质量天体为顶点组成的等边三角形的两个顶点上。推算的办法也比较简单，设 $p_1 = p_2 = 1$，我们很容易就可以得到 L_4 和 L_5 的位置分别为

$$x = \mu - \frac{1}{2}, \quad y = \frac{\sqrt{3}}{2} \quad （6.113）$$
$$x = \mu - \frac{1}{2}, \quad y = -\frac{\sqrt{3}}{2} \quad （6.114）$$

但是这 5 个拉格朗日点的稳定性并不完全相同，因此需要分析 5 个拉格朗日点的稳定性（5 个拉格朗日点的位置如图 6.8 所示）。如果用函数 U 代表有效负势能，那么就可以用 U 来分析拉格朗日点的稳定性。下面我们来构造势能函数 U。

$$V = -\frac{Gm_3m_1}{p_1} - \frac{Gm_3m_2}{p_2} \quad （6.115）$$
$$-\boldsymbol{f} = \nabla V \quad （6.116）$$
$$\boldsymbol{r} = x\boldsymbol{e}_x + y\boldsymbol{e}_y \quad （6.117）$$
$$\ddot{\boldsymbol{r}} = (\ddot{x} - 2\dot{y}\omega - x\omega^2)\boldsymbol{e}_x$$
$$+ (\ddot{y} + 2\dot{x}\omega - y\omega^2)\boldsymbol{e}_y \quad （6.118）$$
$$-\frac{\partial V}{\partial x} = m_3(\ddot{x} - 2\dot{y}\omega - x\omega^2) \quad （6.119）$$

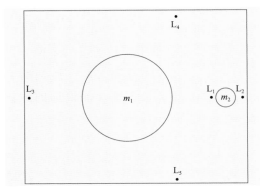

图 6.8　拉格朗日点示意图

$$-\frac{\partial V}{\partial y} = m_3(\ddot{y} + 2\dot{x}\omega - y\omega^2) \quad （6.120）$$

式（6.119）、式（6.120）和式（6.91）、式（6.92）很像，因为在这种情况下，拉格朗日方程等价于牛顿第二定律。

结合式（6.115）～式（6.118），式（6.119）和式（6.120）中的 ω 全为 1。式中的 V 是总势能，它的梯度就是总的力。现在需要讨论这个系统中的引力势，所以只保留和引力有关的项。

$$\varphi = \frac{V}{m_3} \quad （6.121）$$

$$-\frac{\partial \varphi}{\partial x} + x = \ddot{x} - 2\dot{y} = \frac{\partial U}{\partial x} \quad （6.122）$$

$$-\frac{\partial \varphi}{\partial y} + y = \ddot{y} + 2\dot{x} = \frac{\partial U}{\partial y} \quad （6.123）$$

简单的积分之后得到引力势 U 的表达式：

$$U = \frac{1}{2}(x^2 + y^2) + \frac{\mu_1}{p_1} + \frac{\mu_2}{p_2} \quad （6.124）$$

分别对 x 和 y 进行微分，式（6.106）和式（6.107）可以表达为

$$\ddot{x} - 2\dot{y} = \frac{\partial U}{\partial x} \quad （6.125）$$

$$\ddot{y} + 2\dot{x} = \frac{\partial U}{\partial y} \quad （6.126）$$

此时 $-U$ 的梯度就等于向心力和万有引力。

如果把拉格朗日点的位置表达为

$$x = x_{L_i} + \delta x \quad （6.127）$$

$$y = y_{L_i} + \delta y \quad （6.128）$$

式中，δx 和 δy 表示微小扰动（即不稳定性）；x_{L_i} 和 y_{L_i} 表示拉格朗日点的位置，其中 i=1,2,3,4,5。

对 $U(x,y)$ 进行泰勒展开：

$$U = U_{L_i} + U_x \delta x + U_y \delta y + \frac{1}{2}U_{xx}(\delta x)^2$$
$$+ U_{xy}\delta x\delta y + \frac{1}{2}U_{yy}(\delta y)^2 \quad （6.129）$$

δ 很小，所以只保留泰勒展开的前两项，即保存到平方项目。在拉格朗日点，有 $\frac{\partial U}{\partial x} = \frac{\partial U}{\partial y} = 0$，所以式（6.129）可以简化为

$$U = U_{L_i} + + \frac{1}{2}U_{xx}(\delta x)^2 + U_{xy}\delta x\delta y + \frac{1}{2}U_{yy}(\delta y)^2 \quad （6.130）$$

对式（6.120）进行线性代数处理，可以得到

$$x = x_{L_i} + \delta x \quad （6.131）$$
$$y = y_{L_i} + \delta y \quad （6.132）$$
$$\dot{x} = \delta v_x \quad （6.133）$$
$$\dot{y} = \delta v_y \quad （6.134）$$

把 U 的泰勒展开代入式（6.133）和式（6.134），得到

$$\delta v_{\dot{x}} = 2\delta v_y - U_{xx}\delta_x - U_{xy}\delta_y \quad （6.135）$$
$$\delta v_{\dot{y}} = 2\delta v_x - U_{xy}\delta_x - U_{yy}\delta_y \quad （6.136）$$

可以把上面两个公式写成矩阵的形式：

$$\frac{\mathrm{d}}{\mathrm{d}t}\begin{pmatrix} \delta x \\ \delta y \\ \delta v_x \\ \delta v_y \end{pmatrix} = \begin{pmatrix} 0 & 0 & 1 & 0 \\ 0 & 0 & 0 & 1 \\ -U_{xx} & -U_{xy} & 0 & 2 \\ -U_{xy} & -U_{yy} & -2 & 0 \end{pmatrix}\begin{pmatrix} \delta x \\ \delta y \\ \delta v_x \\ \delta v_y \end{pmatrix} \quad （6.137）$$

现在我们需要找出上述矩阵在每个拉格朗日点的特征值。如果特征值是虚数，那么表示该拉格朗日点是稳定的。如果不是虚数，则表示该拉格朗日点不稳定。求解特征值使得

$$\lambda^4 + (4 + U_{xx} + U_{yy})\lambda^2 + (U_{xx}U_{yy} - U_{xy}^2) = 0 \quad （6.138）$$

$\sqrt{\lambda}$ 就是最终结果，因此我们需要解二阶微

分方程：

$$U_{xx} = \frac{1-\mu}{p_1^3} + \frac{\mu}{p_2^3} - \frac{3(1-\mu)(x+\mu)^2}{p_1^5}$$
$$- \frac{3\mu(x-1+\mu)^2}{p_2^5} - 1 \quad （6.139）$$

$$U_{yy} = \frac{1-\mu}{p_1^3} + \frac{\mu}{p_2^3} - 3y\left[\frac{1-\mu}{p_1^5} - \frac{\mu}{p_2^5}\right] - 1 \quad （6.140）$$

$$U_{xy} = 3y\left[\frac{(1-\mu)(x+\mu)}{p_1^5} - \frac{\mu(x-1+\mu)}{p_2^5}\right] \quad （6.141）$$

为了让公式看起来简洁和方便后续计算，定义 $a = \frac{1-\mu}{p_1^3} + \frac{\mu}{p_2^3}$。当讨论 L_1、L_2 和 L_3 时，$y = 0$。因此，$U_{xy} = 0$，$U_{yy} = a - 1$。对于 U_{xy}，当 $y = 0$ 时，$p_1 = x + y$，$p_2 = x - 1 + \mu$，因此 $U_{xy} = -3a + a - 1 = -2a - 1$。将这些代数式代入式（6.138），可以得到

$$\lambda^4 + (2-a)\lambda^2 + (-2a-1)(a-1) = 0 \quad （6.142）$$

通过上式可知，当 $\frac{8}{9} \le a \le 1$ 时，L_1、L_2 和 L_3 是稳定的；当 $0 < \mu \le 0.5$ 时，L_1、L_2 和 L_3 是不稳定的。

对于 L_4 和 L_5，已知 $p_1 = p_2 = 0$ 和 x、y 的值，因此，可以得到 $U_{xy} = -\frac{3}{4}$，$U_{yy} = -\frac{9}{4}$，$U_{yy} = \pm\sqrt{\frac{27}{16}}(1-2\mu)$。把这些值代入式（6.138），可以得到

$$\lambda^4 + \lambda^2 + \frac{27}{4}\mu(1-\mu) = 0 \quad （6.143）$$

可以发现，当 $27\mu(1-\mu) < 1$ 时，就会有虚数解。因此，$\mu < \frac{1}{2}\left(1 - \sqrt{\frac{23}{27}}\right) = 0.0385208965$（太阳系天体的 μ 绝大多数都小于这个数值）。

如果没有科里奥利力，那么：

$$\ddot{x} = \frac{\partial U}{\partial x}，\quad \ddot{y} = \frac{\partial U}{\partial y} \quad （6.144）$$

由于 L_4 和 L_5 是 U 的区域最小值，所以 L_4 和 L_5 变成了不稳定点。

在找到所有拉格朗日点不稳定的状态后，需要思考这个不稳定状态对于小质量天体的含义。图 6.9 模拟的是人造卫星在地月系统 L_4 的轨道失稳情况。对于这些周期性轨道而言，取 $\dot{y} = 0$ 和 $\dot{x} > 0$ 时就能得到庞加莱映射（Poincaré map）。这些映射超过了轨道的范围。

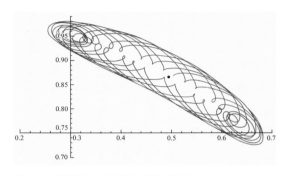

图 6.9 人造卫星在地月系统 L_4 的轨道失稳

6.3.4 小质量天体运行的边界

将式（6.125）和式（6.126）分别乘以 $\frac{\mathrm{d}x}{\mathrm{d}t}$ 和 $\frac{\mathrm{d}y}{\mathrm{d}t}$，并把二者加和，可以得到

$$\frac{\mathrm{d}^2x}{\mathrm{d}t^2}\left(\frac{\mathrm{d}x}{\mathrm{d}t}\right) + \frac{\mathrm{d}^2y}{\mathrm{d}t^2}\left(\frac{\mathrm{d}y}{\mathrm{d}t}\right)$$
$$= \frac{\mathrm{d}x}{\mathrm{d}t}\frac{\partial U}{\partial x} + \frac{\mathrm{d}y}{\mathrm{d}t}\frac{\partial U}{\partial y} \quad （6.145）$$

U 实际上也取决于 x 和 y，因此式（6.145）可以简写为

$$\frac{\mathrm{d}^2x}{\mathrm{d}t^2}\left(\frac{\mathrm{d}x}{\mathrm{d}t}\right) + \frac{\mathrm{d}^2y}{\mathrm{d}t^2}\left(\frac{\mathrm{d}y}{\mathrm{d}t}\right) = 2\frac{\partial U}{\partial t} \quad （6.146）$$

对式（6.146）做时间积分：

$$\left(\frac{\mathrm{d}x}{\mathrm{d}t}\right)^2 + \left(\frac{\mathrm{d}y}{\mathrm{d}t}\right)^2 = 2U - C \quad （6.147）$$

式中，C 为雅可比常数。式中等号左边实际上是小质量天体速度的平方，即

$$V^2 = 2U - C \quad （6.148）$$

这就是相对能量的雅可比积分。有了这个公式，我们就可以讨论小质量天体在一个平面

上的轨道边界，也就是速度为零的界面。对于式（6.148）而言，$2U > C$；$2U = C$ 就是拉格朗日点。因此，速度为零的点也比较好计算，即

$$2U = C \qquad (6.149)$$

或者为

$$x^2 + y^2 + \frac{2(1-\mu)}{p_1} + \frac{2\mu}{p_2} = C \qquad (6.150)$$

图 6.10 所示为 $\mu = 1$ 时速度为零的小质量天体的边界。图中颜色最深的两个椭圆区就是初始位置分别为 L_4 和 L_5 的零速度界面。下面我们逐个分析经过其他拉格朗日点的零速度界面。

图 6.11 所示为经过 L_1 的零速度界面。假设一个天体的初始位置在图中的阴影区，那么它将被永远限制在阴影区，无法逃逸。该图就是这种情形。

图 6.12 所示为经过 L_2 的零速度界面。假设一个天体的初始位置在图中的阴影区，那么它将被永远限制在阴影区，无法逃逸。该图描绘的就是这种情形。

图 6.13 所示为经过 L_3 的零速度界面。假设一个天体的初始位置在图中的阴影区，那么它的轨道不是封闭曲线，最终将发生逃逸。该图就是这种情形。

我们对限制性三体问题进行了深入分析，有什么作用？理论上，在 L_4 和 L_5 的位置上应该有一些小天体群存在，1906 年人们在太阳 - 木星的 L_4 和 L_5 位置上发现了特洛伊小行星（Trojan asteroids）。随后，人们在火星和土星的相应位置也发现了特洛伊小行星。而在地球的相应位置上只发现了一些尘埃颗粒或小行星碎片。人们通常会在 L_1 放置一些重要的卫星，如太阳观测卫星（solar and heliospheric observatory satellite）。嫦娥五号所使用的中继星鹊桥也是放置在地球的一个拉格朗日点上。除此之外，人们在深空探测时，经常会使用拉格朗日点作为中转。同样，月球相对于地球和太阳而言，也是一个小质量天体，人们很早就知道月球的轨道并不符合开普勒定律，后来把月球放在三体问题中解决了其轨道异常问题。对月球的轨道问题感兴趣的同学可以阅读 Richard Fitzpatrick 的 *Introduction to Celestial Mechanics*。

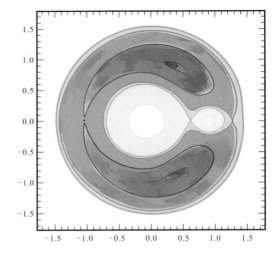

图 6.10　$\mu = 1$ 时速度为零的小质量天体的边界

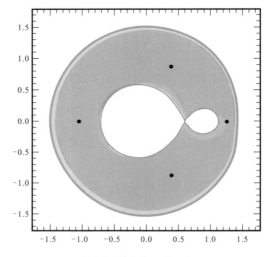

图 6.11　经过 L_1 零速度界面的小质量天体边界

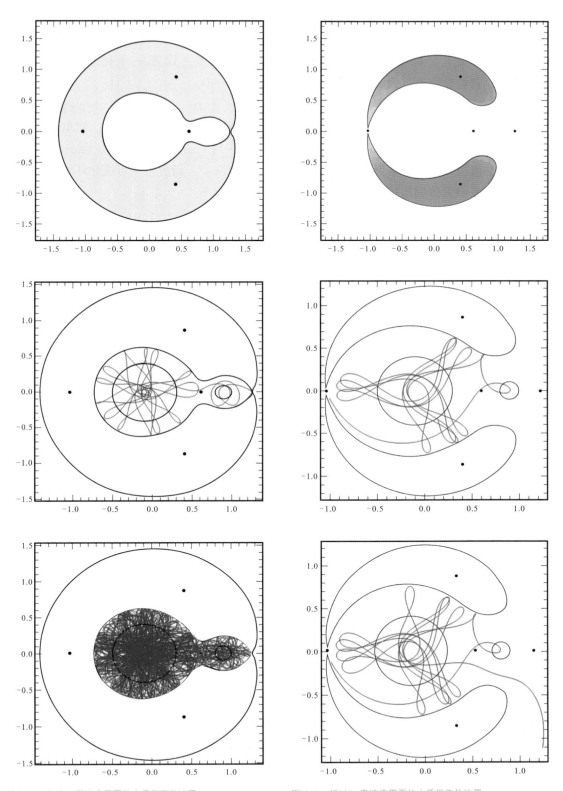

图 6.12 经过 L_2 零速度界面的小质量天体边界　　　图 6.13 经过 L_3 零速度界面的小质量天体边界

6.4 REBOUND简介

我们已介绍了二体问题和限制性三体问题的推导，它们分别是更为普遍的多体问题（*n*-body problem）最简单和最普通的形式。一般三体问题就已很难得到解析解，因此多体问题也没有解析解。但多体问题又极为重要，无论是模拟分子星云中恒星的运行还是类似于银河系中天体的运行，以及太阳星云中的类地天体增生及碰撞等过程实际上都是多体问题。目前多体问题主要通过数值模拟来进行处理，这类软件有很多，其中最常用的是 REBOUND。

REBOUND 可以用来模拟引力系统下颗粒的运行，这些颗粒可以是恒星、行星、天然卫星、行星环及尘埃颗粒。REBOUND是一款免费软件，主要维护者是多伦多大学的汉诺·雷恩（Hanno Rein）教授，中国学者刘尚飞教授也是该软件的维护者之一。REBOUND 的源代码可以从 GITHUB 上下载[①]，关于软件的使用说明可以到 REBOUND 的官网下载[②]。REBOUND 的核心部分是使用 C 语言写的，但是现在也提供了一个用 Python 写成的交互页面。在后面的介绍中，我们用到的就是这个用 Python 写成的交互页面。

6.4.1 下载与安装

REBOUND 官方只提供了在 Linux 和 macOS 系统下运行的版本。在这两个体系下安装 REBOUND 非常简单。以下介绍来自 REBOUND 开发者汉诺·雷恩教授的官方介绍。

第一步，设置一个路径，用来安装 REBOUND。

~ # mkdir rebound-python

第二步：进入这个路径，回车。

~ # cd rebound-python

第三步：设置一个可视化环境，命名为 venv。回车。

~ /rebound-python # python3 -m venv venv

可以看到一个新的入口：

~ /rebound-python # ls
Venv

第四步：激活这个路径，输入以下命令后回车。

~ /rebound-python # source venv/bin/activate

~ /rebound-python # rebound-python|

这样就建立了一个可视化环境。下面需要把 REBOUND 安装在这个可视化环境下。

~ /rebound-python # pip install rebound rebound-python|

可以看到 REBOUDN 正在被下载和安装（图 6.14）。Python 和 REBOUND 会被安

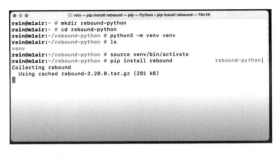

图 6.14　安装 REBOUND

---

① 网址：https://github.com/hannorein/rebound。

② 网址：https://rebound.readthedocs.io/en/latest/。

装在电脑上。

安装好以后，就可以运行 Python（图 6.15）。

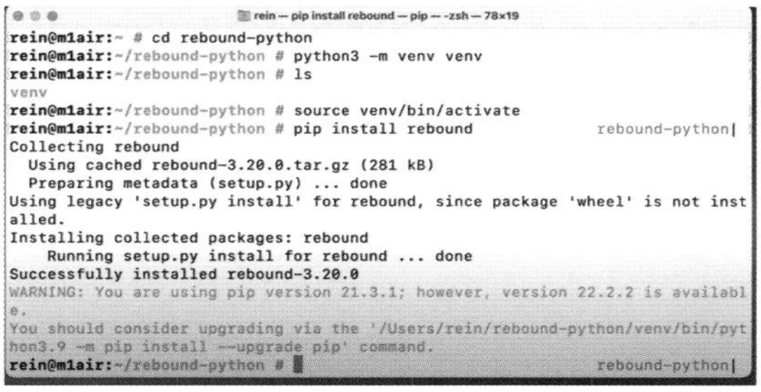

```
rein — pip install rebound — pip — -zsh — 78×19
rein@m1air:~ # cd rebound-python
rein@m1air:~/rebound-python # python3 -m venv venv
rein@m1air:~/rebound-python # ls
venv
rein@m1air:~/rebound-python # source venv/bin/activate
rein@m1air:~/rebound-python # pip install rebound                rebound-python|
Collecting rebound
  Using cached rebound-3.20.0.tar.gz (281 kB)
  Preparing metadata (setup.py) ... done
Using legacy 'setup.py install' for rebound, since package 'wheel' is not inst
alled.
Installing collected packages: rebound
    Running setup.py install for rebound ... done
Successfully installed rebound-3.20.0
WARNING: You are using pip version 21.3.1; however, version 22.2.2 is availabl
e.
You should consider upgrading via the '/Users/rein/rebound-python/venv/bin/pyt
hon3.9 -m pip install --upgrade pip' command.
rein@m1air:~/rebound-python #                                    rebound-python|
```

图 6.15　运行 REBOUND

```
~ /rebound-python # python
```

接下来，输入 REBOUND。

```
>>> import rebound
```

这样，我们就完成了 Python 和 REBOUND 的安装（图 6.16）。

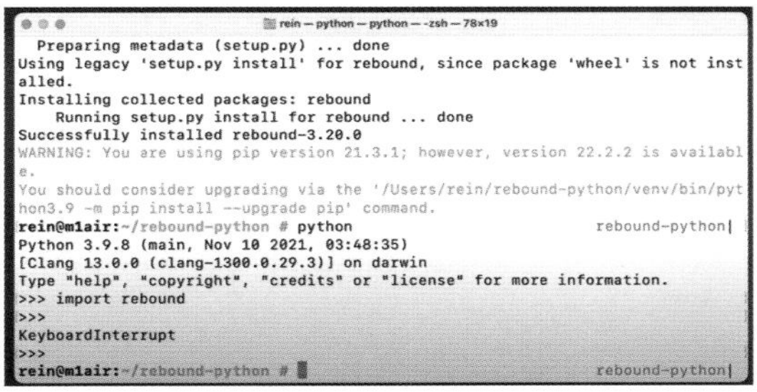

```
rein — python — python — -zsh — 78×19
  Preparing metadata (setup.py) ... done
Using legacy 'setup.py install' for rebound, since package 'wheel' is not inst
alled.
Installing collected packages: rebound
    Running setup.py install for rebound ... done
Successfully installed rebound-3.20.0
WARNING: You are using pip version 21.3.1; however, version 22.2.2 is availabl
e.
You should consider upgrading via the '/Users/rein/rebound-python/venv/bin/pyt
hon3.9 -m pip install --upgrade pip' command.
rein@m1air:~/rebound-python # python                             rebound-python|
Python 3.9.8 (main, Nov 10 2021, 03:48:35)
[Clang 13.0.0 (clang-1300.0.29.3)] on darwin
Type "help", "copyright", "credits" or "license" for more information.
>>> import rebound
>>>
KeyboardInterrupt
>>>
rein@m1air:~/rebound-python #                                    rebound-python|
```

图 6.16　REBOUND 安装完毕

6.4.2　REBOUND算例——二体问题

REBOUND 的核心代码在 GITHUB 中解释得十分清楚，而且也有大量的算例，感兴趣的同学可以自己进行深入的探索。我们在此只介绍一个小的算例，就是二体问题的模拟。

初始条件设置如下：$e=0.3$，半长轴 $a=1$，两个天体的质量分别为 $m_1=1$ 和 $m_2=10^{-3}$，万有引力常数 $G=1$，公转周期为 2π。能量守恒和角动量守恒的公式分别为

$$E=-\mu\frac{GM}{2\pi} \tag{6.151}$$

$$L=\mu\sqrt{(1-e^2)GMa} \tag{6.152}$$

式中，

$$\mu=\frac{m_1+m_2}{M} \tag{6.153}$$

$$M=m_1+m_2 \tag{6.154}$$

选择 z 轴为角动量方向，所以 $L_z=L$。把天体 2 的“近日点”放置在 x 轴。在初始时刻，$t_0=t(0)=0$，两个天体处于最近的距离 $d_p=a(1-e)$。同样，在初始时刻，两个天体的位置和速度分别为

$$v_{y_1}(0)=-\frac{L}{d_pm_1},x_1(0)=-\frac{d_pm_2}{M} \tag{6.155}$$

```
import numpy as np
import matplotlib.pyplot as plt
import rebound

# create a sim object
sim = rebound.Simulation()

# set the integrator to type REB_INTEGRATOR_LEAPFROG
sim.integrator = "leapfrog"
# and use a fixed time step
sim.dt = 1e-4
# here add your particles....
sim.add(m=1.0)
sim.add(m=1e-3, a=1.0, e=0.3)
# do not forget to move to the center of mass
sim.move_to_com()
# create time array, let's say 1 orbit, plot 250 times per orbit
Norbits = 1
Nsteps = Norbits*250
times = np.linspace(0, Norbits*2*np.pi, Nsteps)
x = np.zeros((sim.N, Nsteps)) # coordinates for both particles
y = np.zeros_like(x)
energy = np.zeros(Nsteps) # energy of the system
# now integrate
for i, t in enumerate(times):
    print(t, end="\r")
    sim.integrate(t, exact_finish_time=0)
    energy[i] = sim.calculate_energy()
    for j in range(sim.N):
        x[j,i] = sim.particles[j].x
        y[j,i] = sim.particles[j].y
print("Done, now plotting...")
# plot the orbit
fig, ax = plt.subplots()
ax.scatter(x,y, s=2)
ax.set_title("Orbit with step size %g" % sim.dt)
ax.set_aspect("equal")
ax.set_xlabel("x-coordinate")
ax.set_ylabel("y-coordinate")
plt.grid(True)
fig.savefig("orbit"+str(sim.dt)+".pdf")
# plot the energy
fig, ax = plt.subplots()
ax.scatter(times, np.abs(energy-energy[0])/np.abs(energy[0]), s=2)
print(energy)
ax.set_title("Energy with step size %g" % sim.dt)
ax.set_xlabel("time")
ax.set_yscale("log")
ax.set_ylabel("energy")
plt.grid(True)
fig.savefig("energy"+str(sim.dt)+".pdf")
print("Done.")
```

图 6.17　二体问题核心代码

$$v_{y_2}(0) = -\frac{L}{d_p m_2}, x_2(0) = -\frac{d_p m_1}{M} \quad (6.156)$$

处理后，两个天体的运动就是在 x-y 平面上的运动。

我们的目的是探索 REBOUND 中给出的不同的积分器。我们用 Leap-Frog 积分器，设定不同的固定时长，例如，从 $1 \sim 10^{-6}$，积分 10^3 个轨道周期。

轨道信息同时储存于 sim.particales，例如，偏心率就可以用 sim.particles[1].e 给出。同学们可以尝试和调试上述代码（图 6.17）并画出不同情形下的轨道图。

・ 习题与思考 ・

（1）从哈密顿力学出发，用拉格朗日量给出二体问题的求解过程。

（2）6.4.2 节的算例中有 bug，请找出 bug。

第七章

地球
Earth

地球是一颗行星，用于研究行星起源和演化的很多思路与方法都是源于对地球的研究。相较于其他天体，人类对地球的研究最系统、最深刻，对其各种参数的掌握也最全面，能够使用的研究方法与技术也最多。最为重要的是，能够很方便地采集和分析地球的样品（岩石、水、大气和生物），反复验证相关理论和假说。

　　举例说明上述情况。关于地球的成分，我们可以像克拉克那样采集成千上万块岩石进行分析，不仅可以得到它们的年龄、成分及位置等信息，还可以将它们与地球深部过程相联系，得到更为准确的解读。然而目前为止，人类只从月球表面极为有限的区域内采集了极少量样品，没有直接从火星表面采集任何样品，甚至连一块来自水星或者金星的陨石都没有。从行星内部圈层结构来看，人类在地球上布置了密密麻麻的地震台站来接收和记录地球内部的地震波信息，并以此为基础研究地球内部物质组成和相变、微小界面变化及精细圈层分层等特征。然而，人类目前只在月球和火星上设置了地震仪，设置在月球的地震仪是阿波罗计划时期送上去的，数据质量欠佳；设置在火星的地震仪仅三台，且分布于非常有限的区域内，很难对火星内部结构进行大角度研究。当然，可以通过其他手段来探索行星的内部结构，但是那些手段的精度和能够揭示的精细程度都不及地震仪。同样，对于地球的动力学过程，人们可以综合地球物理、地质学、地球化学、大气科学等多方面信息进行最为自洽和统一的模拟，但是对其他行星的研究无法做到这个程度，因为不仅缺乏各种数据，还需要假定各个过程。

　　因此，对地球的形成和演化及研究地球形成和演化的手段有一个宏观的认识，可以让我们在探讨其他天体的过程中有更好的角度和更有深度。但是，要把地球的形成和演化在一个章节内解释清楚是非常困难的，因为数据太多，只能择其概要进行总结。本章将依次介绍地球的圈层结构，地球的动力学特征，地球的化学组成，地球的原始大气、海洋和大陆等内容，最后提供一个有关地球组成物质来源和形成过程的粗略总结。需要指出的是，虽然人们对地球有着最多和最深的研究，却依然不知道地球形成的确切过程和每个阶段发生的事件。

仰之弥高，钻之弥坚，瞻之在前，忽焉在后。

——《论语》

7.1　地球的圈层结构

7.1.1　地震波与地球内部圈层结构

地球内部的圈层结构是通过对地震波的研究揭示的，这个专门的研究领域称为地震学，属于地球物理学的一个分支。由于地震波在传播过程中会与地球内部的物质相互作用，因此可以从地震波反演出地球内部的信息。实际上陨石撞击、火山爆发、海浪拍打海岸，甚至一辆大卡车经过路面都会产生波，它也会与周边的物质相互作用。

地震波在不同物质中传播的速度不同。通过测量地震波从震源传到地震仪的时间，再结合地震波与物质相互作用的规律，就可以知道地震波穿越了哪些物质，以及各物质的特性。这种思路在医学上也很常见，如在医院做超声波检测时可以通过实时图像看到人体内部的组织结构与变化，同样也能用地震波来了解地球"身体"内部的情形。

通常来说地震波有两个，一个是 P 波，可以在固体和液体中传播，且波速较快；另一个是 S 波，只能在固体中传播，且波速比 P 波慢。这些特性能够让我们知道地球内部的细节特征，例如，只接收到了 P 波而没有 S 波，那么说明这一特定区域有"液体"。地质学上液体可能是熔体组成的岩浆房，也可能是一个地球的外核。地球的外核就是通过地震波发现的。

地震波从震源处向四面八方传播，如图 7.1 所示。假设蓝色的圆环中心是震源，那么从其中传播出来的一束地震波如黄色箭头所示，就会穿越各个层面，由于每一层的物质不同，地震波在其中传播的速度也不同。当地震波碰到一个不同的物质界面时就会发生反射，像光一样改变传播路径。如果地震波中的 S 波和 P 波在某一层中的传播速度发生了变化，地震波就会发生折射。

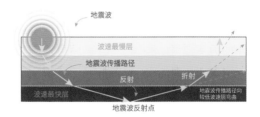

图 7.1　地震波的传播
地震波会在物质界面发生折射和反射，通过折射和反射的地震波可以研究物质的物理和化学性质

在地球的内部，越往深处压力越大，物体也就更加紧实致密，波速也就可能传播得更快。结合地质学和实验岩石学的工作，人们能够从地震波中解读出关于地球内部结构独一无二的信息。地震波波速与物质密度的关系如下：

$$v_{\mathrm{p}} = \sqrt{\dfrac{k + \dfrac{4}{3}\mu}{\rho}} \qquad (7.1)$$

$$v_{\mathrm{p}} = \sqrt{\dfrac{\mu}{\rho}} \qquad (7.2)$$

式中，k 是体模量；μ 是刚性模量。从上述两个公式来看，似乎密度越大波速越小。但这是一个假象，因为密度也取决于体模量和刚性模量。人们就是通过上述公式获得地球内部物质的密度，进而推断物质组成特征。

第一个被发现的是莫霍面，即地壳与地幔的界面。1900 年左右，地震学家安德烈·莫霍洛维契奇（Andrija Mohorovičić）首先利用地震波发现了地球内部一个奇怪的界面。他发现对于同一地震时间，离震源远的地震仪有时反而比离震源近的地震仪先接收到地震波的信号。他是这么解释的：之所以离震源远的地震仪先接收到地震波的信号，是因为这些地震波先向下即向地球深处传播。因为深部的物质更加紧实，所以波速更快，当地震波遇到物质界面时又会被重新反射到地表，被地震台站接收到。他识别出来的这个界面叫作莫霍面（Moho），莫霍面位于洋壳之下 5 ~ 10 km 处、陆壳之下 30 ~ 50 km 处，对于秦岭或者青藏高原这样的巨大造山带来说，莫霍面可能在地下 60 ~ 100 km 处。地震波揭示了莫霍面的存在，人们在蛇绿岩套的野外露头中也看到了莫霍面的真实情形。

第二个被发现的是地核和地幔的界面。当地震发生时，在地球另一边和震源相对的位置上总是有一个区域无法接收到 S 波，这就是 S 波阴影区。如图 7.2 所示，以震源为起始点，以检测不到 S 波的界面区域边界为另外两点，就可以画出 S 波阴影区的范围，对于地球的一半而言，也就是 103° ~ 180° 的范围内。P 波实际上也有一个阴影区，在 103° ~ 150° 的范围内。为什么接收不到 S 波呢？是因为 S 波无法穿过液体区域，也就是说地核的外核是一个熔融的状态。如果地核的组成物质是铁和镍，那么地球的外核就

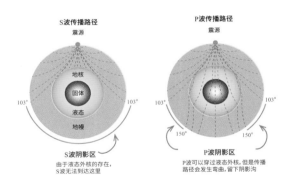

图 7.2　通过地震波确定地核的结构
S 波无法穿过液态外核，P 波可以穿过液态外核

是熔融的铁镍。P 波之所以也有一个阴影区，是因为 P 波在液体中的传播速度远远慢于在固体中的传播速度，也就是 P 波在地核外核的传播速度比其在固体地幔中慢得多。通过这种办法，不仅可以确定地核和地幔的边界（S 波确定），还能知道地核外核的厚度（P 波确定）。因此，可以由 S 波阴影区的张角大小判断某一天体金属核的大小，张角越大，地核也越大，反之亦然。由于本诺·古登堡（Beno Gutenberg）为地球内部结构的地震学研究做了很大贡献，现在地幔与地核的界面被称为古登堡界面（Gutenberg discontinuity）或者"G 面"。

7.1.2　地球内部的不连续界面与矿物相变

图 7.3 所示为我们对地球内部大尺度上地震波波速不连续界面的总结。从该图左图可以看出，在地表至地下 30 km，波速有规律地增加，这是因为随着深度的增加物质不断被压实，所以波速越来越快。但在地下 30 ~ 100 km，地震波波速变化不大，且波速没有随深度增加而增加，因为这是地球内部上地幔顶部的岩石圈地幔（lithospheric mantle），它的物质组成主要是橄榄石等难以压缩的矿物。地下 100 ～ 250 km，波速明显降低，形成一个低速带，人们认为这反映了该深度有大量熔体存在，即软流圈（asthenosphere）。在地下 420 km 处，P 波的速度陡升，说明在这个深度上下组成地幔的一个主要物质的结构发生了重大变化——被压得更致密了。地下 420 ～ 670 km 的区域被称为地幔过渡带（mantle transition zone），因为地下 670 km 以上属于上地幔（upper mantle），地下 670 km 以下属于下地幔（lower mantle）。我们可以看到在地下 670 km 处波速突然增加，但之后一直到地下 2700 km，P 波和 S 波的速度都基本保持不变，或者 P 波的速度缓慢增加。在核幔边界处，P

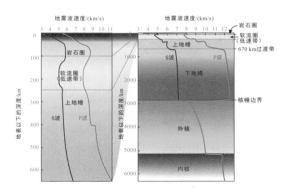

图 7.3　通过地震波确定地球内部圈层结构

波的速度急剧下降，而 S 波不能穿越地下 2700 ～ 5200 km 的液态外核。之后在地核中传播的就是 P 波。在地下 5200 km 处 P 波的速度又急剧增加，进入了固态内核，一直到地下 6500 km 都属于固态内核的区域。

知识拓展 1　英奇·雷曼

　　英奇·雷曼（Inge Lehmann）是丹麦地球物理学家。她的父亲是哥本哈根大学的心理学教授，她的母亲和量子力学创始人尼尔斯·玻尔的母亲汉娜·阿德勒（Hanna Adler）为亲姐妹。阿德勒创办了一所女子学校，鼓励女孩们学习数学和物理，反对社会传统中对女性的偏见。

　　高中毕业以后，英奇先后在哥本哈根大学和剑桥大学学习数学。在剑桥大学就读期间她的身体和心理受到了极大的创伤，不得不中断学业返回哥本哈根。之后，她成为保险行业的精算师。后来，她的亲戚、大地测量专家尼尔斯·埃里克·内隆德（Niels Erik Nørlund）邀请她担任科研助理，负责当时布置在丹麦和格陵兰的地震台站。1936 年，英奇通过对地震波的研究，发现地核分为固体内核和液态外核两层结构。由于缺乏耐心应付平庸的同事，1953 年退休以后她移居美国，参与了美国的阿波罗计划。英奇以其强悍的性格、敏锐的观察和杰出的贡献，在那个男性主导科学的时代成了少数能够领导大型学术机构的女性学者。

　　从地震波识别出来的地球内部的波速间断面的成因，在很长时间内都是一个谜。难点在于无法区别两个解释：是间断面上下的化学成分发生了重大变化，还是成分没有变，只是组成物质的晶体结构内发生了相变？地球化学和地球动力学都不支持地球内部有不同化学物质的分层。如图 7.4 所示，矿物物理学的研究也逐步证实地球内部的波速间断面是矿物晶体的相变造成的。以上地幔主要组成矿物为例，它在地下 410 km 处相变

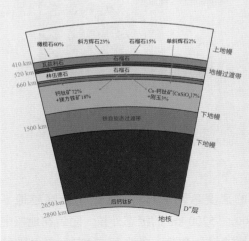

图 7.4 地球内部地震波不连续界面及物质相变

成瓦兹利石（wadsleyite），在地下 520 km 处进一步相变为林伍德石（ringwoodite）。到了下地幔，所有上地幔矿物迅速相变成钙钛矿等矿物（perovskite）。从地下 1000 km 开始直到核幔边界，下地幔中的主要矿物全部相变为布里吉曼石（bridgmanite）。需要特别指出的是，人类目前能采集到的地球深部样品都是来自上地幔的橄榄岩（组成矿物为橄榄石＋辉石＋石榴石／尖晶石），也有极少量来自下地幔的物质（如金刚石及其中的包裹体）及一些地幔柱形成的岩石中的地球化学信号。因此，上地幔的橄榄岩是研究地球形成和演化最重要的样品，当我们研究其他行星时，也希望找到类似橄榄岩的样品。

知识拓展 2 地球内部的波速异常带

实际的地球内部结构信息要比图 7.5 所示的复杂得多。图 7.6 所示为地球内部一个最重要的结构异常。人们在核幔边界发现了两个体量很大的超低速体，它们的 S 波速度与周边物质相比低很多。这类低速体通常被称为大型低剪切波速省（large low-shear velocity province，LLSVP）。这两个低速体一个位于太平洋板块之下，一个位于非洲板块之下；它们的上部通常发育地幔柱。人们推测这可能是超级地幔柱根部的热异常区，也有可能是板块俯冲到地球深部以后的结果。与 LLSVP 相邻的另一个 S 波速度更低的区域叫作超低速区（ultra low-velocity zone，ULVZ），它是一种波速异常体，体量要小很多。

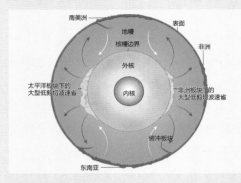

图 7.5 大型低剪切波速省（Romanowicz，2017）

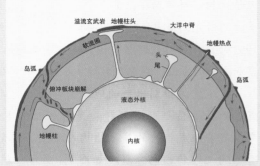

图 7.6 地球内部的板块俯冲过程、地幔柱形态及圈层结构
（Hamblin and Christiansen，2003）

7.1.3 地核密度异常

除了地幔中的局部或全球性异常之外，地核也有异常，即密度异常，指从地震波反演的地核密度比高温高压下纯铁（hcp Fe）的密度低大约7%。即便考虑地核是铁镍合金，这个密度差异依然存在（图7.7）。高温高压实验数据表明地核中存在一定量的轻元素，如H、C、S和Si等（通常是一种或几种轻元素的组合），这也解释了为什么地核的密度要比理论预测值低。需要指出的是，固体内核和液态外核的密度亏损并不相同，内核的密度亏损为4%，外核的密度亏损为5%～10%。中国科学家何宇等通过量子力学计算发现内核的密度亏损来自其中的超离

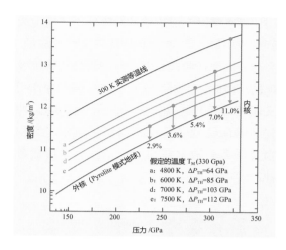

图7.7 地核的密度亏损（Anderson and Isaak，2002）

子态氢。地核中的这些轻元素可能对地球磁场的形成和维持起到了重要作用。

7.2 地球的动力学特征

地球的动力学特征，指固体地球内部的物质运动形式。总体来讲，现今地球上最主要的地球动力学过程是板块运动（plate motion），其次是地幔柱（mantle plume）。这两个过程相互配合，形成了现今地球内部运动和各圈层物质循环的格局。板块运动的俯冲作用将冷的板块物质（如洋壳）带到地球的深部；通过地幔柱，地球内部热的物质被喷发到地表。在这样热升冷降的过程中，地幔物质发生对流（convection），也从根本上塑造了地表景观。下面，逐一介绍板块运动和地幔柱。

7.2.1 板块运动

图7.8所示为现今地球最主要的板块及其边界。可以看到，在大洋和大陆板块的交界处有频繁的火山和地震活动，形成了大量的岛弧（island arcs），例如，日本就是一个由板块运动形成的岛弧。这是汇聚型（convergent）板块边界。仔细观察图7.8还可以看到，汇聚型板块边界上的某些地段有一些小"牙齿"，"牙齿"的朝向代表了板块的运动方向。在洋壳和陆壳的汇聚板块边缘处发生的过程实际上是板块俯冲，即大洋板块俯冲到大陆板块之下。在大洋板块不断往深处俯冲的过程中，会形成大量的岩浆作

图7.8 板块边界

用，岩浆穿过上面遮盖的大陆地壳喷出地表就形成山脉，安第斯山脉就是这样形成的。大部分矿产资源都是在汇聚型板块边界被发现的。因此，汇聚型板块边界处的俯冲作用又叫俯冲工厂（图 7.9），正是在板块俯冲到地幔深处的过程中，物质（海水、沉积物及洋壳）被重新加工，喷出地表形成各种新的物质。

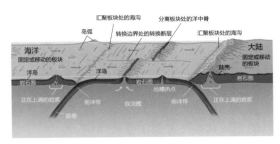

图 7.9　板块俯冲横切面

同时也可以发现，虽然大洋板块内部的板块运动相对平静，但这里却是运动的起点。由于地幔的减压熔融作用，形成的大量岩浆不断上涌，从大洋板块的中央裂开一条缝，这条缝就是离散 / 转换（divergent/transform）板块边缘。岩浆不断喷涌叠加，导致离散板块边缘处高于大洋板块的其他区域，像大洋的脊骨，所以此处又叫洋中脊（mid-ocean ridge）。地幔喷涌出的岩浆不断冷凝形成新的板块，向两侧推开。在洋中脊处喷出来的玄武岩叫作洋中脊玄武岩（mid-ocean ridge basalt），它携带了与地球起源与演化有关的重要信息，经常被用于计算地球的化学组成。

可以很容易想到，板块会有"生老病死"，有些大洋板块会随着不断俯冲而消失，有些板块会随着裂谷作用而重新出现，这个过程叫作威尔逊旋回（Wilson cycle，图 7.10）。威尔逊旋回大体可以分成 7 个过程。首先，由于裂谷作用稳定板块被打开

（如东非大裂谷）。随着裂谷作用的进行，逐渐形成洋壳，并开始发生俯冲（太平洋板块向欧亚板块俯冲）。随着俯冲的进行，洋壳不断被消耗，最终发生两个大陆的碰撞（印度板块与欧亚板块碰撞形成青藏高原一直到阿尔卑斯山脉，消失的海洋为特提斯海）。

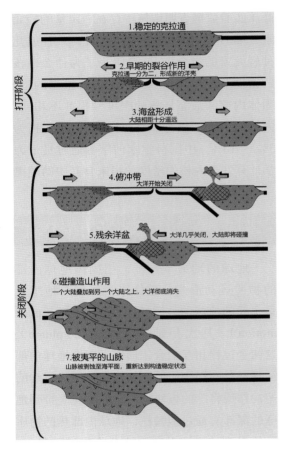

图 7.10　威尔逊旋回

来源：https://www.geologypage.com/2013/01/wilson-cycle.html。

7.2.2　板块俯冲动力来源

板块俯冲的动力来源就是前文提到的地幔对流，但是具体控制洋壳俯冲的是哪些力呢？如图 7.11 所示，大体上有三个力。第一个力是板块的拖拽力（slab pull），取决于

冷板块（同时密度也较大）的重量。第二个力是洋中脊推力（ridge push），主要取决于岩浆上涌过程。这两个力都是促进或者保持板块运动的力。第三个力是黏性阻力，就是板块在地幔中穿行遇到的阻力。和洋中脊推力相比，板块的拖拽力更大。

我们可以把板块俯冲的拖拽过程简化为如图 7.12 所示的一个长方形来进行一些简单的受力分析。其中，d 代表俯冲的深度；ΔT 代表俯冲板块与周边地幔的温度差。板块的密度是温度的函数，因此：

$$\rho(T) = \rho_m\big[1 + \alpha(T_m - T)\big] \qquad (7.3)$$

式中，T_m 是地幔温度；ρ_m 是地幔在 T_m 处的密度；α 是热膨胀系数，俯冲板块本身的热膨胀系数是 2×10^{-5} 1/K。

对于俯冲板块而言，上述密度公式还可以写成

$$\rho(T) = \rho_m(1 + \alpha\Delta T) \qquad (7.4)$$

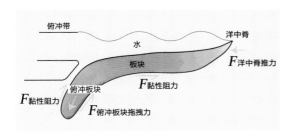

图 7.11 板块俯冲动力来源的力学分析

$$\Delta T = T_m - T_s \qquad (7.5)$$

式中，T_s 是俯冲板块的温度。因此，俯冲板块相对于地幔高出的密度部分即密度异常。仔细考虑这一过程，随着板块的俯冲，冷的洋壳逐渐被加热，而热的周边地幔也会相应地变冷。但总体上，由于能量守恒，总的温度差实际上是恒定的。因此，可以用式（7.6）来表示板块密度和温度之间的关系。

$$\rho(T) = \rho_m\alpha\Delta T \qquad (7.6)$$

为了计算单位体积内的拖拽力，需要计算单位体积内的密度异常。现在的问题是，需要确定板块刚发生俯冲（即刚要进入海沟）时的密度异常。如果此时我们把这个板块做一个倒转（图 7.13），对于俯冲板块而言，它的密度异常是相同的。

为了得到密度异常，需要对板块的温度进行积分：

$$T(z,t) = (T_s - T_m)\,\mathrm{erfc}\left(\frac{z}{2\sqrt{kt}}\right) + T_m \qquad (7.7)$$

式中，z 是板块俯冲的深度；erfc 是误差函数；k 是体模量。从式（7.7）中可以得到温度差的表达式：

$$\Delta T_z = T_m - T(z,t) \qquad (7.8)$$

$$\Delta T_z = (T_s - T_m)\,\mathrm{erfc}\left(\frac{z}{2\sqrt{kt}}\right) \qquad (7.9)$$

式（7.9）乘以 $\rho_m\alpha$ 就可以得到密度异常：

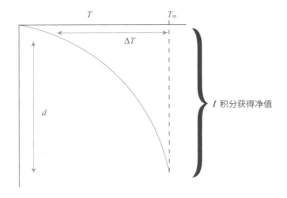

图 7.12 板块俯冲的拖拽过程简化图

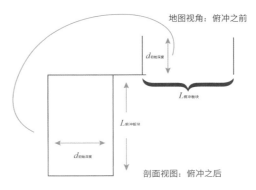

图 7.13 处理板块的密度异常

$$\rho(T) = \rho_m \alpha \Delta T_z \quad (7.10)$$

通过积分可得到单位长度内的质量：

$$\Delta m = \int_0^{z \to \infty} \Delta \rho_z \mathrm{d}z \quad (7.11)$$

$$\Delta m = \rho_m \alpha (T_s - T_m) \int_0^{z \to \infty} \mathrm{erfc}\left(\frac{z}{2\sqrt{kt}}\right) \mathrm{d}z \quad (7.12)$$

设一个新的变量 $q = \dfrac{z}{2\sqrt{kt}}$，如果 $z \to \infty$，那么 $q \to \infty$。因此，

$$\frac{\mathrm{d}q}{\mathrm{d}z} = \frac{1}{2\sqrt{kt}} \quad (7.13)$$

$$\mathrm{d}z = 2\sqrt{kt}\,\mathrm{d}q \quad (7.14)$$

将式（7.13）和式（7.14）代入质量积分中可以得到

$$\Delta m = \rho_m \alpha (T_s - T_m) 2\sqrt{kt} \int_0^{\infty} \mathrm{erfc}(q)\mathrm{d}q \quad (7.15)$$

$$\int_0^{\infty} \mathrm{erfc}(q)\mathrm{d}q = \sqrt{\frac{1}{\pi}} \quad (7.16)$$

因此，

$$\Delta m = 2\rho_m \alpha (T_s - T_m) \sqrt{\frac{kt}{\pi}} \quad (7.17)$$

这样就能知道整个板块长度上的质量异常总量：

$$\Delta M = \Delta m L_s \quad (7.18)$$

板块的拖曳力为

$$F_{\mathrm{slab\_pull}} = g \times \Delta M \quad (7.19)$$

因此，总表达式为

$$F_{\mathrm{slab\_pull}} = 2\rho_m \alpha (T_s - T_m) \sqrt{\frac{kt}{\pi}} \times \Delta m L_s \times g \quad (7.20)$$

对于一个一般的俯冲板块而言，它的初始密度 $\rho_0 = 3300\,\mathrm{kg/m^3}$，膨胀系数 $\alpha = 2\mathrm{e}^{-5}\,1/\mathrm{K}$，$g = 9.81\,\mathrm{m/s^2}$，$|T_s - T_m| = 1400\,\mathrm{K}$，体模量 $k = \mathrm{e}^{-6}\,\mathrm{m^2/s}$，$L_s = 560\,\mathrm{km}$，$t =$ 板块发生俯冲时的年龄。我们可以计算出板块的拖曳力约为 $2.88 \times 10^{13}\,\mathrm{N/m}$。

我们还可以继续推导得出黏性阻力约为 $1.78 \times 10^{10}\,\mathrm{N/m}$，洋中脊推力约为 $3.24 \times 10^{12}\,\mathrm{N/m}$。因此，促使板块俯冲最主要的力量就是板块的拖曳力，它比黏性阻力高出至少 3 个数量级（读者可以自行做黏性阻力与洋中脊推力的力学分析）。

7.2.3　板块运动发现史

板块运动可以被认为与物理学中的相对论与量子理论、生物学中的基因理论同等重要。1912 年，德国科学家阿尔弗雷德·魏格纳（Alfred Wegener）提出了大陆漂移假说，他认为南美洲和非洲的海岸线看起来可以拼合，这表明两块大陆曾经是一体，随后由于某种原因裂开并漂得越来越远。当然，魏格纳还提出了其他证据来支持自己的观点，但他的这个观点得到了学术界的一致反驳，当时人们根本不能理解脚下的大地还会漂来漂去。

第二次世界大战期间，美国海军为了躲避德国 U 型潜艇的攻击，尝试利用声呐来对大西洋海底进行测绘。当时人们并没有细致地分析这些测绘结果，但是战后人们发现海底不是平的，居然有世界上最绵长的山脉，像篮球或棒球的缝合线那样把整个地球缝合在一起。这些山脉是对称的，它们的中央是一个裂谷。最初发现这些裂缝和山脉在大西洋和印度洋，它们恰好位于大洋的中间位置，因此叫作洋中脊（mid-ocean ridge）。除了这些高耸的山脉，在大陆和大洋交界的地方还有一些深沟，叫作海沟（trench）。此后，科学家们开始对海底进行精细测量。1957 年，美国科学家布鲁斯·希曾（Bruce Heezen）和玛丽·萨普（Marie Tharp）获得了海底的一些初步信息；普林斯顿大学的哈里·赫斯（Harry Hess）认为正是在洋中脊有大量岩浆涌出，他更进一步推测海底不会无限长大，会在某处消失，这个地方可能就

是海沟。这个海底消失的区域被法国科学家安德烈·阿姆斯图兹（Andre Amstutz）命名为俯冲带（subduction zone）。赫斯首次阐述了地幔中热的物质在洋中脊处上涌，而冷的物质在海沟处下沉的情形。随后，普林斯顿大学的杰森·摩根（Jason Morgan）及英国科学家丹·麦肯齐（Dan McKenzie）进一步完善了板块运动的有关环节，使得板块运动的大体框架得以敲定。

人们很快就找到了更多证据。首先是洋壳的年龄，人们发现靠近大西洋中脊的玄武岩的年龄是 0 Ma，离洋中脊越远年龄越大。其次是古地磁，Vine 和 Matthews（1963）发现从洋中脊展开，古地磁是对称的。另一个证据是夏威夷岛链的年龄（图 7.14），人们发现夏威夷岛的玄武岩年龄是 0.7 Ma，顺着岛链向北，年龄逐渐变老：考艾岛的年龄是 3.8 ～ 5.6 Ma，中途岛的年龄是 27 Ma，光考海底山的年龄是 48 Ma，底特律海底山的年龄是 80 Ma。

时至今日，板块运动已经成为解释地球形成和演化的根本性框架，从矿床的成因到气候的变迁，从地震预测到碳循环，从生命的孕育到灭绝，都可以在板块运动的框架内得到合理的解释。人们不仅验证了魏格纳的大陆漂移假说，而且进一步提出了大陆"生老病死"的旋回并重建了地球历史上曾经存在的大陆。正确的认识不会因为人们一时的拒绝而烟消云散。那地球上什么时候出现

图 7.14　夏威夷岛链的年龄

的板块运动？我们会在后面的章节中继续探讨。

7.2.4　地幔柱

在 7.2.3 节的讨论中，我们提到了夏威夷岛链的年龄。令人感到惊讶的是，似乎在夏威夷的下面有一个炽热的岩浆房源源不断地向地表喷出岩浆，这些岩浆冷凝成岩石后随着板块一起被带到远方，直到俯冲到地幔中。那么，什么样的岩浆房有如此长久的动力？1963 年，威尔逊（Wilson）在解释夏威夷岛链的年龄时提出，板块一直在运动，而形成岛的热点（hotspot）似乎是固定不动的。1971 年，摩根意识到如果威尔逊是对的，那么热点的根会非常深甚至可能在核幔边界。随后，人们进行了大量的实验与数值模拟工作，证实了威尔逊和摩根的大部分推测。

和板块运动一样，一个新的理论不仅要解释旧理论无法解释的现象，还需要预测一些前人未曾观察到或注意到的新现象。对于地幔柱而言，最核心的预测就是地幔柱的温度必须比周边地幔的高。人们在冰岛进行了这一验证工作，因为人们认为冰岛也是地幔柱和洋中脊相互作用的产物。正常的洋壳厚度为（7±1）km，通过测量得到冰岛的地壳厚度为 40 km，冰岛沃尔维斯（Walvis）中脊的厚度是 25 km，这样反算出来的沃尔维斯中脊的地幔温度比正常的洋中脊地幔温度高 200 ～ 250 ℃。这么高的地幔温度会使得地幔发生高度的部分熔融，形成不同于在洋中脊看到的苦橄岩（picrite）或者科马提岩（komatiite）等岩石。这些岩石的镁含量比洋中脊玄武岩中的更高。

另外一个预测就是地幔柱的柱头在上升过程中会逐渐把地壳拱起（图 7.15），像一

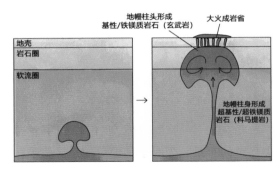

图 7.15　地幔柱的生长过程

个扣在大地上的盾牌，形成地盾（shield）。与此同时，也会在地壳中形成很多裂缝，裂缝随后被岩浆冲灌形成很多辐射状的岩脉或者岩墙。

2012 年以来，地震学研究为地幔柱的深部状态提供了直接证据。这些研究发现地球上绝大多数热点下面都有很深的地幔柱，有的根甚至到了核幔边界的位置（图 7.16），证实了摩根最初的预测。

现在被识别出来的全球热点有哪些呢？数据显示，大部分正在活跃的热点分布在洋壳离洋中脊不远的地方，小部分分布在非洲大陆和北美的一些地区。

那些已经不活跃的热点被称为大火成岩省（large igneous province，LIP）。大火成岩省既分布在大陆，也会在海底形成海底高原。目前已知的最大的大火成岩省是西伯利亚大火成岩省，我国的峨眉山玄武岩也构成了一个大火成岩省，只不过分布范围比较小。研究发现大火成岩省形成的时间与生命灭绝

时间及海洋大尺度化学条件变化时间相关联（图 7.17），因此大火成岩省可能是主导生命演化和气候演变的一个重要因素。

本节介绍了现今地球上两个最重要的地球动力学形式，即板块运动和地幔柱。虽然大量证据支持二者都有存在的必要性，但是关于一些具体现象到底是由板块运动造成的还是由地幔柱造成的，仍然存在争议。

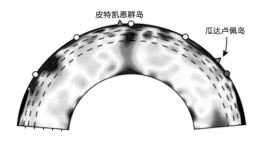

图 7.16　地幔柱的根到达核幔边界（French and Romanowicz，2015）

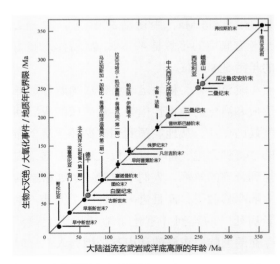

图 7.17　大火成岩省与生命灭绝（Courtillot and Renne，2003）

7.3　地球的化学组成

测定地球的化学成分并不是一件很容易的事情。首要的问题是，地球上的什么物质能够代表地球的成分？或者至少能够代表地球的一小部分？

在介绍地球动力学的小节中，我们提到洋中脊玄武岩和地幔橄榄岩都是研究地球的化学组成的重要样品。但是，人们最初并非从这两类样品入手，因为人类很晚才意识到

这两类样品的重要性。最初关注的样品是陆壳的一些岩石。1889～1924年，美国科学家弗兰克·威格尔斯沃斯·克拉克（Frank Wigglesworth Clarke）对北美地壳进行了均匀采样，采集了成千上万个地表岩石样品，以此为基础进行加权平均，获得了大陆地壳的平均组成，也就是克拉克值。1937年，地球化学的创始人维克托·莫里茨·戈尔德施密特（Victor Moritz Goldschmidt）采取了不同的路线，他认为页岩和冰冻积岩是大陆地表所有岩石的天然混合物，于是测定了大概不到30块这类岩石，获得的数据与克拉克值十分接近。克拉克采取的路线是大量采样，人工加权平均；戈尔德施密特采取的路线是直接测量由地质过程混合均匀的天然样品。现在人们测定地球化学组成时，通常采用的是戈尔德施密特的路线。后来人们发现，黄土也是上地壳风化的平均产物，因此也经常通过测定黄土来制约地球最表层固体圈层的化学组成。

戈尔德施密特时代的科学家用上地壳的组成来代表整个地球硅酸盐部分的化学组成，通过与陨石对比，也得出了有关地球形成和演化的信息。现在我们知道虽然整体的框架没有问题，但是在一些关键环节和节点上并不准确。因此，需要用更有代表性的样品来测定地球的化学组成。这就要用到前面提到的地幔橄榄岩和玄武岩，以及一些部分熔融（partial melting）和元素分配系数（element partition coefficient）行为的知识。

7.3.1　计算地球的化学组成

橄榄岩是一种颜色偏绿的超基性岩，主要组成矿物是橄榄石、辉石和石榴石/尖晶石等。一般认为能够代表原始地幔组成的橄榄岩类型是二辉橄榄岩（lherzolite），人们把它称为富沃型（fertile）橄榄岩。其他地幔橄榄岩类型都可以由二辉橄榄岩演化而来，例如，方辉橄榄岩就是二辉橄榄岩经过

知识拓展3　地球化学之父维克托·莫里茨·戈尔德施密特

维克托·莫里茨·戈尔德施密特和弗拉米基尔·维尔纳茨基（Vladimir Vernadsky）是现代地球化学和晶体化学的主要创始人。1888年，戈尔德施密特出生在瑞士苏黎世，1901年跟随他的父亲搬到了挪威奥斯陆，1911年获得奥斯陆大学的地质学博士学位，次年被聘为该大学的副教授。1914年，瑞典斯德哥尔摩大学聘请他为正教授，奥斯陆大学为了挽留他，不仅答应将他升任为正教授，还让他负责组建矿物学研究所。1929年，德国哥廷根大学聘请戈尔德施密特为矿物学首席教授。但是随着局势的变化，他的处境也日渐局促，于1935年离开哥廷根，返回奥斯陆。1937年，他在英国皇家化学学会上发表演讲，正式提出了元素的地球化学分类方案。1940年，挪威战役爆发；两年后，他被关进贝格集中营。1943年，他流亡到英国。流亡英国期间，他在阿伯丁土壤研究所工作。二战结束之后他返回了奥斯陆，但是在集中营期间留下的伤病日益严重，1947年戈尔德施密特去世。现在的国际地球化学年会被冠名为Goldschmidt Conference（戈尔德施密特会议），国际地球化学最高奖也以他的名字命名，即Goldschmidt Medal（戈尔德施密特奖）。

部分熔融消耗掉单斜辉石的产物。但是二辉橄榄岩很少见，更常见的是方辉橄榄岩。那么，我们可以用方辉橄榄岩等来研究地幔的组成吗？可以，只要我们知道方辉橄榄岩经历的过程。除了橄榄岩的岩性有所不同之外，它们的产出状态也有巨大差异。有些地幔橄榄岩是被从地幔喷出的玄武岩带出来的，最终呈现的状态是被玄武岩包裹的小团块，这种地幔橄榄岩是地幔捕房体（xenolith）的一种。还有一类地幔橄榄岩的体量要大很多，它是板块俯冲过程中一大部分地幔暴露出地表的产物，这样的橄榄岩叫作地块（massif）橄榄岩。前人就是通过对各类橄榄岩的研究获得了地球主要元素的组成。

人们测定了来自不同地区不同构造背景的橄榄岩，发现不管 MgO 的含量怎么变，这些橄榄岩的 FeO 含量都在 8% 左右（图 7.18）。有了对地幔中铁含量的认识，就可以此为基础通过橄榄岩获得其他主量元素（含量可以表达为 % 级别的元素）的含量。但是，该怎么测定地幔的微量元素含量呢？人们最先想到了洋中脊玄武岩。因为这些玄武岩是洋中脊的部分熔融的产物，经历了充分的混合，

在物质成分上已经均匀，具有很强的代表性。人们发现，洋中脊玄武岩中的某些元素之间的含量比值十分恒定（图 7.19），可以用来代表地幔的组成。

经过长期不懈的努力和反复查验，人们基本上测定了所有元素在地幔中的含量。通过将地幔和陨石（如 CI 型球粒陨石）中元素的含量进行对比，人们发现了一些重要的规律。

例如，图 7.20 的横轴代表元素在太阳星云中冷凝成矿物的温度，纵轴代表地幔中元素含量和陨石中元素含量的比值。对于难挥发亲石元素（refractory lithophile element）

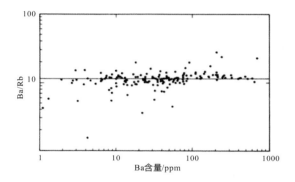

图 7.19　洋中脊玄武岩的 Ba/Rb-Ba 含量关系图（Hofmann and White，1983）

如果元素的相对含量在洋中脊玄武岩中保持不变，则被称为典型比值（canonical ratios）

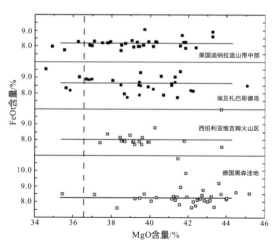

图 7.18　地幔橄榄岩的 MgO-FeOt 含量（质量分数）关系图（Palme and O' Neil，2014）

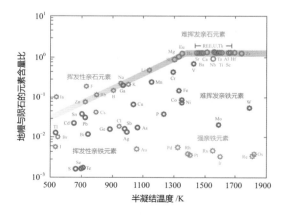

图 7.20　地幔元素含量与半凝结温度的关系图（Wood et al.，2019）

而言，其在地幔中的含量与在陨石中相当。这个结论奠定了一个重要的基础，就是地球的组成物质大体上是陨石。然而，随着半凝结温度的降低，元素变得越来越容易挥发，挥发性亲石元素（volatile lithophile element）的含量也越来越低，形成了一条趋势线，被称为挥发性亏损趋势线（volatile depletion trend）。除了亲石元素之外，还有亲铁元素。从图 7.20 中可以看出难挥发亲铁元素（refractory siderophile element）的含量比难挥发亲石元素的含量低，说明这些元素的一部分进入了地核，只在地幔中留下了很少一部分。挥发性亲铁元素的含量比挥发性亲石元素的含量低，也表明挥发性亲铁元素除了挥发丢失之外，还被吸收到了地核中。还有一类元素叫作强亲铁元素（highly siderophile element），它们的含量很低，但是在地幔中元素含量之间的比值也与陨石中接近，人们认为这反映了地核形成以后，还有陨石不断加入地幔中，这就是后期薄层增生（late veneer）假说。

通过分析地球的元素含量，可以获得地球物质增生、圈层分异的重要细节。

7.3.2　地球的同位素组成特征

除了利用地球的元素含量，还可以利用橄榄岩或玄武岩测定地球的同位素组成来研究地球的形成和演化过程。同位素分为两大类，一类是稳定同位素，另一类是放射性同位素。人们可以通过放射性同位素测定地球的年龄，克莱尔·帕特森（Clair Patterson）就是通过铅同位素测定了地球的年龄。放射性同位素的衰变过程是放射性母体不断变成子体的过程，如 ^{87}Rb 不断衰变为 ^{87}Sr。因此，可以根据母体和子体个数的变化来进行时间

限制，这里需要引入的一个参数是衰变常数（λ；decay constant）。

$$-\frac{\mathrm{d}N}{\mathrm{d}t} = \lambda N \qquad (7.21)$$

上式表达的是母体的个数随着时间推移不断减少，其中 N 代表母体的初始总数。将式（7.21）稍做变形：

$$-\frac{\mathrm{d}N}{N} = \lambda \mathrm{d}t \qquad (7.22)$$

进行积分就可以得到

$$-\ln N = \lambda t + C \qquad (7.23)$$

式中，C 是积分常数。假设在 $t = t_0$ 时刻，$N = N_0$，那么

$$C = -\ln N_0 \qquad (7.24)$$

代入式（7.23）可以得到

$$-\ln N = \lambda t - \ln N_0 \qquad (7.25)$$

$$\ln N_0 - \ln N = \lambda t \qquad (7.26)$$

$$\ln \frac{N}{N_0} = -\lambda t \qquad (7.27)$$

去掉 ln 符号，就可以得到

$$\begin{cases} \dfrac{N}{N_0} = \mathrm{e}^{-\lambda t} \\ N = N_0 \mathrm{e}^{-\lambda t} \end{cases} \qquad (7.28)$$

如图 7.21 所示，随着时间的推移，母体数量和子体数量此消彼长地变化。但是式（7.28）并不足以让我们得到样品的年龄，因为我们不知道某个样品具体的 N_0。由于 N_0 不断发生放射性衰变，如果现在测定的样品中母体的数量为 N，那么理论上就有

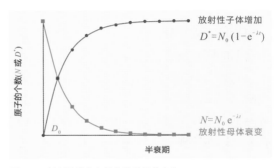

图 7.21　放射性子体与母体随时间的变化

$N_0 - N$ 个母体衰变成了子体 D^*，于是就有

$$D^* = N_0 - N \qquad (7.29)$$

前面已经知道 $N = N_0 e^{-\lambda t}$，所以：

$$D^* = N e^{\lambda t} - N \qquad (7.30)$$

$$D^* = N(e^{\lambda t} - 1) \qquad (7.31)$$

对于放射性子体来说，它的总数是样品中原有的子体数目加上放射性母体衰变来的子体数目，即

$$D = D_0 + D^* \qquad (7.32)$$

$$D = D_0 + N(e^{\lambda t} - 1) \qquad (7.33)$$

式（7.33）就是同位素定年的基本公式。其中 D 是现在样品中的同位素子体的数目，N 是现在放射性母体的数目，这两项都可以通过质谱仪进行测定。λ 是衰变常数，人们已经测定了几乎所有体系的衰变常数。在同位素定年的过程中，虽然理论上可以测定同位素子体和母体的数目，但是这样的数字误差比较大，人们通常用同位素比值的形式来表示。例如，Rb-Sr 同位素定年体系通常的表达式为

$$\left(\frac{^{87}Sr}{^{86}Sr}\right)_t = \left(\frac{^{87}Sr}{^{86}Sr}\right)_0 + \left(\frac{^{87}Rb}{^{86}Sr}\right)_t (e^{\lambda t} - 1) \qquad (7.34)$$

式中，并没有直接测量母体 ^{87}Rb 和子体 ^{87}Sr 的数目，而是测定的它们与一个不是放射性产物的 ^{86}Sr 的比值 $\left[\left(\frac{^{87}Sr}{^{86}Sr}\right)_t \text{和} \left(\frac{^{87}Rb}{^{86}Sr}\right)_t\right]$，之所以这样做是因为除法过程可以消除仪器测量时的误差。同样，$\left(\frac{^{87}Sr}{^{86}Sr}\right)_0$ 也就代表样品中初始的子体 ^{87}Sr 的数目，它通常是某些特殊类型的陨石的值。

放射性同位素可以让我们知道地球的年龄，那么稳定同位素能给我们带来什么重要的信息呢？1947 年，Urey、Bigeleisen 和 Mayer 分别发现自然界中稳定同位素组成的变化〔又称稳定同位素分馏（stable isotope fractionation）〕和温度有明显的相关性。这一规律的高温近似公式为

$$10^3 \ln \alpha_{A-B} = \left(\frac{1}{m} - \frac{1}{m'}\right) \frac{h^2}{8k^2 T^2}$$
$$\times (<F>_A - <F>_B) \qquad (7.35)$$

式中，$10^3 \ln \alpha_{A-B}$ 代表达到热力学平衡的两个体系（A 和 B）之间某稳定同位素的平衡分馏系数；m 代表较轻的同位素；m' 代表较重的同位素；k 是玻尔兹曼常数；T 是温度；h 是普朗克常数；$<F>_A$ 和 $<F>_B$ 分别为同位素在 A 相和 B 相中的力常数。

因此，人们开始用稳定同位素来反演地球历史上的温度变化，如利用碳酸盐（主要成分是方解石，即 $CaCO_3$）的氧同位素组成可以知道它形成时的温度。结合放射性同位素测定它的年龄，就能知道各个地质体形成时的温度。这是建立地球热演化史的重要途径。

同位素核合成异常是研究类地行星起源和演化的重要工具。Fischer-Gödde 等（2020）发现太古代地球和现代地球具有完全不同的 Ru 同位素核合成异常特征（图 7.22），认为这是由于地核形成以后陨石加入地球的产物。

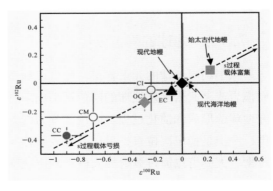

图 7.22　太古代地球与现代地球不同的 Ru 同位素核合成异常特征（Fischer-Gödde et al.，2020）
太古代地幔记录了过量的 s 过程产物，而现代地幔其产物含量则为 0，因此需要混合陨石以便使太古代地幔的该产物含量数值与现代地幔的值等同

知识拓展 4　帕特森确定地球年龄

克莱尔·帕特森是第一个通过测定放射性同位素获得地球正确年龄的科学家。帕特森最初接触这个项目的契机是他从芝加哥大学毕业。1946 年，哈里森·布朗请帕特森负责测定陨石的铅同位素组成。当时布朗刚结束曼哈顿项目，来到芝加哥大学当助理教授。1952 年，布朗到加州理工学院当教授，帕特森也一起到加州理工学院继续从事陨石铅同位素的测定工作。这个项目持续的时间很长，进展很缓慢，原因是溶解陨石和提出铅同位素所用到的化学试剂并不干净，包括水和空气中都有大量的铅存在。帕特森的一大贡献是建立了超净实验室（clean laboratory）来阻隔环境对样品的污染，之后他才获得了陨石和地球的年龄。现在，超净实验室是地球化学和宇宙化学研究中的必备基础条件，没有超净实验室基本上无法开展精密的同位素测量工作。帕特森的另一大贡献是推动了石油工业的无铅化，为此他和石油工业巨头及受石油工业资助的学术界同行进行了长达十几年的战斗，最终促成了石油产品中不准人为添加铅制品，此举挽救了人类。

7.4　地球的原始大气、海洋和大陆

前面讨论的内容都是地球的固体部分，现在我们来看一看地球的最表层，也就是它的大气和海洋。地球区别于其他星球的根本特征是地球上有多姿多彩的生命，而这些生命的诞生与生存基本上局限在大气圈和水圈的范围内。因此，可以把大气和水作为生命诞生的最基本物质条件。故而，几乎所有深空探测任务，包括对系外行星的探测，第一目标便是寻找生命的迹象，所观测的具体对象大多是大气及海洋的信息。据报道，在金星的大气中发现了磷化氢，而磷化氢可能是生命活动的产物，研究人员据此推测金星上存在生命。当然，这一推测没有得到后续研究的证实，但足以提醒我们研究行星大气及海洋的重要性。行星的大气和海洋是相互关联的，很难将它们分开讨论。因此，在本节中，这两项经常会被一起讨论。

7.4.1　地球的原始大气与海洋

现今地球的大气主要由氮气（78%）、氧气（21%）、温室气体（0.04% 的 CO_2、0.00018% 的 CH_4）及稀有气体（0.9305% 的 Ar、0.001818% 的 Ne、0.000524% 的 He 和 0.000114% 的 Kr）等组成；海洋的主要成分除水外，还有大量可溶于水的化学元素，例如，1.94% 的 Cl、1.08% 的 Na、0.13% 的 Mg、0.09% 的 S、0.04% 的 Ca 和 0.04% 的 K 等。海水中可溶性元素的来源大体有两个，一个是河水，另一个是洋中脊的岩浆活动。但是，地球更早期的海洋和大气的成分是这样的吗？我们可以通过地球上的矿物和岩石来推测当时海水和大气的化学组成和性质。

从图 7.23 中可以看出，地球更早期的

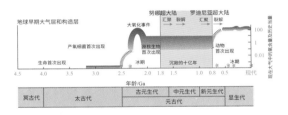

图 7.23　地球大氧化事件

在大氧化事件之前，地球大气层中几乎没有氧气；随着该事件发生，地球大气中的氧含量陡升，生物开始繁衍进化。该图呈现了生命演化、大气演化和板块运动过程

大气成分和海洋成分都与现在不同。以大气为例，现在大气中有大量的氧气，但是在 27 亿年前，地球大气中的氧气含量极少，不足现在的千分之一，整个大气处于相对还原的状态，可能与金星大气类似。但是从 27 亿年前开始，在多种因素（生命诞生、板块俯冲和陨石撞击等）的促成下，地球大气中的氧气含量逐渐增加（大氧化事件，great oxidation event），大气变得越来越氧化。图 7.24 还表明，地球大气成分的变化和地球上的构造运动密切相关。因此，有人推测是大陆的形成和演化影响了大气的组成，而大陆的形成和演化又受控于地球深部的动力学过程。可以看出，地球的各个圈层之间是可以相互影响的。随着大气成分的变化，海洋的成分也有极大变化，27 亿年前的海水也十分还原，其中溶解了大量的 Fe^{2+}，这些铁离子慢慢从海水中沉淀出来，形成条带状含铁建造（banded iron formation，BIF）。此后 20 多亿年间，海水的成分逐渐从表层开始氧化（图 7.24），直到成为现今状态。

　　地球上最初的大气和海洋的来源是什么？由图 7.25 可以看出，在 30 亿年以前，地球的大气成分中氮气并不是主要成分，相反二氧化碳、甲烷、氢气和氦气的占比都比

较高。这是为什么呢？人们推测地球刚形成的时候处于熔融状态，由于长时间剧烈的火山作用，整个地球表面都被岩浆所覆盖。火山喷出的大量气体就形成了最初的大气。随着地球的逐渐冷却，大气的温度迅速降低，水蒸气凝结成雨滴降落到地球表面，形成了最初的海洋（universal deluge）。当然，也有不同的观点。有人基于地球化学研究提出地球表面的水（如海水）是陨石或者彗星撞击地球时带来的。也有人认为，在火山喷发形成地球的原始大气（primordial atmosphere）

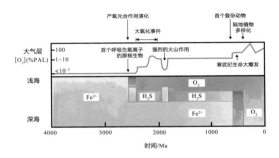

图 7.24　大气与海洋成分随时间的变化

$[O_2]$（%PAL）代表现代大气层中氧的含量，100 表示与现代大气氧含量一致。大氧化事件后，海水从较为还原逐渐变得较为氧化

来源：https://uwaterloo.ca/wat-on-earth/news/earths-oxygen-revolution。

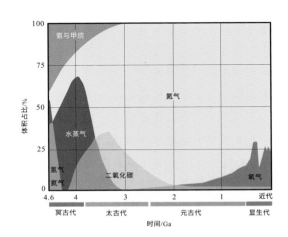

图 7.25　早期地球的大气成分与演化

冥古代和太古代的大气组分为推测所得

来源：https://ponce.sdsu.edu/plants_and_animals.html。

之前，还有更早存在的大气。这是因为地球的生长是发生在太阳星云之中的，而太阳星云的主要成分是氢气。有人推测在地球重力的作用下，地球最初吸附了浓密的氢气。但是从太阳星云消散的那一刻起，由于猛烈的泄压效应，地球上的大气迅速脱离地球引力的束缚。这个过程与高压锅类似，太阳星云消散类似于打开高压锅盖，在打开的极短时间内，高压锅内的气体就消散了。这个过程被用来解释为什么体积较小的类地行星通常没有原始大气。

以太阳系的类地行星为例，现在的水星和火星几乎没有大气，而金星的大气成分则与地球完全不同，它主要由约 96.5% 的二氧化碳、3.5% 的氮气和其他的微量气体（如一氧化碳、二氧化硫等[①]）组成。除此之外，金星的大气压是地球大气压的 95 倍左右。从上述迹象判断，金星的大气应该是火山喷发作用形成的。金星大气是人们推测地球早期大气成分的一个参考。

7.4.2 地球的大陆成分演化

不仅地球的大气成分与其他类地行星截然不同，地球的地壳组成也与其他类地天体不同。地球上有广袤的大陆，这些大陆的主要组成物质是类似花岗岩的中酸性岩浆岩；其他类地天体表壳的组成几乎都是玄武岩类的基性岩，而地球的洋壳是由基性岩组成的。人们通常认为造成这种差异的原因是地球上有板块运动，能够源源不断地将地表物质（包括水）送到地球的深部，促进地球深部发生熔融和不断演化，使得岛弧部位的岩浆从基性岩演化为中酸性岩石，而岛弧的拼接又使得大陆不断长大。

人们确实观察到了地球大陆组成随时间的趋势性变化。如图 7.26 所示，在太古代早期，陆壳的 MgO 含量较高，约 15%。说明那时的陆壳不仅是玄武岩占主导，而且还有比玄武岩的 MgO 含量更高的岩石，如科马提岩。但是从晚太古代以来，花岗岩就成了陆壳的主要组成成分。

现今的地表过程主要是大陆、大气和海洋之间的过程，它们控制了地表发生的一切。我们推测，在地球形成初期，三者在漫长的地球历史上不断相互作用，使得地球可能从像金星那样的生命炼狱演化成今天适合生命生存的星球。

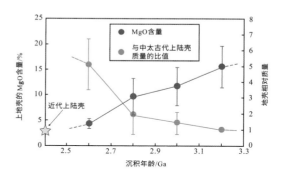

图 7.26 太古代地壳物质的转变（Tang et al., 2016）
蓝线表明 MgO 含量越高则岩石越偏基性甚至超基性，含量越低则岩石越偏酸性。红线表明太古代以来，地壳的质量越来越大

[①] 其中二氧化硫的含量最高，为 150 ppm；氩气次之，约 70 ppm；水蒸气含量则只有约 20 ppm。

7.5　地球的磁场与地球发电机

人类很早就意识到了地磁场（geomagnetic field）的存在。在我国的神话传说中，黄帝打败蚩尤就是借助地磁场获得了导航助力。我国古代还发明了具有指南针作用的司南。地磁场除了有助于判别航向或方向外，通过对地磁场随时间和空间变化规律的分析，人们还可以获得地核活动的直接信息。通过对地磁场的研究，人们还找到了板块运动理论的可靠证据。

尽管人们很早就开始利用地磁场，但是对地磁场本身的研究进展十分缓慢。1600年，威廉·吉尔伯特（William Gilbert）出版了 *De Magnete* 一书，其中首次提出地球就是一个超大号的磁铁条。但是地球为什么是一个大磁铁及地球磁场的起源一直是个谜，尤其是地球的磁场不仅发生过强度的变化，而且发生过多次南北极的倒转。直到1832年，高斯和他的助手威廉·韦伯（Wilhelm Webber）才首次测定了地球磁场在水平方向上的绝对强度。1838年，高斯提出地球的磁场起源于内部。Oldham 和 Gutenberg 分别于1906年和1912年证实地球的外核是熔融状态。1919年，约瑟夫·拉莫尔（Joseph Larmor）提出了一个关键问题：像太阳和地球这样不停自转的天体，怎么能产生全球性的统一磁场呢？我们知道地球内部的温度很高，远远超过了居里温度（Curie temperature），因此磁场不可能是由固体磁铁产生的。拉莫尔认为可能是旋转体内的电流导致了地球磁场的形成，即通常所说的地球发电机（geodynamo）理论。本节简单介绍一下地球发电机理论的来龙去脉。

基本理论十分简单，就是电磁感应，即当电流在铁线或其他导体中流动时，导体就会产生磁场。但是，磁场的产生并不一定要一个固体导体，电流在流体（如等离子体等气体或其他流体形式）中运动时也能产生磁场，这就形成了磁流体。地球发电机理论实际上就是磁流体动力学理论。交流发电机的工作原理是导体切割磁场产生的电流，也就是把动能转换成电能。我们可以借助法拉第盘来理解这个过程。如图 7.27 所示，将一个铜盘固定在一个导电的转轴上，同时连接转轴和铜盘，让整个系统能够形成一个回路。在铜盘的下方放置一块条形磁铁，转动铜盘就能够形成很小的电流。如果把条形磁铁换成线圈，让线圈连通铜盘和转轴，转动铜盘一样能够形成电流，与此同时线圈会形成一

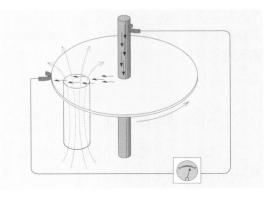

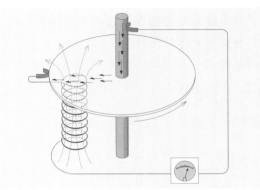

图 7.27　法拉第盘模型（Elsasser，1958）

个磁场。在理想状态下，如果没有能量的消耗，电流和磁场就能一直存在。但由于电流很弱及电阻的存在，法拉第盘中的电流只能短暂存在。

有两种方案可解决这个问题。第一种方案：找一个电阻比铜小 1000 倍的导体。第二种方案：加快铜盘的转速。但这两种方案都不太好，因为比铜电阻更小的金属很难在地核中大规模存在，其次转速是可加快，但是所需要的速度还是会远远超过圆盘实际能转动的速度。因此，可靠的方案是扩大体系的体量。体系越大，发电机工作的状态就越好。具体到法拉第盘实验，法拉第盘越大，维持同等大小电流所需要的转速就越低。如果法拉第盘的直径与地球相当，那么法拉第盘最外边的转速即便是蜗速，也足以形成一个强大的发电机。

理论上，通过电流产生磁场是可行的。实际上，地核完全符合发电机所需要的条件。首先，地核的整体组成是铁和镍，这两种物质都是导体；其次，外核是熔融状态，它内部有多种原因促成的对流。这么看，确实可以用发电机理论解释地磁场的产生。关于地磁场的很多观察现象也支持这个理论。例如，人们发现地球表面的磁场强度变化很大，不同的地区磁场强度不等；同一地区，不同时间磁场强度也有变化。除此之外，人们早就知道指南针所示的北方并不是真正地球自转轴的北方，磁北极与地理北极之间有偏角，而且地球不同地区的磁偏角还不同。不仅如此，地球虽然有统一的磁场，但是在局部地区还有磁场涡流。这也是为什么每隔几年就需要更换航海图，因为地球的磁场每时每刻都在变化。除了地磁场这些局部的变化之外，地磁场强度的平均值也不是定值。不仅强度会变化，甚至地磁的南北极也会变化，如磁北极偏移。所有这些观测事实都支持地核内部正在发生运动。

那么，地核运动的能量来源是什么？总的来看有两个可能的过程，一个是热驱动，另一个是化学驱动。热驱动认为地核存在温度梯度，地核内部的热不断从中心向外散失，驱动了外核物质的对流。化学驱动认为，地球外核存在化学梯度而且正在经历分离结晶，这也能驱动外核物质发生对流。当然，还有极端的情况，即地核与地幔还没有达到热力学平衡。总之，地核是有办法为其物质流动提供能量的，而且所需的能量并不高，实现起来比较容易。

这么看来地球发电机理论真是无可挑剔，它只需要两个基本条件：地核中有熔融态的部分，以及地核中有物质运动。还有一个需要解决的问题是，地核中最初的电流来自哪里？既有可能是化学不均一性，也有可能是地球形成的时候存在种子磁场。

我们从法拉第盘实验可以想象到形成的磁场和电流都是局部的，但为什么地球有一个统一的全球性磁场？这里难道有一个统一的驱动力吗？是的，这就是来自地球自转的科里奥利力。科里奥利力会在地核内部形成多个独立的柱状电流，但每个柱状电流形成的磁场的南北极是一样的（图 7.28），因此

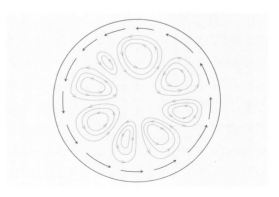

图 7.28　环形电流图（Elsasser，1958）

地球就可以获得一个统一的全球性磁场。

通过上面的分析，我们已基本清楚地球发电机作为地磁场产生的主要机制。随着计算机技术的发展，现在人们已经可以用数值模拟重现地球磁场的产生及变化，这进一步巩固了地球发电机理论的主流地位。那么，地球是什么时候形成全球性磁场的？或者说，地核是从什么时候形成有规律的电流的？再换一种表达方式，地核是从什么时候开始结晶并形成固体内核和熔融态外核的？人们通过对 40 亿年的杰克山（Jack Hill）锆石的研究发现，地球在 40 亿年以前的磁场强度和现在相当。在第十四章，我们会回顾整个太阳系行星的磁场特征，并进一步讨论磁场的起源和演化。

7.6　地球的形成

在了解了地球的圈层结构、物质组成和磁场诞生机制后，再简单地介绍地球的起源和形成。实际上，我们需要到第八章结束之后才能对地球的形成有一个完整的认识，因为月球形成大碰撞标志着地球核幔分异的完成，但是这并不妨碍我们先大致了解一下。

地球的形成涉及两个关键的问题。首先，形成地球的物质是什么？其次，形成地球的过程是怎样的？

人们主要通过地球化学来研究地球的建造物质。在 20 世纪 60 ～ 70 年代，人们认为地球的建造物质与球粒陨石一致，但是随着仪器设备日益先进，人们获得了高精度的同位素数据，这些数据表明地球的建造物质随地球增生时间发生了变化。Dauphas（2017）将地球的增生分为三个阶段。第一阶段形成了地球总质量的最初 60%，其主要组成物质较为氧化，可能类似于 51% 顽火辉石球粒陨石 +9%CV 和 CO 陨石 +40% 的普通球粒陨石；第二阶段形成了地球总质量的后续 39.5%，其主要组成物质已经转变为较为还原的物质，可能主要是顽火辉石球粒陨石；第三阶段形成了地球总质量最后的 0.5%，其主要组成物质是由后期薄层增生带来的，这发生在地球核幔分异结束之后。现在人们认为后期薄层增生的物质可能是碳质球粒陨石（图 7.22）。关于陨石的分类，详见第十二章。

如图 7.29 所示，现在的问题在于，地球是直接从这些未分异的陨石堆积体中发生核幔分异的，还是体积较大的星子或者星胚逐渐组建了地球？在前一种模型中，地球需要先长到现今的体量，然后开始发生核幔分异；在第二种模型中，形成地球的星子已经发生了核幔分异，它们碰撞形成地球的时候，

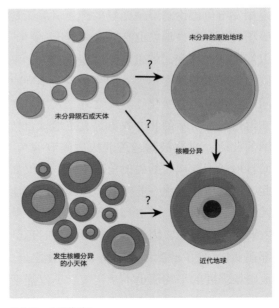

图 7.29　地球的增生

不同星子的金属核合并为新的金属核，不同星子的硅酸盐部分也混合为新的硅酸盐部分。问题的核心在于金属铁如何与硅酸盐物质分离，并聚集到地球的核心形成金属核。

铁镍硫氧合金的熔点一般低于 1000℃，而硅酸盐矿物的熔点则普遍高于 1100℃。因此，当行星或者星子升温时，首先变成熔体的是金属。如果把金属简化为液态铁，它穿过重重固体硅酸盐矿物形成地核的关键在于铁熔体和硅酸盐矿物的界面能，通常可以用硅酸盐矿物的二面角来表征界面能。如果二面角太大，则铁熔体会被困在硅酸盐矿物之间形成铁团块，而不会持续下行形成地核。

在实验中，通常用橄榄石作为代表性硅酸盐矿物，人们发现地球形成条件下的橄榄石之间的二面角太大，可能不利于铁熔体穿越形成地核。但是这整体来说是一个静态假设，需要知道地球增生初期内部温度很高，地球内部应该处于较强的对流状态。而对流会增加铁熔体的连通性，便于其聚集形成地核。

总的来说，虽然现在人们对地球的建造物质有了大体的共识，但是具体的增生过程还有很多不确定性。我们会在第八章介绍月球形成大碰撞，它可能会抹除之前的地球增生信息，使我们很难知道地球真实的增生路径。

• 习题与思考 •

（1）地核的密度异常意味着地核中有可观的轻元素存在。这些轻元素会影响地球的磁场吗？为什么？

（2）洋中脊玄武岩是地幔岩石部分熔融的产物，二者的铁同位素组成应该一致。但是人们测得洋中脊玄武岩和地幔橄榄岩具有显著不同的铁同位素组成。请描述这种不同，并解释不同产生的原因。

（3）哪些地质特征可以被用来证明板块运动的存在？哪些地球化学特征可以被用来证明板块俯冲的存在？

（4）科马提岩是地幔柱的产物还是板块俯冲的产物？为什么？

（5）米勒 - 尤里（Miller-Urey）实验以原始大气为物料，通过闪电合成了有机化合物。近年来有人重现了该实验，有人重现失败。一种观点认为实验器材即玻璃瓶的物质组成决定了实验的成败。请介绍哪种玻璃瓶更容易重现米勒 - 尤里实验及为什么。

## 第 八 章

月球
The Moon

月亮带给人类的遐思可能远比太阳要多，而且这些遐思从远古时代绵延而来，还会向未来流淌而去。今天人们已经知道月球上不仅没有嫦娥和桂花树，就连"玉兔"也是由我国送去的。对月球的探测是一项波澜壮阔的伟大事业，在了解它的同时，也促进了我们对自身——地球的认识。在本章中，月球的地质学、地球化学和地球物理学特征是讲解重点，在此基础上整理的月球形成理论假说，更是集中体现了行星科学研究的精华。

　　月球的直径为 3476 km，是太阳系内第五大卫星。月球表面的重力加速度是 1.622 m/s^2，只有地球的 16.6%。月球的表面积只有地球的 10%，体积只有地球的 2%，质量只有地球的 1.2%。月球绕地球公转一圈需要 27.3 天，而一个完整的月相周期则是 29.5 天。在月球形成的初期，月球离地球较近，但公转周期较长，由于地月之间的潮汐摩擦（tidal friction），月球离地球越来越远，公转周期却越来越短。与此同时，潮汐锁定（tidal locking）使得月球的公转周期和自转周期几乎一样，因此朝向地球的总是月球的近地面（near side），人在地球上永远也看不见月球的背地面（far side）。人类对于月球的认识来自以下几个方面：地基天文望远镜、绕月人造卫星与观测设备、月表着陆器，苏联 Luna 计划、美国阿波罗计划和中国嫦娥工程的返回样品，以及为数不少的月球陨石。通过可见光波段的遥感和主动雷达与激光探测等原位（in situ）探测手段，能够获得整个月球表面的撞击坑、火山作用、构造及太空风化等信息。射线和中红外波段数据能够给出月球表面整体化学组成和主要矿物特征的信息，而通过对返回样品进行地球化学分析则可以获得有关月球起源、分异和演化的重要细节。

　　人类对于行星科学的认识实际上来自对月球的研究，月球对于我们了解太阳系的形成和演化甚至是系外行星系统都有至关重要的参考价值。时至今日，人类仍然没有解开有关月球的一些关键谜题，因此探测月球仍将是很长时期内深空探测和行星科学研究的重中之重。

无论何时再来此地，甚至千百万年以后，每次你的所见可能略有不同，但大体不变。

——尼尔·阿姆斯特朗

知识拓展 1　尤里与月球探测

在美国论证阿波罗计划期间，诺贝尔化学奖得主、著名的地球化学家哈罗德·尤里（Harold C. Urey）说过一句名言："给我一块月球的岩石，我能告诉你太阳系是怎么形成的（Give me a piece of the moon and I will tell you how our solar system was formed）。"这句具有煽动性和诱惑力的话推动了阿波罗计划的实施。当然，现在我们知道通过月球可以获得一部分太阳系的历史。尤里是美国曼哈顿计划的参与者，二战结束以后他反对美国使用核武器进行国际威胁，受到了麦卡锡主义的迫害。在第七章提到的稳定同位素分馏理论又被称为尤里模型，就是他在 1947 建立的。1952 年，尤里出版了 *The Planets* 一书（著名的米勒 - 尤里实验也发表于 1952 年），吸引了诸多物理学家进入行星科学领域，为行星科学的诞生提供了智力准备。

8.1　月球地貌

从最为宏大的尺度来看，天体撞击（impact）、火山作用（volcanism）和构造活动（tectonics）三个过程不断塑造着月球表面的地貌（morphology）和景观（landscape）。月球近地面大体可划分为由玄武岩组成的平坦月海（maria）和由斜长岩组成的高地（highland），而月球的背地面则几乎都是斜长岩高地。整个月球表面布满了大量陨石坑，其中最大的陨石坑是南极 - 艾特肯盆地（South Pole-Aitken basin），它在月球背地面的边界越过了月球的赤道。它不仅是月球最大的陨石坑，而且是整个太阳系最大的陨石坑。现在最清晰的月表地图分辨率可以达到

100 m，一些关键地区甚至达到了 10 m 级别。基于这些分辨率极高的地图，我们来逐一介绍月球表面的地质地貌单元。

8.1.1　天体撞击坑

月球表面的撞击坑极多，据 Robbins（2019）的统计，直径大于 1 km 的陨石坑就有 130 多万个。与此同时，撞击体的性质变化很大，从小行星到彗星都有；体量差异更大，高达 35 个数量级；有些天体的撞击速度也很快，超过了 30 km/s。因此，形成的撞击坑规模从极小的厘米级别到最大直径达 2500 km 的都

有。在阿波罗计划的返回样品中就能观察到厘米级别的陨石坑。陨石坑的形貌主要取决于三个因素：陨石坑的大小、组成陨石坑的物质特征、风化侵蚀与垮塌过程。

1. 陨石坑的分类

人们将直径小于 18 km 的陨石坑称为简单陨石坑，它通常像一个碗，坑内形状像抛物线，坑的环边通常十分锐利，坑外还有分布较广的撞击熔岩等溅射物。Linne 陨石坑就是一个典型的简单陨石坑。简单陨石坑的侵蚀与垮塌主要发生在坑的环边，而对于坑盆本身的改造则主要来自后期岩浆作用喷发的玄武岩，这些玄武岩可能会把整个坑盆覆盖起来，以至于难以识别。这类陨石坑的坑深（d）和坑宽（D）比值较为恒定，为 0.12 ～ 0.20。

随着撞击能量的升高，撞击坑的形貌也越来越复杂。直径为 18 ～ 25 km 的撞击坑称为过渡类型陨石坑，它们的坑底通常比较平坦，而且坑深与坑宽的比值比新形成的简单陨石坑的小。过渡类型陨石坑的边缘不像简单陨石坑那么锐利，而是呈现小平台或者台地的样貌。此外，这类陨石坑的中心通常有一个中心峰（central peak），由于撞击后的松弛作用，很多中心峰会垮塌。撞击能量越高，溅射物分布得就越广，撞击熔岩不仅会溅射出去，还会填灌在坑底。过渡类型陨石坑的坑深与坑宽比值大致遵循 $d = aD^b$（a 和 b 为经验参数）。月球背地面的金（King）陨石坑就是一个典型的过渡类型陨石坑，坑里不仅有撞击熔岩，还有大块的撞击角砾。

直径大于 100 km 的陨石坑则没有中心峰，而是有一个或者多个中心环，如薛定谔（Schrödinger）陨石坑的中央就可以看到残缺的中心环。直径大于 300 km 的陨石坑通常被称为撞击盆地，撞击盆地的中心环数量

通常较多。这些较大的陨石坑代表了月球最古老的地貌，它们大多形成于月球形成的最初 800 万年内。

2. 陨石坑定年法与晚期月表陨石密集撞击事件

如图 8.1 所示，不同大小陨石坑的形成

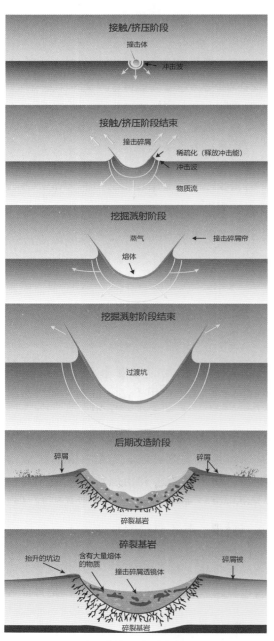

（a）简单陨石坑形成阶段

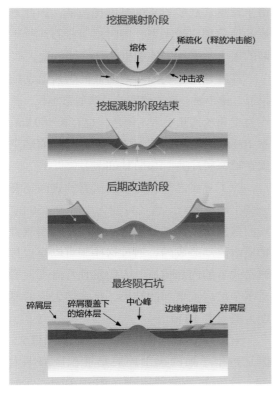

（b）复杂陨石坑形成阶段

图 8.1　陨石坑形成阶段（Kring，2017）

简单陨石坑表示撞击体较小，复杂陨石坑表示撞击体较大，形成的陨石结构较为复杂

过程并不一样。不过，大体来看都经历了三个阶段：接触／挤压、挖掘溅射和后期改造。流体动力学数值模拟和物理实验可以很好地呈现陨石撞击月球表面物质的过程。

　　陨石坑定年法是估算太阳体系类地天体表面年龄最主要的工具。这个方法起源于人们对阿波罗计划和 Luna 计划返回样品进行了放射性同位素定年，发现陨石坑的年龄和某一特定区域内陨石的数量及其直径有一定关系。目前应用最广的是德国的纽库姆（Neukum）教授给出的基于月球陨石坑的定年公式：

$$N(1) = \alpha(e^{-\beta T} - 1) + \gamma T \qquad （8.1）$$

式中，$N(1)$ 代表某一特定区域内直径 $\geqslant 1$ km 的陨石坑总数；T 代表该特定区域的年龄，Ga。$\alpha = 5.44 \times 10^{-14}$，$\beta = 6.93$，

$\gamma = 8.38 \times 10^{-4}$，三者均为方程拟合系数。

　　美国的哈特曼（Hartmann）教授基于更广泛的数据，包括火星表面数据、月球陨石坑中的撞击熔岩及阿波罗计划返回的撞击玻璃珠，提出了一个更可靠的公式：

$$N(1) = \alpha(e^{-\beta T} - 1) + \gamma T^2 + \delta T \qquad （8.2）$$

式中，$\alpha = 1.79 \times 10^{-40}$，$\beta = 22.4$，$\gamma = 1.62 \times 10^{-4}$，$\delta = 1.04 \times 10^{-3}$。

　　陨石坑定年公式是一个基于月球采样数据拟合而来的经验公式，因此对于陨石坑定年公式的修正一直在进行。人们已经把这个办法用到了小行星、水星及火星甚至巨行星卫星表面年龄的估算上，促进了人们对太阳系过程的认识。

　　一般情况下，太阳系早期的行星轨道不稳定，会使得处于小行星带或更远处的天体被驱使到内太阳系，频繁撞击内太阳系天体。如图 8.2 所示，随着时间的推移，行星的轨道大体稳定下来，撞击事件就越来越少。但是对月球陨石坑定年法的研究表明，在月球早期（4.0 ～ 3.7 Ga）陨石撞击的频率要远远大于之前或之后的时间段，人们把这一现

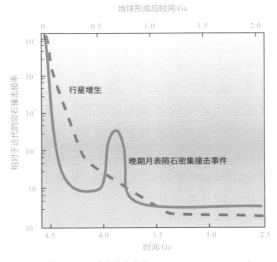

图 8.2　晚期月表陨石密集撞击事件（Lowe and Byerly，2018）

虚线表示行星增生过程经历的天体撞击事件频率随时间推移呈单调递减

象称为晚期月表陨石密集撞击事件（late heavy bombardment）。由于该事件发生的时间和地球上最早的生命信号出现的时间重叠，人们认为地球生命的起源和这次事件有关。但需要指出的是，这是基于阿波罗计划观察到的现象，而阿波罗计划的采样集中在几个大的陨石坑附近，因此这个现象也有可能是来自采样误差。

8.1.2　火山活动

对于地球而言，板块运动已经抹去了地球的很多早期过程。但是，月球上并没有板块运动，所以依然保留了月球早期的火山作用产物，即月球玄武岩。月球玄武岩主要出现在月球近地面的很多撞击盆地内，故而又被称为月海玄武岩（mare basalt），它的覆盖面积占月球总面积的17%，占近地面月表的30%；它的质量占月壳总质量的1%。从形貌上看，月海玄武岩主要有熔岩流（lava flow）、火山穹窿（dome）、火山锥（cone）、月溪（rille）及火山碎屑堆积物（pyroclastic deposits）。

在第七章，我们已经知道地幔橄榄岩发生部分熔融会形成玄武岩。对地球来说，熔融所需要的热量比较好实现。但是对于月球这样一个已经"死透了"的天体来说，形成玄武岩所需要的热量来自哪里？人们认为月球内部有大量的放射性元素，如K、Th和U，这些元素的放射生热足以使得月幔60～500 km深部发生熔融，形成玄武岩熔体。在月球近地面有一个叫作克里普层（Procellarum KREEP Terrane，PKT）的区域，富含大量的钾、稀土元素和磷，人们推测就是这些物质为月幔的熔融提供了能量。

由于月海玄武质岩浆的黏度比较低，因此形成的地貌都比较平坦，同时由于陨石连续不断的撞击，玄武岩地貌也会被持续改造。

月溪是月球表面弯弯曲曲的熔岩流动的渠道，像小溪一样。确实，月溪通常不长，长度为十几米到几千米。但是，也有长100 km、深100 m的超大月溪。阿波罗15号的着陆点就在哈德利月溪（Rima Hadley）。

除了月溪之外，月海玄武岩的表面还有一些小洞或者坑，直径可能为100～150 m。人们推测这些洞是月海玄武岩内部垮塌或者物质内流动造成的，通过这些洞可以窥探月海玄武岩的内部构造。人们发现月海玄武岩是多个熔岩流叠加的结果，每个熔岩流的厚度大概只有10 m。

火山碎屑堆积物虽然总分布面积很大，但是每个单独的火山碎屑物堆积区都不太大，最大的是波得月溪（Rima Bode）。另外，在月海地区还会有一些正地形，有时高出周围几百米，这些地区就是火山穹窿或火山锥，一个典型的例子是马利厄斯丘山（Marius Hills）杂岩体。马利厄斯丘山杂岩体的成分比较复杂，除了玄武岩之外，还有硅含量更高的岩石和碎屑。

8.1.3　构造活动

月球虽然没有板块运动，但并不代表月球没有其他构造活动。和地球比，月球的构造形式近乎停滞盖层（stagnant-lid），人们从现在的月球上能识别出的主要构造类型是陨石撞击、火山作用及由于地球的潮汐加热等造成的各类压缩和伸展构造，如断层、褶皱脊（winkle ridge）和岩墙。例如，撞击作用会形成各种断层，逆冲断层会形成褶皱脊。

8.1.4　太空风化与撞击研磨

塑造月球表面的力量除了上述的陨石撞击、火山作用及地球的潮汐加热外，还有太空风化和撞击研磨（impact gardening）。

由于月球缺乏磁场和大气层的保护，月球表面不断被各种物质，包括微陨石、太阳风及宇宙射线等冲击。这些微小颗粒物质的冲击通过机械粉碎、升华、熔融和离子植入等过程不断增加月球表面的物质成熟度，使得月岩逐渐变成月壤（lunar regolith）。这个过程通常被称为太空风化。在月球表面剩余

磁场比较强的区域，太空风化很弱，可能是磁场阻挡了太阳风和宇宙射线的原因。月壤中太阳风物质的含量是衡量太空风化的一个重要参数，现在人们发现月壤还能记录银河系射线或其他宇宙射线的信息，这对了解月球及整个太阳系的空间环境很有帮助。

撞击研磨通常由两个过程组成。一个是微陨石撞击月表基岩的碎裂作用，这个过程通常形成一些碎石块。另一个是更小尺度的陨石进一步把碎石块打成更小的颗粒。通常情况下，打碎 1 kg 的碎石块需要 1000 万年。

8.2　月球"年代区划"

如图 8.3 所示，通过陨石坑定年法，人们将月球表面划分成了不同的地质单元。41 亿年之前属于前酒海纪（Pre-Nectarian），41 亿～39 亿年前属于酒海纪（Nectarian），39 亿～32 亿年前属于雨海纪（Imbrian），32 亿～11 亿年前属于爱拉托逊纪（Eratosthenian），11 亿年前到现在属于哥白尼纪（Copernican）。这个期限划分较为粗略，因为没有办法确定用来划期的陨石坑的真正年龄，甚至对于用什么来代表陨石坑的年龄都有不同的观点：有些人建议用陨石坑撞击产物最年轻的年龄，有些人建议用峰值年龄。2024 年，中国科学家将月球年代划分为三宙六纪（Guo et al.，2024）。最早为冥月宙，只有一个纪即岩浆洋纪，时限为 45.2 亿～43.1 亿年前；古月宙分为三纪，艾肯纪为43.1 亿～39.2 亿年前，酒海纪为 39.2 亿～38.5 亿年前，雨海纪被分为早雨海（38.5 亿～38 亿年前）和晚雨海纪（38 亿～31.6 亿年前）；新月宙分为两纪，爱拉托逊纪（31.6 亿～

8 亿年前）和哥白尼纪（8 亿年前到现在）。

另一个值得注意的时间信息是月球玄武岩的年龄。阿波罗计划和 Luna 计划返回样品的年龄全部在 30 亿年之前，中国的嫦娥五号返回样品的年龄在 20 亿年前。因此，月球并不是在 30 亿年之前就死去了，至少在 20 亿年前时还有局部岩浆活动。当然，到底是什么过程促使了 20 亿年前的岩浆活动是目前研究的焦点，有人认为是月幔中有克里普物质，有人认为是潮汐加热。

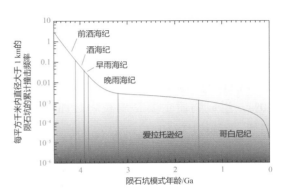

图 8.3　陨石坑定年法（Neukum and Ivanov，1994）

8.3　月壳

月壳是储存月球形成和演化信息的主要载体。我们可以从月壳的主要岩石类型、月壳分层及厚度估算出月球硅酸盐部分的化学组成，进而计算整个月球的成分，探讨月球的起源和演化。自从月壳形成以后，在接近45亿年的时间范围内，小天体不断撞击月球表面，其中记录了太阳系早期动荡历史的线索。除此之外，月球可能是唯一一个保留了岩浆洋过程的内太阳系天体，月壳可能就是岩浆洋结晶分异的产物。通过月壳物质，我们不仅可以知道月球的圈层分异历史，甚至可以从中一窥所有类地天体的早期过程。

8.3.1　高地岩石

通过光谱信息可以知道月球高地主要由基性岩石组成，如斜长岩及含斜长石的镁质岩组合，包括苏长岩（norite）、辉长 - 苏长岩（gabbro-norite）和橄长岩（troctolite）。目前的数据表明月球高地的岩石组成比较复杂，可以进一步分为风暴洋克里普层（PKT）和长岩质高地地体（feldspathic highland terrane，FHT）。PKT 出现在月球的近地面，Th 的含量极高，达到了 4.8×10^{-6}，面积占全月面积的 10%。虽然 PKT 所占面积并不大，但是月球上 60% 的玄武岩都在 PKT。这可能是因为 PKT 的放射性元素生热有助于月幔物质的熔融。FHT 占月表总面积的 60%，组成物质主要是斜长岩，Th 的含量很低，不超过 3×10^{-6}。

根据岩石中 Ca+K+Na 含量与 Mg+Fe 含量的关系，可以把高地岩石细分为三类（图 8.4）。①含铁斜长岩（ferroan anorthosite），年龄最为古老，为 45.6 亿～ 42.9 亿年。②镁质岩石组合，年龄稍年轻，为 44.6 亿～ 41.8 亿年。这两类岩石的年龄重叠挑战了理想的岩浆洋模型：在理想状态下，含铁斜长岩最先结晶，镁质岩石随后结晶并侵入较老的含铁斜长岩中。③碱性岩组合，包括花岗岩、石英二长闪长岩等，年龄最新，为 43.7 亿～ 38 亿年。

如图 8.4 所示，月球的斜长石牌号（横坐标）为 An_{96}，远远高于地球斜长岩中斜长石的牌号 $An_{35} \sim An_{65}$，这反映到岩石层面就是月球斜长岩中难挥发元素 Ca 的含量极高，而挥发性元素 Na 的含量极低。与此同时，月球斜长岩中辉石和橄榄石的 Mg/(Mg+Fe) 较高，相对来说，地球辉石和橄榄石的 Fe 含量更高。整体来看，月球高地斜长岩中的斜长石占比高达 90%，说明它是从岩浆中结晶出来的，并漂浮在岩浆的顶部堆积而成。

镁质岩石组合可能标志着从岩浆洋阶段到"常规"岩浆作用的过渡。但是 39 亿年前之后，月球表面的陨石撞击频率迅速下降，导致月壳深部的镁质岩石不能被剥露。月球

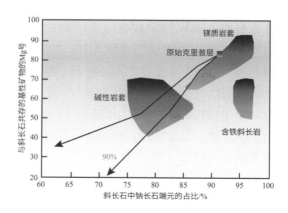

图 8.4　斜长石中的钠长石端元组分和与斜长石共存的基性矿物的 Mg 号关系图（Shearer et al., 2006）

探测中的一个重点是检查撞击盆地的底部是否有该类岩石。据估算，镁质岩石占月球最顶部 60 km 厚度的 20% 左右，剩下的都是含铁斜长岩。

8.3.2 月海玄武岩

通常认为，月海玄武岩由岩浆洋结晶产物重新熔融所形成。从化学成分来看，同为基性岩的月海玄武岩和高地岩石相比，前者的铁和钛含量很高，而铝的含量很低。从矿物组成来看，月海玄武岩的橄榄石和单斜辉石含量更高，而斜长岩中这两种矿物含量较低。根据其 TiO_2 含量（质量分数），月海玄武岩可以进一步分为高钛玄武岩（TiO_2 含量大于 9%）、低钛玄武岩（TiO_2 含量为 1.5% ～ 6%）和极低钛玄武岩（TiO_2 含量小于 1.5%）。早期研究认为月球的早期火山作用形成高钛玄武岩（因为钛是不相容元素）。随着月幔的熔融，其中的钛不断被消耗，后续喷发的玄武岩的钛含量就越来越低。目前已有的数据表明，有些低钛玄武岩也很古老，年龄可以达到 30 亿年以上。因此，有可能这几类玄武岩是同时喷发的。

月球上还有一类玄武岩，它的不相容元素（如稀土元素）含量很高，有人把这类岩石叫作克里普玄武岩（KREEP basalt）。人们推测这类岩石的月幔源区可能是岩浆洋结晶分异的残留熔体结晶的物质，并把它命名为元克里普（ur-KREEP）。嫦娥五号返回样品所引来的一个重要争议就是样品中的玄武岩碎屑是否属于克里普玄武岩。

8.3.3 撞击岩屑

陨石撞击不仅可以把岩石撞碎，还可以把原本的碎屑重新胶结在一起，形成岩屑角砾岩（regolith breccia）。图 8.5 所示就是阿波罗 16 号返回的岩屑角砾岩 60016，其中白色的部分是斜长岩碎片，暗色的部分，有的是多边形，有的是圆球形，是撞击熔体形成的碎片。

月球上还有两类地球上不太常见的"岩石"，一种是玻璃珠（glass spherules，图 8.6），另一种是月壤重熔冷凝成的玻璃片（agglutinate，图 8.7）。玻璃珠的直径通常很小，只有几毫米到 1 厘米。这种玻璃珠既可能是陨石撞击形成的，也可能是剧烈火山作用的产物。玻璃片是微陨石撞击月壤的产物，能在其中看到熔体流动的特征，玻璃片通常比玻璃珠还小，直径最大也就几毫米。图 8.7 所示的玻璃片有很多空洞，原先应该是包裹了一些气体，只是后来由于某些原因，包裹气体的玻璃层碎了。

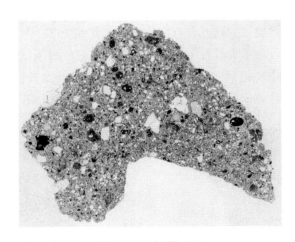

图 8.5　阿波罗 16 号返回的岩屑角砾岩 60016

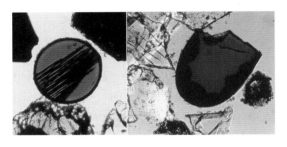

图 8.6　月球棕色玻璃珠

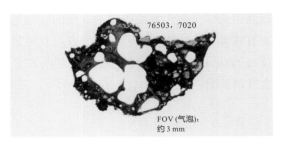

图 8.7　月球玻璃片

8.4　月球的内部圈层结构

阿波罗 12 号、14 号、15 号、16 号和 17 号连续在月球表面放置了多个探测设备，统称为阿波罗月球表面实验包（Apollo lunar surface experiments package，ALSEP）。这套设备中包括用来测地震波的月震仪，人们就是通过这些设备来获得月球的内部结构（图 8.8）。绕月探测器和基于地球表面的探测设备还可以收集月球磁场和重力的信息，也能帮助人们了解月球的内部结构。下面主要介绍月震仪获得的信息。

人类于 1969 年和 1972 年共放置了 4 台月震仪，这几台月震仪一直工作到 1977 年，收集了大量发生在月球的月震信息。月震仪主要记录的是陨石撞击的信号。除此之外，月震仪还记录了少量发生在月球地下浅层较

大的月震事件，这些月震事件的起源尚不可知。月震仪还记录了几个微弱但是较为频繁的深层月震事件，可能和地球的潮汐作用有关。与地震波相比，由于月壳在陨石撞击过程中发生了大范围的碎裂，月震波的散射角很大且衰减很慢，因此月震波信号的质量比较差。但是，人类利用这些仅有的信息也获得了月球内部结构。

月壳最表层的结构信息来自阿波罗 14 号和 16 号的主动月震设备和阿波罗 17 号的月震剖面设备。月壳最浅层的 P 波速度为 $0.1 \sim 0.3$ km/s，远远低于地球上的常见岩石，但是和那些被陨石撞碎的岩石的波速很接近。由于陨石撞击和太空风化的长期作用，月球表面被一层浮土所覆盖，这层浮土就是月壤。月壤颗粒的直径一般小于 $60 \sim 80$ μm，密度约为 1.5 g/cm³。如图 8.9 所示，根据地震波速，可以将月壳上部分为四部分。最表层 10 m 是月壤，$0.01 \sim 2$ km 属于陨石撞击形成的大块碎屑和溅射物，$2 \sim 10$ km 是被陨石撞击后碎裂的月壳，这一部分大体上是原地的。再往深处，陨石撞击的痕迹减弱为裂缝。由于月壤的粒度极细，吸附了大量太阳风中的物质（如 He），人们希望这能成为将来人类定居月球的能量来源。

月壳深部及月幔的信息主要通过经典

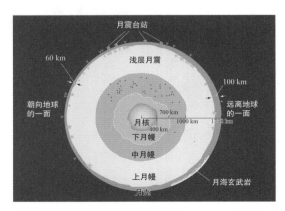

图 8.8　月震仪及月球的内部圈层结构（Nakamura et al., 1982）
放置月震仪的一侧为月球的近地面

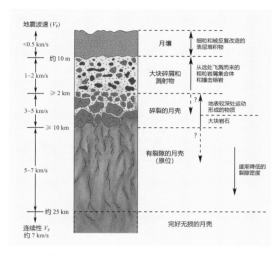

图 8.9　高度简化的月壤剖面图（Hiesinger and Head Ⅲ，2006）

60 km。如此显著的厚度差异，有人推测是在月球岩浆洋尚未完全凝固时，陨石撞击将近地面那些还漂浮在岩浆洋上的斜长岩冲击到背地面造成的。在月球近地面 40 km 以下，P 波的速度恒定在 7 km/s，S 波的速度恒定在 4.45 km/s，一直到 1200 km 深。人们推测在 60 ～ 600 km，月幔的主要组成是辉石。实际上波速在 800 km 深度以下的月幔中衰减极慢，此处的月幔应该是由非常干燥的物质组成的，因此人们推测 600 ～ 1200 km 深是橄榄石为主的下月幔。值得注意的是，月球近地面深度 800 km 以下有些区域缺失 S 波，可能说明这些区域有熔体存在。有迹象表明月球有一个金属核，但仍需要更牢固的证据来佐证。有的数据认为月核的直径约为 400 km，月核体积占月球总体积的 4%。总的来说，对于月球的内部结构而言，越往深处，人类掌握的证据就越少，对于结构的细节猜测的成分也就越重。

的地震波到时非线性反演得到，其中较浅层部分主要依靠撞击和浅表月震，更深一些的结构则借助深源月震事件。月震的 P 波速度小于 5.5 km/s，S 波速度小于 4.3 km/s。月壳平均厚度为 34 ～ 43 km，背地面月壳最厚处约有 100 km，而近地面最厚处只有

8.5　月球的地球化学特征

前面的章节已经多次提到对月球的探测极大地提高了人类对自身及太阳系的认识，而这些认识有相当一部分来自对月球返回样品的化学分析，包括元素含量和同位素组成。人类对于月球起源和演化的主要认识就来自这些地球化学数据。

8.5.1　元素含量特征

在第七章，我们提到可以用玄武岩来估算类地行星硅酸盐圈层的化学组成。正是基于阿波罗计划返回的玄武岩样品，人们发现月球和地球的难挥发亲石元素的含量相当，但是月幔的挥发性元素含量比地球低很

多（图 8.10），例如，月幔的 Zn 含量比地球低 100 倍左右。这说明月球比地球更加"干燥"。月幔除了挥发性元素含量比地球低之外，它的强亲铁元素含量也比地幔低近 100 倍。现有的主要观点认为地幔的强亲铁元素来自后期陨石的加入，加入的陨石量占地球总质量的 0.5% 左右。从月幔的强亲铁元素情况来看，月幔可能没有接受过多少陨石的再加入（图 8.11）。也就是说，虽然月表看起来陨石坑很多，但是这些陨石的总量并不大，没有改变月幔的化学组成；虽然地表的陨石坑很少，但是在地球早期，有大量陨石坠落到地球表面并最终进入地球的内部。

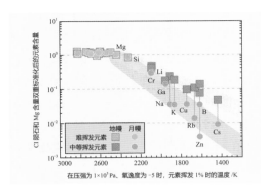

图 8.10   月球和地球的硅酸盐幔的元素含量（Tartèse et al.，2021）
月幔和地幔的难挥发亲石元素含量一致，但月幔的挥发性元素丰度系统性地比地幔低，且挥发性越强，月幔的元素丰度就相对越低

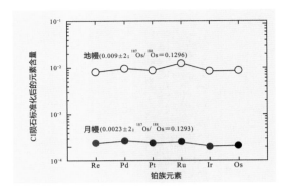

图 8.11   月球和地球的铂族元素含量（Day et al.，2016）
月幔的铂族元素含量基本上符合高温高压实验的预测值，因此月幔没有接受后期薄层增生的贡献；而地幔的铂族元素含量相较于预测值偏高，说明可能含有陨石

知识拓展 2   欧阳自远与月球样品研究

　　1978 年，为了促进中美尽快建交，美国赠送给中国 1 g 阿波罗返回样品，该样品被浇铸在有机玻璃内。欧阳自远从这 1 g 样品中小心翼翼地取了 0.5 g 做研究，不仅获得了样品的化学组成、矿物信息及同位素数据，还判断出该样品属于阿波罗 17 号返回的高钛月海玄武岩。剩下的 0.5 g 目前在北京天文馆展出。2020 年，我国的嫦娥五号返回了约 2 kg 样品，国内外不少科学家都参与了嫦娥五号的研究工作。

8.5.2   同位素特征

　　从地月之间的元素含量对比，可以推测地球和月球的难挥发亲石元素的稳定同位素组成可能一致，而二者的挥发性元素的同位素组成可能不同。现有的结果表明，正是如此。最为典型的是氧同位素，地月之间具有完全相同的三氧同位素组成（图 8.12）。另一个典型是钛同位素组成，地月之间的钛同位素组成也相同。这些数据表明地球和月球的组成物质基本上是一致的。

　　地月之间的难挥发亲石元素的同位素组成相同，但月球的挥发性元素的同位素组成通常比地球的重。例如，月球的稳定钾同位素

组成比地球高很多（图 8.13），人们认为这表明在月球形成的过程中失去了轻的钾同位素。

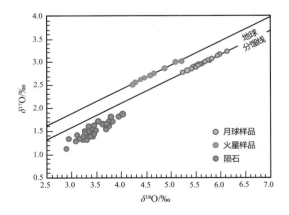

图 8.12   月球、地球、火星和 HED 陨石的氧同位素组成（Wiechert et al.，2001）

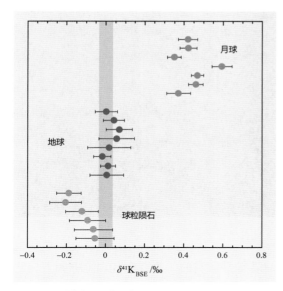

图 8.13　月球的钾同位素组成（Wang and Jacobsen，2016）

除了稳定同位素组成之外，人们还发现月球和地球的某些放射性同位素组成也不相同，尤其是短半衰期放射性同位素体系。例如，^{182}Hf-^{182}W 短半衰期体系的半衰期只有 8.9 Ma。Hf 是一个难挥发亲石元素，而 W 是一个难挥发亲铁元素，因此 ^{182}Hf-^{182}W 可能会记录类地行星金属核和硅酸盐幔分离的时间及其后发生的增生过程。人们发现，与地球相比，月球的 ^{182}W 同位素的含量偏高（图 8.14）。这有两种可能，一种是地球的 ^{182}W 含量被降低了；另一种是月球的 ^{182}W 含量被升高了。前一种观点认为地球的 ^{182}W 含量被降低的主要证据是大量后期陨石的加入，将原本地球的 ^{182}W 含量组成从月球相当值拉低到了现今水平（Kruijer et al.，2015；Touboul et al.，2015）。后一种观点认为月球的 ^{182}W 含量被升高的主要证据是月球核幔分异和地球核幔分异在温度、压力和氧逸度上都完全不同，因此月球真实的核幔分异过程会使得一小部分 W 留在月幔中，进而使得月幔的 ^{182}W 含量升高（Thiemens et al.，2019）。

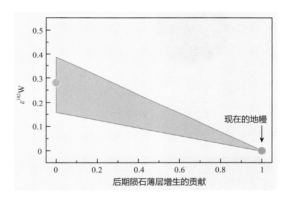

图 8.14　月球的 ^{182}W 同位素组成（Kruijer et al.，2015；Touboul et al.，2015）

月球的 $\varepsilon^{182}W$ 含量比地球高，高值代表地球和月球共同的初始组成

8.6　月球的起源与演化

基于月球的地质学、地球物理学和地球化学数据，人们逐渐对月球的形成和演化达成了大体的共识，即月球起源于一次大碰撞，随后经历了较长时间的岩浆洋过程。

8.6.1　月球形成大碰撞

在介绍目前主流的月球形成大碰撞假说（Moon-forming giant impact theory）前，我们先了解其他的月球形成假说，主要是捕获说（capture theory）、分裂说（fission theory）和共吸积说（co-accretion theory）。

捕获说认为月球原本是太阳系内一颗游荡的小行星，在靠近地球轨道时被地球引力所捕获，最终形成了围绕地球公转的卫星（图 8.15）。分裂说是乔治·达尔文提出来的，他认为地球刚形成时，其圈层尚未完全凝固，此时地球自转速度很快，会将自身的一部分甩出去，形成月球（图8.16）。共吸积说认为形成月球的物质和地球原本就处于一个太阳系轨道区域，分布在这个轨道的绝大多数星子碰撞凝聚形成了地球，小部分星子聚合形成了月球（图8.17）。这三种假说都有各自的理论依据，也都能解释部分基本观察事实，如月球和地球的化学组成一致。但是这三种假说都不能解释另外一些事实，如捕获说和分裂说，要么不能解释为什么地球和月球的

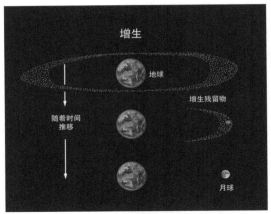

图8.17　月球形成假说——共吸积说

自转轴是倾斜的，要么在其理论框架下，地月系会形成角动量过剩。而共吸积说除了存在上述问题之外，还与典型的行星增生理论冲突。行星增生理论认为，形成地球这么大的天体会经过寡头增生的阶段，即一个轨道区域只能形成一个大质量天体，不可能存在物质未被大质量天体的引力控制，转而形成另一个较小的天体的情况。在第十八章，将详细介绍行星的增生理论。下面我们来学习月球形成大碰撞假说（图8.18）。

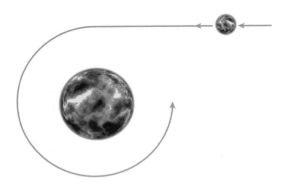

图8.15　月球形成假说——捕获说

　　月球形成大碰撞假说很早就被提出。1946年，哈佛大学教授雷金纳德·戴利（Reginald Daly）认为地球不可能出于自转带来的离心力将自身一部分物质甩出，使得后者形成月球，可靠的方案是地球上的物质被陨石撞击出去，进而形成了月球。此后近30年里，学界并没有认真对待戴利的方案。直到1974年，威廉·哈特曼（William Hartmann）和唐纳德·戴维斯（Donald Davis）在会议上重新介绍了戴利的碰撞假说。随后，Hartmann和Davis（1975）、Cameron和Ward（1976）分别发表文章介绍碰撞假说，月球形成大碰撞假说这才逐渐流行起来。简单来说，月球形成大碰撞假说认为，在地球形成早期，有一个体量与火星

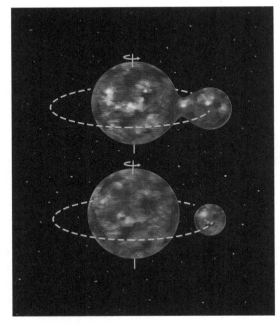

图8.16　月球形成假说——分裂说

来源：https://supernova.eso.org/exhibition/images/0208c_moon_formation_fission/。

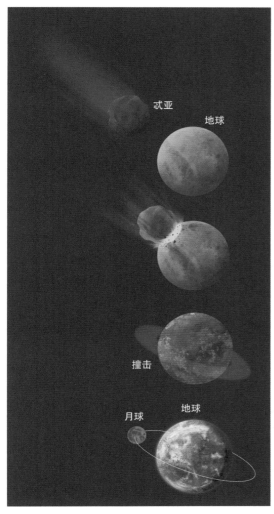

图8.18 月球形成假说——大碰撞假说

来源: https://www.astronomy.com/science/ask-astro-what-happened-after-the-giant-impact-that-created-the-moon/。

相当的小天体撞击了地球，造成撞击体的硅酸盐部分完全碎片化甚至汽化。但是由于地球引力的束缚，这些物质没有脱离地球，而是逐渐在地球附近凝聚，最终形成月球。撞击体的金属核则有可能直接进入了地球，成为地球金属核的一部分。2001年，英国科学家亚历山大·哈利迪（Alexander Halliday）建议把这个小天体称为忒亚（Theia）。在希腊神话中，忒亚是月亮女神塞勒涅（Selene）的母亲。

真正将月球形成大碰撞假说通过流体动力学数值模拟呈现出来的是罗宾·卡努普（Robin Canup）。她的博士学位是跟随科罗拉多大学拉里·埃斯波西托（Larry Esposito）教授完成的。埃斯波西托的研究方向是气巨星行星环（如土星和木星的行星环及其卫星）的形成。早期的观点认为这些行星环及其中的卫星是在行星最初形成时未被"使用"的残余物，由于行星潮汐引力的影响，这些残余物围绕行星形成了环带。但是后来的研究发现，行星环实际上很年轻，并没有那么古老，因此人们推测行星环的前体物质是行星附近被撞碎或撕裂的卫星。问题在于，如果没有潮汐引力的作用，位于行星洛希极限以内被撞碎、撕碎的物质会在100年内重新凝聚起来。为什么太阳系的巨行星都有存在了很长时间的行星环？其复杂性在于行星环物质可能在重新凝聚中，但又没完全凝聚：位于洛希极限以内的行星环并没有重新凝聚成一颗新的大卫星，但是行星环中确实也存在很多小卫星。

行星环到底是怎么形成的？现在行星环内的卫星是如何起源和演化的？1995年，卡努普和埃斯波西托从这两个问题入手，逐步揭开了月球形成的秘密：他们发现在有潮汐力的影响时，行星环最容易发生物质凝聚的区域就在洛希极限附近。该发现最直接的推论是，如果行星环中离行星最近的小卫星是所有小卫星中质量最大的一颗，那么由于它与行星及行星环物质之间的引力相互作用，它会逐步远离行星；在这个过程中，它会清空行星环，把其中的尘埃和小卫星合并成一颗大卫星。但是，在洛希极限处形成这颗质量最大的卫星十分困难，因此理论上地球附近不应该只有一个月球，而应该有很多。1996年，卡努普和埃斯波西托提出了一个解释：在地球的洛希极限之外分布着质量接近现今月球的尘埃或碎块。她们推测这就需要一个 2 倍火星质量、2 倍地月系统角动量的天体来撞击当时的地球。如此看来，需要数值模拟来呈现这一过程。Ida 等（1997）首次呈现了从撞击形成的盘中凝聚出月球的数值模拟结果，但这个工作实际上并没有模拟撞击过程本身。Canup 和 Asphaug（2001）通过光滑粒子流体动力学模拟（smoothed particle hydrodynamics simulation）形成了一个符合现今地月系统大部分物理特征和化学特征的结果。这个模型认为在地球增生的后期（地球长到现今体量的 65% 时），有一个体量相当于火星的小天体撞击了地球，小天体的硅酸盐部分被撞飞出去并围绕地球形成了一个盘，从这个盘中凝聚出了月球，小天体的金属核则直接进入地球深部并最终成为地核的一部分。这个模型现在被称为经典月球形成大碰撞模型，不仅得到了学界的广泛关注，也吸引了社会公众的目光。

但是 Wiechert 等（2001）的研究发现，月球和地球的三氧同位素组成一致。如图 8.19 所示，由于太阳系内不同物质的三氧同位素组成完全不同，所以要么撞击体和地球由一模一样的三氧同位素组成（从三氧同位素来看这不可能），要么经典月球形成大碰撞模型是错的。随后不同的学者（包括卡努普在内）重新做了大量模拟，试图得到一个确定结果：要么把地球的物质撞出去形成月球，要么让大碰撞之后地月系统的物质发生完全混合或者达到热力学平衡。现在人们已经实现了对上述两种场景的模拟。第三章中提到，ALMA 甚至捕捉到系外行星系统中正在发生的类似大碰撞事件（图 3.6），也可能会形成一个它们的大卫星。

虽然流体动力学数值模拟经常被人诟

病，尤其是人们觉得总能通过调节各种参数来吻合观测数据，但是无论如何，月球形成大碰撞假说是目前学界最被广泛接受的关于月球起源的理论。模拟月球形成大碰撞需要不少物理知识，包括流体力学、重力场计算、流变学及极端条件下物质的状态方程等（图 8.20）。当前，月球形成大碰撞模拟领域研究的重点是如何将化学过程拟合到流体动力学模拟中。

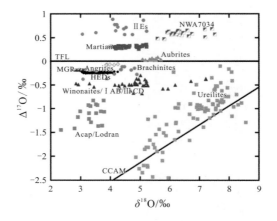

图 8.19　太阳系行星及无球粒陨石的氧同位素组成（Greenwood and Anand，2020）

陨石名称及其含义见 12.1.3 节陨石的分类

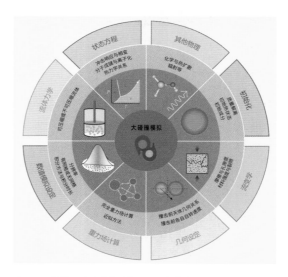

图 8.20　模拟月球形成大碰撞需要具备的背景知识（Gabriel and Cambioni，2023）

卡努普不仅是一位出色的行星科学家，还是专业的芭蕾舞演员。她在完成博士论文一周后便出演了人生最后一场芭蕾舞剧。目前，她在美国宇航局西南研究所工作。卡努普也有一段极为迷茫的时期。当她开始研究生阶段之后，曾一头雾水，不知道自己将来要做什么。不过，她很快就发现自己很喜欢做科研。据她阐述，在中学及大学阶段，即便是较为复杂和抽象的问题，也已经被无数人解决过无数次了；科学研究则完全不同，在绝大多数情况下你知道这里有一个问题，但是你并不知道答案是什么，甚至不知道正确的解答思路是什么。在更为艰难的情况下，你可能都不知道哪里有一个前人尚未处理或者没处理好的问题值得你去投入精力。但是这种在无人之境探索的体验，是仅靠做高中或大学的数学作业无法获得的。

8.6.2　月球岩浆洋

从月球形成大碰撞可以得出一个直观的结论，那就是月球可能曾经从内到外都是火热的岩浆，称作月球岩浆洋（lunar magma ocean）。但实际上在利用流体动力学模拟月球形成大碰撞之前，人们就已经从阿波罗计划返回的样品中推测月球曾经有过一个岩浆洋。

1970 年 1 月，美国科学家约翰·伍德（John Wood）发现阿波罗 11 号返回的 61 块样品都是斜长岩，他提出月球应该有一层厚达 25 km 的斜长岩月壳，这层月壳应该是从某种岩浆中结晶出来的，并漂浮在密度更大的辉长岩质物质上。Smith 等（1970）认为，根据实验岩石学，阿波罗 11 号的斜长岩可能显示了全月层面的信息。虽然这两项工作没有明确提出岩浆洋这个名词，但是基本上确定了岩浆洋的基本内涵：月球表面及相当深的内部曾经存在一个由岩浆组成的海洋。

岩浆洋的性质取决于三个参数：化学成分、深度和温度。岩浆洋的化学成分就是硅酸盐月球的化学成分。利用月球陨石和探测返回的样品，人们发现岩浆洋的主量元素为 47.1% 的 SiO_2、33.1% 的 MgO、12% 的 FeO、4% 的 Al_2O_3 和 3% 的 CaO 等。随着温度的降低，岩浆洋逐渐分离结晶。矿物分离结晶的顺序遵循鲍文反应序列，最先结晶的矿物是橄榄石和斜长石。其中橄榄石密度大，沉到岩浆洋的底部；斜长石密度小，漂浮在岩浆洋的表面。随后结晶的是斜方辉石和单斜辉石。在这种状态下，剩余尚未结晶的残余岩浆洋中含有大量不相容元素（矿物不太喜欢的元素），这些残余熔体结晶成钛铁矿和元克里普岩。但是这个结构并不稳定，因为钛铁矿的密度远远大于橄榄石和辉石。因此，钛铁矿携部分单斜辉石下沉，相应地橄榄石和斜方辉石上涌，重者沉而轻者涌，会形成月幔倒转（lunar mantle overturn）。在月幔倒转的过程中，月幔物质有可能发生部分熔融，形成最初的岩浆喷出月表，进而形成镁质玄武岩。

一个重要的问题是，月球的岩浆洋持续了多久？即从发生月球形成大碰撞到岩浆洋全部结晶的时长是多少？很遗憾，对于最关键的起始点，即月球形成大碰撞发生的具体时间，我们并不知道。但是可以将地球年龄45.5亿年作为参考起点（人们通过测定陨石的年龄来计算地球的年龄），也可以用前文提到的 ^{182}Hf-^{182}W 和 $^{146,147}Sm$-$^{142,143}Nd$ 来自限定月球核幔分异的时间。总体来说，月球形成大碰撞可能很早就发生了。只要能精确测定从岩浆洋中结晶出来的各种物质的年龄，就可以推断岩浆洋持续的时间。研究发现（图 8.21），镁质玄武岩的出现标志着月幔倒转时间大概在 43.64 亿年前。如果将此作为岩浆洋事件的终点，将地球的年龄作为起点，那么月球的岩浆洋持续了2亿年。

值得注意的是，最古老的斜长岩的年龄是 43.61 亿年，而岩浆洋早期结晶出来的基性岩堆晶体的年龄是 43.36 亿年，因此岩浆洋结晶本身可能只持续了 2500 万年。随着月幔倒转而来的是镁质火山作用，该作用形成的最古老样品的年龄是 43.64 亿年，最年

轻样品的年龄是 43.04 亿年，这个过程持续时间略长，约为 6000 万年。

岩浆洋结晶速度很快，最多用了 6000 万年。但是从月球形成大碰撞到岩浆洋开始结晶，岩浆洋居然一直是熔融状态，没有开始结晶固化，持续时间约为 1.5 亿年，这实在是匪夷所思。到底是什么过程能让月球保持如此长时间熔融不结晶？有三种可能：①不能用陨石的年龄代表地球的年龄；②不能用地球的年龄指代月球形成大碰撞发生的年龄；③目前分析的这些样品来自十分有限的区域，不能代表整个月球，它们记录的可能是局部岩浆湖的过程，而不是全月岩浆洋事件。虽然有研究建议将月球最古老斜长岩的年龄 43.61 亿年作为月球和地球起源的年龄，但是目前绝大多数学者仍然认为地球和月球不可能形成得太晚，它们应该在更早的时候形成（45.5 亿年前左右）。

8.6.3　地月系统的演化

从月球形成大碰撞假说可以看出，地球和月球的形成和演化实际上是一体的。下面从地月系统演化的角度来介绍类地行星增生的大体过程（图 8.22）。

太阳星云中的固体尘埃颗粒不断增生凝聚到星子和星胚的尺度，星子和星胚经过不断地碰撞聚合为原始地球（proto-earth）。如何界定原始地球？人们认为发生月球形成大碰撞之前的地球就是原始地球。原始地球的主要成分是什么？如果地球现今的轨道位置与原始地球所处的轨道位置相差不大，那么就可推断原始地球可能极度亏损挥发性元素：原始地球的轨道离太阳太近，形成原始地球的物质可能受到太阳的强烈影响而极端亏损挥发性元素。另外，原始地球可能已经

图 8.21　月球的演化（Borg and Carlson，2023）

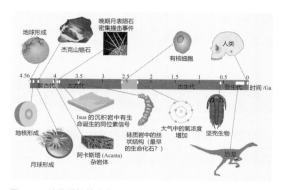

图 8.22　地月系统的演化

发生了金属核与硅酸盐幔的分离，但这并不是地核形成的终点。

月球形成大碰撞标志着地球金属核的最终形成。因为撞击体忒亚的金属核可能会和原始地球的金属核以某种形式融为一体，成为最终的地核，也就是地球现在的地核。撞击体的金属核与原始地球的金属核融为一体的方式取决于月球形成大碰撞的方式：高速碰撞或低速碰撞，高角度撞击或低角度撞击。不同的碰撞方式导致忒亚的金属核以不同的形式与原有地核融合，可能是其金属核被撞碎后以金属液滴的形式逐渐沉降到原有地核中，也可能是其金属核与原始地球的核心直接融合。

月球形成大碰撞之后，地月系统进入了差异演化的阶段。学界认为地球在 44 亿年前左右，即月球形成大碰撞之后不久，有相当于地球总质量 0.5% 的陨石坠落到地球的表面进而进入了地幔，但并没有进入地核中。人们把这一事件称为地球后期薄层增生（late veneer）。需要特别指出的是，地球后期薄层增生假说是基于地幔的强亲铁元素含量高于高温高压实验模拟的金属相和硅酸盐相之间的分配系数，以及地幔的强亲铁元素含量的比值提出来的。月球则在 40 亿～ 37 亿年前经历了一次晚期月

表陨石密集撞击事件（LHB），这是基于月球表面陨石坑的年龄和分布频率提出来的概念。不仅这两个事件成为行星科学领域的研究热点，随后还出现了很多有生命力的观点。例如，有人认为地球上最初的生命迹象大约出现在 38 亿年前，这与晚期月表陨石密集撞击事件发生的时间重合，因此地球上生命的起源可能与此直接相关。又如，人们发现地幔的某些挥发性元素的特征和强亲铁元素非常相似，可能说明地球的挥发性元素也是后期薄层增生带来的。这样的认识不仅符合人们对原始地球增生的朴素推测，还引申出地球上的水可能也是后期薄层增生的产物。这些观点引发了大量关注，随后更为细致和系统的研究都从不同侧面修正了上述认识。这也正是科学研究的魅力所在：在不断的验证中加深对某一领域的认识。

在后期薄层增生前后，地壳和地幔开始了分离。此时，月球尚处于岩浆洋阶段。随着月球岩浆洋的逐渐固结，除了陨石不断撞击月球表面及逐渐减弱的火山作用之外，月球逐渐定型，以至于此后月球大体上不再有剧烈的变化。但是地球则不同。目前人类发现的最古老的地球物质是来自澳大利亚杰克山的锆石，它的年龄约为 44 亿年。锆石是花岗岩中最常见的副矿物，人们基于杰克山锆石不仅推测出了锆石的原岩特征，甚至还发现了当时海洋和地球磁场的信息。虽然杰克山锆石是地球上最古老的矿物，但是地球上最古老的岩石实际上是来自加拿大的阿卡斯塔（Acasta）杂岩体，它的年龄为 40 亿年。人们把阿卡斯塔岩石的年龄作为冥古代（Hadean Eon）和太古代（Archean Eon）的分界线。地球 40 亿年之前的信息极为稀少，这是因为地球有极为活跃的动力过程（地幔柱和板块运动等）。换言之，现在的月球可

能还保留了一些原始地球或者 40 亿年前地球的一些信息。想要了解地球的"婴幼儿"时期，除了从地球的岩石和矿物出发之外，还可以从月球着手。

8.7 过去及未来的月球探测

人类在月球探测上取得了灿烂夺目的成果。20 世纪，美苏两国争相探测月球，都取回了不少样品。但是 20 世纪 70 年代以后，人类对月球的探测一度停顿，直到 21 世纪，人们才重新燃起探测月球的欲望。之前的月球探测获得了太阳系和行星演化的信息，让人们建立了基本的行星科学思维架构。但是关于月球本身，依然存在尚未解决的根本性问题，因此探测月球并不是"炒冷饭""吃回头草"，而是可以真正帮助人们解决棘手的科学问题。人们目前正在探测月表的水冰分布，也正在探索如何利用月表物质进行人类工程建设，为未来在月球放置永久太空望远镜等设备，以及建立定居点和实验站做准备。

美国和苏联在 20 世纪开展的深空探测计划确实将人类的触手延伸到了更远的地方，极大地解放了人类的想象力和认知能力。

如果要从中吸取一些经验教训，那就是未来的探月计划甚至所有深空探测计划，都不应该为了探测而探测，而是必须有明确的科学任务或工程价值。为了探测而探测不仅会造成国力的浪费，从更深远意义上看，也会影响公众对深空探测事业的支持。

人们利用月球陨石和月球探测任务返回的样品，不仅掌握了月球各类岩石的形成过程，而且推测得到了月球具体的演化历史。月球的元素含量特征、稳定同位素特征和放射性同位素特征不仅极大地提升了我们对月球的认识，而且让我们认识到地球科学的理论和工具在行星科学研究中不可或缺的重要地位。正是基于对月球的地球化学认识，人们提出了月球岩浆和月球形成大碰撞这两个具有革命意义的概念。这可以说是人类智慧之光在行星科学领域的闪烁。

······ 知识拓展 4 月球南极的冰 ······

月球南极存在常年无法被阳光照到的、永久黑暗的陨石坑，这些陨石坑底部有可能存在水冰。如果月球上有可利用的水冰，那便可以满足未来人类月球基地的用水需求，还可以通过电解水提取氢气和氧气，为火箭发动机提供燃料。目前，月球上存在水冰有三个证据：一是研究者在月球陨石中发现了斜硅石（需要水才能形成），它可能来自月球的中低纬度，这意味着月球上普遍存在水；二是美国宇航局的月球陨石坑观测和遥感卫星在月球南极附近的环形山内探测到了水，月船一号的 M3（moon mineralogy mapper，月球矿物质测绘仪）数据也确认了月球极区的月壤与水冰混合；三是苏联月球 24 号和中国嫦娥五号返回的样品中均检出微量结合水。

当前，对月球南极水冰资源的勘查已经成为多国竞相争夺的焦点。印度月船 3 号于

2023 年 8 月成功着陆月球南极，开展月壤与岩石分析；美国计划于 2026 年进行阿尔忒弥斯 3 号载人登月任务，了解月球南极水冰的特征和来源；我国的嫦娥六号已于 2024 年 6 月 2 日着陆于月球背地面的南极 - 艾特肯盆地，并完成了对着陆区的采样；6 月 25 日成功将第一批来自月球背地面的样品返回地球。嫦娥七号和嫦娥八号也将瞄准月球南极，为在月球南极建设月球科研站打下基础。对月球水冰资源分布的勘查，尤其是对月球南极的研究，已然成为各国航天领域的研究重点。

• 习题与思考 •

（1）第七章详细介绍了如何利用橄榄岩和玄武岩来计算地球的化学组成，那么我们是如何获得月球的化学组成的？这样的计算方式有什么缺点？

（2）关于嫦娥五号玄武岩的成因争议很大，核心在于嫦娥五号玄武岩的年龄约为 20 亿年。到底是何种机制为月球深部提供了热量，使得月球深部还可以发生部分熔融，形成熔浆，并喷发到月球表面，进而形成嫦娥五号玄武岩？一部分学者认为形成嫦娥五号玄武岩的月幔深部有可观的放射性元素，这些放射性元素提供了热源；另外一部分学者认为嫦娥五号玄武岩的月幔源区并没有特别富集放射性同位素，提供热量来源的可能是地球和月球的潮汐加热。你能给出这两种观点所基于的观测证据吗？你支持哪种观点？

（3）结合阿波罗计划返回样品的同位素年龄和月球表面陨石坑的分布规律，人们提出了陨石坑定年法，并据此发现了在 40 亿～ 38 亿年前，陨石撞击月球的频率突然暴增，提出了晚期月表陨石密集撞击事件这一概念。我们能用陨石坑定年法研究其他类地天体的表面历史吗？为什么？在同一时期，地球上形成了大量的陨石坑吗？为什么？

（4）在第七章中提到，有人认为地幔中的铂族元素是地核形成以后，陨石加入地幔中带来的。但是在本章中提到，月球表面有很多陨石坑，可月球的铂族元素含量居然比地球还低。这是为什么？

（5）后期薄层增生、晚期月表陨石密集撞击和后期增生（late accretion）的区别是什么？

第 九 章

火星
Mars

在介绍完地球和月球之后，大家已经知道了行星科学的基本研究思路：通过天体的化学组成和圈层结构推测其形成和演化过程。但是具体到每一个天体，人们探索的重点却各有侧重。例如，对于月球，人们关心的核心问题是月球的形成过程及它和地球的关系。本章的主题是火星，当然也会讨论火星的成因，但绝大多数情况下更关注火星的表面地质过程。种种证据证实火星曾经有类似于地球海洋的表面液态水，还有大量在水动力环境下沉积的岩石。这涉及两个人类的核心关切：火星上有没有生命？有没有生命存在的证据？因本教材没有设置单独的天体生物学章节，本章将介绍太阳系内的天体生物学内容，在第十七章介绍系外行星视角下的生物宜居性与探测。

知识拓展 1　火星研究历史

人类对火星的了解很早。古代中国对于火星的称呼有两个，一个是火星，另一个是荧惑。当人们提及火星的时候，通常表示季节或者方位，如苏轼的"西南火星如弹丸，角尾奕奕苍龙蟠"；提及荧惑的时候多表示灾难，如杜甫的"欃枪荧惑不敢动，翠蕤云旓相荡摩"。中国古代甚至还有一个成语叫作"荧惑守心"，指的是火星在心宿内改变运行方向，并且在心宿内停留一段时间，表示不祥。

人类对火星的科学观测最早可以追溯到 1610 年，伽利略用自制望远镜观测火星。1655 年，卡西尼观察到了火星从其他恒星前方经过的情况，并推测出火星存在大气层。1659 年，惠更斯不仅计算了火星的自转周期，还制作了第一份火星表面图。1809 年，奥诺雷·弗洛热尔格首次观测到火星表面的沙尘暴。1877 年，意大利的乔范尼·夏帕雷利（Giovanni Schiaparelli）发现火星表面有很多模糊不清且颜色较深的线条，有些线条甚至达 4800 km 长、120 km 宽。他把这些暗条叫作"canali"，也就是水道或者河道。1896 年，美国的珀西瓦尔·洛厄尔（Percival Lowell）用更大的望远镜证实了暗条的存在，并认为这是火星生命开凿的运河（图 9.1），是为了方便把火星极冠处的冰及其溶解出来的水送到火星人生活的地区。

图 9.1　火星的水手号大峡谷

第二次世界大战结束以后，美国和苏联的太空竞赛逐渐从月球扩展到所有行星。1960年，苏联首次尝试发射火星探测卫星，但失败了。人类第一个成功飞越火星的探测器是美国1965年发射的水手4号（Mariner 4），其拍摄了火星第一张近距离照片。1971年，苏联的火星3号首次在火星表面着陆，但是科学设备还没有真正开始工作，就失去了通信联系。1976年，美国的维京1号着陆火星并一直工作到1985年。美国和苏联的探测器都没有在火星表面探测到生命存在的迹象，因此对于火星的探测一度沉寂。直到1996年，人们在一块火星陨石（ALH84001）中发现了一些蠕虫状的碳酸盐结构（图9.2），认为这可能是火星生命的化石，这才重新点燃了人类探测火星的热情。现在人们已经知道这些蠕虫状结构并不是生命化石，但是火星上曾经存在广泛表面液态水和现在依然有地下水的证据，还是吸引着人们不断探测火星。2021年，中国的天问一号着陆火星，使得我国成为继美国和苏联之后第三个成功着陆火星的国家。

现在人们对火星的了解已经比较全面，火星是人类除月球之外了解最多的地外天体。人类已经掌握了火星的磁场、大气层和金属核心的诸多信息。人们发现和月球相比，火星表面经历的地质演化过程要复杂得多，这些地质演化为火星曾经可能存在过生命提供了可能性。因此，本章重点介绍火星的地质演化历史，并在此基础上，介绍有关火星生命研究的进展和天体生物学。

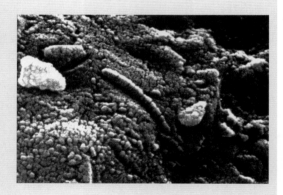

图9.2　火星陨石 ALH84001 中的蠕虫状结构（McKay et al., 1996）
该蠕虫状结构一度被认为是生物微化石

第一个登陆火星的人类不该再返回地球，而应该在火星上建立定居点。我称这里为永久居留地。

——巴兹·奥尔德林

9.1　火星的地貌

火星表面的显著特征除了上述提到的"运河"外，更为显著的是其南北二分性（hemispheric dichotomy）、巨大的火成岩省、密集的撞击盆地和南北极巨大的冰盖。这些特征表明火星曾经有过比较活跃的地质过程。

9.1.1　火星南北二分性

火星的南北二分性是火星表面最突出的特征（图 9.3），北部低地占火星表面积的 1/3，地势平坦，其余 2/3 则属于高地地形。火星北半球低地的地壳厚度约为 45 km，而南半球高地的地壳厚度则约为 58 km。除此之外，火星南北半球大气活动的差异也很明显。例如，火星南半球的沙尘天气远多于北半球。

火星南北半球两种截然不同的地貌单元的分界线较为复杂，从地形上看属于锐蚀台地（fretted terrain）。锐蚀台地包括悬崖（cliff）、峡谷（canyon）、方山（mesa，又称桌山）和地垛群（butter）等多种地形。锐蚀台地的典型地貌出现在阿伯拉高地北部和埃俄利斯桌山群（Aeolis mensae）中北部。人们从火星勘测轨道器的雷达数据中发现阿拉伯高地的锐蚀台地中含有一些纯净的水冰，水冰上面是一层岩石，这可能代表冰川活动的痕迹。人们目前尚不清楚锐蚀台地的成因，尤其是这种地貌单元主要由细粒物质组成，几乎没有冰川常见的大型角砾岩。

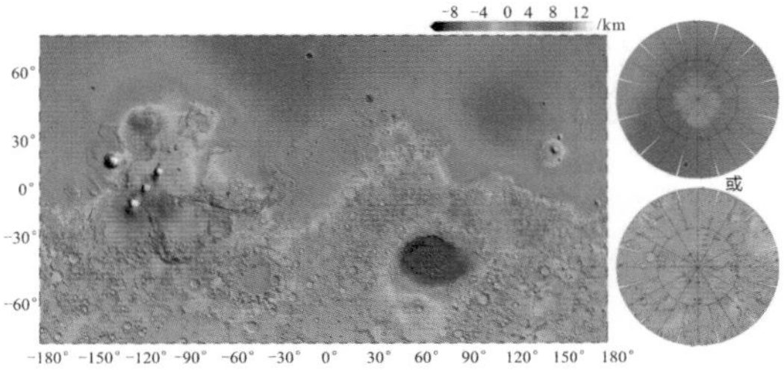

关于火星南北二分性的成因有撞击说和构造说。撞击说认为火星刚形成时，一颗巨大的小行星撞击了火星的北极，在形成北极盆地（north polar basin）的同时，造成了火星南北地貌的差异。构造说认为南北二分性可能是火星早期构造运动造成的。

9.1.2　大火成岩省

火星上有两个较大的火山活动区，其中最大的是塔尔西斯（Tharsis）大火成岩省，在它的东部还有一个较小的埃律西昂平原（Elysium Planitia）。塔尔西斯大火成岩省在火星南北分界线的西端（图 9.4），是整个太阳系最大的火山活动地区。太阳系内最高的山脉奥林波斯山（Olympus Mons）就

图 9.3　火星地质地貌图

来源：NASA。

火星具有明显的南北二分性，北部地势平坦，陨石坑数目较少；南部地势较高，陨石坑遍布

图 9.4　火星的塔尔西斯大火成岩省
来源：NASA。
塔尔西斯大火成岩省有火星上最为活跃的火山活动，其底部可能是一个巨大的地幔柱。水手号大峡谷与该大火成岩省有切割关系

在塔尔西斯大火成岩省的西部边缘。人们认为塔尔西斯大火成岩省从西部的亚马孙平原（Amazonis Planitia）一直延伸到东部的克律塞平原（Chryse Planitia），从北部的亚拔山（Alba Mons）一直延伸到南部陶玛西亚高地（Thaumasia Highlands）的南坡，占整个火星表面积的 25%。

塔尔西斯大火成岩省可以分为南北两个大区。北部隆起区主要位于火星南北分界线以北的低地平原上，最主要的地质单元是亚拔山及熔岩流，这是巨大但低矮的火山构造。塔尔西斯大火成岩省南部则位于古老的高地上。南北之间还有一条东北走向的隆起区，称作塔尔西斯中部，由三座巨大的火山组成，分别是阿尔西亚山（Arsia Mons）、孔雀山（Pavonis Mons）和阿斯克劳山（Ascraeus Mons）。当然，高峰耸峙的奥林波斯山（海拔 21.9 km）独成一体，它是塔尔西斯大火成岩省中最年轻的火山。

地球上的大火成岩省都与地幔柱有关，人们推测塔尔西斯大火成岩省也是地幔柱活动的产物。例如，洞察号不断接收到埃律西昂平原传来的地震波信号，研究发现这可能代表了一个深达火星金属核的地幔柱构造。

9.1.3　陨石撞击坑

火星上最大的陨石撞击坑为希腊平原（Hellas Planitia，图 9.5），它位于火星南半球高地上，直径达 2300 km，平原的底部与边缘高差为 9 km。可能是由于陨石撞击造成的飞溅物质地比较松软，在火星远古时期仍然保留较厚大气层时，坑壁被风蚀或水蚀，所以希腊平原的大部分坑壁已经不复存在，只剩下西部的赫勒斯滂山脉。与此同时，平原的沉积层厚度比较大，而且结构较为复杂，火星上的"海拔"最低点也在希腊平原，希腊平原最低处位于火星海拔以下 8000 m。另一个较大的陨石撞击坑是乌托邦平原（Utopia Planitia），目前它已经完全被掩盖在北部物质下面，只是还能从表面形貌上识别出它的轮廓。两个较小的撞击坑是阿耳古瑞平原（Argyre Planitia）和伊希斯平原（Isidis Planitia）。阿耳古瑞平原的南部边缘山脉是查瑞腾山脉（Charitum Montes），能够看到一些冰川冲沟和冰川沉积物。人们认为这些大型陨石撞击坑的形成时间和月球上的雨海（Mare Imbrium）和东方海（Mare Orientale）

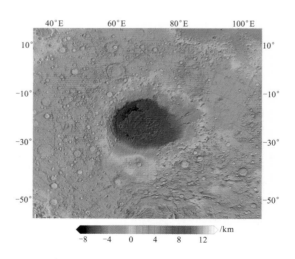

图 9.5　希腊平原
来源：NASA。

大体相同，可能也是晚期月表陨石密集撞击事件的产物。

9.1.4　大峡谷

水手号大峡谷（Valles Marineris）是火星也是整个太阳系最大、最长的峡谷，它位于塔尔西斯大火成岩省的东部，全长3769 km，最深处达7 km，是由多条峡谷组成的复杂峡谷系统（图9.6）。

最初的研究认为水手号大峡谷是流水冲蚀所成，但是现在人们认为它的成因和东非大峡谷类似，可能与塔尔西斯大火成岩省有关。首先是一系列火山活动及随之而来的火星壳抬升。大量的火山喷发物覆盖在火星表面造成压力不均衡，于是开始形成地堑（graben）。随着火山喷发物越来越多，塔尔西斯地区的火星幔不断失去物质，而塔尔西斯地区地壳上覆的火山喷发物却越来越多，超过了火星壳的承载极限，则形成辐射状裂缝（如水手号大峡谷）。由于火星没有板块运动，所以火山一直在这一个区域不断喷发，最后形成了太阳系最大的火山——奥林波斯山。需要注意的是，水手号大峡谷一直在变宽，峡谷底的堆积物也越来越多，这些堆积物来自峡谷边坡的垮塌和滑坡。

在水手号大峡谷的东端出现了一种新的地貌，叫作混沌地貌（chaotic terrain，图9.7），主要由一些圆形的低矮山丘组成，伴有大量溢流河道和线状排列的岛屿。这种地貌不仅出现在火星，水星、木卫二（Europa）和冥王星上也都可见。火星上的这种地貌与洪水的作用有关，例如，地下可能已经有冰冻层，冰冻层的突然融化或升华会导致大量的物质流动。

图9.6　水手号大峡谷
来源：NASA。

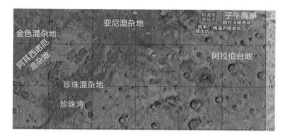

图9.7　混沌地貌
来源：NASA。

9.1.5　火星极冠

火星的两极有永久冰盖（图9.8）。在寒冷的冬天，火星的某一极会处于长时间的黑暗之中，大气中有25%～30%的CO_2会凝华形成干冰。当阳光重新照射到极地时，干冰升华为CO_2气体，形成季节性的变化。这种季节性的冰盖活动伴随大量的灰尘和水活动，形成类似于地球的雾气和卷云。

火星极冠的主要组成物质是水冰，北极干冰的厚度最多只约1 m，而南极的永久干冰层较厚，大约8 m。从分布面积来看，北极冰盖面积大，直径约为1000 km，平均厚度约为2 km，接近格陵兰岛的冰盖总量；南极冰盖面积小得多，直径约350 km，厚度在3 km左右。图9.8即为南极冰盖，冰盖呈明显的右旋结构，可能与科里奥利力有关。火星南极冰盖有一些明显的坑洞结构（图9.9），看起来像奶酪片上的窟窿，这是冰盖不均匀升华的产物。

除了这些坑洞之外，冰盖上还有一些蜘蛛网状结构（图9.10），这种结构可能是干冰与冰盖中的灰尘颗粒通过类似间歇泉（geysers）的形式喷发造成的。

火星极冠不断地冷凝、升华或挥发，会有明显的同位素效应。水冰的氘氢比（D/H）比地球上海洋的高8倍左右，这反映了水大量丢失的过程，丢失的量相当于现今两极冰盖总量的6.5倍。

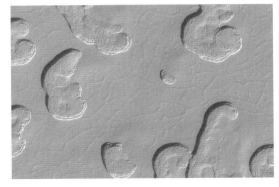

图9.9　火星南极冰盖上的坑洞
来源：NASA。

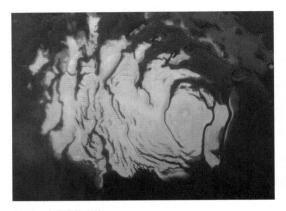

图9.8　火星南极冰盖
来源：NASA。
火星极地的冰川的主要成分为干冰

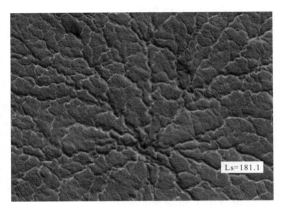

图9.10　火星冰盖上的蜘蛛网状结构
来源：NASA。

9.2　火星的地质演化史

对于地球而言，地质年代的确定基于两个基本要素：沉积地层出现的相对先后顺序和放射性同位素测定的绝对年龄。在第八章中提到，虽然月球没有类似于地球上的沉积地层，但是陨石撞击事件也有先后顺序，因此根据陨石坑定年法来对月球历史进行划分。对于火星地质年代的确定也是基于这样的思想，但是火星表面环境的变化对了解其与生命诞生的关系十分重要，因此除采用陨石坑定年法之外，还会采用特征沉积物来对火星的地质年代进行划分（图9.11）。

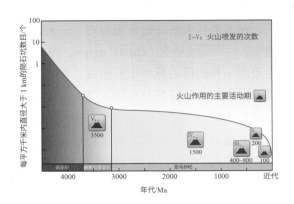

图9.11　火星地质年代划分（Hartmann and Neukum，2001）
图中的 I ~ V 代表火山喷发的次数

9.2.1　前诺亚纪

前诺亚纪（Pre-Noachian）代表从火星形成到希腊平原形成（41亿年前）的时间段（图9.12）。在这个时间段内发生的地质活动受到了后期风化作用和陨石撞击的改造，由此推测火星南北二分性可能形成于这个时期，并且和阿耳古瑞撞击事件和伊希斯撞击事件有关。

9.2.2　诺亚纪

诺亚纪（Noachian）以诺亚高地得名，从41亿年前开始，持续到37亿年前（图9.12）。与前诺亚纪相比，诺亚纪经历了多个较大的陨石撞击事件，推测塔尔西斯隆起（Tharsis Bulge）也形成于诺亚纪。因此，诺亚纪记

录的陨石撞击频率、风化剥蚀、大峡谷形成、塔尔西斯大火成岩省的形成及大量层状硅酸盐矿物的形成都表明，诺亚纪是火星地质活动最为活跃的时期，也是火星最有可能存在大范围表面水体（复杂的河道、湖泊和海洋）的时期。

塔尔西斯大火成岩省总的喷发量相当于在整个火星表面增加了 2 km 的厚度，从根本上改变了火星的岩石圈结构，形成了地貌上的隆起和重力异常。如果塔尔西斯火山作用的产物与夏威夷火山类似，并且喷发出的气体凝结在火星表面，那么会形成一层120 m 厚的硫化海洋。

从剥蚀速率来看，诺亚纪的剥蚀速率要远远高于之后的时代。例如，赫斯珀里亚纪那些比较小的陨石坑依然保留了较为完整的撞击构造，诺亚纪的陨石坑虽然要大得

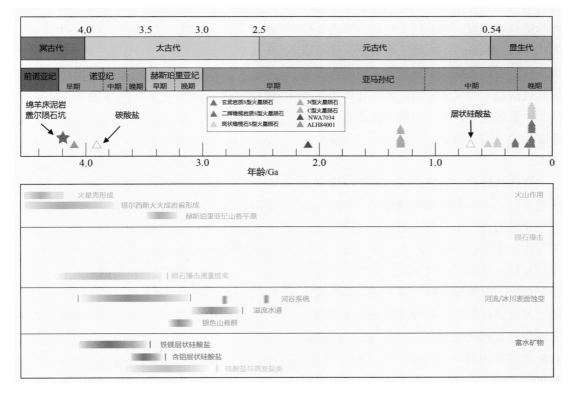

图 9.12　火星各地质时期的火山、陨石坑、表面液态水地貌及蚀变矿物特征（Grady，2020）

多，但是它们的坑壁已经被剥蚀得十分严重，而且坑底还充填了大量堆积物。可以初步判断，诺亚纪的风化剥蚀强度比较高。但到了诺亚纪晚期尤其是进入赫斯珀里亚纪以后，风化剥蚀速率急剧下降。从横向比较来看，诺亚纪的风化剥蚀强度与地球上最古老的克拉通记录的剥蚀强度相当（5 μm/a）。以希腊陨石坑为例，希腊平原的深度大约为 9 km，假设平原的面积约为 2×10^6 km^2 及拥有 2 km 厚的堆积物，那么希腊平原记录的风化剥蚀速率约为 1 ～ 4 m/Ma，只有北美地区剥蚀速率的 1%。因此，虽然诺亚纪的剥蚀速率和后期的火星时代相比很高，但是和地球比还是很低。

与其他时代相比，诺亚纪形成了大量层状硅酸盐矿物，如绿脱石（nontronite）、富铁绿泥石（Fe-rich chlorite）、皂石（saponite）和蒙脱石（montmorillonite），这些矿物是玄武岩和水相互作用的产物。因此，从蚀变矿物学的角度来看，诺亚纪又被称为菲洛奇安时代（Phyllocian）。如果仔细划分，还可以发现铁镁层状硅酸盐矿物的出现时间比含铝层状硅酸盐矿物早，说明表面风化作用逐渐增强。参照地球，这一时期是最适合火星生命诞生的时间，因此这类岩石是火星探测的重点。

层状硅酸盐及富氯的矿物和岩石证明诺亚纪可能是一个温暖湿润的时代。但是，如果诺亚纪的大气中只有水和二氧化碳作为温室气体，则难以形成如此大规模的层状硅酸盐。并且，在诺亚纪时期没有发现太多碳酸盐沉积物，因此很难确定诺亚纪火星有大量的二氧化碳存在。另一种可能是诺亚纪的大气成分以二氧化硫和甲烷为主，它们都是陨石撞击与火山脱气作用的主要产物。因此，现在学界基本上一致认为诺亚纪属于温暖湿润的时代，但是到底何种机制在起作用，仍然难以确定。

9.2.3 赫斯珀里亚纪

赫斯珀里亚纪（Hersperian）以赫斯珀里亚高原（Hesperia Planum）命名，大体代表了月表陨石密集撞击事件结束的年龄（37 亿年前）到地球太古代早期（30 亿年前）（图 9.12）。赫斯珀里亚纪的主要特征为具有广阔的熔岩平原、较低的峡谷形成速率、蚀变矿物从层状硅酸盐矿物变成硫酸盐矿物，以及极低的风化剥蚀速率。这些特征表明诺亚纪中与水有关的蚀变、剥蚀事件，在赫斯珀里亚纪已经很少了。

赫斯珀里亚纪的火山作用依然较强。在西半球，塔尔西斯火山作用逐渐增强，奥林波斯山可能就形成于这个时期；在东半球则形成了多个火山溢流平原［如赫斯珀里亚高原、大瑟提斯高原（Syrtis Major Planum）和马莱阿高原（Malea Planum）］。令人瞩目的是，赫斯珀里亚纪的火山作用伴随有大规模脉体，可能代表了深部岩浆房岩浆上升的通道，这与地球上的大陆溢流玄武岩（continental flood basalts）比较类似。从化学成分上看，赫斯珀里亚纪的平原可以分为两种，一种是低矮的玄武岩平原，另一种是类似于地球上安山岩的高地平原。这类高地平原可能是含水火星幔的产物，也有可能是玄武岩被风化剥蚀的产物。但是，人们在这两种平原中都能检测到新鲜的橄榄石，这说明风化蚀变程度应该不高。

赫斯珀里亚纪的另一个显著特征是存在大量溢流河道地貌。这些溢流河道真的是表面液态水流动形成的吗？在月球和金星的表面也能看到类似的溢流结构，并且明显是火山岩浆流动造成的。与月球不同，在火星的溢流河道中检测到了大量硫酸盐的存在，这可能是液态水活动的产物。短时间内形成大量的溢流河道，说明这些表面水体是被瞬间释放的（洪水的形态），如湖泊的崩溃、地下水的释放及冰川的消融。如果是这样，至少火星北半球应该留下更大体量的表面水体。人们确实认为火星南北分界线的某些部位属于海岸线，然而，假设火星北半球曾经存在海水，那就应该留下大量蒸发盐，但是现在并未发现大量蒸发盐。如果海水不是蒸发了，那么曾经的海水去了哪里？形成地下冰或者地下水了吗？

在赫斯珀里亚纪还能够检测到新鲜的橄榄石。橄榄石是一种形成于硅酸盐幔的超基性矿物，在类地天体表面很容易风化蚀变，新鲜橄榄石的存在证明这一时期火星的化学风化实际上很弱。并且，在几乎所有火星探测器着陆区都发现了大量的硫酸盐矿物，因此赫斯珀里亚纪又被称为泰伊基安时代（Theiikian）。硫酸盐形成的过程可能是大规模的火山作用喷发出大量二氧化硫，二氧化硫与液态水等反应形成水合硫酸盐（如石膏和硅藻土等矿物）。虽然地球上较厚的硫酸盐矿物层通常是卤水湖蒸发的产物，但是考虑到新鲜橄榄石的存在，火星上的硫酸盐矿物可能是火山喷发的酸雾与玄武岩直接反应的产物。例如，火星子午（Meridiani）地区的硫酸盐可能就是风成沉积所形成的。

9.2.4 亚马孙纪

亚马孙纪（Amazonian）以亚马孙平原（Amazonis Planitia）命名，相当于地球的中太古代（30亿年前）至今（图9.12）。在这30亿年的时间里，火星表面大体上一片死寂。既没有记录任何陨石坑，火山等地质活动也大为减弱，冰川和沙尘活动反而较为明显。需要指出，人类收集到的几块火星陨石依然记录了亚马孙纪火星岩浆活动，因此从岩浆活动来看，火星也并没有"死透"，其内部还存在一些热量活动。

虽然冰川活动贯穿整个火星历史，但是亚马孙纪的冰川活动最为强烈。冰川可能覆盖了从中低纬度到高纬度的所有地区，这些地区可能还有地下冰，甚至在火星赤道的某些地区也有冰川存在。火星白天的温度高过冰冻温度，中高纬度地区的冰并不稳定。但是火星表面十几厘米以下就会有稳定的冰冻层存在。在纬度高于60°的地区，地下冰的厚度可能有几十厘米厚，不可能是通过表面冰扩散进去的，而有可能是火星表面冰融化下渗形成的。在纬度低于60°的地区，并没有检测到地层中有冰的存在，也有可能是该地区的冰埋藏较深，不易被检测到。在纬度为30°～55°的地区，火星表面经常覆盖一层厚度约10 m的冰尘混合物，可能形成于0.4～2.0 Ma，现在这些冰尘混合物正在消融，因此有人推测这个消融过程是火星地下水的来源。

亚马孙纪的风成作用几乎无处不在，尤其是在低纬度地区存在明显的风成沙丘等地貌特征。总体上，火星的大气十分稀薄，虽然有风，但风的剥蚀作用并不强烈。

从亚马孙纪开始，火星表面的液态水就已经完全消失，变成了冰冷干燥的环境。火星表面大量含铁岩石被缓慢氧化，形成红色的铁锈，因此从蚀变矿物的角度来看，这个时代被划分为塞德里坎时代（Siderikan）。

9.3 火星的内部结构

在第七章已经提到行星的内部结构与行星的起源和动力学演化密切相关。研究行星固体圈层的分层和物质组成，可以了解行星增生演化的历史及热状态等关键信息。火星是第二个人类放置了地震仪的天体，2021 年，Khan 等、Knapmeyer-Endrun 等和 Stähler 等分别发表了从洞察号收集的第一批地震数据，初步揭示了火星内部结构，为研究火星的起源和演化提供了关键信息。与阿波罗计划时代的月震仪相比，现在探测火星的地震仪已经先进许多。虽然目前仍处于解读火星地震仪数据的阶段，但人们已经对火星的结构有了广泛的共识。

前人基于火星陨石推测火星内部仍然存在少量岩浆活动，洞察号也记录了大量火星内部的地震活动，这些地震活动虽然震级较小（最大为里氏 4 级），但是较为频繁。大部分火星地震都发生在火星壳中，只有小部分发生在火星幔中，人们利用火星幔中的地震数据解读出了火星的内部圈层结构。由于火星地震的背景噪声较大，且有效地震数目较少，因此需要对来自多个地震事件的多个波段进行复杂的数据处理，并与陨石学、岩石学、地球化学、矿物物理和地球动力学等多角度参证，才能最终获得有关火星内部结构的信息。

9.3.1 火星壳和幔

洞察号的地震数据显示火星壳有三个反射界面（图 9.13）。如果把第二个反射界面当作壳幔边界，那么火星壳的厚度为（20±5）km；如果把第三个反射界面作为壳幔边界，那么火星壳的厚度为（39±8）km。

结合重力与形貌学研究，推测火星壳的厚度为 24 ～ 72 km，远比地壳厚。前人推测火星南半球和北半球的壳的物质组成不同，才呈现出如此大的地貌差异。但已有数据表明火星南北半球物质的密度一致，且南半球火星壳的厚度更大。实际上目前仍不清楚火星壳的具体厚度。从地球化学的角度来看，如果是厚壳模型，那么火星壳中生热元素的丰度就和从已获得的陨石中估算的数值接近，即火星中 55% ～ 70% 的生热元素都在火星壳中，这些元素的丰度比火星幔高 13 倍。

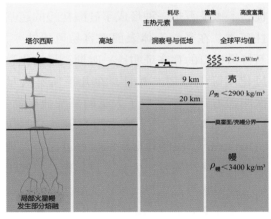

（a）薄壳模型

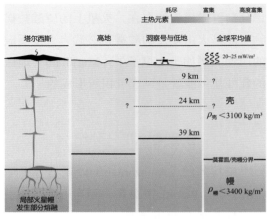

（b）厚壳模型

图 9.13　火星壳的两种模型（Knapmeyer-Endrun et al., 2021）

如果是薄壳模型，那么要保证这么多生热元素都在火星壳中，则元素的丰度要比火星幔高21倍，这不仅高于陨石数值，也高于γ光谱数据。

火星壳下直到1560 km属于火星幔的部分。从成分上看，火星幔是一个简化版的地幔：火星幔的矿物组成与上地幔相同，主要组成矿物是橄榄石。从结构上看，火星幔最顶部500～600 km属于岩石圈火星幔，这个厚度也远远大于地幔岩石圈的厚度，可能与火星没有板块运动有关。和地幔类似，火星幔400～600 km深度也有一个S波的低速带，这有可能代表从岩石圈到对流幔区的过渡区域，也可能是因为这一区域有熔体或者液体的存在。

9.3.2　火星核

火星幔的地震波本身就比较微弱，从火星核反射后会更加微弱，但是这些极度微弱的信号依然能反映火星核的信息（图9.14）。火星几乎一半都是金属核，火星核半径为（1830±40）km，从火星表面以下1560 km开

始一直到火星核心，都是熔融状态的金属，比之前预测的数据厚了200 km，其体积约占火星体积的54%。火星核的密度为5.8～6.2 g/cm³，人们推测其中有20%～22%（质量分数）的轻元素存在，以降低火星金属核的熔点。

总体而言，火星的原始壳、幔和核的典型结构可能是火星岩浆洋结晶分异的产物，因此火星的幔可能也有岩浆洋结晶分异造成的分层结构。但是目前的地震数据总量还是偏少，不足以揭示更加细节的信息。

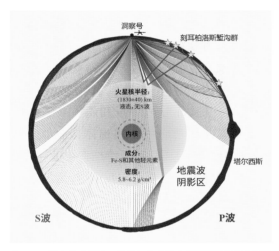

图9.14　洞察号地震波工作揭示的火星内部圈层结构及地震波的传播路径（Stähler et al.，2021）

9.4　火星的化学组成

对于火星成分的估算有三种方法。第一种方法假设火星是由一种或几种原始碳质球粒陨石组成的混合物，这样就可以直接计算出火星的化学成分。第二种方法是通过测定可能来自火星的陨石的化学组成，利用地球化学知识来估算火星的硅酸盐部分的成分，进而计算火星整体的化学组成。第三种方法是通过地球物理手段推断火星圈层的物质组成，进而计算火星的化学成

分。关于火星组成的大部分模型都需要借助火星陨石来进行校正，我们首先来了解火星陨石。

9.4.1　火星陨石

火星陨石大致有三类，分别是辉玻无球粒陨石（shergottites）、辉橄无球粒陨石（nakhlites）和纯橄无球粒陨石

（chassignites），统称为 SNC 陨石。辉玻无球粒陨石是一种中粒的玄武岩或者辉绿岩，主要组成矿物是单斜辉石和熔长石（maskelynite，一种陨石撞击形成的玻璃物质）。单斜辉石通常呈现环带结构，而且边部的铁含量相对较高。除此之外，还能在辉玻无球粒陨石中看到一些橄榄石、钛铁矿、硫化物、磷灰石及铬铁矿等，甚至在有些陨石中还能看到角闪石。辉橄无球粒陨石是一种辉石岩，主要由透辉石组成，也有一些较大的橄榄石斑晶；粒间基质成分上属于斜长石和钾长石；副矿物的种类比较多，有氯磷灰石、硫化物、钛铁矿及铁的含水氧化物等。纯橄无球粒陨石是苦橄岩（picrite），主要组成矿物是橄榄石（FO_{32}），以及部分透辉石和斜方辉石。铬铁矿通常是橄榄石中的包裹体，而粒间基质的成分则和斜长石及碱性长石接近。

从矿物组合上看，SNC 陨石是从比较氧化的岩浆中结晶而来的。从铁钛氧化物及磁铁矿推断，它们形成环境的氧逸度可能与地球的地壳类似。角闪石的存在甚至可以证明 SNC 陨石的母岩浆可能是富水的，这与碱性长石的存在互为证据（碱性长石通常形成于高度演化的岩浆中）。从结构上看，SNC 陨石都是堆晶结构，但三者之间略有不同。辉橄无球粒陨石中的晶体有大致的定向，可能形成于正在流动的岩浆之中，而纯橄无球粒陨石中的橄榄石则没有定向结构，可能形成于一个静止的岩浆房中。辉玻无球粒陨石中的辉石有微弱线理，但是方向并不统一，因此它可能也形成于一个静止的岩浆房中。从矿物组合和结构两方面来看，SNC 陨石可能形成于火星壳的岩浆房中。

9.4.2　火星的化学组成

Wänke 和 Dreibus（1988）利用 SNC 陨石估算了火星的化学组成。他们的估算有个总体前提假设，即火星的比 Mn 更难挥发的元素的化学组成与陨石一致。下面我们以 FeO 为例，介绍他们如何计算火星幔的铁含量。在地球岩浆过程中，FeO 和 MnO 的地球化学性质一致，因此超基性岩和基性岩的 FeO/MnO[①] 基本不变。火星陨石的 MnO 含量（质量分数，下同）为 0.4%～0.6%，这与 CI 陨石的 MnO 含量相当（0.46%），说明火星并没有丢失 MnO。火星的 FeO/MnO = 39.1，而 CI 陨石的 FeO/MnO = 100.1。因此，火星幔的 FeO 含量为 39.1 × 0.46% =17.99%。这个数据基本上与 γ 光谱数据和转动惯量的预测值一致。通过这种方法还可以进一步获得火星幔中其他元素的丰度。

另一种方法是从同位素的角度来研究哪几种未分异陨石的组合与火星的稳定同位素组成吻合。Lodders 和 Fegley（1997）通过测量 SNC 陨石的三氧同位素，认为火星的组成物质是 85% 的 H 型普通球粒陨石、11% 的 CV 型碳质球粒陨石和 4% 的 CI 型碳质球粒陨石。但是这个陨石组成会导致火星的 K 含量特别高，这与 γ 光谱数据及火星陨石都不太匹配。2001 年，Warren 等通过分析陨石的 Ti 和 Cr 同位素，认为组成火星的主要物质是非碳质球粒陨石。从同位素角度混合陨石以重现火星的化学特征需要极大的运气，虽然通过不同的混合能够获得火星的同位素组成，但绝大多数情况下混合出来的物质的微量元素含量都与实际测量的陨石和 γ 光谱数据不同。

---

① 表示质量分数的比值，余同。

通常情况下，将 Wänke 和 Dreibus（1988）的估算值作为火星化学组成的标准值。图 9.15 显示，火星幔的铁含量及挥发性元素的含量都比地球的高，这意味着火星整体上比地球更加富含挥发性元素，也说明火星的建造原料与地球不同，或是火星的增生过程丢失的挥发性元素更少。

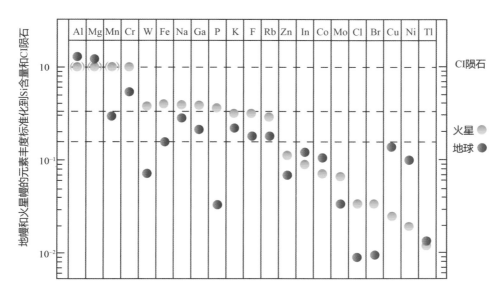

图 9.15　CI 陨石、地球和火星的元素含量特征（Wänke and Dreibus，1988）

9.5　火星有生命吗？

与对其他天体的探测相比，人们对火星的探测更加关注生命议题。自 McKay 等（1996）发表了关于 ALH84001 中的蠕虫状结构（图 9.2）可能是生命化石的论点之后，在火星寻找生命获得了巨大的社会关注。人们发现在地球的一些极端环境中，即洋中脊的热泉、极冷地区及极暗地区都有生命存在。因此，人们推测火星也基本具备类似的环境，理论上也应该存在生命或者曾经存在过生命。从生命孕育和生存的最基本角度来看，虽然需要考虑的方面很多，但根本上都与水有关，而火星恰恰曾经有水，现在依然有冰存在。虽然分析解决火星的内部结构及起源等科学问题很重要，但是明确火星上有没有生命对人类来说似乎更为急迫。在具体讨论火星的生命议题之前，先介绍两个常用的概念：宜居性（habitability）和生命（life）。

9.5.1　火星宜居吗？

广义上的宜居性指适合（各种）生命诞生和维持的环境（过去或现在）。整体来看，宜居性并不关心生命到底是什么，而是关心什么样的环境适合生命的诞生、发育和繁衍。就具体条件来看，宜居性的定义十分宽泛。例如，温度为 253 ~ 304 K 时，行星表面可以有液态水的存在；此外，液态水还需要合适的盐度与 pH。人们只在地球上看到了生命，因此实际上很难限定宜居性的条件，对宜居性很多维度的讨论都有比较大的不确定性。

什么是生命呢？从地球生命的角度来看，生命的要素包括：①水为溶剂；②有细胞结构且生化作用以含碳有机物为主；③利用化学能梯度的热力学耗散结构；④以核酸为主要遗传物质，以蛋白质为主要功能物质。但这些都是地球生命的特征，我们如何为生命下一个广泛适用的定义呢？下面以一个例子来呈现这个问题的难度。什么是水？在知道水的分子式是 H_2O 之前，实际上只能对水的各种物理和化学性质进行描述，而无法确切给出水的定义。同样，只要还不知道生命的本质是什么，就很难给出生命的定义。这个问题还涉及生命的起源。如果火星和地球的生命都是陨石带来的，那么火星和地球的生命形态可能就比较类似；但如果各个星球独自孕育了生命，那么生命的形态就有可能大相径庭。

针对火星来说，我们寻找的生命应该是什么样的呢？粗略假设如下：①可能和地球生命一样，主要由 C、H、O、N、P 和 S 等元素组成；②可能也需要水；③可能也有类似地球微生物的基本结构，如细胞；④它们的大小、形状和生化过程同样受控于环境的物理、化学和热力学条件；⑤它们的生化过程通过有机细胞来实现。虽然上述假设条件都基于我们对地球生命的认识，有些条件可能未必准确，但可以从这些假设出发，来讨论火星及其他天体生命的可能形态。

基于上述假设具体讨论火星是否具有宜居性。参照上述提到的标准，火星目前并不宜居，因为其既没有大气层和磁场的保护，表面温度也不至于形成稳定的表面液态水。

但是，在远古时期，尤其是诺亚纪，火星基本具备宜居的必要条件，包括液态水、大气层等基本物质条件。

9.5.2 地球最早生命特征和陨石 ALH84001

该如何寻找火星的生命呢？首先回顾人类对地球上最早生命形态的探讨和对火星陨石 ALH84001 的研究。

1993 年，加利福尼亚大学的威廉·舍普夫（William Schopf）在西澳大利亚 35 亿年的硅质岩中发现了丝带状结构（图 9.16）。他认为这些结构属于地球最早的微生物化石，可能和丝状蓝藻相似。但是其他研究并不认为这些丝带状结构与生命相关，例如，Brasier 等（2002）认为这些硅质岩的成因并不是沉积而是热液，这些丝状物也不是微体化石，而是一些"假化石"。除了 35 亿年前的形貌证据之外，人们还在西澳大利亚皮尔巴拉（Pilbara）克拉通 27 亿年以前的页岩中提取出了 2α- 甲基藿烷，这是蓝藻活动的标志性产物；同时还发现了甾烷和胆甾

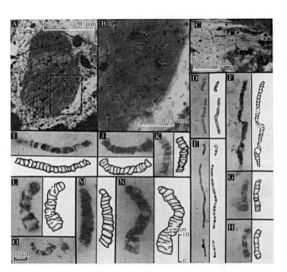

图 9.16　西澳大利亚 35 亿年硅质岩中的丝带状结构（Schopf，1993）

烷，证明至少在 27 亿年前就已经存在真核生物。由于生命过程倾向于吸收 ^{12}C，因此生命过程形成的物质会亏损 ^{13}C。Mojzsis 等（1996）在格陵兰岛 38 亿年前的片麻岩中发现了一些石墨，这些石墨非常亏损 ^{13}C，因此推测这些石墨的原始物是沉积成因的含铁条带状建造。然而后续研究表明，这并不是条带状含铁建造，而是一个火山岩；一些无机反应也能形成 ^{13}C 亏损的信号。虽然这些质疑也不是确定性证据，但是人们还是倾向于认为这些发现都不足以作为生命存在的证据。单靠形貌不足以说明什么问题，需要地质和地球化学的证据才能进一步探讨生命存在的可能性。

火星陨石 ALH84001 是一块著名的陨石，不仅因为它形成于 45 亿年前，还因为它可能含有生命化石。证据来自四方面：①一些长度为 100 nm、宽度为 20 ～ 30 nm 的蠕虫状结构；②多环芳烃；③组成矿物之间并没有达到热力学平衡；④其中的磁性小颗粒与地球微生物产生的磁性小颗粒类似。后续研究却对上述证据进行了批驳：在给薄片进行扫描电子显微镜碳镀时，很容易形成蠕虫状结构；这些蠕虫状结构太小，比地球上最小的微生物还小；无机过程也能形成多环芳烃。目前大多数科学家并不认为 ALH84001 记录了火星生命的信息。

9.5.3　火星生命标志物

从对地球最早生命的寻找和对 ALH84001 的研究中，可以得到很多教训，有助于后续寻找火星生命。第一，不能是孤证，只是外形长得像生命还不足够，要有来自地球化学等多方面的证据。第二，针对地球化学数据的解释必须十分慎重，需要完整

考虑有机和无机过程的可能性。第三，要考虑样品制作过程中可能存在的污染。第四，必须将样品及数据放在地质框架内进行解释。表 9.1 是美国火星探测任务中假设的一些含碳物质，可以作为后续火星探测的重点关注对象。

表 9.1　美国火星探测任务中假设的一些含碳物质

碳源	碳的化合物
陨石和彗星等无机分子火星上的非生物过程或前生物过程	氨基酸、嘌呤和嘧啶、多环芳烃、链式碳氢化合物、脂肪酸、糖和糖衍生物
来自地球的有机污染	火箭尾气、润滑剂、增塑剂等的大气冷凝产物或污染物
来自地球的有机物	细胞、细胞组分
地球生命物质	先前航天器的污染、特定酶等
生活在火星的地球生命	嗜冷菌、产甲烷菌等
非地球生命	利用有机分子存储生物体信息，发生遗传信息转移、区室化（compartmentation）及不同于地球生命的酶等
生物标志物化石	地球上已有的藿烷、古细菌脂质和甾烷等

表 9.1 显示，人们并不期待在火星找到类似于恐龙或者菊石的化石，而是在寻找生命起源之前的化学产物（prebiotic chemistry）。对于火星而言，从化学元素的角度来看，首先应该考虑碳，不仅因为现今火星大气中有大量二氧化碳，还因为火星的极冠中也有大量干冰。更为重要的是，在火星陨石中发现了少量碳酸盐矿物。

地球诞生生命的过程中形成了很多与碳有关的生命标志特征：手性（chirality），如右手糖和左手氨基酸；非对映异构体偏好（diastereoisomeric preference），例如，从原子排列来看，胆固醇有 256 种结构，但生命过程只涉及一种结构的胆固醇；结构异构体偏好（structural isomer preference）、重

复结构亚基或原子比（repeating structural subunits or atomic ratios）及结构相关化合物的不均匀分布模式或簇（uneven distribution patterns or clusters of structurally related compounds）。

除了从有机物特征入手之外，还有一些有机物与矿物反应的特征可供参考。例如，有些细菌能够将马基诺矿（mackinawite，一种无机铁镍硫化物）转变为硫复铁矿（greigite）。磷也是一个较为常用的生命标志物。在地球上，生物能够利用的磷的最原始来源是岩浆岩中的磷灰石。磷酸根会被铁氧化物或铝氧化物等吸附，进而被植物等吸收。火星上有大量的沉积物，其中有不少氧化物，因此可以寻找火星土壤或沉积物中的磷酸盐。

9.5.4　火星生命存在的可能地点

在了解了生命标志物之后，我们需要进一步考虑这些标志物可能出现在火星的哪些环境中。①热泉。热泉中的化学元素和矿物容易达到饱和并沉淀，问题是在火星上并没有探测到明显的热泉。不过在陨石坑或火山坑周围可能会有热泉存在，如赫卡忒山丘（Hecates Tholus）和刻拉尼俄斯山丘（Ceraunius Tholus）。②蒸发盐。火星上有很厚的石膏层，可能和表面水体有关。③赤铁矿结核。它可能是从某种液体中结晶出来的，会吸附一些有机物质。④层状沉积岩，如霍尔登（Holden）

陨石坑中的洪积扇。⑤黏土矿物。黏土矿物和铁锰结核一样，都具有吸附作用。

9.5.5　采样返回还是原位研究

我们是将火星采样返回到地球进行研究，还是在火星表面进行原位研究？采样返回的优点十分突出，即能在实验室进行极为精密的实验；缺点也很突出，不仅昂贵，而且很难避免地球物质的污染。原位研究的优缺点也很明显，优点是成本较低且可以最大限度避免地球污染，缺点是设备对样品的测试分析能力远远达不到地球实验室的广度和精度。从长远来看，采样返回进行实验室研究是揭开火星生命秘密最可靠的手段。

9.5.6　火星生命研究的建议

人类此前对火星生命的探测重点是水，因为水对生命至关重要。目前已经基本确定火星不仅过去有水，现在依然有水，因此应该将探测思路扩展，把碳纳入进来，即从"紧跟水"拓展到"紧跟碳"。于是，首要的探测目标应该是那些曾经或现在存在水并且有机碳有可能被保存下来的地区，如诺亚纪的地层。需要指出的是，不管是采样返回还是原位研究，我们都还没有掌握有关火星生命标志物的所有信息，应从矿物学、形貌学和地球化学等多角度对同一地区进行研究，才能获得较为完整的数据。

9.6　火星的卫星

火星有两颗天然卫星（moons of Mars），即火卫一和火卫二（图 9.17）。和月球相比，火卫一和火卫二不仅小得多，而且都

是不规则球体，即它们没有达到静力学平衡。火卫一的直径为 22.2 km，质量为 1.08×10^{16} kg；火卫二的直径为 12.6 km，

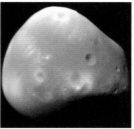

（a）火卫一　　　　　（b）火卫二

图 9.17　火星的两颗卫星

质量为 2×10^{15} kg。火卫一离火星更近，半长轴为 9377 km，公转周期为 7.66 h；火卫二的半长轴为 23460 km，公转周期为 30.35 h。这两颗卫星的运行与月球围绕地球公转完全不同。从火星来看，火卫一从西边升起，从东边落下；而火卫二虽然从东方升起，但是上升过程很缓慢（公转周期太长）。这两颗卫星都处于潮汐锁定（tidal locking）状态，从火星上看，永远都是同一面。火卫一的公转速度比火星的自转速度略快，因此火卫一在逐渐靠近火星。在未来某一时刻，它会进入火星引力场的洛希极限以内，被潮汐引力撕成碎片，最终坠落到火星表面，或者形成一个行星环（planetary ring）。

从光谱数据来看，火卫一和火卫二的成分与小行星带的 C 型小行星类似，即碳质球粒陨石。因此，一种观点认为这两颗卫星原本是小行星带的小行星，由于某种原因被

火星捕获了。值得注意的是，两颗卫星的轨道都与火星赤道共平面，如果它们刚被捕获时的轨道是与火星赤道平面斜交的，那么就需要特殊机制，如潮汐引力或者火星大气的拖拽作用来把它们调整到火星赤道平面。另一种观点认为，火星的周边最初有很多类似于火卫一和火卫二的小天体。至少从密度来看，火卫一的密度很低（只有 1.88 g/cm³），这意味着火卫一内部至少有 25% ～ 35% 的部分是空的，也就是说火卫一是一个空壳。这不太像小行星带的物质特征。热红外光谱数据表明火卫一的表面物质和火星表面的层状硅酸盐矿物类似，却不同于球粒陨石表面的矿物特征，因此有人推测火卫一的形成和月球类似，是火星被撞击溅射出来的物质形成的。还有一种观点认为，火卫一和火卫二原本是一颗小行星，后来被撞开形成现在的两个。但是这些观点都各有各的问题，有待进一步查证。

实际上，人类曾经尝试过对这两颗卫星进行直接探测，如苏联的福波斯计划，但可惜这个任务失败了。后续人们也曾设计过专门针对这两颗卫星的探测任务，但都没能落地。目前，只有日本宇宙航空研究开发机构的火星卫星探测计划（Martian Moons eXploration，MMX）拟在 2025 年对火卫一进行采样返回。

知识拓展 2　火星的卫星

火卫一和火卫二对应的英文名字分别是 Phobos（福波斯）和 Deimos（德摩斯）。这两个英文名都是希腊神话中神的名字，两位神是双胞胎，他们的父亲是古希腊战神阿瑞斯（Ares）。古罗马人把火星称为玛尔斯，但并不是古希腊人或古罗马人发现了火星的卫星。火星的卫星是于 1877 年由美国天文学家阿萨夫·霍尔（Asaph Hall）发现的。

· 习题与思考 ·

（1）2018 年，人们发现火星的盖尔（Gale）陨石坑上方的大气中甲烷的含量随季节变化：在夏秋季节大气中的甲烷含量较高，在春冬季节大气中的甲烷含量较低（图 9.18）。你认为这种甲烷含量季节性变化的原因是什么？为什么？

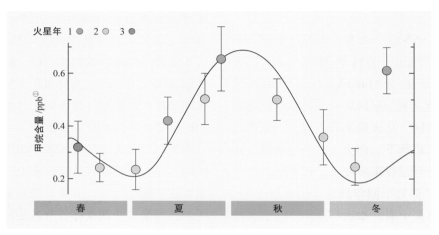

图 9.18　火星大气中甲烷含量随季节的变化

（2）火星南北二分性是如何形成的？什么时候形成的？为什么？

（3）强亲铁元素可以被用来研究类地天体的地核和地幔分异过程及其他增生事件。在第七章和第八章中提到，地球和月球的强亲铁元素有明显差异，这被解读为地球和月球的差异性演化。火星的强亲铁元素特征是什么？和地球比，火星的强亲铁元素特征代表了什么？

（4）如果让你在现今火星上植入地球上存在的生命，你会首先植入哪类生命？为什么？

（5）如果火星的金属核中含有 20% 的轻元素，并假定硫为唯一的轻元素，且火星核幔分异条件下，硫在金属相和硅酸盐相之间的分配系数的最小值和最大值分别为 100 和 1000。请计算在这两种分配系数下火星幔中的硫含量和火星整体的硫含量。计算获得的数值与实际测量的火星幔的硫含量接近吗？为什么？

———————————

① 表示 10^{-6}。

## 第 十 章

金星
Venus

从一些根本性参数来看，金星是与地球最像的行星。金星的直径接近地球直径的 95%、体积达到地球体积的 86%、质量达到地球质量的 81.5%、引力常数为地球引力常数的 90%。因此，从物质组成来看，二者的建造物质大体相同，属于"亲姐妹"无疑。但从另一些关键参数来看，金星与地球又大为不同：金星大气成分中 96.5% 为 CO_2，地球大气主要成分是 N_2 和 O_2；金星的大气压是地球的 92 倍；金星表面的平均温度为 464 ℃，远远高于地球表面平均温度；地球有内生全球性磁场，而金星则没有。本章在介绍金星大气与地貌特征的基础上，讨论金星的内部圈层结构与动力学，进而引出太阳系类地行星演化的多样性，即如果金星和地球的建造物质大体相同，那么它们是如何演化出完全不同的面目的。

一个新的科学真理得到承认并不是因为说服了反对者，而是因为反对者终将死去。新生代从小就熟知这个新的科学真理。

　　　　　　　　　　　　　　　　　　　　　　　　　——马克斯·普朗克

10.1　金星探索史

之所以是探索史，而不是探测史，是因为我们想从更久远的时代谈起，讲述有关人类对金星的认识和设想的变迁。金星是夜空中亮度仅次于月亮的天体，因此人类很早就把它记录在案，并给它取了很多名字，仅以中国为例就有"启明星""长庚星""太白星""金星"等。

10.1.1　金星表面温度的估算

1610 年，伽利略用自制天文望远镜观测发现，金星永远都是一弯新月，这为哥白尼和弟谷提出太阳系天体运动的新理论提供了观测依据。1761 年，俄罗斯科学家罗蒙诺索夫（Lomonosov）在观察金星凌日时，发现了太阳光的折射现象，据此推断出金星存在大气层。1891 年，一个著名的天文爱好者丹宁（Denning）写了一本书叫作 *Telescopic Work for Starlight Evenings*（《闪烁星空的天文望远镜观测》），在提到金星时他说："金星最令人着迷的一点就是它的亮度！它比任何行星都要亮！"由于金星实在是太亮了（图 10.1），以至于当时连它的边界都很难确定。对金星的研究陷入停顿的同时，人们在月球上发现了陨石坑、在火星上发现了极冠、在木星上识别出了大气环流带等。但对离地球最近的金星，人们却知之甚少。

行星科学家从来都不害怕数据少：无论如何，金星特别亮，单从这一点就可以推测它的表面情况（虽然未必和实际一样）。具体说来，如果金星的热辐射（F_{out}）和太阳的辐射之间达到了热平衡，那么就可以计算金星表面的温度。这个知识点在 5.1.4 节已经提到过，可以用黑体辐射来计算：

$$F_{out} = 4\pi R^2 \cdot \sigma \cdot T_{eq}^4 \qquad （10.1）$$

式中，R 是金星的直径；σ 是斯特藩 - 玻尔兹曼常数；T_{eq}^4 是需要求解的温度。

进一步来看，任何行星都不仅会反射一部分太阳光，还会吸收剩余部分的太阳光

图 10.1　可见光天文望远镜拍摄的金星
来源：NASA。

（F_{abs}）。公式表示如下：

$$F_{abs} = \pi R^2 (1-A)\left(\frac{1\,AU}{D}\right)^2 F_E \quad （10.2）$$

式中，A 是反照率；F_E 是在地球上测量的太阳常数；D 为金星到太阳的距离（AU）。

如果金星的自转快于公转，或者它的大气对流极为有效，那么从金星放出去的能量与其吸收的能量之间应该达到热平衡状态，即 $F_{abs} = F_{out}$，因此，

$$T_{eq} = \left[\frac{F_E}{4\sigma}(1-A)\left(\frac{1\,AU}{D}\right)^2\right]^{\frac{1}{4}} \quad （10.3）$$

根据 19 世纪的数据，可以计算出金星的表面温度约为 225 K，比地球还冷。人们推测，原因是金星虽然比地球离太阳更近，但是它对太阳光的反射率要远远高于地球，因此表面温度比地球低。但是，如果考虑到金星上可能存在比较厚的云层，金星实际的表面温度可能比地球高，如果云层的主要成分是水汽，那么金星表面的环境很可能类似于石炭纪或白垩纪的地球，阳光充沛且降雨频繁，就好像现在的亚马孙热带雨林。1918 年，诺贝尔奖得主斯万特·阿伦尼乌斯（Svante Arrhenius）写了一本科幻小说 *The Destinies of Stars*，其中提到金星表面的环境应该大体相同，从赤道到两极都被丛林所覆盖，是一个由绿色植被主导的星球。阿伦尼乌斯的推测有一半是对的，即金星表面环境确实大体相同，但是并不是被植被所覆盖。

10.1.2 金星大气的光谱

时间来到 1922 年，人们想测定金星的云是不是由水蒸气组成的。John 和 Nicholson 本来打算测定氧和氢的谱线，结果没找到氧

知识拓展 1 阿伦尼乌斯与气候变化

阿伦尼乌斯是瑞典人，他实际上是一位物理学家，但是经常被视为化学家，他在 1903 年获得的诺贝尔奖也是化学奖。1900 年他开始参与诺贝尔奖的设立，1901 年他被选为瑞典皇家科学院院士，从此以后就开始担任诺贝尔奖评委，并且对诺贝尔化学奖拥有一票否决权。

阿伦尼乌斯是第一个用物理化学的思路来研究大气中二氧化碳浓度对地表温度的影响的科学家。1896 年，为了解释地球历史上冰期的形成，阿伦尼乌斯发现人类活动排放的二氧化碳有可能会强到使地球逐渐变暖。他是怎么做的呢？他借用美国匹兹堡天文台获得的月球表面的红外数据，来推算地球大气中二氧化碳和水对红外能量的吸收，并借助斯特藩 - 玻尔兹曼方程得到了大气中二氧化碳含量和大气增温（ΔF）之间的关系：

$$\Delta F = \alpha \ln\left(\frac{C}{C_0}\right) \quad （附 10.1）$$

式中，C_0 代表大气中二氧化碳的初始（观测的起始时间点）浓度；C 代表观测时间结束点大气中二氧化碳的浓度。对于地球大气来说，$\alpha = 5.35(\pm 10\%)$ W/m^2。

和氢的，反而找到了 CO_2 的谱线。他们认为金星大气层中的 CO_2 总量可能与地球大气层相当，并据此推断金星的表面温度可能为 366～408 K，在这种情况下，金星表面就不可能有液态水的存在，也不会存在热带雨林。经过多方面证据的反复验证，1960年左右，人们终于就金星表面的温度达成了初步一致，那就是金星表面温度起伏确实不大，但并不是热带雨林，而是火山炼狱。

10.1.3　美国和苏联对金星的探测

在美国水手 2 号飞掠金星（1962 年）之前，有关金星的大气模型仍然存在巨大争议：①金星的厚层云是不是水蒸气？②金星表面是否存在一个碳酸盐化的海洋？③金星表面有没有碳氢化合物？④金星的云有没有可能是尘霾？无论是哪种情景，人们想知道的，无非是如果金星大气中有大量的 CO_2，那么金星表面是如何保存液态水的。1952 年，尤里（Urey）提出金星大气的 CO_2 可以和金星表面的硅酸盐岩石及液态水之间达到化学平衡。例如，顽火辉石（$Mg_2Si_2O_6$）可以和大气中的 CO_2 反应形成菱镁矿（$MgCO_3$）和石英（SiO_2）。但问题是金星大气中 CO_2 的含量很高。1961 年，卡尔·萨根（Carl Sagan）认为，金星如果有海洋，那也只能是一个"全球性苏打水海洋"。另外一些科学家迅速意识到金星的表面温度可能高到无法保证液态水的稳定存在。萨根认为金星的大气层以 CO_2 为主导，在距离金星表面 30～40 km 的大气层中依然可能形成以水蒸气为主的冰云。1961 年，奥匹克（Öpik）认为单靠 CO_2 无法让金星的温室效应这么强烈，金星的大气层中应该有大量的浮尘，浮尘层位于云层之下。萨根认为，根本没有探测到金星大气中的浮尘；而奥匹克则认为，金星大气中的水含量很低，根本不足以结成冰。正是这些巨大的争议，让美国和苏联的深空探测计划都对金星做出了倾斜。

1962 年 10 月，美国水手 2 号与金星相遇。二者的距离是 34000 km，这已是人类探测器离金星最近的一次，水手 2 号携带的微波辐射探测器主要用于探测金星的大气成分。当时，基于从地球对金星的观察，人们对金星微波辐射的来源有两种不同的认识。Roberts（1963）认为金星的微波辐射来自其大气顶部的电离层，因此应该在金星的周边观测到"临边增亮"（limb brightening）现象；Sagan（1961）认为金星的微波辐射来源是金星的固体表面，因此金星应该有"临边昏暗"（limb darkening）现象。水手 2 号实际上发现了临边昏暗现象。

除了美国的水手 2 号之外，20 世纪60～70 年代苏联也发射了多个金星探测器。1965 年，苏联的金星 2 号和 3 号（Venera-2和 Venera-3）与金星失之交臂。1967 年，金星 4 号终于进入金星大气层并测定了金星大气层 24 km 以上的化学成分，发现金星的大气 80% 以上都是 CO_2，N_2 占 2.5% 左右，氧气和水很少。人们认为这些中高层大气成分能代表整个金星的大气成分，可以据此推断出金星的表面温度。1969 年发射的金星 5 号和 6 号下降到了更深的深度，总体上肯定了金星 4 号的数据。1970 年，金星 7 号着陆金星表面，它完整收集了金星地表以上 55 km范围内的大气化学成分，准确测定出金星的表面温度为 457～474 ℃。1972 年，金星 8 号甚至在金星表面"活了"90 min，首次传回了金星表面的大气压为（93±1.5）bar[①]，

---

① 　1 bar = 1×10^5 Pa。

　　1967 年发射的金星 4 号的建造强度只能应对 10 个地球大气压。在设计金星 5 号和 6 号时，苏联科学家把设计强度提高到了 25 个地球大气压。1970 年，苏联科学家决定采用 Ti 作为保护罩的主要材料来进一步提升抗压性，以应对相当于 180 个地球大气压的环境，但是这让新设计的金星探测器超重了 20 kg，他们采取的解决方案是移除遥测系统。1970 年 8 月，苏联共发射了两个探测器，其中一个进入了金星轨道，另一个留在了地球轨道。进入金星轨道的就是金星 7 号。1970 年 11 月 15 日，金星 7 号开始进入金星暗面，即朝向地球一面的大气层，但是由于某个开关没能正常打开，探测器只传输回温度数据。虽然情况比预想糟糕，但是也可以通过温度数据来反算压强等大气信息。此后，金星 7 号一直向金星表面着陆，但是就在还差 10 m 就要着陆时，金星 7 号的降落伞丢了，它只能硬着陆。位于克里米亚的监测站只接收到了背景信号，人们一度以为金星 7 号已经损毁了。约在一周之后，莫斯科的监测人员从背景信号中识别出了金星 7 号返回的有效信息。

同时还获得了更为准确的金星大气成分：97% 的 CO_2、2% 的 N_2 和一些其他气体。

　　通过一系列探测任务，我们知道了金星表面的情形和大气成分，但是对金星的云仍然知之甚少。金星的云的成分可能是水蒸气，可能是冰晶，也可能是尘埃，还有人认为可能是油气（Hoyle，1955）。实际上美国的水手 2 号和苏联的金星系列都没能获得金星云的信息。1974 年，Hansen 和 Hovenier 建立了一个严谨的金星大气模型，他们猜测金星的云应该主要是浓密的硫酸（H_2SO_4），这一猜测被 1980 年的金星 9 号和 10 号任务所证实。

　　除了这些深空探测任务取得的进展之外，地面观测也获得了重大成果。人们发现固体金星的自转非常慢，自转周期为 243 个地球日。这么慢的自转速率在太阳系的行星中数一数二，人们迄今为止还没弄清楚金星超慢自转的原因是什么：是金星增生时期造成的，还是新近出现的？

10.1.4　麦哲伦号及以后

　　20 世纪 60 ~ 70 年代的金星热之后，对金星的探测一度沉寂，直到 1989 年美国发射了麦哲伦号（Magellan）。麦哲伦号上最主要的科学设备是一个巨大的雷达探测器，目的是获得金星的表面形貌。在第一个探测周期（1990 ~ 1991 年），麦哲伦号获得了金星表面 70% 的表面信息，水平分辨率小于 300 m。在第二个探测周期（1991 ~ 1992 年），由于电子元件过热，只有 55% 的金星表面数据被传回地球接收站。在第三个探测周期（1992 年），麦哲伦号的信号传输器又出现问题，以至于只有 21% 的数据被传回地表。在第四个和第五个探测周期，麦哲伦号获得了金星的重力加速度数据。麦哲伦号极大地提升了人类对金星表面的认识，所获得的地图迄今为止依然是最高精度的地图，能够让人们对金星当下的地质与地貌过程进行分析。由于麦哲伦号只工作了 5 年，获得的信息不足以对金星的地质演化历史做出准确评判。但是，NASA 和 ESA 计划发射的 VERITAS 和 EnVision 号属于麦哲伦号的精神继承人，将会测量更多金星的地质与地球物理参数。

2005 年 11 月，欧洲航天局发射了金星快车（Venus Express）探测器，它一直工作到了 2014 年。金星快车的主要探测目标是金星大气，因为其直接或间接与金星的火山作用有关。金星快车测定了金星大气中间层（mesosphere）的 SO_2 丰度，发现 SO_2 的丰度在 2004 年一年内增加了 4 倍，但是在随后的几年里又连续下降，这可能代表某个过程（可能是火山或大尺度的气象变化）对金星大气中间层的 SO_2 形成了周期性影响。此外，金星快车还发现金星表面 1 μm 波段的热发射率在某些火山热点非常高，可能代表刚形成不久的熔岩流。金星快车甚至还捕捉到金星表面某些区域的亮度有明显变化，可能与正在进行的火山活动有关。总体而言，这三个现象证明金星表面有正在活动的火山。人们还通过 1 μm 波段数据发现金星高地的热发射率很低，可能说明金星高地的成分与花岗岩类似。如果金星表面有大量类似的高地，那么至少说明金星有过中酸性的大陆地壳；而大陆地壳的形成需要水的参与，则可以间接证明金星曾经存在水。除了对金星表面进行了大量观测外，金星快车还发现金星大气层的氧离子逃逸速率比地球低。这

就和理论预测相反：人们认为地球有强大的磁场，因此氧离子逃逸速率应该远远小于没有磁场的金星。金星快车还发现金星大气层的 D/H 值比地球高得多，这可能代表有大量的氢 / 氢气逃逸，即金星可能经历了非常剧烈的水丢失过程。

2010 年，日本宇宙航空研究开发机构发射了拂晓号（Akatsuki）探测器。最初这个项目差点失败了，但最终获得了意想不到的成功。2010 年 5 月，拂晓号发射升空，在当年 10 月就应该进入金星轨道开始环绕飞行，但因意外造成首次绕轨失败。后经过一连串复杂的轨道调试，拂晓号终于在 2015 年 12 月开始环绕金星飞行。最终的轨道比最初设计远了 5 ～ 6 倍。拂晓号的探测目的是获得金星大气动力学信息，尤其是对金星大气的超旋转（super-rotation）成因进行研究。拂晓号发现了金星大气中的热潮和大尺度湍流会对云层顶部的超旋转形成促进或抑制作用。拂晓号还识别出金星大气中存在一个大尺度的静止重力波贯穿金星的底层和高层大气，说明金星大气的纵向物质交换可能很频繁。

近 30 年以来，除了这三个专门探测金星的任务之外，还有一个探测太阳的任务对金星进行了"路过"观察，那就是美国的帕克太阳探测器。帕克太阳探测器发现在金星的轨道上有一个尘埃环。总体来看，与月球和火星相比，人类对金星的探测少得多，以至于对金星的了解也少得多。其中原因有两个，一是金星表面的极端环境会对探测器造成极大危害，探测难度极大；二是人们已经意识到金星表面不适合生命生存，因此对金星的探测兴趣不高。

10.2 金星的大气

金星大气是最容易研究的部分。从理论上讲，金星内部和表面发生的所有过程都会对其大气造成影响。如果从金星最初形成时来看，金星的岩浆洋可能决定了其大气的初始状态，而随后的火山作用和大气与固体表面物质的反应则控制了金星大气的演化。从磁场的角度看，有无内生全球性磁场会影响金星大气在太阳风作用下的逃逸。但不幸的是，即便是对金星的大气，也有很多参数人们也并没有完全掌握。

10.2.1 金星的大气组成

金星的大气是太阳系所有类地天体中体量最大的，它占金星总质量的 0.01%，而地球大气质量只占地球总质量的 8.5×10^{-7}，几乎无足轻重（表 10.1）。在地球的大气中，含量最高的是 N_2，但是在金星大气中最为主要的成分是 CO_2，人们推测金星大气中的碳含量相当于地球上大气、地壳与地幔中碳

表 10.1　金星与地球关键参数对照表

类别	参数	金星	地球
自转与公转参数	半长轴 /10^6 km	108.210	149.598
	公转周期 / 地球天	224.701	365.256
	轨道倾角 /(°)	3.395	0.000
	轨道偏心率	0.006772	0.0167
	自转周期 / 地球小时	5832.6	23.9345
	转轴倾角 /(°)	177.36	23.44
行星参数	质量 /10^{24} kg	4.8675	5.9722
	赤道半径 /km	6051.8	6378.1
	极半径 /km	6051.8	6356.8
	平均半径 /km	6051.8	6371.0
	密度 /(kg/m³)	5243	5513
	赤道区重力加速度 /(m/s²)	8.87	9.80
	J_2 (10^{-6})(行星扁率)	4.458	1082.63
	潮汐 Love 数 (k_2)	0.295 ± 0.066	0.30102 ± 0.00130
	转动惯量常数	0.337 ± 0.024	0.3307
表面与大气参数	太阳辐射 /(W/m²)	2601.3	1361.0
	表面平均温度 /K	737	288
	表面压强 /10^5 Pa	92	1.014
	大气质量 /10^{20} kg	4.8（占金星总质量的 0.01%）	0.051（占地球总质量的 8.5×10^{-7}）
	大气成分	CO_2、N_2、H_2O、Ar、SO_2 等	N_2、O_2、H_2O、Ar、CO_2 等
	大气中所含角动量的分数	1.6×10^{-3}	2.7×10^{-8}
	地形起伏 /km	13	20.4
固体结构参数估算	硅酸盐壳厚度 /km	$8 \sim 25$	35
	岩石圈厚度 /km	<100	$10 \sim 120$
	金属核半径 /km	$2940 \sim 3425$	3479.5

含量的总和。但这也并非就代表金星总体的碳含量高于地球，因为还不知道金星金属核的信息。

金星的大气中水的比重比较低，但是金星大气中水的总质量可能与地球大气中水的总质量相当。金星大气中水的 D/H ≈ 157，地球大气中水的 D/H ≈ 1.5×10^{-4}。然而，地球大气中的 ^{40}Ar 是金星大气中 ^{40}Ar 的 2 倍多。^{40}Ar 是 ^{40}K 衰变的产物，可能说明金星的 K 含量不如地球。这些同位素组成信息能够反映金星大气甚至金星整体的演化历史。

10.2.2　金星大气的云霾

金星大气中的云霾最有意思。如图 10.2 所示，金星的云主要出现在海拔 48 ～ 70 km 的大气层中，可以进一步分为三层，即硫酸云层、对流层和硫酸雾霾层。总体来看，这三层都有大量的硫酸和少量的水（小于 25%）。云的最顶层（57 ～ 70 km）存在微米和次微米级的颗粒，可以吸收紫外线。高层云与中层云之间有一个厚度为 1 km 的空带将二者隔开。中层云和底层云之间的过渡不是很清晰，因为有大量的尘埃物质导致这里云雾蒙蒙，尘埃的粒径比较大（7 ～ 8 μm）。在硫酸雾霾层之上（高出该层 100 km 范围以内）及其下（距离该层 33 km 以内）都有霾，主要成分是气溶胶。金星大气中化学反应最为活跃的区域就是硫酸雾霾层。高层云的化学反应主要受控于光化学反应，而中层云和底层云的化学反应则主要受控于冷凝及与更低位大气的对流混合。在云层之下，温度大于 400 K 时，化学反应可以达到热平衡，大气中的所有组分都随着大气动力学和化学反应不断循环。例如，高层云的光化学反应可以促使 SO_2 和 H_2O 形成硫酸，而在云层底部硫酸有可能重新分解为 H_2O 和 SO_3，后者最终形成 SO_2。与此同时，金星表面的火山活动不断将 SO_2 注入低层大气，导致某些区域的硫酸浓度高于理论预测值。

10.2.3　金星大气的风速

金星大气另一个十分显著的特点是风速。金星大气的纬向大气环流的速率远远超过了金星的自转速度（即金星大气超旋转），这是太阳系内绝无仅有的现象。值得一提的是，很多系外行星都存在大气超旋转现象，然而并不是像金星整个大气都存在超旋转。金星表面海拔 10 km 以下的风速接近于 0，海拔 60 km 以上的风速为 65 ～ 90 m/s。从金星大气底层到顶层旋转一圈的周期是 4 ～ 7 个地球日。云层之下的大气层占据了整个金星大气质量的 90% 和角动量的 90%。这种明显的层间解耦会导致剧烈的表面温度差异。金星表面温度最高的麦克斯韦山脉

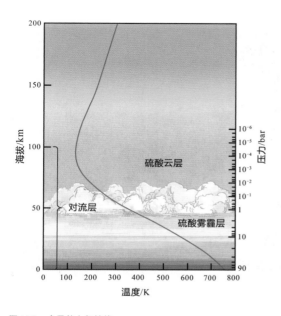

图 10.2　金星的大气结构

（Maxwell Montes）比温度最低的狄安娜峡谷（Diana Chasma）的温度高 100 K，但是纬度和经度不同造成的温度变化只有 10 K 左右。

人们认为金星的大气动力学和大气成分曾经历过巨变。如果金星曾像地球一样有过海洋，加之金星离太阳很近，金星吸收的太阳光会使得金星大气进入"失控的温室效应阶段"。简单来说，金星的液态水海洋之上的大气层只能将一小部分太阳光反射出去，造成吸收的太阳光远远多于反射的太阳光。随着温度的升高，对流层中的水越来越多，水蒸气本身就是温室气体，大气中的水蒸气不断吸收太阳光的热量，超过某个临界值之后，金星表面的水会被彻底蒸干。当然，实际的热力学与动力学模拟已经大为细化，感兴趣的读者可以寻找最新文献来研读。

10.3　金星的固体表面

金星的表面和太阳系内其他类地天体都截然不同。月球和火星的表面可能很古老，由于板块运动，地球表面特别古老的地区比较少，而金星虽然大概率（因为没有水及固体表面温度过高）没有板块运动，但是也没有古老的地质体，所有的表面地质单元都很年轻。金星的表面是怎么演化的？在金星的表面岩石中还能找到过去残留的痕迹吗？

10.3.1　金星的表面地质特征

人类通过雷达获得了金星的表面形貌信息，通过近红外光谱掌握了金星表面的热事件。金星表面一些重要的地质过程包括火山作用、构造活动、剥蚀、物质的垮塌与堆积、陨石撞击等（图 10.3）。金星表面最显著的一种地貌单元叫作"台地"（terrae）。

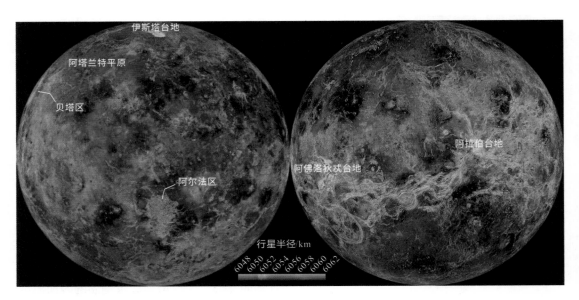

图 10.3　金星的表面地质特征

来源：NASA。

在金星北极附近，伊斯塔（Ishtar）台地上有四座高山，其中就包括麦克斯韦山脉；高山之间较为平坦的地区是吉祥天女高原（Lakshmi Planum）。在赤道附近，阿佛洛狄忒（Aphrodite）台地由两部分组成，一个是奥华特地区（Ovda Regio），另一个是忒提斯（Thetis）地区。在阿佛洛狄忒台地的东南缘有阿尔忒弥斯（Artemis）环形山。金星上有超过 500 个环形山，直径为 60～2000 km，多数与火山作用和构造活动有关。阿尔忒弥斯环形山是金星上最大的环形山，直径超过 2000 km。金星上另一个典型地貌是一种比较浅的熔岩流流动的渠道，其中最长的巴尔提斯峡谷（Baltis Vallis），长度可达 6800 km。当然，金星表面也有一些较小的地质地貌单元：构造单元如山脊（dorsa）、挤压构造（fossae）和线理（lineae），火山单元如火山丘（tholi）和熔岩流（fluctūs）等。

10.3.2　金星表面的年龄

对于金星表面，学界已经达成一项共识：金星表面比较年轻。这是基于金星表面的陨石坑得出的结论。在第八章和第九章中提到，可以用月球和火星表面的陨石坑来确定相应地质单元的形成年龄（陨石坑定年法），其中陨石坑的大小和频数呈指数关系。金星表面的陨石坑数目不到 1000 个，但奇怪的是，金星陨石坑的尺寸与频数分布为对数关系。金星表面的遥感图像并不如月球和火星的清晰，本质上还是金星浓密的大气层造成的：只有特别大的陨石或者小行星才能穿过金星的大气层并在金星表面形成陨石坑。因此，可以反算出金星表面的年龄为 10 亿～0.24 亿年。但对于金星表面采用陨石坑定年法存在诸多不确定性，也有可能存在一些区域的年龄老于 10 亿年。

10.3.3　金星表面的岩石

要研究金星表面成分的物质组成，只有苏联金星探测任务的数据可使用。金星 8 号的数据表明，其着陆地区的岩石接近富含 K 的玄武岩，可能是碱性煌斑岩（alkali lamprophyre）。金星 9 号和 10 号证实金星表面确实以玄武岩为主，表面物质的密度为 2.7～2.9 g/cm³。金星 13 号的着陆地为辉长岩，金星 14 号的着陆地为拉斑玄武岩（图 10.4）。

有了上述金星表面形貌、年龄和成分的信息，我们就可以讨论金星表面的演化历史。核心问题是，金星表面的物质是否记录了金星从类似于地球的状态转变为现在"火山炼狱"般状态的历史？金星表面可能存在类似花岗岩的地壳，大规模花岗岩地壳的形成需要金星表面存在液态海洋。当然，金星从有液态海洋转变为现在遍地火山的状态，

图 10.4　苏联金星 14 号拍摄的金星表面的岩石

应该会留下其他蛛丝马迹。首先，金星幔必须经过较高程度的部分熔融，才能通过火山排气作用释放出大量的 CO_2。这种大规模的火山喷发也能掩盖部分早期形成的陨石坑或其他地质的地貌信息。地球上的板块运动主导了地表和地球深部物质循环的机制，对于金星，人们则仍不清楚其内部的动力机制究竟是停滞盖层（stagnant-lid）还是软盖构造（squishy-lid）。研究金星内部的动力学过程对我们了解地球早期的历史也很有帮助。

10.4　金星的内部圈层结构

从天体化学和陨石学的模型来看，金星还是一个类地行星，应该有一个和地球类似的增生分异过程，最后形成一个金属核心和硅酸盐矿物组成的幔部。考虑到金星没有全球性磁场，金星的核可能是熔融状态；考虑到金星有如此大规模的火山活动，金星幔可能也会有相当一部分处于熔融状态。必须明确的是，我们既没有来自金星的陨石，也没有金星表面的化学数据，因此对金星内部圈层结构的了解十分有限。现有的技术手段中能对金星内部圈层形成制约的都是地球物理手段，包括转动惯量、潮汐形变及重力场。金星极地扁率与金星的自转不匹配，所以在流体动力学平衡的框架下，通过重力场来计算金星的转动惯量。2021 年，Margot 等通过金星自转轴的进动速率计算出金星核的直径为（3500±500）km。虽然误差很大，但总比没有数据好。

10.4.1　金星的核与硅酸盐圈层

通过太阳对金星的引力也能获得金星的内部结构甚至流变学参数，如金星幔的黏度和金星核的状态。在金星围绕太阳公转的过程中，由于太阳引力的影响，金星内部物质在潮汐形变的作用下会对重力场造成影响，即 2 阶变量，也就是 Love 数，用 k_2 表示。麦哲伦号获得的 $k_2 = 0.295 \pm 0.066$，这就说明金星的核可能处于全部熔融状态，不像地球一样还有一个固态内核。不过如果金星有一个内核，但内核的黏度很低，也不影响现在获得的 Love 数。从现在的数据来看，基本上只能肯定一件事——至少一部分金星核是熔融的。其余的事都不确定，包括金星幔的黏性。

结合金星的重力场及形貌数据可以估算金星壳与岩石圈金星幔的厚度。现有数据认为金星壳的厚度变化范围为 5 ～ 70 km，平均厚度为 15 ～ 30 km。岩石圈金星幔的厚度通过金星重力场的球谐度来估算。现有的估算范围变化很大，为 0 ～ 600 km，但是总体来说厚度小于 100 km。

没有金星陨石数据和金星表面的光谱数据，就只能通过最简单的类地行星增生模型来估算金星内部圈层的成分。现在有人认为金星的硅酸盐幔很厚，有人认为金星的硅酸盐幔很薄，但还是不知道金星的硅酸盐幔有没有钙钛矿或者后钙钛矿矿物。由于不能确定金星核与幔的体量，也就无法真正确定金星的氧化还原状态。

10.4.2　金星的散热机制

当对金星的内部圈层及成分还一无所知时，讨论金星内部圈层的演化就显得捉襟见肘。最主要的是，金星到底怎么散热？如果金星是停滞盖层状态，单纯通过岩石圈传导，金星的散热效率似乎太低。有种假设是金星可能存在一种"幕式盖层"（周期性盖层，episodic lid）构造，即金星的岩石圈本质上是停滞盖层，但是每隔一段时间就会发生反转。在这个假设下，金星既能实现壳幔物质循环，又能形成大规模的火山活动，重塑金星表面地质地貌。还有人提出"地幔柱盖层"（plume lid）模型或"侵入体软盖"（plutonic-squishy lid）模型。总之，金星幔动力学研究任重而道远。

10.4.3　金星的磁场

现有数据都不支持金星有一个全球性磁场，即便是水星的磁场都比金星强 1000 倍。

但是，现有数据可能并不能真正排除金星有一个极其微弱的内生磁场，毕竟之前用于探测金星磁场的先驱者金星轨道器（Pioneer Venus Orbiter，PVO）精度不高。有人推测金星表面可能有剩磁，但是金星表面的温度很高，很难保证磁铁矿和赤铁矿还能保留热剩磁。金星没有全球性磁场其实也很好解释，毕竟金星整体来看温度很高，表明金星内部散热慢，金属核一直没有进入有序对流状态。这从根本上涉及金星和地球的增生历史：地球曾经发生过月球形成大碰撞，如果金星没有经历大碰撞，那么金星金属核的化学分层就会阻止金属核物质的对流，也就不能形成行星发电机，更不会产生全球性磁场。从现有数据看，金星可能是太阳系中过去没有，现在也没有全球性磁场的唯一行星。

· 习题与思考 ·

（1）在第七章中介绍了地球上的板块运动和地幔柱。现在大部分人认为金星不存在地球上存在的板块运动。如果想要金星内部的热更快地释放出来，你推荐什么构造机制？

（2）人们推测金星之所以散热慢而没有演化出和地球类似的环境，是因为它的水丢失了及大气中过量的二氧化碳。现在我们知道金星存在持续不断的火山作用。如果金星的物质组成与地球类似，那么这些火山作用还是会喷出水。如此看来，金星的内部可能水含量也很低。为什么金星整体上的水含量比地球低？金星大气中大量的二氧化碳是哪里来的（考虑太阳星云演化过程中，二氧化碳应该在雪线之外，并不在金星的形成区域）？

第十一章

水星
Mercury

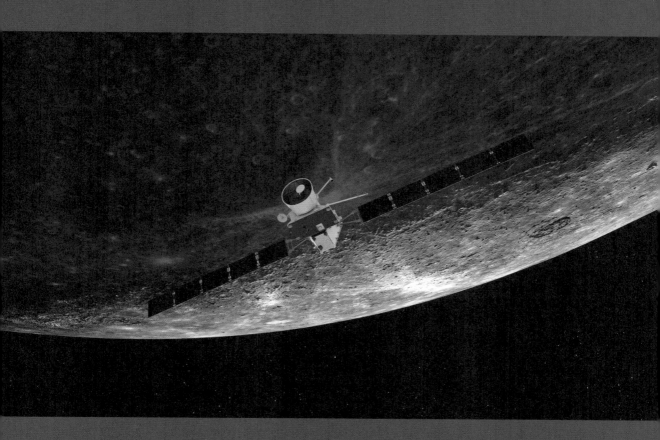

水星是我们要讲述的最后一颗类地行星。本章首先介绍信使号之前人类对水星的认识，然后重点介绍信使号获得的水星信息，包括水星的地质特征、岩浆活动、构造活动、陨石坑及水星的地球化学特征。之所以将人类对水星的认识分为信使号前后两段，是因为信使号的探测和发现彻底改变了人们对水星的认识。最后简单介绍水星的内部圈层结构和演化历史。

尝试了解宇宙是为数不多可以将人类从闹剧中解脱出来的事，而且还带有悲剧色彩的优雅。

——史蒂文·温伯格

水星的英文单词是 Mercury，这个词同样代表化学元素周期表中的第 80 号元素——汞（Hg）。仔细观察元素周期表，就可以发现元素的符号几乎都可以由它的英文名称简化而来，但是汞的英文是 Mercury，化学符号却是 Hg。其实，这是从古希腊时期汞的拉丁文 Hydrorgyros 简化而来的。实际上，其他很多行星最初的名字也和元素符号对应，如月球最初的名字（Selene）和硒（selenium）对应。但是随着科学研究的发展，人们逐渐放弃把元素和行星对应的传统，只是不知为何，水星和元素汞依然保留了同样的名字。

从内向外看，水星是太阳系内离太阳最近的天体（0.307 AU）；从奥尔特云向内看，水星可能代表了原行星盘最内边界。因此，水星是我们分析太阳星云演化历程和类地行星形成历程的重要研究对象。遗憾的是，迄今为止人类对水星的认识相对于其他类地天体来说少得多。有三个原因。第一，由于它离太阳太近，人类（公元前三十世纪的苏美尔人、公元前五世纪的古希腊人和公元前三世纪秦始皇时期的中国人）虽然很久以前就观察到了水星，但是过强的太阳光使得人们无法从地球有效识别水星表面的信息。第二，金星的存在长期阻碍了人们对水星的观测。第三，相较于月球、火星及小行星带天体，人们还没有发现来自水星的陨石。因此，研究水星比较困难，对水星的了解也比较有限。对水星表面成分的研究主要依赖于各类遥感数据，很难用空基天文望远镜一直观测水星，因为强烈的太阳光会对望远镜造成无法修复的伤害。

总体而言，对水星的认识长期以来依赖于分辨率极低的地面反射光谱研究。前人基于地面望远镜，研究了水星反射光谱的多个波段特征，包括可见光、近红外、中红外、微波及部分电磁波波段。从深空探测的角度来看，由于水星离太阳很近，空间探测设备很难有效工作，迄今为止只有两个水星探测器，即美国宇航局的水手 10 号和信使号（MErcury Surface, Space ENvironment, GEochemistry, and Ranging；MESSENGER）。欧洲航天局和日本宇宙航空研究开发机构联合开发的水星探测器 BepiColombo 于 2018 年

10 月发射升空，它将于 2025 年到达水星轨道附近。水手 10 号对水星进行了三次飞掠探测，提供了最初有关水星表面的形貌信息，但是探测表面积不到水星总表面积的一半，由于没有携带成分探测设备，因此也没有获得水星表面的化学和矿物组成信息。信使号对水星的探测分为两部分，首先是三次飞掠探测，随后是为期三年半的轨道环绕探测。信使号上的主要科学载荷有 X 射线光谱仪（X-ray spectrometer，XRS）、γ 射线与中子光谱仪（Gamma-ray and neutron spectrometer，GRNS）、水星大气及表面成分光谱仪（Mercury atmospheric and surface composition spectrometer，MASCS）和水星双成像系统（Mercury dual imaging system，MDIS）。这些设备能获得水星表面矿物、地球化学及地形地貌的关键信息。本章将把人类对水星的认识分为信使号前和信使号后两个时期来论述，以呈现探测能力的提升对人们了解行星性质及形成和演化历史的重要性。

11.1　信使号前的水星研究

11.1.1　水星的形成模型

从地面雷达和水手 10 号绕水星运行的轨道特征，人们就已经发现水星的密度比较高，总体密度为 5.44 g/cm³（金星密度为 5.2 g/cm³，火星密度为 3.9 g/cm³，地球密度为 5.5 g/cm³，月球密度为 3.3 g/cm³）。这初步说明水星的金属质量高于硅酸盐矿物的质量，也就是说水星的金属核可能比较大。基于此，人们对水星的形成模型提出了多种假说。

最简单的模型是路易斯（Lewis）在 20 世纪 70 年代提出的化学平衡模型（chemical equilibrium model）。该模型假设太阳星云从里到外存在温度、压力和密度上的梯度变化，这个梯度变化会被保存于现在形成的行星中。人们估算现今水星轨道处的太阳星云的压力为 $10^{-6} \sim 10^{-4}$ MPa，在这个温度范围内，金属铁比富镁硅酸盐更早冷凝，这就可以解释为什么水星的金属含量比较高。这个模型还预测水星巨大的金属核主要由铁和镍组成，并没有硫等轻元素，而且水星硅酸盐幔的物质以类似于顽火辉石等的难挥发元素为主，FeO 和挥发性组分含量极低。之后的研究发现，单靠太阳星云的梯度并不能形成水星巨大的金属核，还需要其他机制来剥蚀一部分硅酸盐物质，或出现更高程度的金属 - 硅酸盐分离过程。

在化学平衡模型的基础上，Weidenschilling 于 1978 年提出了空气动力学亏损模型（aerodynamic depletion model）。这个模型认为硅酸盐颗粒比金属颗粒更容易被星云气团所控制，因此可能有一部分硅酸盐物质通过气团拖拽（gas drag）的形式凝聚到了太阳上，最终导致水星的金属含量比较高。整体来看，这个模型预测的水星的化学成分可能大体上和化学平衡模型接近，但预测的水星金属含量可能更高。

沃森（Wasson）是陨石学专家，基于对众多陨石的研究，他认为水星的高密度直接反映了它的原始建造物质是高度还原的陨石，非常类似于 EH 型顽火辉石球粒陨石，因为它们的 Fe/Si 值[①]很高。类似的思路也可以延伸到其他陨石，如 CR 型和 CB 型陨石，它们的金属成分含量也远远高于其他类型的碳质球粒陨石。

上述研究总体都认为水星的高密度代表了水星建造物质或者本区域太阳星云的特征。然而，还有一些模型认为水星的高密度是水星增生过程中特殊事件导致的。例如，原始火星的组分可能与碳质球粒陨石一致，在水星已分成金属核与硅酸盐幔之后，丢失了一部分硅酸盐物质。具体的丢失机制可能是一个蒸发模型（vaporization model；Cameron，1985；Fegley and Cameron，1987）。如果水星轨道区域的太阳星云温度能够达到 2500 ~ 3500 K，那么只需要 3 万年，70% ~ 80% 的硅酸盐幔就会被蒸发掉，进而剩下一个铁含量比较高的类地天体。蒸发模型预测剩余的硅酸盐部分的碱金属、SiO_2 及挥发性元素的含量应该很低，但是 CaO、MgO、Al_2O_3 及 TiO_2 的含量应该很高。除了蒸发模型之外，大碰撞模型也能使水星丢失一部分硅酸盐幔。Wetherill（1988）认为在水星的增生区域可能存在几个比较大的星子，数值模拟发现原始水星被这样的星子撞击一次，也能丢失不少硅酸盐幔物质。这些被撞出去的物质很容易被太阳引力所捕获，而不是被水星重新捕获。因此，水星的高密度可能是一次或几次大碰撞的结果。

11.1.2　水星的表面物质组成与矿物

反射光谱可以反映类地行星表面的矿物及化学特征。早在 20 世纪 60 年代，人

们就已经获得了水星表面的可见光光谱数据，随后人们的研究范围逐渐扩展到紫外及热红外光谱数据。太阳系类地天体的紫外光谱和可见光谱通常在 1 μm 处都有一个吸收峰，这个吸收峰通常和橄榄石或辉石中的 Fe^{2+} 有关。但迄今为止，人们并没有在水星的光谱数据中观测到这个吸收峰，或者说至少证据并不坚实。有人在 1 μm 处观测到了一个很浅的吸收峰，但这并不一定不代表 Fe^{2+}，也有可能是地球大气的水对该波段的吸收效应。即使有 Fe^{2+}，FeO 的含量也不会高于 5%。

总的来说，水星的紫外 - 可见光反射光谱比较暗（即反射率很低）且毫无特色。除此之外，这一波段的光谱还有红化（reddening）现象，类似于月球表面的光谱特征，说明水星表面也有因太空风化形成的含铁和钛的氧化物颗粒或碎屑。在中红外波段能观察到一些透明及发射特征，可能是某些硅酸盐矿物造成的。对于硅酸盐矿物到底是什么，人们推测该物质涵盖了从酸性到超基性的所有矿物，如斜长石、富镁辉石、橄榄石等。更长的波段（如微波辐射）特征显示水星比月球和地球玄武岩更加"透明"，人们据此估算水星表面 FeO 和 TiO_2 的总含量不会超过 1.2%。因此，水星的表面应该是斜长岩，而不是玄武岩。水手 10 号获得的紫外及黄光波段（575 nm）数据证明水星表面同时存在风化严重的地质单元和风化程度较低的新鲜地质单元，该风化包括陨石坑的数目。虽然水手 10 号的数据不足以证明水星表面具体存在什么矿物，但是至少反映了水星表面壤土的颗粒、太空风化及大体上的成分差异。

地球雷达观测所获得的信息相对较多。水星雷达成像（3.5 cm）表明水星的北极

[①]　指 Fe 含量与 Si 含量的比值。

有一个非常亮的区域。随后，这一特征被 12.6cm 波段的雷达影像所证实。不仅如此，水星的南极也有一个非常亮的区域。这个亮度远远超过地球玄武岩的亮度，与火星极地的冰盖及木星伽利略卫星的亮度类似。因此，人们推测在水星南北极存在冰盖。模拟数据表明，在水星南北极的永久阴影区，水冰甚至可以存在 10 亿年左右，厚度可达数米。高精度雷达影像进一步证明在水星南北极陨石坑的永久阴影区确实存在水冰信号。有研究认为这些水冰可能是彗星或小行星撞击带来的，也有研究认为并不需要小行星或彗星撞击水星的南北极，水星表面的其他陨石坑事件产生的水汽也能在水星的南北极凝结形成水冰。无论如何，这都表明水星南北极的水冰有复杂的蒸发—凝固—升华的历史，或许将来可以通过 D/H 或氧同位素来进行研究。除了水星的南北极之外，雷达影像发现在水星的其他高纬度地区也有较亮的区域，但是这些区域不可能是水冰，因为其表面温度太高。该区域有可能是硫，因为硫也是一种挥发性元素，只是比水的挥发温度高很多。

这些硫既有可能是水星火山作用喷发出来的，也有可能是陨石中的硫挥发再凝结的产物。不过，也有研究认为雷达影像的亮色区域可能和水甚至硫都没有关系，只是反映了表面物质的 Fe 和 Ti 的成分很低。

11.1.3　水星的"大气层"

水星和月球一样也有一个"大气层"，这个大气层实际上是由一些逃逸的原子组成的，所以又叫作散逸层（exosphere）。最初人们通过水星表面太阳光的共振散射来识别散逸层的成分。例如，人们最先从水手 10 号发现的就是散逸层的 He，后来又陆续发现了 O、Na、K、Ca 等元素的数据。有人认为散逸层的成分能够指示水星表面的物质特征，因此可能代表水星表面的物质亏损难挥发元素（如 Ca），富含挥发分（K 和 Na）。但是人们并不知道散逸层物质的真实来源是什么，是阳光照射导致的挥发还是陨石撞击导致的挥发，因此并不能从散逸层的成分来推断水星表面的组成。

11.2　信使号的新观察

基于水手 10 号及各种地基设备的数据，人们发现了水星很多奇异的特征，不仅涉及水星的起源，还涉及水星内部、表面和陨石撞击的过程。针对上述问题，美国宇航局和欧洲航天局 - 日本宇宙航空研究开发机构分别在信使号和 BepiColombo 上设计了专门的科学载荷来进行查验。他们关注的科学问题大体相同，包括水星高密度的成因、水星的地质演化历史、水星磁场的起源和演化、水星的内部圈层结构、水星两极冰盖、水星散逸层挥发性物质的来源等。

11.2.1　水星的地质分区

从图 11.1 中可以看出，水星的表面大致可以分为两种区域，一种是布满了大量陨石坑的区域（坑区，cratered plain），另一种是陨石坑较少的区域（平滑区，smoothed

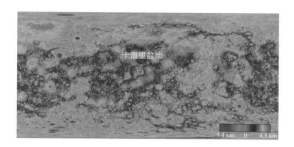

图 11.1 水星表面的高程和地貌图
来源：美国地质调查局（USGS）。

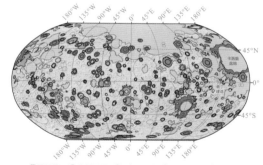

◎陨石坑 ●光滑平原 ●1类陨石坑 ●2类陨石坑 ●3类陨石坑
●4类陨石坑 ○被陨石撞击的台地 ■被掩盖掉的古老陨石坑

图 11.2 水星地质图（Prockter et al., 2015；Kinczyk et al., 2019）

plain）。肉眼看，水星表面是灰色的，因此对于绝大多数人来说很难把水星和月球区别开来，因为它们的地质地貌特征非常像。

坑区是水星表面分布最广的地形。这些布满陨石坑的地区和月球上的近地面很像，略有不同的是水星的陨石坑与陨石坑之间的区域通常较为平坦，称为坑间平原（intercrater plain）。新形成的陨石坑会改造已有的陨石坑，从遥感光谱图上看，新形成的陨石坑通常比较亮。值得注意的是，水星的坑区总体来说比较暗，因为陨石撞击把水星的石墨剥露出来了。

水星表面最大的陨石坑是卡洛里盆地（Caloris Basin；图 11.2、图 11.3），直径约为 1550 km，比月球上的雨海盆地（Imbrium Basin）还要大，但二者的形貌大体一致。卡洛里盆地底部陨石坑很少，较为平坦，称为卡洛里平原。虽说是平原，其中依然有规模很大的山脊（条带状或环形）或者裂缝，这些形貌通常在月球和火星的撞击坑里看不到。因此，人们推测卡洛里盆地内部的条带状山脊或裂缝是火山作用的产物。在卡洛里盆地的中央有一壮观的地貌景观叫作潘提翁沟槽（Pantheon Fossae），是一个峡谷群。卡洛里盆边被称为卡洛里山，高程达 2000 m。卡洛里盆地的外部平原称为奥丁建造（Odin Formation），主要是更年轻的陨石撞击坑的撞击熔岩。很显然，形成卡洛里盆地的陨石

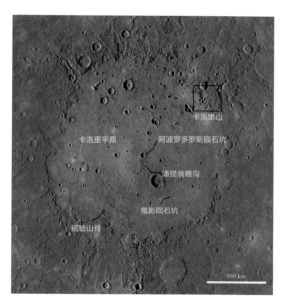

图 11.3 水星的卡洛里盆地
来源：NASA。

的撞击十分猛烈，以至于可能会在水星的另一面形成一个正地形（对趾点，图 11.4）。确实，在卡洛里盆地所对应的水星的另一面，有一个布满山脉和裂谷的高地，长约 500 km，这个地区被称为奇异台地（Weird Terrain）。

除了坑区之外，水星表面另一个主要的地貌单元是平滑区，类似于月球近地面的月海。平滑区占水星总面积的 25%，比坑区要年轻得多。水星最大的平滑区在水星北

极的周边。平滑区的陨石坑很小，直径大于 10 km 的极为少见。平滑区有不少压缩作用下形成的构造，可能和陨石撞击作用有关。

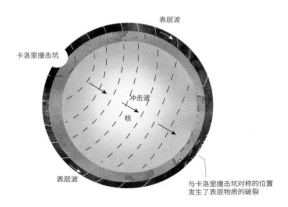

图 11.4　水星的对趾点示意图（Beatty et al., 1999）

　　卡洛里陨石坑的英文名字有两个，通常叫作 Caloris Planitia（卡洛里平原）或 Caloris Basin（卡洛里盆地）。Caloris 是拉丁文，中文意思是"热"，之所以如此取名，是因为水星在其近日点附近时，太阳会直射到卡洛里盆地上方。卡洛里盆地位于水星的晨昏交界处，因此，1974 年水手 10 号首次发现卡洛里盆地时并没有拍摄到它的全貌，直到信使号才拍到了它的全貌。现在人们认为水星"大气"中的 K 和 Na 来自卡洛里盆地。

11.2.2　水星的陨石坑

　　水星表面有不同尺寸和保存程度的陨石坑。虽然总体上水星的陨石坑特征和月球比较类似，但是二者之间依然有一定差别。

　　第一，陨石坑定年特征不同。水星似乎没有经受过月球那样的陨石密集撞击事件。水星坑区的陨石坑数目远远小于月球高地地区，尤其是直径 100 km 以上的陨石坑更少。水星陨石坑的定年数据表明水星坑区的年龄为 41 亿～40 亿年，比月球的 44 亿年年轻得多。人们认为，这可能是因为水星最早形成的陨石坑都已经被后期的岩浆作用所破坏。现在能看到的水星绝大多数陨石坑形成的事件，和月表陨石密集撞击事件重合（图 11.5）。

　　第二，陨石坑特征不同。水星比月球大得多，因此水星的重力也比月球大得多。在水星上，一个陨石坑撞击形成的熔岩所覆盖的面积要比月球小得多。因此，水星陨石坑撞击熔岩比较厚，能够覆盖较老的陨石坑。从陨石坑的形貌来看，水星上从简单陨石坑过渡到复杂陨石坑所需要的陨石坑尺寸比月球上的小。这是由于受太阳引力的影响，小行星撞击水星的速度可能比撞击月球的速度快得多。需要指出的是，虽然水星上复杂陨石坑的尺寸较小，但是形貌特征仍和月球上的复杂陨石坑类似。较小的陨石坑呈碗状，随着陨石坑增大，会形成边缘台地、中心峰及中心环形峰。水星上的多环陨石坑数目比月球少，人们认为是盆间平原掩盖或者岩石圈上升造成的。

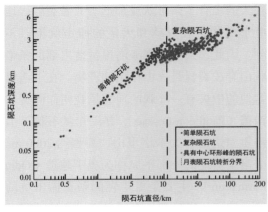

图 11.5　陨石坑直径与陨石坑深度的关系图（Schon et al., 2011）

第三，陨石坑退化的机制不同。月球陨石坑最主要的退化机制是后期陨石撞击，火山作用和构造作用非常微弱，而水星陨石坑的退化除了可能来自后期陨石撞击之外，还会受到构造作用和火山作用的影响。此外，水星受到的太空风化作用也比月球强烈。后期陨石撞击可能摧毁甚至完全削平原先陨石坑的坑壁。构造作用主要指水星岩石圈的回弹，即水星岩石圈被撞击以后，应力缓慢释放的过程中，岩石圈结构随之缓慢调整，会逐渐改造陨石坑的形貌。

根据水星的陨石坑特征，可以将水星的地质年代划分为前托尔斯泰纪（Pre-Tolstojan，46 亿～39 亿年前）、托尔斯泰纪（Tolstojan，39 亿～37 亿年前）、卡洛里纪（Caloris，37 亿～31 亿年前）、曼修灵纪（Mansurian，31 亿～2.8 亿年前）和柯伊伯纪（Kuiperian，2.8 亿年前至今）（图 11.6）。前托尔斯泰纪代表了水星从形成到托尔斯泰陨石坑出现的时间（大约出现在 41 亿年前）。卡洛里盆地的形成对应着晚期月表陨石密集撞击事件。随后，水星开始冷却收缩，形成了大量收缩构造。总体而言，对水星地质年代的划分远不如月球那样精确。

11.2.3　水星的岩浆活动

水星的岩浆活动分为两类，一类是火山作用，另一类是侵入作用。水星的火山作用可分为溢流（effusive，图 11.7）和爆发（pyroclastic，图 11.8）。溢流火山作用会形成大片的熔岩流，类似于现今的夏威夷火山或峨眉山玄武岩。爆发式火山作用则会喷出

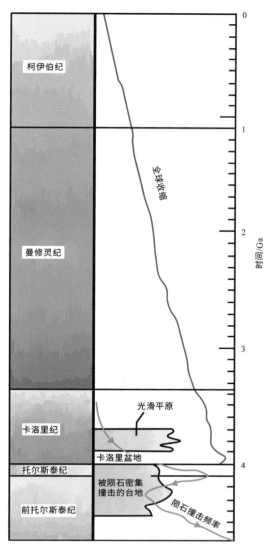

图 11.6　水星地质年代划分
该图表明水星表面可能存在一个陨石密集撞击时期

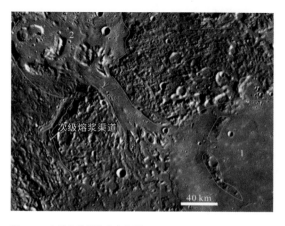

图 11.7　水星上的溢流火山作用
蓝色和绿色线条是岩浆流动的渠道，红色和紫色圈是岩浆的气体大量排出时形成的坑洞

大量的气体。

水星上岩浆侵入作用形成的部分地貌呈现的一个典型特征是不规则窝状（irregular pit，图11.9）。它没有明显的边缘，主要出现在陨石坑内部的平底上。人们认为这种窝是其底下的岩浆回撤到更深处造成的地面坍塌。

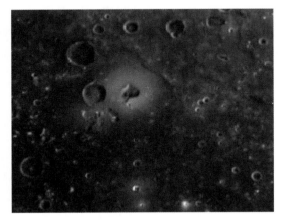

图11.8 水星上的爆发式火山作用遥感图像
颜色越浅，火山形成的年代越晚

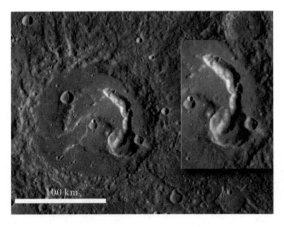

图11.9 水星上岩浆侵入作用形成的地貌
来源：NASA。

11.2.4 水星的构造活动

和月球一样，水星的构造活动主要表现为收缩构造和伸展构造。水星上的收缩构造可进一步分为叶状峭壁（lobate scarps）和褶皱山脊（wrinkle ridges），可能都是表壳推覆断层形成的（图11.10）。叶状峭壁常见于盆间平原，长度可达几百千米，会造成1～3 km的大尺度错动；而褶皱山脊常见于平滑区，通常较小，偶有较大型的出现。水星上最大的叶状峭壁是切穿伦勃朗（Rembrandt）撞击坑的伟业悬崖（Enterprise Rupes，图11.11）。

水星上收缩构造和推覆断层的形成可能经历了两个过程。一是水星形成初期的自转速度比现在快得多，因此水星的赤道附近会形成一个隆起。也就是说，水星早期的南北极距离可能比现在近。随着水星自转速度的放慢，赤道附近的隆起开始垮塌，形成了大

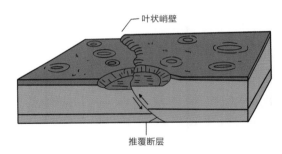

图11.10 水星上推覆构造示意图
水星表面的线性结构主要在水星冷却收缩过程中形成，与地球的线性构造形成机制不完全相同

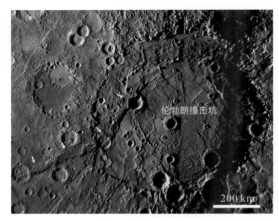

图11.11 伟业悬崖的遥感影像
来源：NASA。

量推覆构造。二是随着水星的不断冷却，水星开始收缩，形成了大量叶状峭壁。相比而言，褶皱山脊可能和全球性事件无关，代表了局部过程。

水星上虽然以收缩构造为主，但是在一些陨石坑内部也有伸展构造形成的断层，即断堑（graben）。例如，在卡洛里盆地内部，断堑形成于陨石坑的中央，呈辐射状向外延伸。每个断堑都有几千米宽和几百米深。在距离坑中央大概 200 km 处，断堑从辐射状变成陨石坑边缘的同心环状，即潘提翁沟槽。潘提翁沟槽的成因有三种假设，第一种是由阿波罗多罗斯（Apollodorus）撞击作用造成，第二种是沟槽是深部的岩墙在水星表面的反映，第三种是沟槽下方有一个上涌的岩浆房。

总体来看，水星的构造特征形成于 39 亿～10 亿年前。更早的时候，水星自转较快形成了赤道隆起，赤道隆起垮塌后形成了低纬度地区的南北向推覆断层和高纬度地区的东西向推覆断层。随着时间的推移，后续的岩浆作用和陨石撞击作用形成的熔岩将断层覆盖。之后，水星继续变冷，收缩作用重新激活之前的推覆断层。褶皱山脊是更晚期的熔岩收缩的产物。直到 10 亿年之后，由于水星的岩石圈太厚，以至于构造作用基本停止。

11.2.5 水星整体的地球化学特征

信使号的三次飞掠探测和轨道环绕探测提供了水星大量的一手数据，促进了水星研究的蓬勃发展。表 11.1 是信使号获得的水星表面元素特征。

大部分 XRS 和伽马射线光谱仪（Gamma-ray spectrometer，GRS）的数据都是用与 Si 含量的比值来表示的，这是因为元素含量比值可以消除检测仪器的系统误差，更能反映真实的信息。之所以是与 Si 含量的比值，是因为各个天体或者各类岩石的 Si 含量变化范围不大，如 GRS 测量的水星 Si 含量变化范围只有 15%。需要注意，由于信使号的轨道特征，GRS 数据只有水星北半球的部分数据。通过这些数据，我们能够获得对水星的崭新认识，其中一个革命性的认识就是水星的挥发性元素含量很高。

表 11.1 信使号获得的水星表面元素特征

元素	XRS	GRS
K		(1288±234)ppm
Th		(0.155±0.054)ppm
U		(90±20)ppm
Mg/Si	0.436(0.106)	
Al/Si	0.268(0.048)	0.029–0.13/0.029+0.05
S/Si	0.076(0.019)	0.092±0.015
Ca/Si	0.165(0.030)	0.24±0.05
Ti/Si	0.012(0.003)	
Cr/Si	0.003(0.001)	
Mn/Si	0.004(0.001)	
Fe/Si	0.053(0.013)	0.077±0.013
Na/Si		0.12±0.013
Cl/Si		0.0057±0.0010
O/Si		1.2±0.1
C		(1.4±0.9)%

结合 X 射线荧光谱（X-ray fluorescence spectroscopy），可以从太阳耀斑时期获得的水星表面的 XRS 数据中提取出成分信息。数据表明，与地球和月球的壳层物质相比，水星的 Mg/Si 值较高，但是 Al/Si 值和 Ca/Si 值较低。水星的 Fe 和 Ti 含量比较低，然而其表面的硫含量很高，约 23%（假设水星表面的 Si 含量是 25%），比地球及其他类地行星高出 10 倍以上。除了硫之外，水星 Na 和 Cl 的含量特征与火星接近，远远高于月球。进一步来看，水星的 Cl/K 值也与火星甚至碳质球粒陨石接近，说明水星至少表面富含

挥发性元素。

　　放射性元素的绝对含量是用 GRS 获得的。之所以测定 K、Th 和 U 三个元素，是基于以下四点考虑：第一，它们都是高度不相容元素，会富集在类地行星的壳层中；第二，它们的不相容性接近，在岩浆作用中不发生分异，可以用壳层的数据代表整个硅酸盐部分的组成；第三，它们都是放射性元素，能够指示类地行星的热演化历史；第四，K 是挥发性元素，而 Th 和 U 是不挥发元素，因此三者之间的变化可以用来指示与挥发有关的过程。可以发现，水星的 K/Th 与火星接近，远远高于月球。但有人认为，K/Th 可能不受岩浆过程的影响，Th 可能比 K 更加亲铁。也就是说，由于 Th 更多地进入了水星的金属核，拉高了水星表层的 K/Th，而不是因为水星表层的 K 含量确实高。水星的低铁和高硫特征可能说明水星形成于极为还原的状态下。人们估测水星内部的氧逸度（oxygen fugacity）为 IW-3 ～ IW-7。在这个氧逸度下，K、Th 和 U 都会表现出一定的亲铁性（siderophile）或亲硫性（chalcophile），因此这些元素可能有一部分进入了水星的金属核。但目前有关这方面的数据尚不全，难以推断水星表层高 K/Th 的真实原因。

　　毫无疑问，水星的挥发性元素含量远远高于月球，这与之前的理论模型有很大出入。但是，从水星表面的地质特征来看，或许水星的确富含挥发性元素。水星表面有大量火山喷发造成的碎屑堆积，还有大量不规则的空洞，这些空洞（图 11.12）可能是岩浆中气体逃逸的出口。

　　现有的地球化学数据能够帮助我们进一步推测水星的形成机制。首先就可以排除化学平衡模型，其次可以排除大碰撞模型。水星的高密度最有可能反映了其形成物质的特征，也就是 11.1.1 节提到的 Wasson 或 Weidenschilling 模型。但需要注意，这仅是从地球化学的角度来考虑，如果考虑其他物理参数，现有的模型都有一些不能解释的观测事实。

图 11.12　水星表面不规则的空洞
来源：NASA。

．．．．．．．．．．．．．．．．．．．．．．．．．．．． 知识拓展 3　氧逸度 ．．．．．．．．．．．．．．．．．．．．

　　氧逸度是地球科学中用来表示体系相对氧化还原程度的指标。IW 指 Iron-wüstite，即纯铁 - 氧化亚铁达到化学平衡时的氧化还原状态。水星内部的 IW-3 是指比 IW 体系低 3 个度。

11.2.6 水星表面的地球化学分区

可基于信使号返回的大量地球化学数据对水星表面进行地球化学分区，形成所谓的地球化学省（geochemical terranes，图 11.13）。这样做的好处是能从地球化学的角度窥探水星的内部动力学演化历史。地球化学省的划分有三个主要指标：首先，空间上是连续的；其次，与水星壳的平均组成有明显差异；最后，必须展布较大的空间范围（如必须大于 1000 km）。根据这三个指标，结合地球化学数据，可以将水星表面分成四个区：北部省、卡洛里内区（Caloris Interior）、高镁区（high-Mg）和低快区（low-fast）。

基于上述化学分区可以研究水星的表面岩石学和水星幔特征。如果这些岩石是通过火山喷发作用形成的，那么这些不同的分区代表了从玄武安山岩到粗面岩等类型。如果这些岩石是岩浆侵入作用形成的，那么它们的主要类型可能是苏长岩、斜长苏长岩及斜长辉长岩。这些都反映了长石、高钙辉石和低钙辉石的相对含量。

水星表面的硫含量比较高，人们推测主要的赋存形式是硫化物。从 XRS 数据来看，主要有奥尔德姆矿［(Ca,Mg)S，oldhamite］、硫镁矿（MgS，niningerite）、陨硫铬铁矿（$FeCr_2S_4$，daubréelite）、陨硫铁（FeS，troilite）及陨硫铜钾矿［$K_6(Fe,Cu,Ni)_{25}S_{26}Cl$，djerfisherite］。在地球上很难找到这些极为特殊的硫化物矿物，它们通常出现在球粒陨石中。因此，人们推测水星表面的硫来自陨石撞击。人们还发现，在水星南半球及高镁区，硫的赋存形式多为铁硫化物；而在北部省、卡洛里内区和低快区的硫的赋存形式多为富镁的硫化物。这可能表明陨石撞击类型不同。

人们通过热力学模拟发现水星幔温度线远远高于地球的大洋玄武岩，这也符合水星

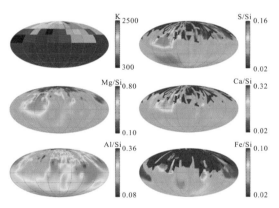

图 11.13 水星表面的地球化学分区指标及分区（Nittler et al.，2018）

知识拓展 4 玻古安山岩

MgO 含量大于 8% 且 TiO_2 含量低于 0.5% 的地区归为玻古安山岩（boninite，也称玻镁安山岩或玻安岩）。玻古安山岩是一种 Mg 和 Si 含量都很高的铁镁质喷出岩。在地球上，这类岩石通常形成于俯冲带环境，如日本南部的伊豆 - 小笠原（Izu-Bonin）岛弧。该类岩石中的流体不活动性的不相容元素（如稀土元素）含量很低，但是流体活动性元素（如 K 和 Ba）的含量比较高（图 11.14）。对于地球来说，这类岩石的出现代表着被板块俯冲影响的交代地幔发生部分熔融的情景。但对于水星上的同名岩石来说，由于目前人们并不知道它的微量元素特征，因此难以断定地球上的该类岩石与水星上的是否属于同一类。

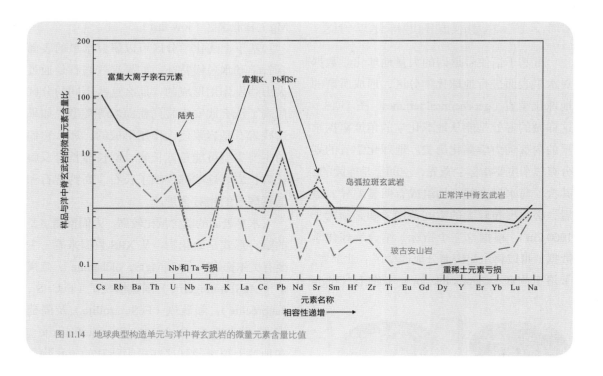

图 11.14　地球典型构造单元与洋中脊玄武岩的微量元素含量比值

MgO 含量比较高的情况。MgO 是难熔融的组分，MgO 含量越高，硅酸盐幔部发生部分熔融的温度就越高。人们还发现水星幔部分熔融形成的岩浆黏度比地球玄武岩低得多，这也能解释水星上大面积平坦的火山溢流地貌的形成原因。

关于水星的壳幔物质演化，人们推测大体经历了以下过程。首先，水星的原始壳主要是从岩浆洋中结晶出来的，也有一部分是岩浆洋结晶后火山作用的产物。根据水星的氧逸度，水星岩浆洋中唯一能漂浮在表面的矿物是石墨。随着岩浆洋的不断结晶，形成了层状的水星幔，其中超基性物质（如方辉橄榄岩和苦橄岩等）在最底部，上面的是富含挥发分和不相容元素的辉长岩。这种分层模型的水星幔确实可以解释水星表面的地球化学分区：不同层的水星幔发生部分熔融，所喷发的岩浆必然具有不同的化学成分。不同层水星幔的熔融可能形成了北部省、卡洛里内区及低快区。但是有些分区单靠水星幔熔融很难形成，需要陨石撞击的参与。综上，水星层状幔的最底部是苦橄岩和方辉橄榄岩等物质，如果没有外力带来的高温加热事件，它自身很难发生熔融，因此卡洛里内区可能就是在这样一个过程中形成的，而高镁区在形成时可能还经历了陨石撞击。

从光谱来看，水星上最新鲜的区域也比月球高地暗 50% 左右。单靠太空风化水星不可能形成这么暗的区域，因此，水星表面肯定存在某种不反光的物质。最初人们推测这种物质是钛铁矿（因为月球上有），但是水星的 Ti 含量很低，不可能是钛铁矿，于是人们又猜测石墨具有这个作用。后来，信使号的新数据确认水星永久阴影区的亮斑是水冰。人们推测水冰的物质来源和小行星或彗星撞击有关，因为水星内部的水含量很低，不可能喷发而后凝结形成水冰。

信使号也确认了很多水手 10 号所推测的散逸层的成分，如 H、He、Na、K 和 Ca。信使号还发现了新物质，如 Mg 原子、

Al 原子、Fe 原子、Mn 原子及 Ca 离子。人们发现高镁区散逸层的 Mg 原子含量很高，据此推测散逸层的物质来源是水星表面物质的蒸发。

11.3　水星的内部圈层结构

人们没有在水星上设置地震仪，所以无法确切知道水星的内部圈层结构。但是，可以通过地质、地球化学及陨石学等手段来推测水星的内部圈层结构。从成分上看，水星内部大致可划分如下（图 11.15）：最内层是一个直径约 2000 km 的金属核，其上是厚度为 400 km 的硅酸盐幔，水星壳的厚度为 30～100 km，平均厚度为 35 km。从力学性质上看，水星的金属核可能还可以进一步分为一个贫硫的固态铁镍内核，其直径可能为 1000～1500 km，以及一个由液态硫化物组成的外核。液态外核之上是一个很薄的软流圈，软流圈之上则是刚性的岩石圈。

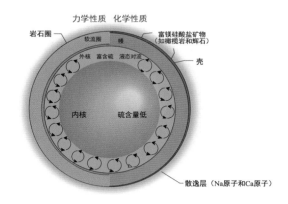

图 11.15　水星的内部圈层结构

水星的金属核体积占水星总体积的 83%，因此有人称水星为"铁球"。如果水星核的成分是纯铁，那么水星核应该已经全部变成了固体，不会再有全球性磁场。但是现在水星有一个很微弱的全球性磁场（强度只有地球磁场的 1%），因此水星应该有一个很薄的液态外核。液态外核的主要轻元素可能是硫和硅等。与其他类地天体相比，水星的硅酸盐幔十分薄，厚度只占水星总直径的 17%，而月幔厚度占月球半径的 63%，地幔厚度占地球半径的 46%。与地球等不同，水星幔应该富镁贫铁，极为还原，水星壳则富含挥发性元素。

11.4　水星演化史

图 11.16 展现了水星的形成和演化历史，包括增生、分异、晚期月表陨石密集撞击、卡洛里盆地的形成、平滑区的形成和少量陨石撞击六个时期。

水星的原始建造物质可能含有极少量的氧和大量的碳。在这样一个极为还原的状态下，大量的挥发性元素反而变得没有那么挥发，导致水星的挥发性元素含量较高。水星极为还原，因此建造物质中的铁全部以金属

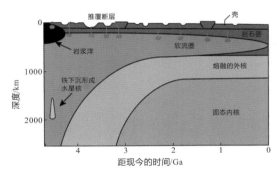

图 11.16　水星的形成和演化

态形成了水星的金属核。除此之外，水星的建造物质应该不含水。太阳系的水主要形成于雪线之外。由于增生过程中的重力势能转为热能和发射性热能，水星开始发生圈层分异。岩浆洋的冷凝结晶过程形成了水星的幔及壳，石墨可能是古老水星壳的重要组成部分。大约在40亿年前，水星被大量陨石撞击，其自转速度降低的同时，其赤道隆起垮塌，形成了大量收缩构造。卡洛里盆地就形成于40亿年前左右，这是一个较大的陨石撞击事件，极大程度地改造了水星的形貌特征。可能是卡洛里盆地的形成，也可能是其他事件，使得水星的北半球在39亿～37亿年前发生了大规模火山作用，形成了平滑区。此后直到今天，小行星或彗星一直零星地撞击着水星，形成了水星南北极的冰盖等地质地貌特征。

我们在讨论水星的形成和演化时，尤其是讨论水星的陨石撞击过程和地质年代划分时，一直将其与月球作对比，这是因为水星和月球都没有明显的大气层，它们记录的陨石撞击历史可能类似。但水星和月球还是有很多不同之处，因此不能完全照搬研究月球的模式来研究水星。

· 习题与思考 ·

（1）水星的化学组成极为特殊，富含大量的挥发性元素。假设它形成时的轨道非常靠近太阳，那么水星的原始建造物质可能不会富集挥发性元素。水星是怎样形成的？为什么？

（2）如果放置一台观测太阳的设备在水星上，放置在哪里比较合适？为什么？

第十二章

小行星带与彗星

Main Asteroid Belt and Comet

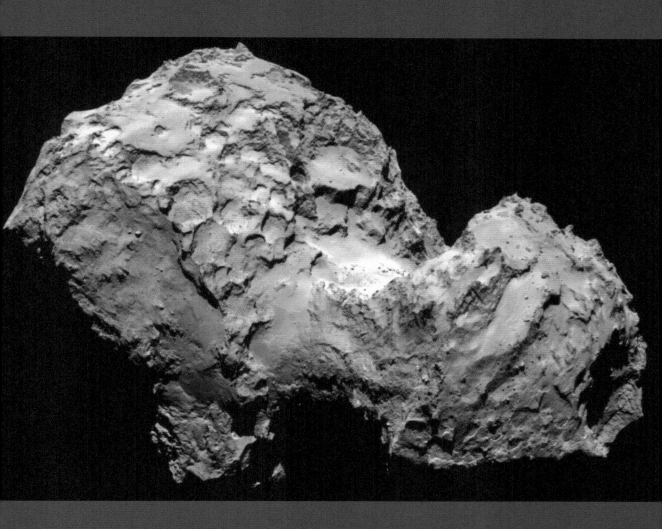

前面的章节逐一介绍了太阳系小行星带以内的类地天体。它们虽然同属一类，但是在原始建造物质（building blocks）的形成及演化路径方面的差异，使得它们如今看起来大相径庭。我们已经多次提到类地天体的原始建造物质，这些建造物质究竟是什么？这就是本章的主要内容——小行星带与彗星。通常认为，小行星带与彗星是太阳星云在演化过程中形成行星以后所剩下的"建筑原材料"，它们记录了有关太阳系最早和最原始的信息，是了解太阳系起源和演化的"实物"。此外，小行星带及彗星等为地球带来了水等生命诞生所需要的物质，因此小行星带和彗星在太阳星云消散以后不断改造类地天体的物理、化学和地质学特征。虽然小行星带和彗星总体体量不大，但其是深刻理解太阳系及系外星云演化的重要研究对象。和小行星带密切相关的另一种物质是陨石。地球上绝大多数陨石都来自小行星带，这些陨石是小行星带天体的碎片，也是人类真正能获取的小行星样品。理解小行星带的形成和演化机制，进而探索太阳系的形成和演化历史，需要掌握有关陨石的知识。

　　本章首先从矿物学和地球化学的角度来介绍陨石的分类、成因及其对太阳系形成和演化的指示意义。然后结合小行星带的演化与太阳系行星的分布特征等，介绍小行星带的基本特征和天体动力学成因模型。最后，介绍成分和分布都跟小行星带截然不同的彗星，既包括来自木星附近的彗星，也有来自更远处的柯伊伯带和奥尔特云的彗星。

能查到的东西，就永远也不要死记硬背。

——爱因斯坦

12.1 陨石

从科学研究的角度来看，陨石是研究太阳系形成和演化的重要载体，公众对陨石的兴趣也远远超过了其他科学研究对象。这既有历史和文化的原因，又包含经济和猎奇的因素。历史上，人们很早就将陨石现象（如流星）与王朝更替等重大事件关联起来，因此将陨石现象视为儒家学说中天人感应的具体形式也不为过。文化上，不管是传说中春秋战国时期的名剑，还是现在各种各样的陨石工艺品，都说明陨石在一定程度上是人们理想和文化寄托的载体。经济上，陨石的经济价值非常大，在陨石爱好者看来，陨石是天外来客，"一两陨石等于三两黄金"都不足以体现陨石的经济价值。不过本章内容只涉及陨石的科学属性部分。

12.1.1 流星体的大气之旅

流星体（meteoroid）、流星（meteor）和陨石（meteorite）这几个相关名词很容易混淆。流星体和小行星（asteroid）也容易混淆，但流星体的体积通常小于小行星，例如，流星体的直径通常不超过数十米。当流星体、小行星和彗星（comet）进入地球大气层以后，其速度通常超过 20 km/s，并在穿越大气层的过程中摩擦生热而产生一条光迹（图 12.1），这种现象称作流星或者射星（shooting star；但实际上不能用 star 来指代这类物质，star 指恒星类天体）。特别亮（视等星达到 -14 及以上）且可能伴有爆炸现象的流星称作火流星（fireball 或 bolide）。一系列相隔数秒或几分钟内降落的流星群被称为流星雨。如果流星体在穿越大气过程中没有燃烧殆尽，最终落在地球表面，则称作陨石。如果地表物质被陨石撞击发生重熔，熔浆飞溅，就会形成玻璃陨体（tektite），中国古代称之为雷公墨。玻璃陨体不是陨石，其主要成分为地球物质，可能含有少量陨石组分。

在地球大气压强的作用下，流星体内部原有的裂缝不断扩大，流星体进入大气层之后会迅速解体，因此陨石在地表通常有一个陨落带（strewn field），其中质量越大的碎块可能在空中飞行得越远。根据同一流星事件形成的陨石在地表的陨落特征，可以反算流星体在大气中的运行规律。

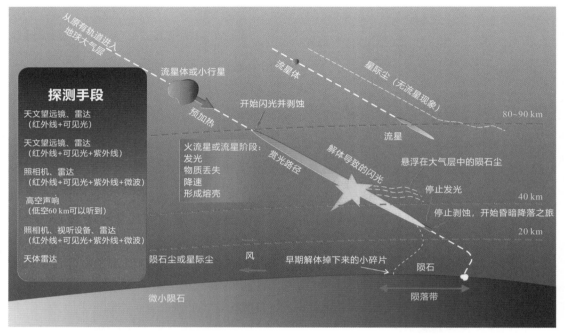

图 12.1   流星体穿越大气层（Moilanen et al.，2021）

12.1.2   陨石的表面特征

陨石与地球岩石在外在形貌上的区别来自它在地球大气中高速飞行的过程。流星体在大气层中飞行时，其表面温度可达到1800℃。在如此高的温度下，陨石形成了极为特殊的形貌，包括熔壳（fusion crust）、气印（regmaglypt）或熔体流动特征（flow feature，也称熔流线）等。

熔壳是陨石猎人在野外辨认陨石的重要标志（图 12.2）。石陨石的熔壳通常是一层黑色到棕色的薄壳，厚度一般不超过 1 mm。实际上，在流星体穿越大气层的过程中，流星体外表会形成一层很薄的熔体，只要熔体还在，陨石就不会形成熔壳。只有在流星体形成火流星的最后几秒，流星体表面的烧蚀减少，表面温度下降，才能形成熔壳。以球粒陨石为例，它的主要硅酸盐矿物是橄榄石、辉石及部分金属铁。硅酸盐矿物在高温下熔

图 12.2   石陨石穿越大气层形成的熔壳

融形成熔体，在温度迅速下降以后会形成玻璃。与此同时，金属铁会和大气中的氧气等发生反应形成磁铁矿。因此，熔壳是由玻璃和磁铁矿微小晶体组成的混合物，呈灰黑色。总之，熔壳的颜色反映了陨石内部的物质特征。熔壳上通常有一些收缩裂缝（contraction cracks）（图 12.3），但是熔壳的这些收缩裂缝通常细且浅，一般不会穿透熔壳。陨石落

在地表后，化学风化作用和机械风化作用通过收缩裂缝逐渐侵入陨石内部。铁陨石也有熔壳，但是比石陨石的熔壳更薄，厚度只有几毫米，组成物质也几乎全部是磁铁矿，因此很容易在地表环境下受到改造。

陨石另一个形成于大气阶段的表面特征是气印。石陨石和铁陨石的表面都存在气印。由于它们看起来像用拇指在陨石表面按下去的一个个小坑（图 12.4），所以又叫作拇指印（thumb print）。一般情况下，石陨石的气印要比铁陨石的气印浅。

陨石还有一种形成于大气阶段的表面特征是熔流线。陨石在穿过大气层时，会发生熔融，在陨石的表面形成熔体。熔体在定向大气流动的作用下会形成熔流线。熔流线通常呈辐射状（图 12.5），汇聚到陨石朝下降落的一面，即所谓陨石着地的一面。

图 12.5　火星陨石（Lafayette）表面的熔流线

图 12.3　石陨石（HaH 346）的收缩裂缝

图 12.4　铁陨石（Sikhote-Alin）表面的气印

12.1.3　陨石的分类

陨石分类是一项基础工作，是陨石学家和宇宙化学家交流与工作的基础。简单来说，陨石分类就是通过某种指标将某些陨石划为同一类。这样不仅有助于研究陨石之间的关系，也有助于发现新陨石。需要注意，陨石分类工作并不直接与陨石成因关联，而恰恰是在陨石分类的基础上，人们才开始探讨不同类陨石之间的相似性与差异性，进而研究导致这种差异的过程。

对原始陨石［primitive meteorite；又叫作未平衡陨石（unequilibrated meteorite）］与分异陨石（differentiated meteorite）之间，及它们与其母体之间关系的研究也有赖于陨石分类工作。一般情况下，同一类陨石可能来自同一个母体。不同母体的分布特征受控于太阳星云的结构，并最终可能作为形成类地行星的原始建造物质参与行星的增生和分异演化。

用于陨石分类的指标有很多，如矿物学与岩石学特征、全岩地球化学特征、氧同位素等。但是利用不同指标进行的陨石分类会出现无法匹配的情况，部分陨石甚至不属于任何一类，似乎"遗世而独立"。因此，本节将回顾陨石分类的各类参数并对各大类进行简单描述，以此呈现太阳系原始物质的复杂性和多样性。

19 世纪 60 年代，德国科学家 Rose 对柏林大学博物馆收藏的陨石进行了分类，英国科学家 Maskelyne 对大英博物馆收藏的陨石进行了分类。Rose 是第一个将陨石分为球粒陨石（chondrite）和无球粒陨石（achondrite）的学者。Maskelyne 则将陨石分为铁陨石（siderite）、石陨石（stone）和石铁陨石（siderolite）三大类。1907 年，Farrington 测定了铁陨石的化学成分，首次从化学的角度对陨石进行了分类。随后，人们在这三大分类方案的基础上不断修订融合，1920 年 Prior 提出了一个较为完整的方案，此后在 1967 年经过 Mason 的完善，最终形成了最为广泛接

受的陨石分类方案（图 12.6），这也是本节介绍的陨石分类方案的雏形。

不同的陨石分类思路背后都有独特的考量。例如，将陨石分为降落型和发现型，主要强调陨石在地球表面停留的时间，进而研究其化学成分变化就可以准确评估地表风化作用的影响。现在收集的大部分陨石都是发现型，大多来自北非、澳大利亚沙漠地区和南极冰川地区。陨石通常以发现地来命名，如著名陨石阿连德（Allende）就发现于墨西哥的圣米格尔·德·阿连德（Pueblito de Allende）。从沙漠或冰川中找回的陨石通常有一个编号，如 Allan Hills（ALH）84001 就代表 1984 年在南极艾伦山（Allan Hills）地区发现的第一块陨石。人们常说的石陨石、铁陨石和石铁陨石等在实际工作中很有用处，但是这样的命名仍很粗糙。

另一个更实用的分类是将陨石分为球粒陨石（chondrite）和无球粒陨石（achondrite）。

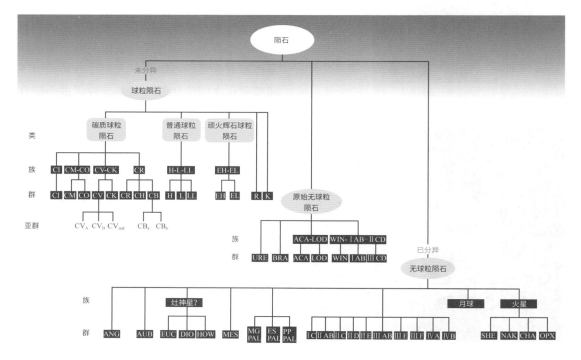

图 12.6 陨石的化学分类图

知识拓展 1　CAI 与球粒

　　CAI（Ca-Al-rich inclusion），也称富钙铝包体，只有毫米到厘米级大小，通常为浅灰色，主要出现在碳质球粒陨石中。人们利用在 CV 型陨石中找到的 4 颗 CAI，通过 Pb-Pb 同位素定年的办法，获得了一个均值年龄，即（4567.30±0.16）Ma，这是太阳系的年龄，也就是 CAI 时间 0 点。CAI 中的主要矿物是钙长石、黄长石、铝尖晶石、钙辉石和富镁橄榄石等。一般认为 CAI 形成于十分靠近太阳的地方，最后被传输到太阳系的各个位置。基于 CAI 的化学组成和矿物特征，人们一度以为 CAI 是太阳星云的原始固体，但是之后发现不少 CAI 也经历了重熔等过程。

　　球粒（chondrule）呈圆球形。人们通常认为球粒的前身是一团熔融的熔浆，在太阳星云中冷却成球形，进而与其他物质"沉淀"或者"堆积"在一起形成球粒陨石。从分布来说，碳质球粒陨石中的球粒含量最少，CI 型陨石中几乎没有球粒；E 型陨石中球粒的比例大多为 60%～80%。球粒中的主要矿物有橄榄石、辉石及长石等，次要矿物有硫化物、一些铁镍金属和尖晶石等。球粒的主要结构为斑状结构，橄榄石和辉石通常以较大的斑晶形式出现。由于球粒形成的环境不同，形成于较为还原环境的球粒的橄榄石和辉石，通常是镁橄榄石和顽火辉石，而形成于较为氧化环境的球粒的橄榄石和辉石的 FeO 含量则较高。目前人们尚不知道球粒的具体成因，主要的成因假说有星云闪电（nebula lightning）、熔融星子碰撞、太阳星云中的冲击波及超新星爆发所释放的辐射冲击等。

前者是未分异陨石，后者是分异陨石。球粒陨石的定义是化学组成与太阳接近且其小行星母体没有经历圈层分异的陨石。这个过程类似于沉积过程：太阳星云像一条大河，球粒陨石就像泥沙一样在河水中沉淀，并经过沉积成岩作用形成岩石。球粒陨石中通常有一个 1～2 mm 大小的由硅酸盐矿物组成的圆球（图 12.7 的阿连德陨石），但是并非所有球粒陨石都有圆球。无球粒陨石是已经分异的小行星或行星的残片或碎块。有些陨石从结构上看是无球粒陨石，但是从化学成分上看却和太阳很类似，这些陨石被称为原始无球粒陨石（primitive achondrite）。

图 12.7　球粒陨石（Allende）中的断面（Takeshima et al., 2022）
CAI 呈白色不规则状，球粒为完整或破碎的圆形，基质为细粒物质

1. 球粒陨石

球粒陨石可以细分为类（class）、族（clan）、群（group）和亚群（subgroup）。

类表示两个或两个以上具有类似全岩化学组成和氧同位素组成的陨石群。同一类陨石的难挥发元素的特征较为一致，氧同位素组成分布在同一区。球粒陨石可以分为三大类：碳质（carbonaceous，C型）球粒陨石、普通（ordinary，O型）球粒陨石和顽火辉石（enstatite，E型）球粒陨石。碳质球粒陨石的碳含量并不高。普通球粒陨石是目前收集量最大的陨石，比较常见但并不普通，科研价值和其他价值也不低。

族是陨石分类中的一个新概念，比群高一级但又不如类那么严格。人们最初用族来代表一类具有相同的元素含量、矿物学和同位素地球化学特征的陨石，它们可能形成于太阳星云某一特定区域，具有相同的形成机制和演化历史。碳质球粒陨石类中有四个族：CR族［包括CR、CH、CB及一个未分类的 Lewis Cliff（LEW85332）］、CM-CO族、CV-CK族和CI族。各族的具体意义仍然不十分明确，需要进一步研究。

群是陨石分类中最基本的单元。一个陨石群至少包括5个不成对的陨石，它们具有类似的元素含量和矿物学、岩石学、地球化学特征。以碳质球粒陨石为例，可分为八个群：CI（如陨石 Ivuna）、CM（如陨石 Mighei）、CO（如陨石 Ornans）、CV（如陨石 Vigarano）、CK（如陨石 Karoonda）、CR（如陨石 Renazzo）、CB（如陨石 Bencubbin）和CH（如陨石 ALH85085）。根据金属铁单质与氧化亚铁的含量比值（Fe^0/FeO），可以将普通（O型）球粒陨石分为高铁（H；$Fe^0/FeO=0.58$）、低铁（L；$Fe^0/FeO=0.29$）和低低铁（LL；$Fe^0/FeO=0.11$）三个群。经过热变质作用的普通球粒陨石可以通过硅酸盐矿物（橄榄石和低钙辉石）来进行分类。顽火辉石（E型）球粒陨石通常分为高铁（EH）和低铁（EL）两个群。还有一个特殊的R群（Rumuruti群）陨石，其全岩化学成分与普通球粒陨石接近，但三氧同位素却明显不同，故而它或是一个新类，或是普通球粒陨石中的一个新族，目前暂时放入群这个层级。另一个特殊的群是 Kakangari 群陨石，其在难挥发元素方面和普通球粒陨石相似，在氧同位素方面和碳质球粒陨石相似。但是该陨石的数目不到5个，所以单独成K小群（grouplet）。一些陨石群还可以划分亚群，如CV型陨石可以根据基质与球粒的比例、金属铁与磁铁矿的比例及金属铁和硫化物中的Ni含量，进一步划分为两个亚群——氧化亚群和还原亚群。还有一些陨石由于过于特殊而无法归至现有的群，例如，陨石 Acfer 094 似乎没有经受任何母体过程、陨石 Kaidun 含有很多毫米级的球粒陨石碎片。

除了上述分类之外，人们还通过岩石类型来划分球粒陨石母体所经历的过程。图12.8所呈现的就是某陨石群最主要的岩石类型。3.0型代表最原始的物质，3.1～6型代表陨石母体经过的热变质过程，2～1型代表陨石母体经过的水蚀变过程。也有人提出7型，用来代表陨石可能由冲击熔体形成。在某些情况下，4～6型的全岩氧同位素组成逐渐均一化。由于3型被认为是最原始的类型，既没有经过热变质过程，也没有经过水蚀变过程，所以3型对于我们了解太阳系最初的状态很重要。热释光法（thermo luminescence）可以用来研究陨石机制的重结晶程度，人们进一步用热释光法把3型细分为了3.0～3.9型。

图12.8 陨石的岩石学分类（Weisberg et al.，2006）

2. 无球粒陨石

从结构上看，原始无球粒陨石可能经历过熔融、部分熔融或者分离结晶，但是从化学成分及氧同位素来看，它们可能来自某一球粒陨石群。原始无球粒陨石的命名遵从 Rose 的方案，用"ite"词缀来表示（如 acapulco-ites）。实际上，将原始无球粒陨石独立出来的工作才开展不久，可以作为陨石分类研究的一个进展，但是它的定义和使用范畴并不十分精确。在此给出原始无球粒陨石的判断方法：陨石母体经历的温度超过固相线，发生部分熔融，但是并没有矿物晶体从熔体中结晶并脱离体系；或者是母体已经全部熔融，但是并没有达到同位素平衡。对于最重要的原始无球粒陨石类型，如阿卡普尔科陨石（acapulcoites）、罗兰德陨石（lodranites）、文诺纳陨石（winonaites）及含有硅酸盐的ⅠAB和ⅢCD铁陨石，毫无疑问它们都是部分熔融的残留物，因此划分为原始无球粒陨石的依据较为明确。但是这个定义会造成人为的麻烦，例如，母体大部分熔融，残留物成为罗兰德陨石，熔体形成

了钙长辉长无球粒陨石（eucrites）；在实际分类时，将罗兰德陨石划为原始无球粒陨石，将钙长辉长无球粒陨石划为无球粒陨石，就会让人们难以察觉二者之间成因上的联系。另外两个难以归类的陨石是布莱奇那陨石（brachinites）和橄辉无球粒陨石（ureilites），我们暂时将它们归为原始无球粒陨石。

无球粒陨石包括石陨石、铁陨石及石铁陨石，其母体可能是小行星、月球和火星，这些陨石毫无例外都来自已经完成核幔等圈层分异演化的天体。从分类的角度来看，无球粒陨石没有类的概念，更加侧重族的概念。无球粒陨石的群的概念也与球粒陨石不同。在球粒陨石中，同属于一个群的陨石大致都来自一个母体，但是在无球粒陨石中，群并不具备这个功能。例如，橄榄陨铁（pallasite）可能有多个母体（图12.9）。因此，橄榄陨铁、中铁陨石（mesosiderite）和布莱奇那陨石等更多表达的是结构上的类似性，并不表明它们来自同一个母体。有些形成于同一个母体的陨石也可能会被划分到不同群中，如阿卡普尔科陨石-罗兰德陨石、文诺纳陨石-ⅠAB-ⅢCD铁陨石、古铜钙长无球粒陨石（howardites，H）-钙长辉长无球粒陨石（eucrites，E）-古铜无球粒陨石（diogenites，D）（HED）、玄武岩/斜长

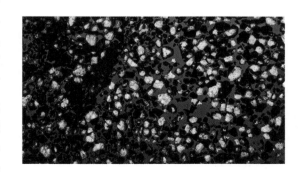

图12.9 橄榄陨铁
透亮的为橄榄石晶体，灰色的为铁镍合金。人们经常将橄榄陨铁类比为核幔边界的物质

岩月球陨石及 SNC- 斜方辉长岩等火星陨石，它们虽然来自同一个母体，但是也被划到不同群中。

铁陨石的分类研究应当是最深入的。人们很早就发现了铁陨石中的铁镍交织结构，即著名的魏德曼结构（Widmanstätten structure，图 12.10）。后来人们一直尝试用铁陨石中的结构对其进行分类，如 Tschermak 将铁陨石分为八面体铁陨石（octahedrite）、方陨铁（hexahedrite）和无结构铁陨石（ataxite）三类。1951 年，Goldberg 等初步尝试用铁陨石的 Ni 和 Ga 含量来进行分类。1957 年，Lovering 等将铁陨石中的 Ga 和 Ge 含量从高到低分为 I ～IV类。Ga 和 Ge 是挥发性元素，因此它们可能反映了母体形成的过程。1967 年，Wasson 和他的合作者按化学元素含量将铁陨石进行了分类（图 12.11）。I AB、IIICD 和IIE 三个群的化学趋势明显不同，它们的母体金属核中有硫的存在，而且后期撞击事件导致铁陨石中出现了硅酸盐矿物，如IIE 中的硅酸盐矿物和 H 型陨石很接近。虽然现在通用的方案是化学元素分类方案，但是从结构上看，二者通常有部分关联。例如，IVA 都是细粒八面体铁陨石，II AB 都是粗粒八面体铁陨石，I AB 都是中粗粒八面体铁陨石且含有一些硅酸盐矿物。需要注意的是，依然有 15% 的铁陨石无法归类。

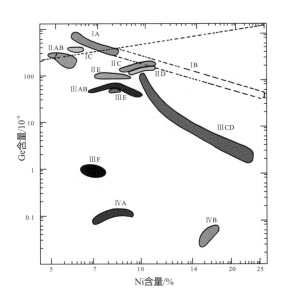

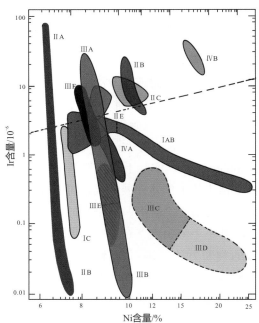

图 12.11 铁陨石的化学分类（Scott and Wasson，1975）

通过上述讨论，我们可以将陨石基于结构和化学组成的分类建立成因上的联系，形成一个新的分类方案（图 12.12）。有些陨石虽然化学成分或结构有所差异，但是它们的氧同位素组成一样，因此被认为是来自同一个母体或者太阳星云区域。例如，CR、CH 和 CB 的球粒大小、岩石结构及金属含量都

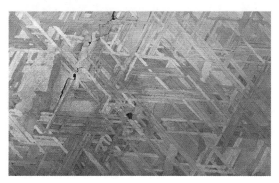

图 12.10 铁陨石中的铁镍交织结构

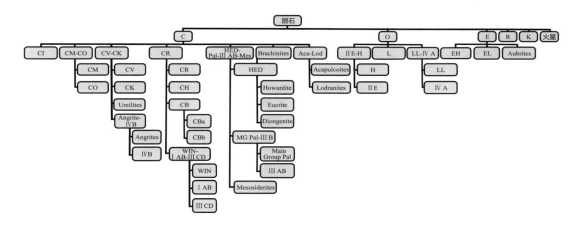

图 12.12　基于陨石成因的陨石分类方案（Weisberg et al.，2006）

不同，但是它们的氧同位素组成一样，因此它们都被划分为 CR 族。HED 陨石通常也被划分在一族，因为在古铜钙长无球粒陨石（H）中经常有钙长辉长无球粒陨石（E）和古铜无球粒陨石（D）的碎片。主群橄榄陨铁和ⅢAB 铁陨石的氧同位素组成一样，说明它们可能来自同一个母体。有些陨石的岩石和化学组成类似，但是它们的氧同位素组成不同，也被分为不同的类。

3. 陨石成因

从氧同位素得出的结论经常与从岩石学及元素含量得出的结论不一致，这是目前陨石分类和陨石成因研究中争议最多的地方。因此，在图 12.12 所示的分类中，有些分类是基于矿物岩石 - 元素含量 - 同位素综合得出的，有些则单独依赖氧同位素分类。在这个分类中，我们可以发现地球的建造物质类似于 E 型陨石，而火星的建造物质可能更类似于 O 型陨石。但这都还不是定论，即便是基于矿物岩石 - 元素含量 - 同位素的综合结论，也还是有很多不确定之处。

目前，人们认为陨石类型可能与小行星不同圈层或不同演化阶段有关（图 12.13）。以 CV 型陨石为例，小行星最表面的可能是还原型 CV 陨石，稍靠近小行星内部的为氧化型 CV 陨石，而靠近小行星核心的部分经历了最强烈的热变质作用，则可能类似于 CK 型陨石。因此将来的陨石分类与陨石成因研究，需要借助深空探测任务具体到某个或者某类小行星上进行原位或采样研究。

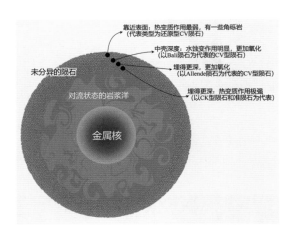

图 12.13　不同类型的陨石与小行星不同圈层的概念图（Elkins-Tanton et al.，2011）

该图表明不同陨石不一定来自不同的小行星，而有可能是同一母体的不同圈层

知识拓展 2　三氧同位素

氧有三个同位素，即 ^{16}O、^{17}O 和 ^{18}O，分别由 8 个、9 个和 10 个中子与 8 个质子组成。从化学角度来看，它们的化学性质是一样的，因为化学性质受控于核外电子，三个同位素的核外电子是相同的。但实际上，从同位素的角度来看，三者完全不同：^{16}O 是 ^{17}O 的"母亲"，但是 ^{18}O 和 ^{16}O、^{17}O 都没有"血缘"关系。^{16}O 是恒星 CNO 循环的产物，这类 ^{16}O 永远无法通过和 H 结合形成 ^{17}O。因此，^{17}O 的形成需要借助上一代恒星残留下来的 ^{16}O，这些 ^{16}O 在新一代恒星中被加工成 ^{17}O。由于上一代恒星残留下的 ^{16}O 很少，进一步被加工出来的 ^{17}O 也就比恒星新形成的 ^{16}O

少。^{18}O 的形成需要借助上一代恒星残留下来的 ^{12}C 或者 ^{14}N，通过新一代恒星的"加工"完成，因此 ^{18}O 的含量也比较少。在实际研究中，人们通过质谱仪测定的是 $^{18}O/^{16}O$ 和 $^{17}O/^{16}O$ 的值。在同位素地球化学领域，人们还会把样品和标准物质的 $^{18}O/^{16}O$ 和 $^{17}O/^{16}O$ 进行比较。以三氧同位素来说，首先可以测出样品中的 $^{17}O/^{16}O$：

$$R = \left(\frac{^{17}O}{^{16}O} \right)_{样品} \qquad (\text{附 } 12.1)$$

然后将样品的实测值与标准物质的实测值做如下处理：

$$\delta^{17}O = \left[\frac{\left(\dfrac{^{17}O}{^{16}O} \right)_{样品}}{\left(\dfrac{^{17}O}{^{16}O} \right)_{标准物质}} - 1 \right] \times 1000$$

$$(\text{附 } 12.2)$$

我们同样可以获得 $\delta^{18}O$，进而获得 $\Delta^{17}O$：

$$\Delta^{17}O = \delta^{17}O - C \times \delta^{18}O \qquad (\text{附 } 12.3)$$

式中，C 的取值范围通常为 $0.50 \sim 0.53$。通过 $\Delta^{17}O$ 我们就可以将三个氧同位素联系起来。通常来说，来自同一天体的物质具有一致的 $\Delta^{17}O$。因此，人们常用三氧同位素来判断一块陨石的母体或者它与已知陨石的相似度（图 12.14）。

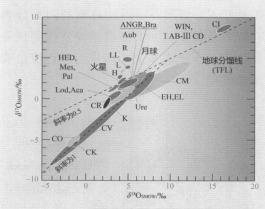

图 12.14　太阳系岩质物质的三氧同位素组成（Weisberg，2018）
太阳系不同的物质具有不同的三氧同位素特征

12.2　小行星带

除了极少数陨石来自月球和火星之外，绝大多数陨石都来自小行星带。从 12.1 节的叙述中我们可以发现，小行星带的物质既有未分异的原始物质（球粒陨石），也有大量已经发生高度分异的天体（以无球粒陨石为代表）。陨石让我们获得了大量有关太阳系物质及形成与演化历史的信息，小行星带的物质分布与动力学演化历史能让我们获得更加宏观的太阳系演化信息。本节将介绍小行星带一些著名的天体、小行星带的物质分布特征和小行星带的动力学演化历史。

12.2.1 小行星带的大块头

小行星带大体分布于火星和木星之间的一个环带中，其中直径超过 100 km 的小行星有 200 多个，直径为 1 km 以上的小天体大约有 200 万个。小行星带的总质量相当于月球质量的 3%，其中 60% 由四个最大的天体组成，即谷神星（Ceres）、灶神星（Vesta）、智神星（Pallas）及健神星（Hygiea）。

谷神星是小行星带最亮的天体（1 号小行星），直径大约有 945 km，它不仅是小行星带内最大的天体，也是海王星轨道以内最大的小行星，因此被标记为唯一一颗矮行星（dwarf planet）。谷神星主要由岩石和冰块组成，它的质量占小行星带总质量的 40% 左右，也是小行星带内唯一一颗达到流体静力学平衡的天体。重力数据显示谷神星的核与幔可能是由泥（冰与岩石的混合物）组成的，表壳虽然密度较低但是强度较大，其中冰占据了其表壳总质量的 30%。目前的证据并不足以说明谷神星的表壳只有一层液态的海洋，但是高盐海水还是源源不断地从幔向表面流淌，形成冰火山（cryovolcano），如阿胡纳（Ahuna）山。从轨道上看，谷神星的轨道几乎就在小行星带的正中间，其绕太阳的公转周期是 4.6 个地球年。

谷神星虽然是最亮的小行星，但是从地球上观测它依然很暗，天文望远镜无法获得其表面的组成信息。一直到"黎明号"（Dawn）的观测，人们才发现谷神星表面的

成分比较均一，由冰块、黏土矿物及碳酸盐矿物组成，因此它通常被划为 C 型（碳质）小行星。它与碳质球粒陨石的组成比较一致。哈勃空间望远镜还发现谷神星的表面有石墨、硫及二氧化硫的存在，其中碳含量很高。人们推测谷神星最初形成于木星之外的太阳区域，因此有大量富碳物质和水的存在。

灶神星比谷神星小，直径只有 525 km 左右，是小行星带第二大的天体。灶神星的密度比类地行星略小，但是比绝大多数小行星带天体更大，因此可以认为它是类地行星的原型。从成分来看，可见光谱、红外光谱、γ 射线与中子光谱仪都表明灶神星的表面物质组成与 HED 陨石一致。从形状来看，灶神星呈扁球形，说明其没有达到流体静力学平衡。灶神星表面有大量陨石坑，其中较大的陨石坑是直径为 500 km 的雷亚希尔维亚（Rheasilvia）陨石坑与直径为 400 km 的维纳尼亚（Veneneia）陨石坑。雷亚希尔维亚陨石坑的宽度几乎是灶神星直径的 95%，深度达到 19 km。人们推测，形成雷亚希尔维亚陨石坑的撞击事件可能剥蚀了灶神星表面至少 1% 的物质，因此形成了大量灶神星家族的小天体及小行星（V 型小行星）。HED 陨石的母体可能是灶神星，人们推测 HED 陨石的形成与雷亚希尔维亚陨石坑有关。哈勃空间望远镜显示形成雷亚希尔维亚陨石坑的撞击事件可能击穿了灶神星的几个内部圈层结构，由于观测到了橄榄石的存在，人们推测撞击可能到达灶神星的幔部。

智神星的直径为 507 ~ 515 km，比灶神星略小。智神星的表面反照率比谷神星低，光谱数据表明其表面组成物质是硅酸盐矿物（主要是橄榄石和辉石），金属和冰的含量很少。总体来看，智神星的表面成分与 CR 陨石比较接近，含水矿物比 CM 陨石少。

和灶神星一样，智神星也没有达到流体静力学平衡，内部也可能有分层，如存在一个比较干燥的硅酸盐核与一个含水量较高的硅酸盐幔。但总体而言，智神星在化学组成上应该比较均一。

健神星的直径约为434 km。从光谱上看，它的成分与碳质球粒陨石接近，被划分为C型小行星。最新的天文观测数据表明，健神星几乎为正球形，可能达到了流体静力学平衡，属于矮行星；但是人们认为健神星的形状可能与它经历的猛烈撞击事件有关，不足以用来佐证其为矮行星。健神星可能从来没有经历过部分熔融，即内部没有圈层结构。

12.2.2 小行星带的成分特征 与动力学机制

对陨石或单个小行星的研究足以让我们对小行星带的物质组成获得较为深入的了解，如果还能获得小行星带的物质分布特征，即建立物质成分与空间的关系，或许就能了解小行星带形成及演化的过程，甚至推测太阳星云的早期动力学历史。根据最简化版的太阳星云假说，从太阳向外温度逐渐降低，如果小行星带的物质形成时的位置与现在所处的位置一致，那么它们就应该具有理论模型推测的某些矿物或物质组成特征；如果这些小行星形成于其他区域，而后才迁移到现今位置，那么它们的物质组成分布就可能与理论不符，需要额外的动力学机制来解释。

Gradie 和 Tedesco（1982）指出，小行星带的陨石主要分为三大类（图12.15），即C型（碳质）小行星、S型（硅酸盐矿物）小行星和X型（混合）小行星。X型（混合）小行星可以进一步分为M型（金属型）、P型（原始型）、E型（顽火辉石球粒陨石

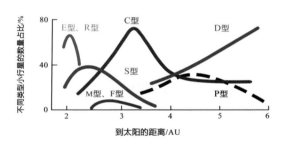

图12.15 小行星带不同类型小行星的简化分布特征（Gradie and Tedesco，1982）

型）和特殊的V型小行星。

C型（碳质）小行星主要分布在小行星带的外环，较少存在于内环。它们占小行星带可见天体数目总量的75%。从光谱成分来看，它们与碳质球粒陨石很接近，只是挥发性元素的含量较碳质球粒陨石更低。

S型（硅酸盐矿物）小行星主要分布在小行星带的内环，其表面成分主要是硅酸盐矿物和少量金属，几乎没有碳质组分。这表明它们已经经过高度演化，有可能是熔融导致了圈层分异。它们约占小行星带天体数目总量的17%。

M型小行星通常分布在小行星带的中部，约占小行星带天体数目总量的5%。其光谱特征与铁镍金属类似，因此有人认为它们是小行星被撞碎后露出来的金属核。

V型小行星是一个比较奇怪的存在。理论上，小行星带中比灶神星大的天体都已经完成了分异，其表面应该就是玄武岩成分。然而研究发现，小行星带大部分接近玄武岩成分的天体都是灶神星的碎片。有观测发现1459 Magnya、7472 Kunakiri 及 1991 RY16也属于V型，它们可能并非来自灶神星。

从化学成分上看，小行星带的物质有着较好的分带，不太像从其他地区随机迁移过来的，更像原地形成。不过实际情况可能更为复杂。

前人认为光谱从红到蓝的变化可能反映了原始物质的保存程度，进一步反映了行星盘的温度和成分梯度。因此，偏红的光主要出现在小行星的内环，代表小行星的表面经过熔融形成了岩浆岩；而偏蓝的光主要出现在小行星的外环，代表此处的小天体没有经过高程度的热变质。但是这种解释并不准确，因为人们对一个偏红的小行星系川（Itokawa）进行了实地采样，发现它虽然经历了热事件，但是其成分较为原始。此外，人们发现1459 Magnya虽然是玄武岩成分，但它呈现蓝光，其分布横跨整个小行星带（图12.16）。理论上，M型小行星应该在最内带，而不是中间带。这些例外现象最初被解释为"污染"，即个别小天体出现在不属于它的区。但是后来的研究逐渐发现，红光群小行星和蓝光群小行星本身分布的范围越来越宽，使得最初的理论越来越缺乏说服力。最新研究发现，即便是木星族的彗星物质［特洛伊（Trojan）彗星，D型］也会出现在小行星的内带，这也是前人数据无法解释的。

现在人们已经放弃了太阳星云静态演化模型，转而认为太阳星云演化的早期有过剧烈的动力学扰动事件。图12.17就是几个简单的太阳星云动力学扰乱事件，但是这些事件都不能解释小行星带复杂的物质组成特征。于是人们开始使用行星迁移（planet migration）模型来解释太阳系天体的分布规律。行星迁移模型认为，行星的轨道并不是固定不变的，而是随着时间和空间引力的变化而变化，变化的同时会扰动周边的星尘、气体及星子。这个模型不是最近才提出的，但是用来解释小行星带的物质分布却是最近的事情。尼斯（Nice）模型是第一个能够解释太阳系多种观测事实，包括巨行星的轨道和土星的卫星等关键特征的模型。在这个模型中，木星在向内迁移的同时，其他巨行星向外迁移。当木星和土星超过了它们1:2的轨道共振时，整个轨道系统就开始失稳。也有学者认为轨道失稳是巨行星和柯伊伯带相互作用导致的。当系统刚开始失稳时，木星轨道的特洛伊区没有物质填充，从更远处散射过来的天体（主要是彗星物质）迅速占据了这一地区。但是，尼斯模型不能解释小行

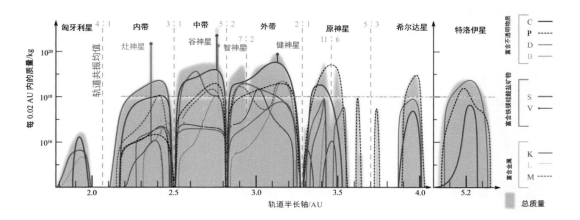

图 12.16 小行星带不同类型小行星的分布特征（DeMeo and Carry，2014）

阴影区域代表每 0.02 AU 内小天体的总质量，每种颜色代表一种光谱类型的小行星。位于 10^{18} kg 处的横线代表 20 世纪 80 年代的观测极限值，即 20 世纪 80 年代只观测到了该横线以上的区域，而该横线以下的区域则是 DeMeo 和 Carry 的新发现

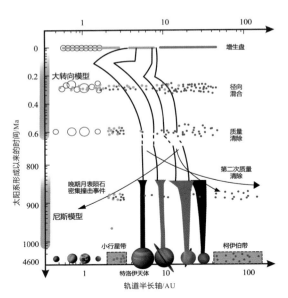

图 12.17 小行星带形成的不同模型（DeMeo and Carry，2014）

星带中偏蓝和偏红物质的大幅度混合。大转向模型（grand tack mode）认为木星发生迁移的时间比尼斯模型预测的时间更早，也就是在类地行星形成时，木星便迁移到了如今火星所在的轨道区域。因此，木星贯穿了原始小行星带，先清空小行星带，随后从火星轨道向外迁移，把内太阳系物质带到了小行星带。

　　不管是尼斯模型还是大转向模型，行星轨道迁移可能在 45 亿年前左右就停止了。但是迄今为止，小行星带依然十分动荡。小行星之间不停地发生碰撞，碰撞产生的物质由于雅科夫斯基（Yarkovsky）效应在小行星带内进行重新分布。因此，太阳系本身并不是静态的，而且一直处于动力学活动的状态。现在的天体动力学模型不仅需要解释太阳系行星的有序分布，还需要解释太阳系小行星带物质的复杂混合状态。厘清这两个尺度上的过程，有助于了解太阳系的动荡历史。

知识拓展 3　尼斯模型和大转向模型的作者

　　2005 年，Gomes 等、Tsiganis 等和 Morbidelli 等在 *Nature* 上发表了三篇研究太阳系动力学演化的文章，奠定了尼斯模型的基础。这三篇文章的主要研究者是法国尼斯（Nice）蔚蓝海岸天文台（Côte d'Azur Observatory）的成员，因此人们将这个模型称为尼斯模型。在行星动力学领域有一个长久以来都没有解决的问题，那就是如何在火星现在的轨道区域形成火星，因为之前的模型推导形成的火星质量都太大了。大转向模型便是 2011 年 Walsh 等提出并用于解释火星形成的模型。不少尼斯模型的发明者也是大转向模型的发明者，如亚历山大·莫尔比代利（Alessandro Morbidelli）。

12.3　彗星

　　说起彗星，恐怕没有听说过的人很少，但是人们通常理解的彗星和科学定义的彗星不一样。《春秋》和《左传》中称彗星为"星孛"，自《史记》开始称为"彗星"。中国史书中记录了大量的彗星现象，尤其是哈雷彗星，不仅完整记录了它的周期，还记录了它的亮度、飞行方向和穿越大气层的时长。中国马王堆汉墓出土的丝帛画中还根据彗尾对彗星进行了分类（图 12.18）。这种翔实的记录贯穿中国历史，直到 20 世纪以后，西方在彗星观测和记录上才逐渐超越中国。彗星在英语中的单词是 comet，它有两层意思。第一，它是一种天文现象。发光的物体叫作彗发（coma），其中生出一个长长的尾巴，叫作彗尾（tail，图 12.19），这个天体是围绕太阳运动的。第二，2006 年国际天文学联合会将太阳系的天体分为行星、矮行星和小天体（small bodies），其中彗星属于小天体。因此，彗星就是一颗围绕太阳公转的发光小天体。

冰在太阳光的照射下发生升华，形成向外喷发的气流和尘埃流，这种向外的物质流一方面形成彗发，另一方面形成几乎与太阳方向相反的彗尾；生出彗发和彗尾的固体物质则被称为彗核（cometary nucleus）。在很多情况下，"彗星"一词指的是彗核，因此我们在讨论彗星的起源和演化时，实际上讨论的是彗核的起源和演化。彗发和彗尾随着彗星围绕太阳的运转消失或重现，彗核却能存在更久。这个描述性的定义尚不完备，因为彗星只有在靠近太阳时才有彗发和彗尾，远离太阳时并

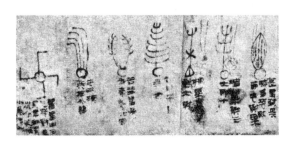

图 12.18 马王堆汉墓中的彗星壁画

图 12.19 彗星 C2020 F3（NEOWISE）穿越地球大气层

没有。虽然定义彗星时依赖于对彗发和彗尾的观察，但是在远离太阳的轨道上，彗核依然在运行，只是没有彗发和彗尾而已。从这个角度来看，彗星是在靠近太阳时会形成彗发和彗尾的天体。这就意味着，这个天体上必须存在冰，而且冰必须靠近表面；此外，该天体轨道的近日点距离必须足够近，才能形成彗发和彗尾。问题是，彗星运行时如果受到大天体的引力影响，轨道就会变化，有时并不会出现彗发和彗尾。如此说来，彗星就像是"薛定谔的彗星"，观察到彗发和彗尾时它就是彗星，否则它就算是一颗小行星。

这种不可靠的定义实际上无法使用。还不如将彗星定义为冰质小天体，不管它的轨道近日点是否足够近以至于形成彗发和彗尾，也不管它的冰层是否埋得比较深，进而

难以挥发。因此,定义彗星最关键的因素就是它的冰含量。看起来,这个定义更为可靠。但是很多小行星和彗星在成分上的差别并不够大,再者也无法测定彗星内部的冰含量,因此这个定义也不够实用。

虽然很难对彗星作出定义,但是彗星和小行星也并非截然不同,肯定会有彗星和小行星的过渡类型天体存在。即使讨论纯正的彗星——那些有彗发和彗尾的天体,也要时刻记得还有一些本质上和它们很相似的天体存在。

12.3.1 彗核

早期观测发现,彗星进入大气层后会发光形成一颗闪亮的"流星",然后从夜空中消失。人们最初认为彗星是一团聚集在一起的星尘颗粒云,以至于当时有人计算星际尘埃能够形成的彗星数量。但是很快就发现这种观点缺乏说服力。星际尘埃如何形成彗发和彗尾?如果彗星是一团松散的星际尘埃云,那么它们靠近木星时为什么没有被撕碎? 1948 年,比利时天文学家波尔·斯温斯(Pol Swings)认为彗尾可能是冰解体的产物。1950 年,弗雷德·惠普尔(Fred Whipple)正式提出了彗核的概念,他认为彗核是由冰和硅酸盐矿物组成的固体团块,这就是著名的脏雪球(dirty snowball)模型。冰含量相对较少而硅酸盐矿物含量较多的彗星则被称为冰泥球(icy dirtball)模型。2005 年,美国宇航局执行了一项撞击实验,撞击了彗星 9P/Tempel 1。2015 年,人们根据这个撞击实验,发现这颗彗星形似一个在冰箱里冷冻了很多年的

冰淇凌,它的外表是由高密度的水冰和有机物组成的,内部的冰密度反而较低。

彗核的表面看起来很干燥,要么是一层浮土,要么是一些小石块。这表明彗星表面的水冰可能早已挥发,而现在的水冰埋在较深的地方。彗核中有各种各样的有机物,甚至包括长链的碳水化合物和氨基酸(如谷氨酸)。彗星表面的物质组成特征使得它的反照率特别低,哈雷彗星只能反射它接收的总光照的 4%。在围绕太阳运行时,彗星表面容易挥发的有机物已经消失,留下的都是一些较为复杂的有机物,这些有机物进一步吸收太阳光,促进了物质的升华和喷发过程。

彗核的直径变化较大,目前观察到彗核的最大直径是 30 km,直径小于 100 m 的彗核则没有被观察到。彗星的平均密度估算值是 0.6 g/cm³,因此彗星也没有达到流体静力学平衡。Rosetta 和 Philae 探测发现 67P/ 丘留莫夫 - 格拉西缅科(Churyumov-Gerasimenko)彗星没有磁场(图 12.20),因此磁场对太阳系星子的形成可能并不重要。

图 12.20 67P/ 丘留莫夫 - 格拉西缅科彗星的结构与形貌
来源:ESA。

知识拓展 4　彗星动物园

　　罗塞塔号获得了 67P/ 丘留莫夫 - 格拉西缅科彗星的化学成分，人们将它形容成一个彗星动物园（cometary zoo）。长链有机物被视为长颈鹿；苯等环形有机物被视为大象；甘氨酸被视为狮子；味道难闻的氨和甲胺等被视为斑马，因为斑马的粪便味道很大；挥发性比较强的二氧化碳和氮气等则被视为蝴蝶。总之，罗塞塔号探测到的彗星挥发出来的物质种类繁多。

12.3.2　彗发

　　围绕彗核形成的一层类似于大气层的物质叫作彗发。彗发主要受太阳风辐射压的影响，彗发的方向是反向指向太阳。彗发的主要成分是水和尘埃，其中对水分子的破坏主要通过光解反应实现。彗发中的大颗粒尘埃物质会留在彗星的轨道上，而小颗粒的尘埃物质会被太阳风吹走。

　　彗核一般都很小，但是彗发却有可能达到几百万千米的尺寸。例如，17P/Holmes 的彗发甚至比太阳还大。彗发发光的机制与彗尾类似，尘埃会反射太阳光，而气体则会通过离子化发光。1996 年，人们发现彗星可以发射出 X 射线。要知道，只有极高温天体才会发射出 X 射线。于是人们认为太阳风在吹过彗发时会"劫持"彗发中的电子，这种情况相当于发生了退激发（de-excitation）过程，进而使得彗星发射出 X 射线和极紫外光。

12.3.3　彗尾

　　当彗星靠近太阳时，尘埃和气体会喷发，进而形成各自的尾巴，在尾巴的朝向上也略有不同。尘埃彗尾通常具有弯度，叫作 II 型彗尾。I 型彗尾或者离子彗尾主要由气体组成，离子彗尾总是反向指向太阳（图 12.21）。离子彗尾由彗核物质电离形成，因此离子彗尾通常带正电荷，彗星周围也会形成一个感生磁层（induced magnetosphere），会把一些颗粒物质困在彗星的周围。感生磁层还会和太阳风形成一个冲击波，冲击波会把感生磁层困住的离子进一步压缩驱赶到离子

图 12.21　彗星的离子慧尾与尘埃慧尾

彗尾。随着离子彗尾的离子不断增多，感生磁场线被挤到一起，发生磁重联（magnetic reconnection）。

12.3.4 彗星的命名

彗星除了以发现者命名外，更多以公转周期命名。彗星公转周期差别极大，从几年到几百万年。因此，人们将彗星分为两大类，一类是只看到过一次的（single-apparition）彗星，另一类是回归（returning）彗星。前者通常是长周期彗星，后者通常是短周期彗星。通常轨道周期大于 200 年的为长周期彗星，小于 200 年的则为短周期彗星。

随着被发现的彗星越来越多，1994 年国际天文学联合会通过了新的命名法（表 12.1），即在轨道分类的基础上，以半个月为时间界限，为发现的新彗星排号（借鉴了小行星的命名法）。在代表每半个月的字母后面增加阿拉伯数字，表明这半个月中发现的彗星数量。此外，在半个月字母之前还有表示彗星周期性质的前缀。

表 12.1　彗星命名所用的代号

月份	上半月	下半月
1	A	B
2	C	D
3	E	F
4	G	H
5	J	K
6	L	M
7	N	O
8	P	Q
9	R	S
10	T	U
11	V	W
12	X	Y

P/ 表示短周期彗星。P 前面是周期彗星总表编号。哈雷彗星是第一颗被确认周期的彗星，它的系统命名是 1P/1682 Q1。其中，1P 代表它是被发现的第一颗短周期彗星，1682 代表发现的年份，Q 代表八月的下半月，1 代表这是这半个月发现的第一颗彗星。

C/ 表示无周期彗星或者周期超过 200 年的彗星，如 C/1995 O1（海尔 - 波普彗星）。

X/ 表示轨道周期不明确的彗星，尤其是历史记载中的彗星。

D/ 表示不再回归或者已经分裂消失的彗星。

A/ 表示曾经被错误地归为彗星而实际是小行星的"彗星"。

I/ 表示来自太阳系外的小天体。例如，C/2019 Q4 被证实来自太阳系外，就更名为 2I/Borisov，其中 2 表示这是发现进入太阳系的第二颗系外天体，I 表示 interstellar（星际）。

12.3.5 彗星的起源

通常来说，除了木星族彗星之外，柯伊伯带和奥尔特云是太阳系彗星最主要的两个来源。表 12.2 总结了这三类彗星的主要特征，通过这些特征可以判断彗星的大致起源位置。

12.3.6 彗星与地球

由于彗星有大量的水，人们早就猜测地球上的水（至少地球表面的水，如海洋）可能是彗星带来的。如果地球表面的水是彗星带来的，那么它们的 D/H 值应该接近。研究数据表明，彗星上水的 D/H 值比地球高 3.2 倍（图 12.22）。彗星上水的 D/H 值与彗

表 12.2　不同类型彗星的特征与成因

参数	木星族彗星	柯伊伯带族彗星	奥尔特云族彗星
半长轴	4.4～10 AU	30～100 AU	3000～20000 AU（内奥尔特云）；20000～100000 AU（外奥尔特云）
公转周期	9～30 年	160～1000 年	$2 \times 10^5 \sim 3 \times 10^6$ 年（内奥尔特云）；$3 \times 10^6 \sim 3 \times 10^7$ 年（外奥尔特云）
轨道面	—	与黄道面成低倾角	集中于黄道面（内奥尔特云）；随机（外奥尔特云）
形成位置	柯伊伯带或奥尔特云	柯伊伯带	形成于冥王星和海王星附近，由于木星轨道变迁被散射到现有位置
脱离原有轨道向太阳运动的原因	受木星引力影响	受巨行星引力干扰	临近恒星路过奥尔特云时的引力扰动

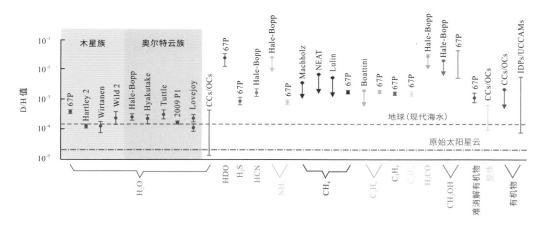

图 12.22　彗星不同组分的 D/H 值（Müller et al.，2022）
绿色虚线代表地球海洋，紫色虚线代表原始太阳星云。虽然有些彗星的 D/H 值与地球海洋接近，但是绝大多数彗星的 D/H 值不同于地球海洋

星离太阳的距离、彗星的活跃程度及彗核的大小等均无关。此外，彗星上水的氧同位素也呈现类似的特征。人们还获得了彗星表面 CH_4、C_2H_6、C_3H_8 和 C_4H_{10} 的 D/H 值，它们比彗星上水的 D/H 值还要高 4～5 倍。这表明彗星的有机物可能来自前太阳系分子云，分子云中的电离辐射会造成 D/H 值的升高。但是彗星物质的 $^{12}C/^{13}C$ 组成较为均一（图 12.23），与碳质球粒陨石和星际尘埃等在误差范围内一致。

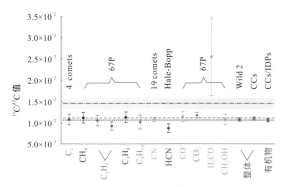

图 12.23　彗星不同有机物的碳同位素组成（Müller et al.，2022）
绿色虚线代表地球，紫色虚线代表原始太阳星云。彗星的 $^{13}C/^{12}C$ 与地球海洋接近

从现有数据来看，虽然彗星有可能不是地球地表水的来源，但是由于只测量了极少数彗星（很多历史彗星消失了），也无法排除彗星对地球水的贡献。此外，彗星的 C 同位素组成和 D/H 值之间没有相关性，可能说明二者的来源并不相同。

· 习题与思考 ·

（1）球粒陨石是未发生分异的太阳系原始物质，铁陨石通常来自小天体的金属核。是否球粒陨石的年龄一定都比铁陨石老？为什么？

（2）球粒陨石最主要的特征是其中存在大量圆球。请查阅文献，介绍球粒的特征和成因。

（3）日本对小行星龙宫（Ryugu）进行了返回采样。龙宫小行星的化学组成和哪类陨石接近？为什么？

（4）地球各圈层的 D/H 值是多少？哪个或哪几个圈层的 D/H 值与彗星接近？与哪颗或哪几颗接近？需要多少这样的彗星才能形成地球这些圈层的水量？

第十三章

木星和土星

Jupiter and Saturn

我们已经详细介绍了太阳系类地行星及其天然卫星和以小行星带与彗星为代表的小天体。这些天体大多都有相对坚固的岩石物质形成的表面，因此也将它们称为岩质天体（rocky bodies）。我们通过地球科学的概念和研究思路对岩质天体进行了研究，从地质地貌特征、元素含量与同位素组成、内部圈层结构等方面了解了它们的异同。第十三章和第十四章将介绍的行星则与岩质天体完全不同，它们都属于巨行星，从表面形貌、组成物质到内部圈层结构都与类地行星大相径庭。在研究类地行星时，采用地球科学的思路能让我们更加得心应手；在研究巨行星时，天文学和天体物理的知识则能给我们提供更多的帮助。

太阳系的巨行星主要分为两大类，一类是气态巨行星（gas giant planet，简称气巨星），即木星（Jupiter）和土星（Saturn）；另一类是冰质巨行星（ice giant planet，简称冰巨星），即天王星（Uranus）和海王星（Neptune）。这些巨行星又称为类木行星（Jovian planet），即类似于木星的行星，与类地行星相对应。实际上气态巨行星和冰质巨行星的分类也不十分准确，上述 4 颗行星的主要组成物质都是处于临界点之上的流体，因此并不存在明显的气态和冰冻分界线。从成分上看，木星和土星的主要成分是氢气和氦气，而天王星和海王星的主要组成物质是水、氨气（ammonia）及甲烷（methane）。

从历史源流来看，气巨星的概念最初于 1952 年由詹姆斯·布利什（James Blish）在其创作的科幻小说中提出，用来指代所有的巨行星。但是气巨星这个概念实际上很不准确，由于巨行星体积巨大，内部的温度和压力都极高，因此气体很难以气态的形式存在。实际上，在巨行星大气层的顶部，不论是气体还是液体，所有物质都处于临界态。因此，流体行星（fluid planet）可能是一个更准确的概念。在实际使用中，人们划分行星类型所依据的标准则更加复杂。对于太阳系的巨行星，氢气和氦气统称为气体（gas），水、氨及甲烷统称为冰（ice），而金属和岩石则统称为岩石（rock）。如果考虑巨行星内部组成，人们会将氧和碳称为冰，将硅称为岩石，而将氢气和氦气称为气体。如果巨行星的体量很大且足以发生核聚变，那么这样的气态天体就称为褐矮星（brown dwarf），通常这样的天体体量相当于 13 颗木星。

由于木星和土星在很多方面相似，我们在叙述时会综合相关内容一起说明，这一部分主要涉及探测历史、木星与土星从外到内的结构与成分变化，最后会简单讨论巨行星形成模型。由于巨行星的形成事关整个太阳星云的凝聚和太阳系的演化，理论细节在第十七章系外行星之后具体呈现。木星和土星还有很多不同之处，如二者的卫星及行星环，这部分会分开讨论。除此之外，人们在土星的卫星里识别到了生命起源所需要的所有物质，加上巨行星的卫星也是天体生物学研究的热点，因此我们还会介绍巨行星环境下的天体生物学研究。

所谓专家，无非是在某个极其狭窄的领域内犯了所有错误的人。

——尼尔斯·波尔

13.1　巨行星探索历史

2016 年发表在 *Science* 的一项研究表明，公元前 350 年至公元前 50 年，古巴比伦人的泥板上详细记录了当时人们用几何学手段计算木星轨道的过程。人们一直以为其中用到的梯形几何学知识是 14 世纪的欧洲人发明的。现在看来，古巴比伦人早就已经掌握了用几何学研究行星运行轨道和周期的技能。

人们通常将发现木星的卫星归功于伽利略 1610 年出版的《星际使者》。实际上，中国古代战国时期成书的《甘石星经》就记录了"单阏之岁，摄提格在卯，岁星在子，与虚、危晨出夕入，其状甚大有光，若有小赤星附于其侧，是谓同盟"。中国天文学家席宗泽看到这句话时，联想到德国学者亚历山大·洪堡的一段记录："洪堡认识一个叫作 Schon 的裁缝，他年轻的时候可以在晴朗且没有月亮的天空中找到伽利略卫星的位置。"通过一番努力，席宗泽证明在公元前 364 年，中国天文学者甘德就已经发现了伽利略卫星。在中国古代，木星还被称为岁星，因为人们发现木星的公转周期约为 12 年，据此建立了干支纪年法。

说回伽利略。他用天文望远镜发现了木星的四颗卫星，实际上西蒙·马里乌斯（Simon Marius）在伽利略发现木星卫星的第二天也做出了同样的观察，只是他在 1614 年才将观察结果发表。虽然马里乌斯的文章发表得比较晚，但是四颗伽利略卫星的名字还是由他命名的，即 Io（伊奥，木卫一）、Europa（欧罗巴，木卫二）、Ganymede（盖尼米得，木卫三）和 Callisto（卡利斯托，木卫四）。在 1660 年前后，乔凡尼·卡西尼（Giovanni Cassini）用望远镜发现了木星上的斑点及彩色的条带，并且估算了木星的自转周期。木星上最耀眼的大红斑（great red spot）是由罗伯特·胡克在 1664 年首先发现的，1665 年卡西尼也观察到了大红斑，当时人们记录下了大红斑从逐渐消失到再次出现的过程。1670 年，卡西尼还发现当木星 - 太阳 - 地球三者一线且太阳居中时，观测到木星卫星的时间比理论预测迟了 17 min，后来奥勒·罗默（Ole Rømer）据此估算了光速。

实际上，伽利略在《星际使者》中也描述了土星，但是他认为土星并不是圆球，即没有达到流体静力学平衡。直到 1665 年，克里斯蒂安·惠更斯（Christiaan Huygens）利用更大倍数的天文望远镜才首次发现了土星的环和它的卫星 Titan（泰坦）。随后，卡西尼发现了土星的另外四颗卫星，即 Iapetus（土卫八）、Rhea（土卫五）、Tethys（土卫三）和 Dione（土卫四）。1675 年，卡西尼还首次发现了土星环中的环缝（gap/division），即卡西尼环缝（Cassini division）。

基于地面设备对木星和土星的观察，除了发现几颗额外的卫星之外，后续进展不多。其后主要的进展来自人类发射的深空探测设备。第一个对木星进行探测的是美国宇航局的先驱者号（Pioneer）。1973 年和 1974 年，先驱者 10 号和 11 号分别对木星进行了飞掠探测。先驱者 10 号传回了木星首张近距离照片，研究发现木星的辐射场比预想中更强。这次探测任务还获得了木星的尺寸和两极的扁平率。先驱者 11 号在 1979 年飞掠土星，发现了土星的 F 环，并测定了泰坦的温度。

1977 年发射的旅行者 1 号和 2 号返回的数据极大地丰富了人们对木星及其卫星的认识，并首次发现木星也存在行星环。和先驱者 10 号拍摄的照片相比，旅行者 1 号拍摄的土星大红斑的颜色从橙色变为了深棕色。旅行者 1 号发现在 Io 的轨道上存在电离原子形成的湍流结构。当旅行者 1 号转到木星的背日面时，还拍摄到了木星大气层中的闪电。1980 年，旅行者 1 号来到土星，它不仅传回了第一张土星的高清图像，还获得了土星卫星表面的形貌结构。当旅行者 1 号飞过泰坦的大气层时，发现泰坦的大气层并不透光。1981 年，旅行者 2 号继续对土星进行探测，但是这次工作并不顺利，因为相机被卡住了。通过旅行者号，人们识别出了土星环上 C 环内部的麦克斯韦（Maxwell）环缝和 A 环内的基勒环缝（Keeler gap）。

专门针对木星的最近一次飞掠探测是美国宇航局和欧洲航天局于 1992 年发射的尤利西斯号（Ulysses），它获得了木星磁层数据。之后是 2000 年的卡西尼-惠更斯号（Cassini-Huygens），它在飞过土星经过木星的时候，拍摄了不少土星的照片。2007 年旨在探测冥王星的新视野号（New Horizons）也对木星进行了拍照。

从 20 世纪 90 年代开始，人们将探测的注意力放到了在轨探测。1995 年的伽利略号是针对木星的首个在轨探测任务，它在轨道上稳定运行了 7 年，在此期间多次对伽利略卫星等进行探测。它还目睹了 1994 年舒梅克-列维 9 号彗星（Comet Shoemaker-Levy 9）撞击木星的壮观景象。伽利略号向木星的大气层中投下了一个重达 340 kg 的大气探测器，在坠落过程中收集了 57.6 min 的数据。2003 年，伽利略号受控撞向木星（以免其撞向伽利略卫星），其最重要的发现是木星大气层的主要成分为氢气，大气的最高温度是 300℃，大气中的风速是 644 km/h。2016 年，朱诺号（Juno）开始围绕木星的两极运行，并首次返回了木星北极的磁层数据。预计朱诺号将于 2025 年对木星的卫星 Ganymede 和 Europa 各进行一次飞掠探测，对 Io 进行两次飞掠探测，最终撞向木星，结束工作使命。2023 年，欧洲航天局发射了木星冰月探测器（Jupiter icy moon explorer，JUICE），美国宇航局也计划在不久之后发射欧罗巴快船号（Europa Clipper），这两项任务都是为了探寻木星卫星上是否存在生命。中国计划在 2030 年前后发射天问四号对木星及其卫星进行探测。

卡西尼-惠更斯号（以下简称卡西尼号）在 2004 年进入土星轨道。同年，卡西尼号飞掠了土卫九（Phoebe），并返回了高清图像。随后，探测器对泰坦进行了两次飞掠探测，雷达影像数据显示泰坦有巨大的湖泊、曲折的海岸线及无数的岛屿和山脉，2004 年 12 月 24 日惠更斯号探测器开始脱离母体，并于 2005 年 1 月 14 日降落到泰坦的表面。2006 年，卡西尼号发现土卫二（Enceladus）上的热泉，后续研究表明土卫二或许是最有可能诞生生命的天体。2017 年 9 月 15 日，在完成对土星环的一系列穿越之后，卡西尼号进入土星的大气层，完成了它的探测使命。卡西尼号极大地提升了人们对土星系统的认识，现在美国宇航局正在计划新的土星探测任务蜻蜓号（Dragonfly），旨在对泰坦和土卫二进行更详细的探测。

13.2 巨行星的大气层

从各方面来说，巨行星的大气层都与类地行星大气层截然不同。木星和土星大气层的主要成分是氢气和氦气，二者之间的比例与太阳的组成一致。木星和土星大气中的重元素（指比氦重的元素）含量分别比太阳高3倍和5倍。巨行星大气层没有清晰的底部界限，而是逐渐过渡到巨行星的液态内核部分，但是依然可以从下到上分为数层，以木星为例（图13.1），如对流层（troposphere）、平流层（stratosphere）、热层（thermosphere）和外逸层（exosphere）。巨行星的大气也有各种各样的天气现象，如涡旋、风暴、闪电和动荡条带等。某种程度上来说，木星的天气现象比土星更丰富，因此本节先介绍木星，再简单介绍土星。

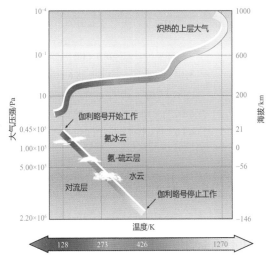

图 13.1 木星的大气结构对比图

13.2.1 木星大气结构

虽然木星的大气层也可以分为对流层、平流层、热层和外逸层，但是它和地球大气层的结构明显不同，木星的大气层没有中间层（mesosphere）。因为无法准确界定木星大气层的底部界限，所以需要制定一个基准线。在对木星的研究中，人们将木星大气中压强为 10^5 Pa 的位置定义为木星的表面。因此，本节提到的木星大气结构，不仅包括 10^5 Pa 以上的层位，还包括 10^5 Pa 以下的层位。

从温度结构上看，木星大气与地球大气有许多相似之处。在木星的对流层中，随着海拔的升高，对流层的温度逐渐降低，在对流层与平流层的交界处达到最低值。木星的对流层顶部大约位于云层（10^5 Pa）上 50 km 处。对流层顶部的压力约为 0.45×10^5 Pa，温度为 110 K。因此，在大约 140 km 的高差内，对流层的温度从 340 K 降低到了 110 K，绝热直减率（adiabatic lapse rate）为 1.6 ℃/km。绝热直减率与对流层的物质组成和行星的重力有关，可以据此估算木星的整体情况。木星大气平流层的温度从 110 K 一直升高到 200 K，此时平流层顶部的海拔为 320 km，压强为 100 Pa。从平流层顶部往上，温度继续升高，在海拔 1000 km 处达到 1000 K，而压强则只有 0.1 Pa。

木星对流层的结构最为复杂。对流层的顶层云所在处的压强为 $6 \times 10^4 \sim 9 \times 10^4$ Pa，主要组成物质是氨冰屑。在氨冰云之下，以硫氢化铵（NH_4SH）和硫化铵〔$(NH_4)_2S$〕物质组成的云为主，此时的压强为 $1 \times 10^5 \sim 2 \times 10^5$ Pa。在氨-硫云层之下，则是以水为主的云层，此处的压强为 $3 \times 10^5 \sim 7 \times 10^5$ Pa。木星大气中水的含量远远高于氨、硫氢化铵和硫化铵等物质，而水的比热容相对较大，因此木星大气的底层水云对木星大气的运动起着至关重要的作用。在云层之上的对流层和平流层中都有一些雾霾颗粒存在。平流层的雾霾主要是多环芳香烃（polycyclic aromatic hydrocarbons）和联氨（hydrazine），这些物质是木星大气中的甲烷在紫外线照射下发生光化学反应的产物。

木星大气的热层是气辉（airglow）、极光（aurorae）和 X 射线等产生的场所。人们发现热层的温度很高，为 $800 \sim 1000$ K，比现有模型的理论预测值高出 2 倍以上。地球上的极光绝大多数情况下出现在太阳电磁风暴时，但是木星的极光一直都存在。人们在木星的热层中还发现了 H_3^+，它是为电离层降温的关键组分。

13.2.2 木星大气成分

木星的大气成分可以代表木星整体的成分。木星大气成分与太阳接近，在细微处有所不同。除了 He 和 Ne 之外，木星的其他重元素含量都比太阳高（表 13.1）。人们认为这可能是因为在木星形成的过程中，与 H 相比，更多 He 凝结成了木星的液态核，导致木星大气中 He 的比重降低。从凝聚态物理的角度来看，在深度 10000 km 左右，He 会像雨一样从木星的大气中凝结并形成小液滴。液态氦的密度远远大于金属态的氢，因此会一直向深部滴下去，形成木星核。这个过程或许也可以解释木星中 Ne 的含量特征。木星和太阳的同位素组成大体一致，只是 $^{15/14}N$ 和 D/H 略低（表 13.2），这可能也与木星核的形成有关。

表 13.1 木星大气与太阳的元素比值

元素比值	太阳	木星 / 太阳
He/H	0.0975	0.807 ± 0.02
Ne/H	1.23×10^{-4}	0.10 ± 0.01
Ar/H	3.62×10^{-6}	2.5 ± 0.5
Kr/H	1.61×10^{-9}	2.7 ± 0.5
Xe/H	1.68×10^{-10}	2.6 ± 0.5
C/H	3.62×10^{-4}	2.9 ± 0.5
N/H	1.12×10^{-4}	$3.6 \pm 0.5 (8 \times 10^5$ Pa$)$ $3.2 \pm 0.5 (9 \times 10^5 \sim 1.2 \times 10^6$ Pa$)$
O/H	8.51×10^{-4}	0.033 ± 0.015 $(1.2 \times 10^6$ Pa$)$ $0.35 (1.9 \times 10^6$ Pa$)$
P/H	3.73×10^{-4}	0.82
S/H	1.62×10^{-4}	2.5 ± 0.15

表 13.2 木星大气与太阳的同位素组成

同位素比值	太阳	木星
$^{13/12}C$	0.011	0.0108 ± 0.0005
$^{15/14}N$	$< 2.8 \times 10^{-3}$	$(2.3 \pm 0.3) \times 10^{-3}$ $(8.0 \times 10^3 \sim 2.8 \times 10^5$ Pa$)$
$^{36/38}Ar$	5.77 ± 0.08	5.6 ± 0.25
$^{20/22}Ne$	13.81 ± 0.08	13 ± 2
$^{3/4}He$	$(1.5 \pm 0.3) \times 10^{-4}$	$(1.66 \pm 0.05) \times 10^{-4}$
D/H	$(3.00 \pm 0.17) \times 10^{-5}$	$(2.25 \pm 0.35) \times 10^{-5}$

13.2.3 木星的大尺度天气现象

木星大气的透光层可以分为与赤道平行的几个纬向带。如图 13.2 所示，在木星上，浅色的区域称为区（zone），而深色的纬向带称为带（belt）。赤道两侧 7° 以内的区域

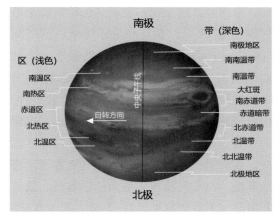

图 13.2　木星的气候分带

为赤道区，各区和带呈现一区一带的交替形式，依次向外展开。这种区带的交替形式一直到纬度 50° 以上的极区才不明显。区和带的颜色差异来自它们不同的透光性。在区中，氨的含量比较高，氨冰云可以在高海拔处形成，因而其最后的颜色偏浅。在带中，云层一般比较薄而且凝结在低海拔处，所以其颜色偏深。区的对流层上层比带的对流层上层更冷。

带和区的边界为喷气流（jet）。从区向带过渡时，喷气流的风向向东；从带向区过渡时，喷气流的风向向西，即带中喷气流的东向动量递减，而在区中递增。因此，带中的风是气旋，而区中的风是反气旋。气旋中心气压低而四周气压高，反气旋则相反。受科里奥利力影响，北半球的气旋做逆时针转，南半球的气旋做顺时针旋转。反气旋的旋转方向也与气旋相反。从风速上看，东向气流要比西向气流强。气流可以向木星内部延伸数千千米，值得注意的是气流向内延伸的方向并不是木星的核心，而是平行于木星的自转轴。

木星纬向条带的形成可能与地球的哈得来环流（Hadley cell）类似。区代表了大气的上升流，而带则是下降流。含有大量氨的区上升时，区的体积不断扩大且冷却，在高层形成浅色的云。在带中，空气下降时不断被加热，而氨冰云则发生蒸发，导致带的颜色偏深。带和区的相对宽度及气流的位置与风速都比较稳定。但是，带和区的颜色并不是一成不变的，会有明暗深浅的变化。

木星的大气除了有纬向的运动之外，还有经向（即南北向）的运动，即大气环流。在地球上，从赤道向两极依次有哈得来环流（低纬度）、费雷尔环流（Ferrel cell，中纬度）和极地环流。人们发现木星从上赤道向两极各有 8 个环流。

13.2.4　木星的小尺度天气现象

木星表面最显眼的小尺度天气现象是涡旋（vortex）。木星表面大概有数百个涡旋，可分为气旋与反气旋。地球上气旋的数量整体居多，但是在木星上则是反气旋的数目居多。木星上 90% 的直径大于 2000 km 的涡旋都是反气旋。地球上气旋的寿命通常不超过一个月，但是木星反气旋的年龄则为几天到几百年。与此同时，木星的反气旋只出现在区中，如果一个区有多个反气旋，那么它们最终会合并成一个大气旋。木星上的大红斑和小红斑（oval BA）就是最显眼的反气旋（图 13.3）。

大红斑位于木星赤道以南 22° 左右，至少已经存在了 350 年。它的旋转周期是 6 天，东西向宽 24000 ~ 40000 km，南北向宽 12000 ~ 14000 km。实际上大红斑正在不断缩小，按照目前缩小的速率，可能到 2040 年它就是一个普通的环流了。这种估算没有考虑大红斑与周边气流的相互作用。红外数据显示，大红斑云层的温度比其他云层的温度更低。研究发现大红斑的深红色核心区温

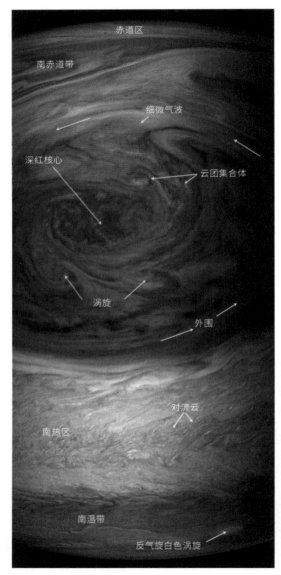

图 13.3　木星的大红斑和小红斑

朱诺号首次发现木星南北极的涡旋都是气旋（图 13.4），并且都是环绕极点的气旋（circumpolar cyclones）。木星北极有 8 个气旋围绕 1 个中心气旋旋转，而南极则只有 5 个气旋围绕 1 个中心气旋旋转。从形状上看，极地气旋与地球上的飓风很类似，具有旋臂和中心。南北极之所以存在气旋是因为 β 效应。在科里奥利力的影响下，气旋逐渐向极地移动，而反气旋则逐渐向赤道移动。最后北极的气旋可能发生合并，形成一个大气旋。气旋的形貌和内部结构很复杂。例如，木星北极的气旋有 4 个属于填充型气旋，外部为浅色物质而内部为深色物质；其余 4 个为混沌型气旋，气旋内部有小尺度的波纹和斑点。木星南极的气旋则都有旋臂。

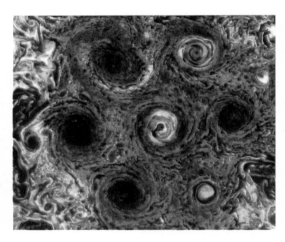

图 13.4　木星极地的气旋
来源：NASA。

度要比周边温度高 3～4 K，这说明大红斑的颜色可能受到局部环境的影响。

木星上的小红斑在 2000 年出现，由三个白色的小型风暴合并而成。白色的风暴怎么合并出红色的小红斑呢？有些研究认为这是因为小红斑在形成以后不断吸收周边区域的红色物质；也有研究认为是小红斑形成以后，风力增强，把深部的有色物质卷到表层形成的。

13.2.5　木星大气动力学

目前关于木星大气运动的动力学模型主要有两个，一个是浅层模型，另一个是深层模型。浅层模型认为目前观察到的木星大气环流等现象局限在木星的表层，木星的内部较为稳定；深层模型认为木星的大气运动现象是木星液态核心环流的外在显示。

1. 浅层模型

浅层模型假定木星的气流是由小尺度扰动造成的，就像地球上水的蒸发和冷凝可以驱动地球的天体变化，就木星而言则是反向级联（reverse cascade），小的涡旋不断合并为大的涡旋。如果没有其他限制，涡流会不断变大并四处运动。但是行星自转产生的科里奥利力使得涡旋不能无限增大，在某一尺度涡旋会停止增长，这个涡旋的极限尺度就是莱茵尺度（Rhines scale）。当涡旋不能继续增大时，就会形成罗斯贝波（Rossby wave）。罗斯贝波是一种涡旋性慢波，其波速与风速相当，量级在 10 m/s，呈现准水平传播且没有散射。由于罗斯贝波的尺度一般与行星尺度相当，所以又叫作行星波（planetary wave）。

图 13.5 所示为 4 个不同罗斯贝波的特征频率，其不同之处在于涡旋形变尺度。1a 和 1b 小于 2，但 1a、1b 和 2 都是有限的，3 是无限的。1a 和 1b 唯一的区别是 1b 的 $|\beta^*|$ 更大。1a 在 $\boldsymbol{k}=0$ 时的坡度等于图中的虚线。图中的对角线代表扰动的特征频率尺度。

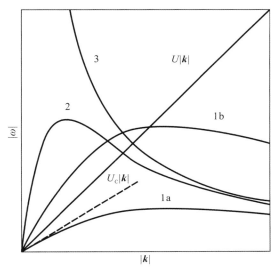

图 13.5　特征频率尺度图

1975 年，Rhines 发现在特殊二维情况下，扰动与罗斯贝波互动会形成交替型条带流。这个特殊的情况指的是扰动的特征频率（$|\omega|$）等于或小于罗斯贝波的特征频率。在一般情况下，扰动的 $|\omega|$ 由 $U|\boldsymbol{k}|$ 决定，而罗斯贝波的 $|\omega|$ 则可以用下式表示：

$$\omega = \frac{-\beta^* k}{|\boldsymbol{k}|^2 + L_D^{-2}} \qquad (13.1)$$

式中，β^* 是平均涡度势；$\boldsymbol{k}=(k,l)$ 是特定能量尺度下二维波的向量数；L_D 是形变直径；U 是涡旋速度尺度。行星涡旋度的环流梯度为

$$f = 2\Omega\sin\phi \qquad (13.2)$$

$\beta = \dfrac{\partial f}{\partial y}$，其中 $y=\phi r$，Ω 为行星自转速率，ϕ 是纬度，r 是行星直径。考虑一般情况下，涡旋的变形尺度有限且为 L_D，条带流的平均速度为 $\boldsymbol{u}$，则涡旋的平均涡度势为

$$\beta^* = \beta - \frac{\partial^2 \boldsymbol{u}}{\partial y^2} + L_D^{-2}\boldsymbol{u} \qquad (13.3)$$

这种一般化处理的好处是可以使得扰动的 $|\omega|$ 大于罗斯贝波的 $|\omega|$。这种情况恰好对应图 13.5 中两种 $|\omega|$ 不相交的情形，这时莱茵效应受到压制，不起作用。因此，从图 13.5 可以看出：

$$\frac{|\beta^*||\boldsymbol{k}|}{L_D^{-2}} > \frac{|\beta^*|k}{|\boldsymbol{k}|^2 + L_D^{-2}} \qquad (13.4)$$

当 $U|\boldsymbol{k}| > \dfrac{|\beta^*||\boldsymbol{k}|}{L_D^{-2}}$ 时，上式成立，可以得出

$$U > L_D^2|\beta^*| = U_C \qquad (13.5)$$

这就是临界速度，用 U_C 表示。需要注意的是，U_C 也是罗斯贝波极限（$|\boldsymbol{k}| \to 0$）的周期速度 $\dfrac{|\omega|}{\boldsymbol{k}}$，即涡旋的东向漂移速度。

如果莱茵效应没有被压制，那么 $U \leqslant L_D^2|\beta^*| = U_C$，从条带流的平均速度微分

中可以得出交替型条带流平均速度。假定形成的交替型条带流和条带流平均速度之间没有相互作用，就可以得到交替型条带流的环流分割尺度，即莱茵尺度 L_R。可以发现：

$$L_R^{-1} = \sqrt{\left(L_R^*\right)^2 \cos\theta - L_D^{-2}} \quad (13.6)$$

式中，$L_R^* = \sqrt{\dfrac{U}{|\beta^*|}}$，而 $\theta = \dfrac{k}{|k|}$。在二维扰动中，$L_D \to \infty$ 且 $\beta^* = \beta$，因此可以得到莱茵尺度公式：

$$L_R = \sqrt{\dfrac{U}{\beta}} \quad (13.7)$$

$\dfrac{U}{\beta}$ 是径向速度与角速度梯度的比值，开根号并无实际意义。如果 $U \ll \beta$，则流体旋转很快，扩散很慢，形成涡旋。在一个旋转的球体上，莱茵尺度在平行于赤道方向上的尺度大于垂直于赤道方向上的尺度。因此，总体会形成一个尺度很大且形似椭圆的结构，长轴则平行于赤道方向。因此，涡旋源源不断地给气流供给能量并最终成为气流。

浅层模型虽然能解释很多现象（如十几条很窄的气流），但是它也有无法解决的问题。在浅层模型的预测中，木星的东向气流应该很强，但这与观察事实不符。尤其是伽利略号发现木星大气压强为 $5 \times 10^5 \sim 7 \times 10^5$ Pa 处的云的风速一直延伸到 2.2×10^6 Pa 处，风速并没有减弱，可能暗示木星天气现象的根源在深部。

2. 深层模型

早在 1961 年，Hide 就提出木星的大红斑可以由深层模型来解释，这个模型基于另一个流体力学定理，即泰勒 - 普鲁德曼定理（Taylor-Proudman theorem）。这个定理可以帮助我们理解深层模型。

假设一个圆柱状的桶装着某种流体，把这个桶放在转动的桌面上，直到桶内的流体转动到呈现相对静止状态。这时我们轻轻搅动桶里的流体，形成一个相对于桌面转动的微弱波纹或者涡旋。在这种情况下做三点假设：第一，流体中新形成的相对运动很微弱，即罗斯贝数远远小于 1；第二，流体不可压缩且密度不变；第三，流体黏稠力的作用远远小于其他作用力，即流体无黏性。在不考虑这三点假设时，桶中流体的运动公式可以表示为

$$\dfrac{Du}{Dt} = -2\Omega \times u - \nabla\Phi_e - \dfrac{1}{\rho}\nabla P + F \quad (13.8)$$

式中，Ω 为旋转角速度；u 是流体速度；Φ_e 是向心加速度影响下的重力势能；ρ 是流体密度；P 是压强；F 是向心力。考虑上述三点假设，上式可以简化为

$$0 = -2\Omega \times u - \nabla\Phi_e - \nabla\left(\dfrac{P}{\rho}\right) \quad (13.9)$$

对上式进行卷积，因为重力和压力都是单纯的梯度力，卷积为零，因此：

$$\nabla \times (\Omega \times u) = 0 \quad (13.10)$$

上式可以展开为

$$\nabla \times (\Omega \times u) = (u \cdot \nabla)\Omega - u(\nabla \cdot \Omega) \\ -(\Omega \cdot \nabla)u + \Omega(\nabla \cdot u) \quad (13.11)$$

对于不可压缩流体而言，$\nabla \cdot u = 0$，因此，上式可以简化为

$$(\Omega \cdot \nabla)u = 0 \quad (13.12)$$

这就意味着一件事，即速度向量 u 在平行于转动轴的方向上不变。我们让转动轴（即 z 轴）平行于单位向量 k，就可以把上式分成水平方向和垂直方向两个分量，即

$$\Omega\dfrac{\partial w}{\partial z} = 0 \quad (13.13)$$

$$\Omega\dfrac{\partial v}{\partial z} = 0 \quad (13.14)$$

式中，w 为速度的水平分量；v 为速度的垂直分量。

那么，现在我们可以获得一个边界条件，

即桶底部的 $w=0$。由式（13.13）可知，如果 z 轴的某处 $w=0$，那么 z 轴的处处 $w=0$。也就是说，快速旋转压制了垂直桌面方向的流体运动。式（13.14）说明流体中平行于转动轴的某条线上处处速度相同，即流体必须以纵轴为中心轴，形成圆柱状流体转动。

泰勒 - 普鲁德曼定理非常反直觉：转得越快，桶中的流体越不会甩出去。著名的泰勒柱实验正好可以用来解释木星的大红斑。泰勒柱实验是上述水桶实验的改进版：假设一个桶里装有水，在离水桶中心轴一定距离的水桶底部固定一个柱状体，再将水桶放在转动的桌面上。这时柱状体上部就会形成一个直通水面的泰勒柱，就像柱状体一直延伸到水面一样。如果此时再加入一滴墨水，我们会发现墨水也会围绕泰勒柱流动。人们推测，木星上的大红斑就是泰勒柱现象。

泰勒 - 普鲁德曼定理的深层模型很容易就能解释赤道地区很强的东向气流。但是简单的深层模型也存在问题，即会形成一些小尺度的宽喷气流。有研究认为如果木星内部由氢气组成的幔比较薄，那么就可以通过深层模型再现木星的条带结构。

另一个与木星大气动力学相关的问题是大气中的热量收支。前人很早就发现木星大气辐射的热量是从太阳吸收的热量的 1.67 倍，因此木星内部必然有其他生热机制为木星的大气提供额外热量。人们猜测这个额外的热量来自木星增生过程中，太阳星云坍塌凝聚时的重力势能转变为热能。正是由于木星内部这些额外的热量才造就了木星复杂多变的天气现象。

13.2.6　土星的大气

前面详细介绍了木星大气的有关内容，

我们已经初步了解了气巨星大气的多样性与复杂性。土星是太阳系另外一颗气巨星，它和木星在大气结构、化学与动力学上有诸多相似之处。但是由于土星的自转倾角为 26.7°，与地球的自转轴倾角（23.4°）接近，远远高于木星的自转轴倾角（3.13°），因此土星有着明显的四季变换。卡西尼号探测任务获得了木星四季变换对其大气化学成分、结构和云层的影响（图 13.6）。土星的公转周期是 29.5 个地球年，实际上卡西尼号也未能观察到一个完整的土星公转周期，目前只观察了不到半个土星年。

土星大气到底随时间是如何变化的呢？从根本上讲，控制土星大气变化的是土星内部热源与太阳辐射热量之间的平衡，包括太阳的辐射热与土星大气的冷却效应，以及土星大气运动对热量在水平方向和垂直方向的重新分配，因此我们可以猜测土星的夏天比较温暖，冬天比较寒冷，夏天和冬天之间也可能有春秋这样的过渡季节。随着季节的变换，土星的南半球和北半球接受的太阳光照射程度不同，可能会影响土星大气层的区带结构。四季变换也会造成大气成分的变化，因为紫外线驱动的光化学反应是控制巨行星大气中碳氢化合物、氨气和雾霾成分的关键

图 13.6　土星的云
来源：NASA。

因素。当然单靠卡西尼号还不足以完全揭示上述细节，需要与地面望远镜和大量空间观测相结合。

1. 土星随四季变化的大气结构

与木星类似，土星大气的云层及之下的对流层温度应该呈现一个随海拔升高而递减的现象，即与前文提到的大气绝热直减率有关。绝热直减率主要受控于大气的成分，对土星来说就是氢气、氦气和小部分重元素组成的分子（如 NH_3、NH_4SH 及 H_2O）。在比辐射 - 对流边界（35～50 kPa）压强更低的地方，大气的透光性增强、散热效率提高，因此对流层顶部（tropopause，8 kPa）会形成一个稳定的层状结构。但是在平流层的上部有一些甲烷，在平流层的中下部有乙烷（ethane）和乙炔（acetylene），这些物质都会吸收太阳光中的短波，使得平流层的温度从底部到顶部逐渐升高。因此，季节变换会通过吸热和散热来影响土星对流层和平流层的结构及成分。

前人通过热红外光谱数据发现在土星南半球处于夏天时，可以观察到波长为 8 μm 和 12 μm 的两个波形，分别对应平流层中的甲烷和乙烷，推测其原因为土星的南极在夏季释放了更多的甲烷和乙烷到其平流层中。1979 年，先驱者 11 号测定了土星北半球春分日时，经度为 354°、北纬 10° 到南纬 30° 区域内对流层的温度，并没有发现温度的区域性差异。但是随后旅行者 1 号和 2 号都发现土星北半球春分日左右，北半球对流层（层位压强为 15～20 kPa）的温度要低于南半球。因此，这些早期观测数据之间的差异需要卡西尼号的新验证。

卡西尼号只观测了不到半个土星年，但它却能同时观测土星的南半球和北半球。由于土星南半球处于冬季时，在地球上通常不能观测到土星，因此卡西尼号的数据至关重要。与此同时，卡西尼号使用了红外遥感、无线电掩星（radio occultation）和紫外线恒星掩星（ultraviolet stellar occultation）三种手段来研究土星的对流层和平流层。卡西尼号精确绘制了土星南半球夏季晚期时，土星对流层和平流层的温度结构。前人研究发现，在大气层压强为 10^4 Pa 的层位上，南极的温度比北极的温度高 40 K。但是在大气压强为 10^3 Pa 处，南北极之间的温度差异却缩小为 24 K，在 1 Pa 的层位上差异更小。在大气压强 5×10^4 Pa 以上，南北半球的温度差异几乎不存在。值得注意的是，北半球对流层顶层的温度可能比南半球低 10 ℃左右。

这些特征除了表明土星大气的温度结构之外，还能反映土星的大气动力特征与辐射能量之间的平衡。总体来看，全球层面的温度差异是叠加在较小尺度的冷区（反气旋与向赤道吹的喷气流）与热带（气旋与向极地吹的喷气流）差异之上的。但对于对流层而言，区和带之间的差异有时候并不明显。土星两极有长时间存在的气旋，似乎不受季节的影响。

从季节变化来看，土星对流层上层和平流层的温度变化有以下几个特点：①当土星从其行星环的阴影里走出并进入春季时，大气压为 100 Pa 的中纬度平流层温度会升高 6～10 K。②南半球同纬度、同层位的温度则会较北半球降低 4～6 K。③在喷气流比较宽的地区，对流层温度对季节变动的响应似乎更加明显。

从图 13.7 可以看出，土星不同区（zone）的平均温度变化与纬度和大气压强有关。2005～2014 年土星最冷的极区（纬度为 75°～80°）与相对较暖的次极区（纬度为

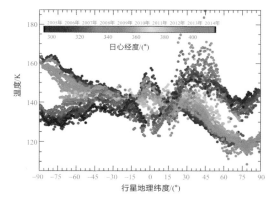

（a）对流层（压强为 0.1 kPa 处）的温度

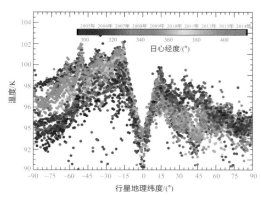

（b）对流层（压强为 33 kPa 处）的温度

图 13.7　不同纬度的土星大气层不同深度的温度（Fletcher et al.，2018）

50°～ 75°）的温度呈现系统性和连续性的变化：南极平流层的温度以每年 5 K 的速率变冷，而北极平流层则以同等的速率变暖。这可能与两个区域之间喷气流的垂向剪切作用有关。

在纬度较低的地区，土星的大气结构似乎受控于所谓的土星半土星年振荡（Saturn semi-annual oscillation，SSAO）。2005 年，人们发现土星赤道地区的温度最高值的层位是 4.2 年后层位的 1.3 倍，意即土星赤道地区大气温度最高值的层位不断降低。该现象与土星赤道地区的振荡周期（15 年）一致。因此，土星的大气结构还受局部事件的影响。

2. 土星的大气成分

迄今为止，人类获得的土星大气成分信息都来自遥感手段。土星大气的主要成分是氢气和氦气，也有很多其他化合物（图 13.8）。土星大气中的碳氢化合物是一系列复杂化学反应的结果，需要综合考虑热化学平衡反应、光化学反应及非平衡化学反应，还需要考虑土星大气的全球循环、大气局部动力过程甚至大气中的雾霾等因素。这是一个非常复杂的过程，下面将简单叙述这些过程。需要指出的是，在木星章节中并没有讲解木星的大气化学过程，在此介绍的土星大气化学过程大体上也适用于木星。

1）对流层化学成分

土星大气中的氧几乎都以 H_2O 的形式存在，它们在对流层的上部（2000 kPa）会凝结为液态，在更高处可能会变为水冰。从化学平衡的角度来看，我们可以假定土星的整体成分并从土星对流层的水云出发，反算土星大气中氧的总含量。假定土星的整体成分与太阳接近，那么土星至少有约 20% 的氧储存在土星的硅酸盐矿物颗粒中。土星大气中的氮与硫最主要的赋存形式分别是氨（NH_3）和硫化氢（H_2S）。对流层顶部的

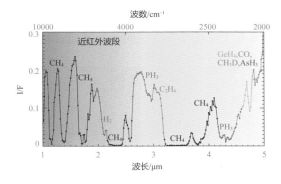

图 13.8　土星大气中可能存在的有机分子（Fletcher et al.，2018）

液态水会溶解一部分氨，此时氨气和硫化氢会发生化学反应形成 NH₄SH 晶体。在比对流层液态水更高的对流层层位，氨气会冷凝成氨冰。前人研究发现在土星大气中压强为 $2 \times 10^5 \sim 2.5 \times 10^6$ Pa 的层位上，氨的含量有所降低，据此推测这是氨转变为 NH₄SH 晶体的结果。在这个研究中他们还发现土星大气中 H_2S 含量可能比太阳高 10 倍左右。但是实际上，迄今为止探测器还没有直接发现土星大气中的 H_2S。对流层压强为 3×10^5 Pa 处的氨含量超过 5×10^{-4}，5×10^6 Pa 处的氨含量为 1×10^{-7}，这也符合随着大气层位的升高氨不断结晶的理论认识。

图 13.9 显示的是卡西尼号上不同设备获得的土星对流层中氨的分布特征。在大气压强为 6×10^3 Pa 的位置，与区带中的分布特征不同，氨的分布大体呈现大气的南北半球对称性，南半球夏季氨的含量稍高，土星的赤道上氨的含量稍低。但是从 $1 \times 10^5 \sim 4 \times 10^5$ Pa 的大气成分来看（图 13.9），土星赤道大气的氨含量比较高，而且南北对称性也不太明显。目前对土星大气中氨分布特征的形成机制还没有明确的认识。

除了氨与硫化氢之外，土星大气中还有磷化氢（PH_3）。图 13.10 所示为卡西尼号测定的土星对流层中磷化氢的分布特征。明显的是，土星赤道区的对流层上部的磷化氢含量升高，但是在南北纬 23° 左右，磷化氢的含量又降低了，这说明从土星赤道到纬度 23° 存在哈得来环流。

氨和磷化氢是土星大气中最活跃的光化学反应原料。但是由于缺少土星环境下磷化氢的光化学反应速率常数，人们对土星光化学反应的认识还很粗浅。图 13.11 为以氨和磷化氢为主的光化学反应路径图，其中最重要的反应产物是 P_2H_4，它也是对流层上层雾霾的主要成分。氨在土星大气中的垂直分布特征不太受光化学反应的影响，但是磷化氢的分布则对光化学反应十分敏感。

2）平流层化学成分

平流层对应土星的中层大气，其中最主要的成分是碳氢化合物，因此在平流层中发

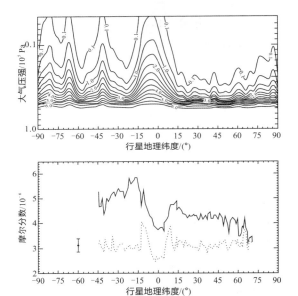

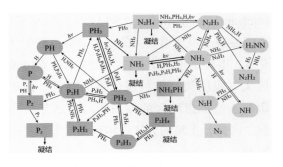

图 13.10　土星对流层中磷化氢的分布特征（Fletcher et al.，2018）

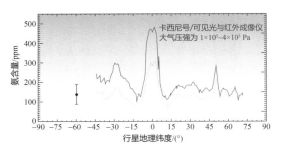

图 13.9　土星对流层中的氨的分布特征（Fletcher et al.，2018）

图 13.11　氨和磷化氢的光化学反应（Fletcher et al.，2018）

生的化学反应主要是碳氢化合物之间的光化学反应。平流层中碳氢化合物的丰度与纬度和高度密切相关，这也是土星季节变化所造成的。与碳氢化合物不同，土星平流层中氧的成分主要受到微陨石撞击、彗星物质加入甚至其与土星环互动的影响。结果便是平流层中氧的变化（即氧逸度的变化）会反过来影响光化学反应路径。土星大气中的氧主要以 H_2O 的形式存在，因此平流层中水应该呈现随季节变化的特征。如果土星平流层中的 H_2O 主要来自星际尘埃或者土卫二（Enceladus），那么夏季时平流层中 H_2O 含量应该最高。如果土星平流层中的氧来自土星的行星环，那么在夏至和冬至时，土星平流层中的氧含量应该最高。目前的数据表明，土星平流层的 H_2O 有多个来源，包括星际物质撞击、土卫二和行星环的贡献等。

3）土星大气的气溶胶

土星大气的气溶胶可以分为两类，一类是云（NH_3、NH_4SH 和 H_2O/NH_3）；另一类是固体颗粒形成的雾霾（haze）。图 13.12 的右半部是土星气溶胶所在的层位。红色代表

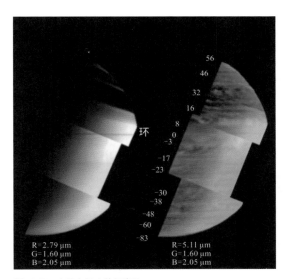

图 13.12　土星大气中的气溶胶
不同的颜色代表气溶胶不同的大小
来源：NASA。

图形上最深的云，它们所处位置的压强约为 2×10^5 Pa。绿色所显示的云的层位大约在 1×10^5 Pa 处，而蓝色的云所在的层位大约在 7×10^4 Pa 附近。该图左半部显示的是云雾的成分，其中偏黄色的部分表明氨的存在，而极区部分的绿色则表明氨冰的存在。除了这些云雾在空间区域上的分布之外，我们还可以看到土星的云雾分布也受到季节变化的影响。

13.2.7　木星和土星的大气比较

综上所述，可以发现木星和土星的大气有诸多不同之处。图 13.13 呈现了最简单的木星和土星的大气结构对比，可以发现土星的云层纵向展布要比木星更宽，这可能是由于土星的重力比较小。还可以发现土星大气层温度随海拔的升高而降低的速率总体比木星慢，这是土星存在四季变换及由此而来的大气环流等造成的。

13.2 节集中呈现了木星大气和土星大气最为独特的特点。没有呈现的内容大多数属于二者共有的部分，我们在木星部分已经介绍过，土星部分不再赘述。感兴趣的读者可以自行搜索在木星出现的现象是否也在土星出现过，反之亦然。

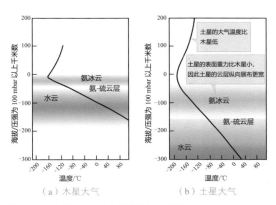

图 13.13　木星和土星的大气结构与成分对比

13.3 木星和土星的内部结构

巨行星的内部结构既是其大气层成分和动力学机制的控制因素，也是解开巨行星增生和分异之谜的关键因素，巨行星的增生过程也是恒星星云演化中最为关键的一步。但是研究巨行星的内部结构并不容易。木星和土星是太阳系中的巨行星，它们分别距离太阳 5.2 AU 和 9.6 AU，其成分主要是氢气和氦气。巨行星大气层的特征使得对其内部结构的研究只能采用间接手段。随着观测数据不断增多，建立一个符合所有观测现象的巨行星内部结构模型变得十分困难。时至今日，仍然没有一个完整和自洽的巨行星内部结构模型。但是随着卡西尼号和朱诺号等探测任务的进展，人们对巨行星有了更深的了解，与此同时凝聚态物理等领域也取得了长足进展，因此可以尝试建立理论模型以帮助讨论观测事实，并以此进一步修正理论模型。

13.3.1 与内部结构有关的观测数据

我们首先需要了解关键的观测事实。任何内部结构模型都必须符合最基本的物理参数，包括巨行星的质量、直径、重力场和磁场、大气结构成分及自转特征等。表 13.3 是木星和土星的基本物理参数。值得注意的是，木星和土星大气中 He 的含量都比太阳低。太阳中 He 的比重约为 27.5%，木星是 23.8%，而土星的只有 18% ~ 25%。由凝聚态物理知识可知，巨行星大气层的 He 含量低，并不代表巨行星本身的 He 含量低。但是，这也说明木星和土星的 He 分布并不均一。另一个观测事实是木星的重元素丰度比太阳高 2 ~ 4 倍（Ne 和 O 是两个例外的重元素，木星大气中 Ne 和 O 的含量比太阳低）。目前研究认为木星大气 Ne 的亏损与 He 有关。而木星大气的氧含量低则可能只是探测偏差，说明伽利略号探测的木星层位可能比较干燥（氧的主要存在形式是 H_2O），这是木星的局部现象而不是全球特征。

巨行星主要由流体态的 H 和 He 组成，它们并没有一个坚固的"地面"，因此巨行星的地面就是大气压等于地球表面大气压的位置。人们已经获得了巨行星地面的温度，

表 13.3　木星和土星的基本物理参数

物理参数	木星	土星
到太阳的距离 /AU	5.204	9.582
质量 /10^{24} kg	1898.13±0.19	568.319±0.057
平均半径 /km	69911±6	58232±6
赤道半径 /km	71492±4	60268±4
平均密度 /(g/cm³)	1.3262±0.0004	0.6871±0.0002
$J_2/10^6$	14696.572±0.014	16290.70±0.27
$J_4/10^6$	−586.609±0.004	−935.83±2.77
$J_6/10^6$	34.24±0.24	86.14±9.64
C/MR^2_{eq}（转动惯量）	0.264	0.22
自转周期	9 h 55 min 29.56 s	10 h(39±10)min
有效温度 /K	124.4±0.3	95.0±0.4
大气压强为 1 bar 处的温度 /K	165±4	135±5

其精度比较高。利用这个温度参数，就可以获得巨行星浅层的熵并建立一个绝热模型。

除了温度之外，另一个关键的参数是重力场。巨行星的重力场公式如下：

$$U(r,\theta) = \frac{GM}{r}\left[1 - \sum_{n=1}^{\infty}\left(\frac{a}{r}\right)^n J_n P_n(\cos\theta)\right]$$
$$+ \frac{1}{2}\omega^2 r^2 \sin^2\theta \qquad (13.15)$$

式中，(r, θ, Φ) 代表球形极坐标系；a 代表球心到赤道的距离；ω 是行星的自转角速度；M 是行星的总质量；G 为重力常数。U 可以用拉格朗日多项式展开，由于行星的南北半球通常比较对称，因此只取偶数项即可（如 P_{2n} 和 J_{2n}）。J_{2n} 是重力简谐系数，可以通过在轨探测器或飞掠探测设备的多普勒效应获得。J_{2n} 是一个无量纲项。将式（13.15）稍作变换，就可以得到 J_{2n} 的表达式：

$$J_{2n} = \frac{-1}{Ma^{2n}}\int \rho(r,\theta) r^{2n} P_{2n}(\cos\theta)\mathrm{d}^3 r \qquad (13.16)$$

当 $n=1$ 时，$J_2 = \frac{C-A}{MR^2}$，其中 C 和 A 分别为行星的极区转动惯量和赤道转动惯量。实际上在大多数情况下，可以用 $n=1$ 的情形，因为其精度极高，达到了万分之一。从 r^{2n} 可以看出，n 越大，J_{2n} 包含行星外层的信息就越多。如果行星的自转很慢，只能产生一个极小的扰动，那么实际上只需要 J_2 就可以了。如果行星的自转比较快，就需要高阶项，如 P_4。对于一个刚性转动球体来说，

$$J_{2n} \propto q^n \qquad (13.17)$$

式中，q 是一个衡量行星向心效应的无量纲参数，如果行星的自转周期是 Ω，那么它的表达式为

$$q = \frac{\Omega^2 R^3}{GM} \qquad (13.18)$$

只要掌握了行星外层的信息，就可以通过分解 J_2 和 J_4 甚至 J_6 来对行星的内部进行分层研究。

另一个对研究内部结构有用的观测数据是行星的磁场。行星磁场强度 $\boldsymbol{B}$ 通常可以用球谐模型的标量势 W 来表达，即

$$\boldsymbol{B} = -\nabla W \qquad (13.19)$$

而标量势则可以表示为

$$W = a\sum_{n=1}^{\infty}\left(\frac{a}{r}\right)^{n+1}$$
$$\times \sum_{m=0}^{n}\left[g_n^m\cos(m\Phi) + h_n^m\sin(m\Phi)\right]$$
$$\times P_n^m(\cos\theta) \qquad (13.20)$$

式中，Φ 是经度；P_n^m 是拉格朗日多项式；g_n^m 和 h_n^m 是磁矩，用高斯（Gs）作为单位。行星都是偶磁极，即 $m=0$ 和 $n=1$。木星的磁偏角为 9.6°，而土星的磁偏角不超过 1°。因此，

$$W = \frac{\boldsymbol{M}\cdot\boldsymbol{r}}{r^3} \qquad (13.21)$$

式中，$\boldsymbol{M}$ 为磁化强度；r 为行星的公转半径。木星的磁化强度为 $4.27\,\mathrm{Gs}\cdot R_\mathrm{J}$，而土星的磁化强度是 $0.21\,\mathrm{Gs}\cdot R_\mathrm{S}$。

一般认为木星和土星的磁场和地球一样，也是由行星发电机所驱动。实际上也确实如此，除了木星和土星的磁场都比地球大之外，它们之间还极为相似。假定 77% ~ 80% 木星半径处是木星的核，那么在这样一个核的表面则只能产生偶磁场，而非四极磁场。

总之，我们可以通过成分、重力与磁场来研究巨行星的内部圈层结构。

13.3.2　内部结构控制方程

了解与内部结构有关的观测参数还不够，还需要了解控制方程。对于行星的内部结构而言，最重要的控制方程是质量守恒、流体静力学平衡和热力学公式，即

$$\frac{\mathrm{d}m}{\mathrm{d}r} = 4\pi r^2 \rho \qquad (13.22)$$

$$\frac{1}{\rho}\frac{\mathrm{d}\rho}{\mathrm{d}r} = -\frac{Gm}{r^2} + \frac{2}{3}\omega^2 r \qquad (13.23)$$

$$\frac{\mathrm{d}T}{\mathrm{d}r} = \frac{T}{P}\frac{\mathrm{d}P}{\mathrm{d}r}\nabla_T \qquad (13.24)$$

式中，T 是温度；P 是压强；ρ 是密度；m 是半径为 r 的球体的质量；ω 是球体的自转速率。

式（13.23）是总势能 U 的第一展开项。$\nabla_T = \dfrac{\mathrm{d}\ln T}{\mathrm{d}\ln P}$，取决于行星的热传输机制。通常来说 $\nabla_T = \min[\nabla_{\text{adiabatic}}, \nabla_{\text{radiative/conduction}}]$，即选取最小的温度梯度；其中，adiabatic 为绝热，radiative 为辐射，conduction 为传导。

要求解上述方程，我们需要知道行星内部密度与温度和压力之间的关系，即物质的状态方程。通过行星内部的密度曲线，可以重现测定的重力场动量 J_{2n}。二者之间的关系见式（13.16），简化一下，即

$$Ma^{2n}J_{2n} = -\int \rho(r)r^{2n}P_{2n}(\cos\theta)\mathrm{d}\tau \qquad (13.25)$$

式中，τ 代表积分体积。行星内部理论上的密度变化和引力惯量则可以通过图形理论（theory of figures）来研究（此处的"图形"指行星的形状）。还有一种研究方法为同心麦克劳林球体（concentric Maclaurin spheroid）模型。这两种方法都很复杂，感兴趣的读者可以自行查阅相关材料。

13.3.3　物质的状态方程

在热力学中，状态方程指的是将物质的温度、压力、密度、内能和熵联系在一起的公式。木星和土星的主要成分是氢气和氦气，因此需要获得 H、He 及 H-He 混合物的状态方程。计算状态方程是一件很麻烦的事情，一方面需要极端温度和压力条件下的凝聚态物理和量子力学知识；另一方面需要昂贵的仪器来实现极端温度和压力环境，以进行实验室内的人工合成和模拟。近些年研究人员取得了一些相关进展。

氢（H）是宇宙中丰度最高的元素，人们已经通过理论计算和实验室模拟研究了氢在高温高压下的状态。从实验室模拟来看，要实现极端的高温高压，可以用气体炮（gas gun）、收敛冲击波（convergent shock wave）和激光诱导冲击压缩（laser-induced shock compression）等手段。但这些动态高温高压实验手段都有一些问题，因此需要借助理论计算的状态方程。不过这并不是指高温高压实验模拟无用，我们仍需要用它来校正理论计算中从理论上不能预测的参数。

计算状态方程最常用的理论是密度泛函理论（density functional theory，DFT）。虽然 DFT 本身很精确，但是要用 DFT 来计

知识拓展 1　密度泛函理论

密度泛函理论由沃尔特·科恩（Walter Kohn）、皮埃尔·霍恩伯格（Pierre Hohenberg）和沈吕九（Lu Jeu Sham）提出，可以用来获得多体系统的电子结构或核结构，在凝聚态物理、计算物理和计算化学中应用十分广泛。但是密度泛函理论无法处理分子间的相互作用，如范德瓦耳斯力等。绝大部分行星的内部都可以被看作处于某种凝聚态，因此可以用密度泛函理论获得很多行星内部的物理和化学参数。常用的计算软件包括 Gaussian、VASP 和 Quantum Espresso 等。

算状态方程仍必须进行一系列近似。另一种可用的方法是量子蒙特卡罗法（quantum Monte Carlo，QMC）。这两种方法都需要借助超级计算机，计算花费的时间也都很长。

图 13.14 是不同温度和压力下 H 的状态方程相图。随着温度和压力的升高，H 会从分子态过渡为金属流体态。这个过渡点的温度和压力不仅对于了解行星磁场的诞生条件很关键，而且能获得行星内部的分层信息。首先，木星和土星的内部稳压条件都不足以达到固态金属 H 或 H-He 稳定存在的程度，因此它们的内部是金属态的 H 或 H-He 流体。其次，木星和土星都跨越了分子态和流体态，因此两颗行星的浅层可能是分子态，深处可能是流体态金属 H。金属态 H 是 H 的一个高温高压相，这时 H 的电子变成了自由电子，因此金属态 H 是一个良好的导体。关键是获得 H 从分子态转变为金属态的条件，目前初步认为压力条件范围为 50 ~ 1000 GPa，具体的温度和压力仍然不得而知。由于土星的质量比较小，土星内部的温度和压力都比较低。因此，土星内部金属态 H 的体量要小于木星。但是土星的情况可能会比木星更复杂，因为土星大气层的 He 含量比木星低，可能大量的 He 进入了土星的流体金属 H 中。

图 13.14 中的红线是 H-He 混合物的状态方程曲线。可以看到，He 的加入会明显升高从分子态转变为金属态的压力，因此研究木星和土星的内部结构必须考虑 He 的影响。在估算巨行星内部圈层时，通常不考虑重元素的影响，因为它们的含量很低，不会影响以 H-He 为主的分层结构（但实际上目前还没有相关验证工作）。

13.3.4　内部圈层结构模型

虽然人们已经提出了不少巨行星内部圈层结构模型（图 13.15），但是这些模型的不确定性都很高。这是因为几乎所有的模型都需要假设一些关键参数，例如，重元素的分布、行星内部的传热机制及 H-He 相变和自转周期等，有时甚至需要分几层假设。对于木星和土星，人们通常都假设其有一个重元素组成的核、一个金属流体 H-He 混合物组成的幔和一个 H-He 的外层大气，而且流体幔的 He 比重高于大气层的 He 比重。需要记住，这样一个三层结构并不是固定的，这只是最简单的模型。

对于木星而言，从头计算密度泛函理论

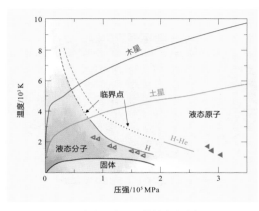

图 13.14　不同温度和压力下 H 的状态方程相图（Helled，2018）

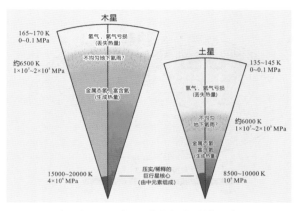

图 13.15　木星和土星两种不同的内部圈层结构示意图（Helled，2018）

（ab initio DFT）给出的模型是木星的核与幔之间有清晰的边界，而幔与大气层之间则是过渡状态。整体来看，这些模型认为木星核的质量相当于 10 个地球质量（10 $M_\oplus$）。而从头计算密度泛函理论 - 分子动力学（ab initio DFT molecular dynamics）则通常会给出木星核的质量相当于 15～20 个地球质量。朱诺号的数据表明木星核的质量只有 10 个地球质量。除此之外，朱诺号的数据还表明木星的核幔边界并不清晰，而是呈现过渡状态，也就是木星的核是一个稀释 / 模糊核（diluted/fuzzy core）。

土星通常被视为一个缩小版的木星。因此，初学者可能会认为土星的内部温度和压力条件没有那么极端，应该更容易模拟土星的内部分层。但由于土星形状、自转及内部 He 分布的不确定性，实际上土星的内部圈层更难计算。现有的模型认为，如果土星内部是一个压实的核，那么核的质量相当于5～20 个地球质量。卡西尼号的重力数据表明土星核的质量只有 5 个地球质量。

继续从热量的角度来探讨巨行星的内部圈层。一般情况下认为行星内部最主要的散热机制是对流。然而现在人们发现简单的绝热对流（adiabatic convection）虽然可以让模型简化，但是可能并不符合行星形成的基本理论。巨行星内部可能存在化学成分上的梯度变化，这些梯度变化会阻碍对流的有效运行甚至形成，导致行星内部的主要散热机制变成传导。如果考虑存在化学成分梯度下的对流模型，那么行星内部的散热会很慢，巨行星的内部温度就会比较高，在这种情况下木星核的质量不超过 0.5 $M_\oplus$，而土星核的质量则为 10～21 $M_\oplus$。对于木星而言，这样一个模型能够解释绝大多数观测事实。对于土星而言，土星环的共振已经表明土星的核也是稀释核，内部存在成分梯度。

图 13.16 为地球的地核表面和木星表面的磁场对比图。木星磁场是太阳系内最强的磁场（0.4～2.0 mT），但是木星的磁场存在南北二分性，这可能说明木星的核确实是一个稀释核。存在稀释核的时候，木星核就有机会形成两个独立的发电机。土星的磁场特别弱（0.02～0.05 mT），而且磁场南北极和自转轴的南北极几乎完美重合，人们推测这可能是因为在土星核的顶部有一个主要由 He 组成的层。

我们从物质状态方程、散热机制和磁场的角度探讨了木星和土星内部的圈层结

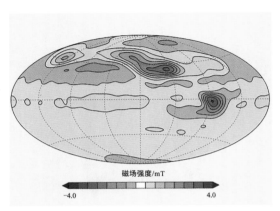

（a）木星

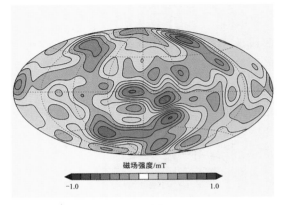

（b）地球

图 13.16　地球地核表面和木星表面的磁场对比图（Moore et al.，2018）

构，需要指出的是，大部分关键结论所依据的证据仍有些薄弱，在使用时需要特别留意。

13.3.5　木星和土星的增生分异模型

巨行星的形成过程大体分为如下三个阶段。

第一阶段即核增生阶段（primary core/heavy element accretion）。在这个阶段，巨行星的核通过星子模型机制或者卵石模型机制来吸收大量固体矿物颗粒，直到清空其所在的轨道。这时，巨行星实际上只有一个固体物质组成的核，还没有吸积氢气和氦气。

第二阶段为缓慢吸气阶段（slow envelope accretion）。在这个阶段，固体核心不再增长，开始不断吸积 H-He，直到 H-He 的吸积速率超过了重元素的吸积速率。缓慢吸气使得行星不断增大，进一步扩大了行星的物源区（feeding zone），使得行星还可以缓慢吸积一些重元素。

第三阶段为快速吸气阶段（rapid gas accretion）。一旦 H-He 的质量与重元素的质量相当，吸气速率就会持续升高，直到物源区没有足够的 H-He。

详细的增生模型讨论和理论推导将会在第十八章呈现，我们目前需要知道的是木星和土星内部的物质分层也有可能是行星增生过程本身的产物，并不一定是相变或相分离的产物（这与地球内部圈层的成因略有不同）。

13.4　木星和土星的行星环与卫星

太阳系类地行星的卫星数量特别少，地球有一颗天然卫星（月球），火星有两颗不规则的卫星——火卫一（Phobos）和火卫二（Deimos），水星和金星没有自己的天然卫星。巨行星的卫星数量要比类地行星多得多，目前已知木星有 95 颗卫星，这还不算那些米级小卫星；土星的天然卫星更多，约有 146 颗，这也还不包括土星的行星环和那些成千上万颗的小卫星。除了这些为数众多的卫星之外，木星和土星还有展布很宽的行星环，其中土星的行星环尤为壮丽，而太阳系的类地行星则完全没有行星环。本节先介绍木星和土星的主要卫星的地质地貌特征，再介绍行星环，最后探讨卫星 - 行星环 - 行星之间的动力学关系。

13.4.1　木星的卫星

木星的主卫星群是伽利略卫星（图 13.17），包括木卫一、木卫二、木卫三和木卫四。这四颗卫星也是木星较大的几颗卫星，它们占木星卫星总质量的 99.999%。伽利略卫星的共同特点包括四个方面。第一，这四颗卫星都围绕木星公转；第二，它们都被木星潮汐锁定；第三，它们都比月球稍大（除了木卫二）；第四，木卫一和木卫二的平均密度分别为 3.4 g/cm³ 和 3.1 g/cm³，与硅酸盐矿物的密度接近；木卫三和木卫四的密度分别为 1.9 g/cm³ 和 1.8 g/cm³，与冰和硅酸盐矿物的混合物密度接近。

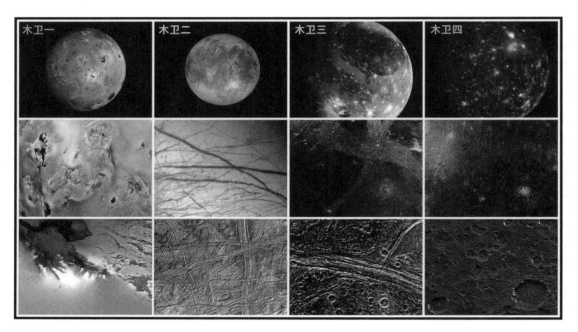

图 13.17　木星的卫星

来源：NASA。

木卫一（Io）是离木星最近的卫星，直径为 3642 km，是太阳系第四大卫星。木卫一的表面有 400 多座活火山，属于太阳系内地质活动最为活跃的天体。木卫一的表面有 100 多条山脉，其中有些山脉的海拔比喜马拉雅山还高。木卫一的金属核可能是由熔融态的铁或者铁镍硫化物组成的。目前的数据表明，木卫一可能有一个很微弱的磁场，这说明木卫一的金属核有形成行星发电机的基本条件。木卫一有一个非常稀薄的大气层，其主要成分是 SO_2。木卫一的表面温度只有 −143℃。其表面还有一些温度较高的区域，可能是表面已经冷却但内部尚未完全冷凝的岩浆湖。由于持续不断的岩浆活动，木卫一的表面非常年轻，几乎属于太阳系最年轻的表面，其表面的陨石坑也很少（被岩浆活动破坏了）。木卫一如此活跃的岩浆活动的热量来源可能是木星对其施加的潮汐引力。木星的潮汐引力不断拉扯和挤压木卫一的金属核，进而摩擦生热，促进了木卫一剧

烈的岩浆活动。值得注意的是，木卫一表面有一些纯硫组成的脉体或者熔岩流，可能是木卫一金属核的物质到达了其固体表面。

木卫二（Europa）是距离木星第二近的卫星，也是最小的伽利略卫星，其直径只有 3121.6 km。木卫二的表面十分平滑，可以说是太阳系表面最平滑的天体，其表面主要组成物质是水冰与岩石的混合物。平滑的表面说明可能有液态水不断对其进行更新和重塑，人们推测在木卫二表层冰之下可能有一个液态水形成的海洋，是一个适合生命诞生的场所。结合木卫一来考虑，木卫二的深层海洋之下可能也有岩浆活动，类似于地球上洋中脊处形成的热液环境，这样的环境是有可能演化出适合生命诞生的物理和化学条件的。在潮汐引力的作用下，木卫二深层的液态水会像火山一样喷发至木卫二的表面，使得木卫二的表面不断更新，十分年轻。同样，木卫二的近木星面形成了大量很长的裂缝（图 13.18），可能是表层冰块在底层液态

水海洋之上做类似地球上的板块运动所造成的。木卫二的表面还有一些双脊构造，可能与深层液态水向上喷出有关（图 13.19）。

　　木卫三（Ganymede）是离木星第三近的卫星，也是太阳系最大的卫星，直径约为 5265.4 km，比水星还要大。木卫三也是太阳系唯一一个已知有磁场的卫星，说明其内部金属核可能存在物质对流形成的发电机。木卫三的表面分为两类区域（图 13.20），一类是陨石坑比较多的暗色区域，另一类是分布有凹槽（groove）和山脊的浅色区域。木卫三的大气层很稀薄，主要成分是氧气。

　　木卫四（Callisto）是伽利略卫星中离木星最远的、第二大的卫星，它的直径为 4820.6 km。木卫四的大气层极其稀薄，主要成分为 CO_2 和 O 原子。木卫四表面的陨石坑密度要比木卫三高 10 倍以上，说明木卫四没有活跃的地质活动。

　　伽利略卫星中除了木卫四离木星较远之外，木卫一、木卫二和木卫三都与木星形成了轨道共振，即木卫一每绕行木星两

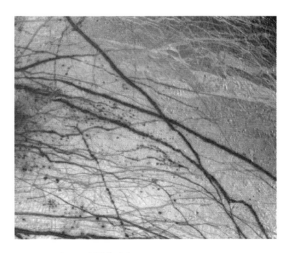

图 13.18　木卫二表面的裂缝
来源：NASA。

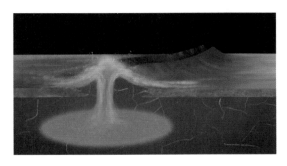

图 13.19　木卫二裂缝形成示意图（Culberg et al., 2022）

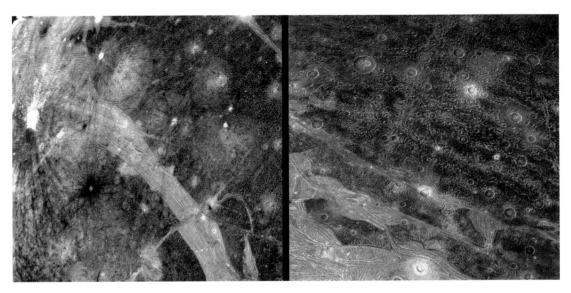

图 13.20　木卫三的表面地质特征
来源：NASA。

周，木卫二绕行一周；木卫一每绕行木星四周，木卫三绕行一周。这就是拉普拉斯共振。

13.4.2　土星的卫星

土星的卫星特别多。即便是质量较大的土星卫星也有 7 颗，从土卫一一直到土卫七，其中最大的是土卫六（泰坦，Titan），其质量占土星卫星和环的总质量的 96%，其余 6 颗卫星接近 4%，土星环和其他小卫星的质量只占不到 0.04%。

土卫二（Enceladus）是土星卫星中最引人瞩目的一颗。首先，土卫二的表面非常干净，主要成分是新鲜的冰，对太阳光的反射率很高。其次，人们发现土卫二的深部海洋中具备生命诞生所需要的所有条件。土卫二的表面形貌比较复杂，有撞击坑、山脊、山崖、线性裂缝及平坦的台地。在平坦的台地上，陨石坑的数目比较少，因此土卫二可能有类似"水火山"的活动在不断攻击表面。卡西尼号发现土卫二南极的喷发物是细小冰晶组成的羽流（plume）及水蒸气，除此之外还有二氧化碳和甲烷等多种碳氢化合物。人们还在其中发现了氨气和磷酸化合物等物质。这些物质都来自土卫二表面之下的海洋，这让土卫二成为最有可能找到地外生命的场所。

土卫六是太阳系第二大卫星，体积相当于月球的 1.5 倍。它也是太阳系唯一一颗拥有稠密大气层的卫星，其大气的主要成分是氨。氨组成的大气层不太透光，使得人们很难获得土卫六表面的信息。除了氨之外，土卫六大气中还有大量碳氢化合物等物质，这可能是以甲烷为主要原料的光化学反应造成的。土卫六的大气和金星一样，存在超旋转。土卫六表面的形貌主要分为粗糙区和平坦区，粗糙区有大量山脊或裂缝，这些裂缝可能是深部水上涌的通道。土卫六表面还有甲烷等碳氢化合物组成的海洋，其中最显眼的就是丽姬娅海（Ligeia Mare，图 13.21），直径可达 500 km，平均深度为 20 ～ 40 m。土卫六的表面也有不少陨石坑，但是陨石坑的结构都明显受到了侵蚀，大部分陨石坑没有中心峰，坑底也比较平坦。土卫六表面还有类似地球沙漠上常见的风成地貌，图 13.22

知识拓展 2　土卫二上的磷酸钠

土卫二是太阳系内天体生物学研究的"热土"。卡西尼号在土卫二南极喷出来的气柱中发现了 H_2、CH_4、NH_3 和 CO_2 等物质。土卫二的表层是冰组成的冰壳，冰壳之下是海洋。要从海洋中喷出上述物质，可能需要热液系统。由于地球海洋的热液系统（如黑烟囱）中生活着大量的生物，因此人们推测，土卫二上检测到的甲烷有可能是冰壳之下海洋中生活在热液系统附近的微生物产生的。换言之，土卫二至少具备适宜生命存在的热液系统。弗兰克·波斯特伯格（Frank Postberg）等从卡西尼号宇宙尘分析器的数据中发现了磷，而且是溶解态的磷酸钠（sodium phosphate）。要知道，磷是地球生命必备的元素。溶解态磷的出现标志着土卫二完全具备了生命诞生所需要的无机条件。

所示的就是土卫六表面的 Belet 沙脊（Belet Dunes）。土卫六表面风成沙漠地貌的组成物质可能并不是硅酸盐矿物组成的沙子，而是甲烷冰晶侵蚀泰坦岩石形成的混合物。惠更斯号探测器发现土卫六的表面曾经可能存在液态水。

图 13.21　土卫六表面的丽姬娅海

图 13.22　土卫六表面的沙脊

13.4.3　行星环

行星环是环绕在巨行星周边的扁平状圆环。太阳系所有的巨行星都有行星环，其中土星的行星环最为瞩目。各巨行星的行星环虽然各有特色，但是它们在很多关键物理和

化学性质上都极为相似。因此，本节将介绍太阳系所有巨行星，即木星、土星、天王星和海王星的行星环。在天王星和海王星的章节中，将不再单独介绍行星环。

行星环总体上位于宿主行星的洛希极限以内，在这个范围内宿主行星的潮汐引力会阻止行星环上的尘埃和固体颗粒不断凝聚长大，以至于行星环和行星之间达到了动力学上的平衡，这些颗粒物质在垂直于行星盘方向上的运动极为有限，例如，土星环的公转速度为 10 km/s 量级，而环中的颗粒物质在垂直于行星盘方向上的运动速度只有 mm/s 量级。虽然大体上控制行星环的物理机制是相同的，但是每个巨行星的环都各有特色，这些不同之处有些是环中较大体量卫星的引力所导致的，有些是太阳风的压力和磁场的作用导致的。

1. 行星环的观测

1610 年，伽利略在其著作《星际信使》中介绍了他对土星环的观察："土星并不孤独，周边有三个什么东西相互挨着，彼此之间不发生相互运动。"他说这是土星的耳朵。1659 年，惠更斯在《土星系统》一书中明确使用了"行星环"一词。1675 年，卡西尼发现土星的行星环并不是连续的，中间有间断形成了环缝，这个环缝就是土星环 A 环和 B 环之间的间隔，现在叫作卡西尼环缝。但是直到旅行者 1 号和 2 号对木星和土星进行飞掠观测，人们才获得了行星环的大量信息。旅行者 1 号和 2 号拍摄了大量行星环的高清图片。除了这些图片之外，旅行者号还获得了土星环中带电粒子、等离子体波及微陨石撞击等信息。1995～2003 年，伽利略号在围绕木星工作的时期内拍摄了不少木星环的图片。2004 年开始工作的卡西尼

号则拥有目前为止最好的行星环观测设备。因此，对行星环的探测主要依靠旅行者号（1号和2号）、伽利略号和卡西尼号。除了这些就位探测以外，哈勃空间望远镜和韦布空间望远镜也返回了大量清晰的行星环图片，这为研究行星环提供了丰富的信息。

图13.23所示为巨行星的行星环-卫星系统。我们把所有的行星都均一化为同一个值，即中间的实心半圆。外围的环用不同的灰度表示，卫星的位置则同比例给出。图中的点虚线代表相对于一个密度为0.9 g/cm³的卫星的洛希极限的位置，段虚线表示的是同步轨道位置。对于木星和土星而言，洛希极限在同步轨道之外；而对于天王星和海王星而言，洛希极限在同步轨道之内。这是因为木星和土星的自转更快。

除了上述观测设备之外，还可以从恒星掩星（stellar occultation）和环面穿越（ring plane crossing）两个角度来研究行星环。恒星掩星指从地球进行观测，当一颗明亮的恒星出现在环背后时，就是行星环掩盖了恒星。这时能获得一般光学背景下难以获得的大量信息。环面穿越指的是地球的运动轨道和行星环有交叉，即巨行星运行到靠近内太阳系的时候。就土星而言，1995年5月22日哈勃空间望远镜观测到了一次土星环与地球的相遇（图13.24）。一开始哈勃空间望远镜还能拍摄到土星环，随后就拍摄不到了，这说明地球位于土星环之内。每隔15年，土星的行星环与地球相遇一次。通过观测行星环与地球相遇，人们发现了土星的5颗小卫星及最外层的E环。

除了上述观测手段，通过计算机模拟来研究行星环的动力学特征也十分重要。最根本的物理参数还是引力，通过模拟行星环中颗粒与颗粒之间、微陨石与环之间、带电离

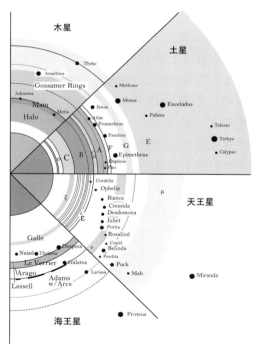

图13.23　巨行星的行星环-卫星系统（Charnoz et al., 2018）

图13.24　恒星掩星和环面穿越
来源：NASA。

子在宿主行星磁场下的运动和卫星被行星撕裂等重要过程，可以解释很多观测现象。

2. 木星与土星的行星环特征

各巨行星的行星环虽然各有特色，但是有一些特征是相同的。就太阳系的行星环而言，可以分为三类。第一类是具有复杂细节结构的宽大环，土星环是其中的代表，细节结构受控于环中的小卫星之间的引力作用。第二类行星环由一组边界清晰的窄环所组成，窄环之间被卫星间隔开来。天王星和海王星的环就属于这一类，土星的 F 环、C 环和 D 环可能也属于这一类。第三类行星环有一些尘埃残留物组成的残片，这些残片和一些小卫星有关，木星的环中就有这样的结构。以下介绍木星和土星的环结构，天王星和海王星的环结构不作详细介绍。

木星环中的尘埃物质主要来源于木星卫星，包括木卫十五（Adrastea）、木卫十六（Metis）、木卫五（Amalthea）和木卫十四（Thebe）的喷发。这些小卫星的表面经常会被撞击，撞击后的灰尘就会成为木星环的一部分。木星环主环的细粒尘埃（小于 $10~\mu m$）的光学深度（optical depth）很浅（$\tau_N \approx 10^{-6}$），粗颗粒的光学深度更小。光学深度是衡量一个物体透明度的参数，代表光在传播路径上被散射和吸收的比例。木星主环的外边界十分清晰，可能是受木卫十五的影响；主环内侧的木卫十六可能压制了主环的亮度。比主环更靠近木星的是环形空心环（toriodal ring）或光晕（halo），光晕的光学深度和主环一致，人们推测光晕的物质来源于主环。和主环一样，薄纱（Gossamer）环内侧受木卫五控制，外侧受木卫十四控制。薄纱环的纵向深度与这两颗卫星在纵向的运动幅度一致。木星环的物质在光谱上是红色的，说明环的主要物质是硅酸盐矿物或者碳质球粒陨石。

土星环包含了已知的所有行星环特征，除了前面提到的卫星对环的控制作用之外，还有环缝（gap）、辐条（spokes）、螺旋波纹（spiral corrugation）和密度升高（density enhancement）等现象。虽然人们观测到了 4 个行星环，但是仍只能大体知道土星环的成分。土星环的主要成分是水冰，其次是硅酸盐矿物，而天王星和海王星的主要成分是氨冰和甲烷冰。从地球上只能观测到土星环中的 A 环、B 环和 C 环三个环，先驱者号发现了 F 环，D 环和 G 环是旅行者 1 号发现的，D 环是卡西尼号发现的。

3. 环结构的控制机制

土星环复杂的结构反映了其复杂的物理过程。迄今为止，人们只能解释其中一些环的结构或现象，可以将控制因素分为内在因素和外在因素两类。几乎所有的环都受控于内在因素，而外在因素只对特定环起作用。

1）稠密环与内在因素

稠密环（dense ring）指的是内部有较大的颗粒物质的环，其形貌和边界受控于颗粒物质之间的碰撞和自身引力。在土星的稠密环中，每时每刻都在发生颗粒之间的相互碰撞。但是木星稀疏环中的颗粒可能围绕木星旋转一万年也不会和另外一颗尘埃碰撞一次。内在因素包括两个关键的物理过程，首先是控制环公转速度的力学体系，其次是环中刚性固体颗粒相互碰撞造成的轨道能量耗散。这些碰撞过程能够造成颗粒的开裂、变形及压实，改变颗粒的形状和大小，在有些情况下还会造成颗粒的粘连和凝聚。

我们通常将环视为流体，使用流体动力学的知识来处理环中物质的动力学过程，主要的物理参数是颗粒的随机速度（v）和光学深度（τ）。当土星环围绕土星完成几个公转周期之后，环内的颗粒碰撞就会达到动态平衡，即在环的特定光学深度下，颗粒的随机速度是一定的。当光学深度比较浅时，颗粒的随机速度和环的厚度就比较大；当光学深度比较大时，颗粒的随机速度和环的厚度就比较小。土星环中的所有颗粒都围绕土星做开普勒运动，因此内侧的颗粒运行速度更快，不断将角动量向外传递。由于碰撞只能降低轨道能量而不影响整体角动量，因此所有的环都逐渐展布到低能量状态。但是新的实验表明，冰质颗粒之间的粘连性比原先的估计更大，上述简单的动力学模型可能并不成立，因此人们引入声波来解释稠密环中的角动量传递问题。引入声波这个新参数以后，就可以解释两个具有不同光学深度和角动量的环如何相邻共存。

2）外在因素

所有的环都受到周边物质的引力影响，稀疏环还会受到太阳辐射压、电磁波和外来微陨石的影响。外来的引力扰动会改变环中颗粒的原有运动特征，但是改变的程度取决于行星环中物质本身的特征。如果外来引力的扰动对行星环中颗粒角动量的影响程度小于环本身对角动量的影响，环就会以物质波的形式响应外来引力；如果外来引力使颗粒角动量改变得足够快，那么环就会形成一个环缝，因为在这个时候环中的颗粒必须通过自己的运动把角动量带走。土卫一（Mimas）施加的引力使得土星 A 环和 B 环之间的环缝宽度达到 4700 km。我们还可以用同样的思路解释类似的环缝或者类似结构。

行星环中的细小尘埃颗粒在穿越行星磁场时会吸附磁场中的电子或者离子，也会与太阳的光子相互作用。因此，这些带电粒子必然受到行星磁场的强大影响。尘埃颗粒与太阳光子的长时间作用也会积累微小的角动量变化，影响行星环的轨道特征。这些作用的综合效果是和引力作用一起，造成行星环轨道偏心率等重要参数的变化。木星的磁场是太阳系最强大的，因此木星环中的颗粒受磁场的影响也最为显著。由于木星磁场具有南北不对称性，木星环某些区域尘埃颗粒的电磁共振与轨道共振特别明显。

微陨石或陨石的撞击也能改变环的结构。土星环的展布面积非常大，星际尘埃和微陨石会像雨滴一样落在土星环这个大盘子里。土星环 10 亿年之内接收的星际物质的总质量可能比行星环本身的总质量还大。因此，从这个时间尺度上看，微陨石的加入是影响环结构的重要因素。数值模拟研究认为受微陨石的影响，土星环中的颗粒每年会向土星移动几厘米。但是目前并不知道确切的微陨石撞击速率，因此土星环中的颗粒向内移动的具体数据依然不得而知。人们估算，在 1000 万年以后，土星的 B 环就有可能被土星所吸收。前面提到土星环中有一些辐条结构，辐条的主要组成物质是粉末中的冰屑，可能就和陨石撞击土星环有关。

需要说明的是，对于行星环细节结构的成因，上述认识仍然不完善，还需要大量实验和数值模拟进行验证。

4. 行星环的成因

目前，关于行星环的成因有三种假说。第一种是行星环是太阳星云中没有形成行星的残余物质，现在被困在了巨行星的周围。第二种是行星环尘埃物质的前身是巨行星的卫星，这些卫星处于洛希极限以内，会被行星撕碎进而形成行星环。第三种是行星环物质的前身是一颗围绕太阳公转的冰质天体，被巨行星的潮汐引力撕碎后，形成了现在的行星环结构。以下简单讨论这三种假说的优劣之处。

由于土星环的体量很大，如果要猜测哪个行星环原生于太阳星云，那么最有可能的就是土星环。但是现有的证据并不支持土星环是太阳星云的残余物质。首先，土星环恩克（Encke）和基勒（Keeler）环缝各有一颗较大的卫星［土卫十八（Pan）和土卫三十五（Daphnis）］。如果它们是太阳星云的残余物质，距离土星又这么近，应该早就被潮汐引力撕碎。其次，卫星把环撕开环缝所需要的时间很短，只需要百万年左右。如果微陨石不断撞击现在的环，环的寿命也只有百万年左右。因此，第一种假说很难成立。

第二种假说看起来比第一种假说的可能性大得多。行星环中的卫星数目特别多，柯伊伯带的小天体也很多。在木星的伽利略卫星表面可以看到很多陨石撞击坑，所以卫星的裂解可能是很常见的事情。而且行星环中单个尘埃颗粒的寿命不足百万年，因此应该有机制不断补充行星环的尘埃。但是依靠裂解卫星形成土星环也很困难，土星的洛希极限处并没有特别大的卫星。综上，第二种假说也比较难解释行星环的形成。

舒梅克-列维9号彗星在经过木星时被撕成了碎片，这些碎片随后撞击在木星上。问题是，如果一颗彗星已经被木星撕碎，它为什么没有直接掉落在木星上，而是围绕木星形成一个环？再者，巨行星捕获彗星的概率也很低，要捕获多少彗星才能形成现在的环？

总体看来，上述三种假说各有各的问题，但是还没有足够的证据证明它们一定不可行。未来的探测任务如果能将环的尘埃颗粒带回地球，对了解环的起源将起到至关重要的作用。

习题与思考

（1）类地天体都有一个由固体岩石组成的表面，但是木星和土星这样的气巨星则缺乏这样的固体表面来分隔大气层和更深处的内部圈层。目前把木星大气压强与地球表面大气压强相等的层位作为木星大气层和内部圈层的分界线。这样的分界合理吗？你有其他划分方案吗？为什么？

（2）人们推测木星和土星上水云形成的温度和压力与地球的水云类似。请问，如果现在你驾驶一艘巨行星探测器，计划到巨行星深处探测木星的大气，你会在什么层位遇到木星和土星的水云？木星和土星的水云形成的环境与地球上的水云有何不同？

（3）随着卡西尼号逐渐远离太阳，到达木星，太阳的光度也逐渐降低。

相对于卡西尼号在地球上观测到的太阳光度，它在木星上观测到的太阳光度如何？

（4）木星上的环形气旋和地球上的飓风很类似。木星的大红斑旋转一圈是 6 个地球天，大红斑的半径相当于 10000 km。请你计算大红斑边缘的风速。如果地球上有一个飓风，旋转一周的时间是一个地球天（24 h），该飓风顶部气旋的直径是 400 km。请问，地球上飓风的风速快，还是木星大红斑的风速快？

（5）木星距离太阳很远，整体来说木星的表面温度很低，其辐射的能量主要是红外波段。木星光谱中红外波段的光通量为 14.1 W/m^2。如果木星的直径、到太阳的距离和木星的质量是已知量：①计算木星红外波段辐射的总能量；②假定木星的反照率为 0.343，计算木星从太阳吸收的总能量；③对比①和②，计算木星的能量过剩数目；④假定木星的内部热量都来自木星内部物质的引力收缩转换，木星的能量过剩可以由这种机制提供吗？

第十四章

天王星和海王星
Uranus and Neptune

天王星（Uranus）和海王星（Neptune）属于巨行星中的冰巨星。不同于木星和土星的主要组成元素是 H 和 He，天王星和海王星的主要组成元素是比 H 和 He 更重的元素，如 O、C、N 和 S 等，而 H 和 He 只占 20% 左右。在天体物理学和行星科学领域，冰指的是冰点温度在 100 K 左右的化合物，例如，水的冰点温度是 273 K、氨的冰点温度是 195 K、甲烷的冰点温度是 91 K。虽然两类巨行星的组成物质不同，但是也有一个相似之处，即冰巨星也没有坚固与清晰的表面，因此我们讨论冰巨星的思路与气巨星类似。本章将学习天王星和海王星的大气结构与化学成分，了解天王星与海王星的内部圈层结构与整体组分特征，这些内容有助于我们理解冰巨星的形成与演化过程。最后学习有关冰巨星探测的内容。

知识拓展 1　海王星的发现

海王星的发现又一次证明了牛顿万有引力。虽然人们（如 1613 年的伽利略）很早就发现了海王星，但是由于海王星距离地球太远且亮度很低，人们一度以为它只是远处的一颗恒星。1821 年，亚历克西斯·布瓦尔（Alexis Bouvard）根据万有引力和行星运动规律制作了一本关于天王星轨道的天文图表，方便人们预测天王星的轨道。但是从观测数据计算得到的天王星轨道总是和布瓦尔的预测结果有很大偏差，布瓦尔推测可能有另外一个天体对天王星的轨道造成了扰动。当时还有其他观点，例如，恒星的引力场可能不符合牛顿的万有引力。

1843 年，一个名叫约翰·亚当斯（John Adams）的本科生利用牛顿万有引力计算了另一个天体的质量、位置及轨道。在 1845 年左右，亚当斯和剑桥天文台台长詹姆斯·查利斯（James Challis）沟通了相关工作，随后查利斯联系了格林尼治天文台的乔治·艾里（George Airy），咨询有关天王星的相关数据。1845 年 12 月，于尔班·勒威耶（Urbain Le Verrier）向法国科学院提交了关于天王星以外的行星位置的备忘录，并于 1846 年在提交的第三份备忘录中给出了海王星的质量和轨道。勒威耶发现没有任何法国科学家对他的想法感兴趣，他就把结果邮寄给了柏林天文台的约翰·伽勒（Johann Galle）。伽勒当时只是科研助理，他在 1846 年 9 月 23 日收到了勒威耶的数据，9 月 24 日在台长约翰·恩克（Johann Encke）的生日宴会上他提出使用最新的望远镜进行观测的想法。恩克心情大好，同意了他的想法。在场的本科生海因里希·达赫斯特（Heinrich d'Arrest）听到了他俩的谈话，请求和伽勒一起观测。随后，伽勒和达赫斯特联系了柏林科学院的 Carl Bremiker，进而得以使用当时最新型号的望远镜 Hora XXI 来观测天体。伽勒负责操作天文望远镜，达赫斯特负责对照星图的位置，终于找到了海王星这颗理论预测中的行星。

海王星被证实之后，第一个发现者的归属陷入持久的争论。1846 年，勒威耶被授予科普利（Copley）奖章，以奖励他在发现海王星上的贡献，并未提到亚当斯。这引起了英法天文学界的激烈争论。在 1848 年，亚当斯也获得了科普利奖章。1874～1876 年，亚当斯担任英国皇家天文学会主席，给勒威耶颁发了 1868 年的英国皇家天文学会金质奖章。

科学是一种生活方式，而不只是一堆知识。

——卡尔·萨根

14.1　天王星与海王星的大气现象与大气结构

在一个以氢气和氦气为主的大气层中，易凝结物质通常比单纯的氢气或氦气更重，因此重组分的凝结实际上推动了大气层的动力学过程。对于气巨星和冰巨星而言，当大气中重组分凝结物的含量达到某一临界值时，就会阻止大气层中的水汽对流循环。因此，对于木星和土星而言，大气中的水凝结可能是其中周期性云暴（episodic storm）的原因。对于天王星和海王星而言，甲烷就是大气中的重组分。天王星和海王星的云层系统随时间变化，人们认为这与甲烷的凝结有关，但人们对天王星和海王星中云层的空间分布特征、云层的体量及存续时长等方面缺乏了解，目前并不知道天王星和海王星的云是否具有对流的特征。在天王星和海王星大气压强为 10^5 Pa 的大气层位，遥感数据表明云层底部的甲烷含量为太阳中甲烷含量的 60 ～ 100 倍；在大气压强为 $5 \times 10^7 \sim 3 \times 10^8$ Pa 的大气层位，水的含量为太阳中水含量的 20 ～ 80 倍，可以形成多层的云结构。天王星和海王星接收到的太阳辐射很小，天王星极区夏季太阳辐射的最高值是 3.7 W/m²，而海王星的极地附近则只有 0.7 W/m²。此外，海王星的内部热源所产生的热量大概是其获得的太阳能的（2.61±0.28）倍，而天王星的内部热源所产生的热量则只有海王星的 1/10。如果从通量密度来看，天王星的内部热通量密度很低，

几乎可以忽略不计；海王星的也不高，只有木星的 5%。因此天王星和海王星的内部热量对大气对流的作用很小。

但并不代表我们就难以观测到天王星和海王星大气层中的对流现象。对流现象是浮力差异和垂向的热传输导致的云层在大气中的垂直运动。对流现象存在的证据有两个：一是可以观察到云层的运动，二是对流层顶部的甲烷含量高。但是这两个证据都有问题。首先，天王星和海王星上的云层活动缺乏空间特征，或者时间序列不够长。其次，海王星对流层顶部的甲烷含量很高，但是天王星对流层顶部的甲烷含量似乎并不高。最后，即便海王星对流层顶部的甲烷含量高，也不一定是大气对流的结果，而有可能是海王星极地漏气至平流层造成的。在后面讨论的过程中，将侧重介绍水汽对流风暴（moist convective storm，也称湿对流风暴；图 14.1）。

14.1.1　大气对流现象

对于天王星而言，人们用来判断大气对流活动的数据主要有两个，一个是正氢与仲氢比值，另一个是遥感影像。根据正氢与仲氢比值和大气直减率[①]（atmospheric

---

①　与13.2.1节的绝热直减率同义。

lapse rate），人们认为天王星有一个很薄的对流层，其中甲烷属于亚饱和状态。这样，天王星的低层云会处于活动状态。除了上述数据之外，遥感影像上的光亮区也是判断风暴活动的重要依据。1986 年，旅行者 2 号传回了第一张天王星的照片，发现在天王星南纬 35° 有一个光亮的羽流形貌，可能和大气层的内部对流有关。地面天文望远镜和哈勃空间望远镜对一个名为 Berg 的亮斑进行了仔细观察，发现它在经度方向上不断振荡，在纬度方向上不断迁移，以至于最后在南纬 5° 发生解体。Berg 的长度可达 5000 ～ 10000 km，其中细小云层的亮度变化可能是对流的结果。天王星南纬 30° 附近有很多离散云（图 14.1）。在经历了漫长的冬季之后，天王星南纬 30° 首先接受太阳的光照，因此这些离散云被认为是与季节有关的对流云。但是新的观察数据表明，在天王星北纬 28° ～ 42° 的离散云形成的活跃区，可以形成长度为 2000 ～ 4000 km 的云。2014 年，人们在天王星北纬 15° 附近发现了一个迄今为止最亮的

图 14.1　天王星上的大气对流现象
来源：NASA。

斑点。这个亮斑在经度上延伸了 17000 km、在纬度上延伸了 4300 km，是由多个直径约为 2000 km 的小亮斑组成的复杂结构。这些现象被认为是水汽对流风暴的最佳候选特征。此外，在天王星的极地，也就是北纬 60° 以上，能看到很多离散的亮斑，每个亮斑的直径约 500 km，亮斑和亮斑之间相隔 1000 ～ 3000 km。这些离散亮斑和土星的北极特别像。

海王星上的云层系统比天王星活跃得多。海王星平流层中甲烷含量比对流层顶部更高，是海王星平流层甲烷含量的 3000 倍以上。在早期研究中人们认为海王星平流层中的甲烷是水汽对流循环的结果，现在人们则认为海王星较暖和的南极可能会不断注入甲烷至平流层。1989 年，旅行者 2 号拍摄到了海王星南纬 55° 的大暗斑（great dark spot）反气旋（图 14.2），它的形貌变化很快。在南纬 40° 还有一些复杂的亮条纹，长度约为 3000 km，可能是垂向剪切风形成的。海王星的南极附近也有亮斑区域，即南极

知识拓展 2　正氢与仲氢比值

正氢与仲氢比值（ortho to para hydrogen）可以用来判断大气对流活动。正氢指的是氢分子中两个氢原子的自旋方向相同，仲氢指的是两个氢原子的自旋方向相反。正氢与仲氢比值是温度的函数：①在 0 K 时，主要是仲氢；②在空气的液化温度（77 K）时，正氢与仲氢比值是 1∶1；③在室温及更高温度情况下，正氢与仲氢比值是 3∶1。

甲烷水汽对流的产物。

　　上述提到的亮斑虽然有可能代表了天王星和海王星大气层中的水汽对流风暴，但是要确定亮斑的成因依然很难。从木星和土星的数据来看，对流风暴在横向上的尺寸一般为行星半径的 1% ～ 10%，天王星和海王星的亮斑也是这个尺寸。但是已有的旅行者号飞掠探测或者天文望远镜探测等都不足以确定这些现象的本质，将来需要轨道环绕探测才能进一步研究确定。

图 14.2　海王星上的大暗斑
来源：NASA。

特征（south polar feature，也称南极亮斑）和南极波纹（south polar waves）。这两种发光结构都由拉长状的云组成，云的移动速率十分稳定，人们认为这代表海王星的自转速率。2017 年，在海王星北纬 2° 附近形成了一个迄今为止最亮的亮斑，可能是

14.1.2　大气垂直结构

　　云层现象出现的层位大致是甲烷冷凝结晶的层位［图 14.3（a）］。对于木星和土星，可以用 5 μm 的红外波及微波等来研究云层动力学。但是对于天王星和海王星而言，大气的温度太低，需要采用微波和毫米波段的探测才能穿透云层。人们发现，天王星和海王星大气层压强为 5 ～ 8 MPa 的层位上有

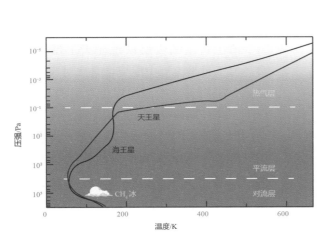

（a）天王星和海王星的热结构

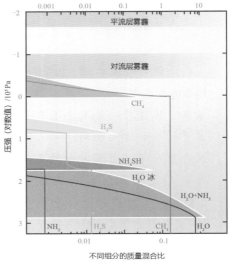

（b）天王星和海王星可能的大气组分

图 14.3　天王星和海王星的大气结构与成分示意图（Moses et al., 2020）

一个带状结构，这个可能是 H_2S 晶体纬向展布造成的。控制展布特征的则是大气环流。

天王星和海王星的挥发性物质主要是甲烷、氨气、硫化氢、水及 NH_4SH［图14.3（b）］。NH_4SH 的形成需要 1 个 NH_3 分子和 1 个 H_2S 分子，因此 NH_4SH 的形成会让相应的大气层位变得相对干燥。在天王星和海王星大气压强低于 4 MPa 的层位中，NH_3 的含量比较低。除此之外，两个天体的大气层中也都有 H_2S。因此，对流层的 S/N 值肯定大于 1，至少 NH_4SH 云之下的对流层都是如此。考虑到太阳中的硫含量比较少，天王星和海王星中的硫含量至少比氮含量高 5 倍（相对于太阳而言）。也就是说，不应该存在以 NH_3 为主的云层。但是这并非指天王星和海王星上没有 NH_3 的富集区，也有可能在天王星和海王星上有一个 NH_3 超临界流体组成的海洋。

虽然已知大气层在很多时候都没有达到热化学平衡，但是绝大多数关于天王星和海王星大气结构的模型都假定了热化学平衡状态。旅行者 2 号通过无线电掩星实验（radio occultation experiment）获得了天王星的大气热结构（直到压强为 2.3×10^5 Pa 的深度处）和海王星的大气热结构（直到压强为 6.3×10^5 Pa 的深度处）。这两个压强值相当于甲烷和硫化氢开始冷凝结晶的层位。在比这些压强对应层位更高的深处，我们假定挥发性元素的含量是太阳的 20 ～ 80 倍，并且假设 NH_3 的含量略低于 H_2S 的含量。需要注意的是，当甲烷或者水含量比较高时，会抑制水汽对流的形成，同时分层对流也会影响垂直结构并产生间断面，这些间断面既有可能是热结构上的间断，也有可能是平均分子重量（成分）上的间断。实际观察到的间断可能是二者共同作用的结果。如果在天王星或海王星的表面放置一个探测器，探测器在下降穿越大气

层的过程中就能记录这些间断面。但是由于大气结构的不均一性，可能在不同的位置上，间断面的性质和特征也各有不同。无论如何，现在的数据都不足以支撑我们了解天王星和海王星的大气结构，还需要一颗在轨卫星对其进行探测。冰巨星的大气密度依赖于热结构、局部重力常数及局部风特征，由于冰巨星的对流层底部可能含有大量的水，因此水几乎控制了大气密度的垂向变化。

海王星对流层中的甲烷含量比天王星高，所以前人只对海王星的水汽对流进行了模拟。大部分研究工作都是在一维模型下对甲烷对流展开研究的，或者直接假设对流可用势能的最大值（maximum convective available potential energy；评估对流是否容易发生的指标）。这些研究发现海王星上可能形成一个强大的上升气流，气流速度可达 200 ～ 250 m/s。这么强大的上升气流可以击穿对流层，进而把甲烷运输到对流层底部。虽说如此，但是要形成这样强大的上升气流，就需要大气层中有一个很强的扰动，这个扰动必须强到可以克服大气层固有的静稳态。这种情况下有可能存在高湿度环境，因为其会造成剧烈的降雨，进而促进气流携带甲烷上升。遗憾的是，如此简洁的情景还没有得到观测数据的验证。

另一个棘手的问题是，在现在能够探测到的大气深度上，甲烷的含量恰好会抑制水汽对流，其结果就是形成双扩散对流（double diffusion convection）。流体的组分分布不均一（浓度梯度或者温度梯度）会导致流体的不均一，因此在特定情况下，由于重力的作用，流体会发生运动，这就是浮力驱动的对流现象（地球的液态外核也存在类似现象）。但是在很多时候，流体同时受控于温度和浓度两个参数。两种参量具有不同的分子扩散

速率。这种情况下产生的浮力驱动对流现象就叫作双扩散对流，如海水的垂直对流，此时海水中的温度和盐度具有不同的梯度和扩散速率。

为了了解对流是如何被抑制的，以下简单计算几个参数。我们需要做一些基本假设，如不考虑负浮力等。有很多参数控制对流的形成，第一个重要的参数是物质冷凝过程中水平潜热释放促进升温的能力。基本公式如下：

$$\Delta T_{L_i} = \frac{q_i L_i}{C_p} \qquad (14.1)$$

式中，i 代表凝结相；ΔT_{L_i} 代表凝结相冷凝释放出的热量造成的升温；q_i 为凝结相 i 的最大质量混合比例；L_i 为单位质量下凝结相 i 的水平潜热；C_p 为单位质量大气的热容。

第二个重要的参数是补偿湿包（wet parcel）中的挥发性组分重量所需要的温度升高幅度 ΔT_i。基本公式如下：

$$\Delta T_i = -[\ln(1 - \bar{\omega} q_v)]T \qquad (14.2)$$

$$\bar{\omega} = \frac{M_i - M_a}{M_i} \qquad (14.3)$$

式中，T 是温度；$\bar{\omega}$ 代表简约平均摩尔质量差异；M_i 代表 i 的气相摩尔质量；M_a 代表干燥大气的摩尔质量。

第三个重要的参数是水汽对流抑制系数 ξ_i，当 $\xi_i > 1$ 时，i 组分的对流就不能发生。其基本公式为

$$\xi_i = \frac{\bar{\omega} M_i L_i q_i}{RT} \qquad (14.4)$$

式中，R 为理想气体常数。

基于对上述参数的研究和设定，可以模拟出天王星和海王星的大气热结构与化学组成变化。基于天王星和海王星的大气热结构与化学组成变化，可以绘制出大气层中挥发性元素的分布图。上述模型没有考虑大气中可能存在的超绝热效应（super adiabatic effect）或者热间断面（thermal discontinuities）。研究发现天王星和海王星的水云出现在压力为几十兆帕到几百兆帕的范围内，在这种压力下气体就不是理想气体状态了，因此这些水云的详细性质（包括成核和冷凝过程）都需要使用非理想气体状态方程来解释。绝大多数水云小液滴都可能吸收大气中的 NH_3，使得相应的层位上的 NH_3 含量降低，大气变干燥。如果水云的层位很低，就有可能达到水在 300 MPa 时（相当于 0.1 MPa 之下的 550 km 处）的临界温度 647 K。实际上，很多系外行星大气层的温度和压力都能达到这个范围。天王星和海王星的大气层深处的水含量比较高会导致分子重量偏高和温度曲线偏低，即对流发生。分子重量偏高意味着深部某些层位的水含量偏高，可以用重力手段来确认。

影响冰巨星大气结构、动力学及能量平衡的机制十分复杂，目前为止知之甚少。例如，已知水是控制木星和土星大气层中多种现象最重要的成分，但是目前并不知道水在天王星和海王星大气中的分布规律。对天王星和海王星了解如此之少的最主要原因是迄今为止人类还没有发射一个围绕这两个天体运转的探测器或观测卫星。

14.2　天王星和海王星的圈层结构

我们还有两个问题需要解决，一是天王星和海王星的整体化学成分，二是天王星和海王星的内部圈层结构。这两个问题交织在一起，要想知道天王星和海王星的整体组成，

就必须知道它们内部的分层和每层的物理、化学特征；而如果不知道这两个天体的整体组成，就没有办法对二者的内部分层进行理论研究。由第十三章的内容可知，知道木星的整体组成，就可以从重力场和物质的状态方程等方面来确定木星的内部圈层结构。但是对于天王星和海王星，其整体化学成分和内部圈层结构仍然是个谜。在缺失太多关键参数及参数讨论顺序也不明确的情况下，要在本节将这两个问题解释清楚是很困难的。

14.2.1　天王星和海王星的相似性与差异性

首先了解相关基本物理参数（表 14.1）。天王星的质量比海王星略小，其半径却大于海王星。因此，天王星的密度（1.270 g/cm³）低于海王星的密度（1.638 g/cm³）。从密度差异可以初步判断，这两个天体虽然都被称为冰巨星，但是二者的组成物质可能并不相同。此外，天王星的标准转动惯量为 0.22，略小于海王星（0.24），这说明和海王星相

比，天王星的物质分布更加倾向于正球体的球心分布。这两个天体的自转周期相差 7% 左右，即天王星的自转周期为 17.24 h，而海王星的自转周期为 16.11 h，也有研究认为旅行者 2 号获得的这两个自转周期数据或许并不准确，但是无论如何，天王星和海王星在基本物理参数上有明显差异。

天王星距离太阳 19 AU，而海王星则远在距离太阳 30 AU 处，二者之间相距 11 AU。11 AU 代表着什么？从水星到土星的距离。19 AU 已经超过了太阳系的水雪线和 CO_2 雪线，30 AU 几乎接近 CO 雪线。二者间距离太阳的差距意味着组成物质上的直接差异。由于组成物质上的差异，二者的增生演化历史也可能不同。虽然二者现今的轨道位置并不一定是它们形成时距离太阳的位置，但是天王星和海王星的增生过程及其后的轨道演化可能十分复杂。

天王星的自转轴与其公转轨道几乎在同一水平面，海王星的自转轴则大体与其公转轨道面垂直。前人认为天王星的自转轴倾角或是大碰撞的结果，或是轨道共振的结果。

表 14.1　天王星和海王星的基本物理参数

参数	天王星	海王星
轨道半长轴 /AU	19.201	30.047
质量 /10^{24} kg	86.8127±0.0040	102.4126±0.0048
平均半径 /km	25362±7	24622±19
平均密度 /g·cm⁻³	1.270±0.001	1.638±0.004
赤道半径 /km	25559	25225
J_2/10^6	3510.68±0.70	3408.43±4.50
J_4/10^6	−34.17±1.30	−33.40±2.90
自转周期	17.24 h	16.11 h
压强为 10^5 Pa 处的温度 /K	76±2	72±2
有效温度 /K	59.1±0.3	59.3±0.8
本征热能量 /(J·s⁻¹·m⁻²)	0.042±0.045	0.433±0.046
反照率	0.300±0.049	0.290±0.067
极轴倾角 /(°)	97.77	28.32

但是不论是哪种原因，都可以确定二者的季节与温度变化大为不同。大气层的不同会直接表现在二者的内部结构差异上。二者除了自转轴倾角完全不同之外，卫星系统也大不相同。天王星的卫星系统属于正常系统，说明这些卫星可能形成于大碰撞撞击出来的碎屑物质所形成的盘中。但是海王星最大的卫星海卫一（Triton）却与其他卫星运行方向相逆（retrograde），说明海王星可能捕获了海卫一，并在捕获过程中破坏了海王星原有的卫星系统。

天王星和海王星的内部能量也不一样。天王星的内部热量要远远低于海王星。天王星的内部热量似乎与太阳辐射之间达到了热平衡，但是海王星似乎没有。

前面详细介绍了天王星和海王星的大气结构和成分。整体上看，二者的大气组成主要是氢气和氦气，以及少量的重挥发性组分。现在唯一可以确定的组分是甲烷。如果反算碳含量并与太阳组分相比，那么天王星和海王星的碳含量都比太阳高近 90 倍，而土星的甲烷含量约为太阳的 10 倍，木星的甲烷含量约为太阳的 4.4 倍。这表明大气的金属性（metallicity，用来表示大气中比 H 和 He 更重的元素的含量）与巨行星的质量成反比。考虑到天王星和海王星比土星和木星离太阳更远，这种反比现象难以解释。

14.2.2 天王星和海王星的形成与演化模型

模拟行星的形成和演化就是将基本的物理参数作为输入变量，并假定一个可能的内部圈层结构，来重现一些关键的观测数据。重要参数包括行星内部的密度随深度的变化等。理论上，知道的参数越多，参数越精确，所能获得的模型就越准确。但是就算已知所有参数，也很难获得真实的行星内部结构。已知天王星内部某一深度的密度，并不能因此确定其内部物质及物质组合。但是可以用排除法来排除最不可能的模型，留下一个有可能的模型，再与观测数据一一进行比较甄别。

理想很美好，现实很残酷。例如，对天王星和海王星的重力场的研究只获得了 J_2 和 J_4，而且这两个参数的不确定性也很大。表 14.2 所示就是太阳系四颗巨行星的重力数据，其中木星和土星的旧数据来自 Jacobson，新数据来自 Less 等。可以看到新数据的精度明显高于旧数据，这都归功于朱诺号和卡西尼号对木星和土星的探测。还可以看到天王星和海王星的重力数据精度要比木星和土星的至少差了一个数量级，因此，对天王星和海王星的内部结构与物质组成的范围确定也有差别。将来有必要对天王星或者海王星也发射一颗类似于朱诺号的探测器，用来详细探测冰巨星的重力场。

表 14.2 巨行星的重力场参数

参数	木星	土星	天王星	海王星
J_2（旧）$/10^6$	14696.43±0.21	16290.71±0.27	3516.0±3.2	3539±10
J_2（新）$/10^6$	14696.572±0.014	16290.557±0.028	3510.68±0.70	3408.43±4.50
J_4（旧）$/10^6$	−587.14±1.68	−935.8±2.8	−35.4±4.1	−28±22
J_4（新）$/10^6$	−586.609±0.004	−935.318±0.044	−34.17±1.30	−33.40±2.90

天王星和海王星既不同于木星和土星这样的气巨星，也不同于地球和金星这样的岩质行星，到底采用什么路径来模拟它们的内部结构，仍然需要探索。当下有些研究和著作中也把天王星和海王星的内部分成界限分明的圈层，但更可能的情形是二者的内部圈层分隔不是界限分明的。从成分来看，在模拟二者内部圈层结构时，人们经常把水作为主要成分，但实际上并不知道水在天王星和海王星内部的分布特征。可以明确的是天王星和海王星的主要组成物质不是氢气和氦气，具体假设为什么物质取决于不同的研究需要。因此，在模拟天王星和海王星时，不仅要对内部圈层结构进行假设，还要假设它的物质组成，并利用该物质的状态方程进一步反演假设的圈层结构。在不断的假设和验证假设的过程中，对模型进行迭代，以期接近真实情况。

现在已经有一些模型开始考虑气巨星的内部存在成分梯度。不管哪种巨行星形成模型，是星子模型还是鹅卵石模型，当巨行星的核心质量超过地球质量时，在重力的作用下巨行星核心的外部就会被一层氢气包裹，随后被吸积的其他重挥发性物质会溶解在这个氢气形成的包层里，这些重挥发性物质进而形成梯度分布。人们发现巨行星的固体表面密度越低，其内部圈层中的成分梯度效应就越明显：重元素被吸积的速率受控于固体表面密度（σ），反过来又会影响增生速率。其结果就是行星增生时长和行星成分的差异。

虽然上述界限分明的分层模型大概率有误，但我们还是需要了解这类模型（图 14.4）。在这类模型里，人们通常假设天王星和海王星的核心是岩石，在岩石核心之外是一个由水组成的包层，在水包层之外是氢气和氦气组成的大气层，大气中有一些重挥发性组分。这类模型的最大问题是它们预测的岩石核心特别小，即具有较高的水 / 岩值[①]，例如，天王星的水 / 岩值为 19 ～ 35，海王星的为 4 ～ 15。但是我们在太阳系并没有发现如此高水 / 岩值的物体。

在存在成分梯度的模型里，可以发现不存在于界限分明的分层模型中的新现象：天王星和海王星的内部组成并不一定是水，岩石也能满足重力参数的要求。新的模拟表

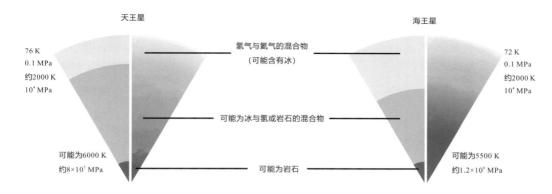

图 14.4　天王星和海王星的内部圈层结构（Guillot，2022）
对每一个行星而言，左图代表界限分明的内部圈层，右图代表存在内部成分梯度

天王星

海王星

76 K
0.1 MPa
约2000 K
10^4 MPa

72 K
0.1 MPa
约2000 K
10^4 MPa

氢气与氦气的混合物
（可能含有冰）

可能为冰与氢或岩石的混合物

可能为6000 K
约8×10^5 MPa

可能为5500 K
约1.2×10^6 MPa

可能为岩石

① 指水和岩石的质量比，余同。

明，天王星表面之所以如此暗淡，可能是其内部物质成分梯度分布抑制了内部的物质对流。在这个模型里，天王星的内部非常热，岩石的含量也比较高。因此，天王星现在的内部结构可能和它刚形成时一样，这是研究巨行星形成和演化的最佳对象。现在关于巨行星形成最为复杂的模型是贝叶斯马尔科夫链蒙特卡洛（Bayesian Markov chain Monte Carlo）模拟，模拟结果表明巨行星的内部不存在界限分明的分层。

天王星和海王星的平均密度和水比较接近，并且二者处在离太阳很远的冰冷区域，因此被称为冰巨星。但目前还不知道天王星和海王星是否以水冰物质为主，因为距离太阳更远的冥王星的主要组成物质为岩石且其占比很高。现在有人认为海王星更像一个岩石巨行星。当然，如果天王星和海王星的内部是水，水在如此高的温度和压力下会处于离子态或者超离子态，这些都是导电体，导电体的对流能够形成天王星和海王星强大的磁场。问题是，天王星和海王星的内部到底存在多少水？无论如何，天王星和海王星内部的水都不会以冰的状态存在，因此称它们为冰巨星可能并不合适，而需要一个更加准确、科学的名字。

14.3   天王星和海王星的磁场与发电机

除了金星和火星之外，太阳系的其他行星都有内生磁场（图14.5）。随着深空探测的逐渐深入，人类对行星磁场的了解也越来越多。当然，了解得最多的还是地球磁场。

本节以地球磁场为原型来进一步研究其他行星磁场的形成和演化机制。水星和地球是两颗类地行星，它们的磁场大体是南北偶极对称，但是地球的磁场南北极轴与自转轴有

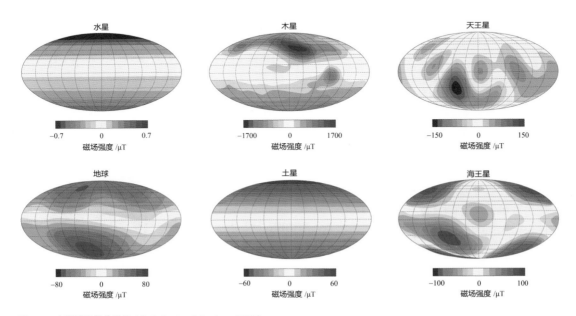

图14.5   太阳系行星的磁场（Soderlund and Stanley，2020）

10°的夹角，水星的磁场南北极轴与自转轴的夹角不到1°。土星和木星是气态巨行星，磁场也是南北偶极磁场。木星的磁轴与自转轴的夹角也为10°，土星的磁轴与自转轴重合。木星表面的磁场强度分布很复杂，南北半球的磁场大体对称，但是土星的磁场则是完美的南北对称。

天王星和海王星的磁场与前面提到的四颗行星大为不同：它们不是南北偶极磁场，而是多极磁场。天王星的磁场是旅行者2号于1986年飞掠时拍摄的，当时旅行者2号距离天王星相当于4.1倍的天王星半径；1989年旅行者2号飞掠海王星，获得了海王星的磁场数据，当时它距离海王星大约为1.18倍的海王星半径。目前为止，关于天王星和海王星的数据都是旅行者2号提供的。除了这些数据之外，还可以通过极光研究天王星和海王星的磁场。关于天王星和海王星磁场的模型不仅需要符合旅行者2号的数据，还得满足它们的极光特征。

讨论太阳系行星的磁场，首要问题是什么控制了这些行星磁场的强度、空间分布与时间变化？为什么行星的磁场各有区别？

14.3.1　发电机理论回顾

在第七章中已经提到过发电机理论。该理论认为行星内部导电层的运动产生了磁场。有两个关键的参数，一是行星内部需要具备一个导电层，二是这个导电层需要在运动中（有序或者无序）。在行星发电机理论中最主要的公式就是磁感应方程（magnetic induction equation），最简单的形式是

$$\frac{\partial \boldsymbol{B}}{\partial t} = \nabla \times (\boldsymbol{u} \times \boldsymbol{B}) + \eta \nabla^2 \boldsymbol{B} \qquad （14.5）$$

式中，$\boldsymbol{B}$为磁场；$\boldsymbol{u}$为速度；t是时间；η是磁扩散率（magnetic diffusivity），与电导率（σ；electrical conductivity）和磁导率（μ_0；magnetic permeability）成反比，即

$$\eta = \frac{1}{\sigma \mu_0}。$$

式（14.5）使我们可以一探控制磁场诞生的因素。$\frac{\partial \boldsymbol{B}}{\partial t}$表示磁场如何随时间变化。$\nabla \times (\boldsymbol{u} \times \boldsymbol{B})$代表磁场激发，如流体运动与已有磁场相互作用如何形成新的磁场，这一项本质上代表磁场随时间演化的源（source）和汇（sink）。$\eta \nabla^2 \boldsymbol{B}$代表欧姆扩散（ohmic diffusion），也就是电流在电阻的作用下将电能转换为热能。因此，行星发电机是磁场产生和磁场耗散之间的平衡。如果没有导电流体的运动，即$\boldsymbol{u} = 0$，也就无法产生磁场；如果流体不导电，$\sigma = 0$，会导致$\nabla^2 \boldsymbol{B} = 0$。因此，通过行星发电机产生的磁场实际上是$\nabla \times (\boldsymbol{u} \times \boldsymbol{B})$与$\eta \nabla^2 \boldsymbol{B}$的较量，二者之间的比值就是磁雷诺数（magnetic Reynolds number，R_m），如果我们取特征值，磁雷诺数的表达式为

$$R_m = \frac{UL}{\eta} \qquad （14.6）$$

式中，U是流体运动的特征速度；L是磁场的特征长度。R_m必须大于某一临界值，磁场才能得以维持。纯粹的数学物理推导认为$R_m \approx \pi$或者$R_m \approx \pi^2$。行星发电机的数值模拟则发现$R_m \geqslant 10$。当然，只有导电流体在运动还不行，流体运动还必须符合特定的几何形态，如流体的运动必须是三维的。也就是说单靠行星的自转或者纬向流动不足以产生磁场，因为它们都没有径向分量。浮力产生的物质对流可以提供径向运动。对流本身既可以是热差异驱动的，也可以是成分差异驱动的，而且这两种形式可能同时存在。

知识拓展 3　雷诺数

雷诺数是流体力学中表征流体的惯性力和黏性力比值的一个无量纲量。当雷诺数较小时，黏性力的作用大于惯性力，流体的流动稳定，形成层流；当雷诺数较大时，惯性力的作用大于黏性力，流速的微小变化就会造成紊乱和不规则的紊流场。在磁流体力学中，磁雷诺数也是一个无量纲量，用来表征导电介质运动形成的磁场平流或者磁感性相对于磁扩散的强弱。如果磁雷诺数小于1，那么等离子体会出现磁扩散效应；如果磁雷诺数远远大于1，则等离子体会出现磁冻结效应。

14.3.2　形成冰巨星的磁场

在前面的章节中已经提到天王星和海王星都比较小，不足以使氢气达到金属态，因此内部的导电流体不可能是氢。天王星和海王星的岩石核心虽然可以作为导电流体，但是它居于核心，产生偶极磁场，不能产生多极磁场。天王星和海王星内部的水也可以作为导电流体，其还有一个好处，那就是在天王星和海王星内部的热化学对流过程中，水作为导电流体并不稳定，这有助于形成多极磁场。

在弄清了天王星和海王星诞生磁场所需要的导电流体之后，我们要弄清的问题是天王星和海王星如何形成现今的磁场特征。人们最初发现天王星是多极磁场时，提出的解释方案是天王星正在进行南北极倒转，因此

磁场不稳定，出现了多极磁场的现象。但是当人们发现海王星也是多极磁场时，磁极倒转的解释方案就缺乏说服力了。人们认为天王星的磁轴与自转轴之间的夹角是天王星内部的导电流体中存在多个相互独立的对流循环造成的。至于冰巨星的磁场强度比地球和气巨星低，人们则认为是洛伦兹力和科里奥利力失衡造成的。整体来说，人们认为地球、水星、木星和土星的磁场是核心的物质运动造成的，而天王星和海王星的磁场是核心外的导电流体包层中的物质运动造成的。但问题是，多极磁场到底是怎么形成的？

在模拟中，我们先假定冰巨星的核心尺寸为 x，导电流体包层的厚度为 x_s（$x_s = \dfrac{r_s}{r_0}$，其中 r_0 是核心的半径；r_s 是流体包层的半径）。如果核心的磁扩散率高于导电流体包层（即 $\eta_{io} = \dfrac{\eta_i}{\eta_0} > 1$，其中 η_0 是核心的磁扩散率，η_i 是流体包层的磁扩散率），那么就会形成偶极磁场（a、b、c 和 d）。在 c 中，当 $\eta_{io} = 100$ 时，这一现象尤其明显。相反，如果导电流体包层产生磁场，则会产生类似于冰巨星的磁场。因此，必须要求冰巨星核心的导电性不如其外包层。问题是，这样的方案似乎会形成一个分层清晰的内部圈层结构，这与我们之前提到的内容相悖。

另外一个产生多极磁场的方案是冰巨星的核心作为导电流体，不需要一个额外的包层，但是冰巨星的核心处于对流湍流状态。这个模型也能产生冰巨星的各种磁场特征，但是天王星的内部生热很低，可能不足以形成一个湍流主导的核心。

还有一个可能的机制是导电性与密度分层相互作用。目前关于这一机制的研究甚少。不论是何种机制，目前的观测数据都不足以让人们得出更进一步的结论。

14.4　探测冰巨星

本章主要介绍了天王星和海王星的大气层、内部圈层结构及磁场等，还有很多内容没有展开讲解，如电磁层和它们的行星环及卫星。和其他太阳系行星相比，人们对天王星和海王星的了解是相对较少的。迄今为止，旅行者号是离天王星和海王星最近的人类探测器，但那已经是 30 多年前了。30 余年来，人们对行星的认识取得了重大进展，在很多方面的认识可能与 30 多年前截然不同。因此，有必要像探测木星和土星一样，对天王星和海王星进行环绕探测。但存在两重难题，一是探测成本问题，二是科学问题。

天王星和海王星是距离地球最远的太阳系行星，如果向它们发射探测器，大概要 10 年甚至 20 年以后才能到达目的地并真正开始工作。这需要雄厚的资金支持和健全的人才团队。行星科学家们可能需要说服投资机构和公众，探测天王星和海王星是有价值的。这个价值不止单纯的科学价值，还包括工业应用和政治文化等方面的价值。科学家们通常只对科学问题感兴趣，对其他的事情不甚关心。但是想要实现对天王星和海王星的探测，必须拿出能够说服投资机构和公众的证据来。人才团队建设也是一个难题，试想一下，当探测器真正开始工作时，曾经主导探测任务的科学家们可能已经年龄很大、临近退休了。因此，如何建设一个可靠且有活力的团队值得思考。另一个值得思考的问题是在设计探测任务时到底该采取什么态度？为了让下一代的科学家对返回的数据有兴趣，在制定探测任务时应该站在下一代或者未来科学家的角度来思考和设计。

米开朗基罗曾说："对我们绝大多数人来说，最大的危险并不是制定的目标太高而无法实现，最大的危险是制定的目标太低，很容易就实现了。"本章讨论的科学问题的先锋性和革命性都还不足以说服投资机构投入海量资金来探测天王星和海王星，也不足以在 10 年甚至 20 年的尺度上吸引优秀的年轻人参与进来。因此，还需要设计更好的科学问题，通过更广泛的社会与文化价值和更持久的吸引力来推动对天王星和海王星的探测。

• 习题与思考 •

（1）天王星和海王星相比木星和土星离太阳更远，理论上，二者也可以吸积氢气作为主要的大气组分。但天王星和海王星的挥发性成分却是甲烷、氨气、硫化氢和水等，这些物质并不是太阳星云的初始成分。你认为可能的原因是什么？为什么？

（2）水星、地球、木星和土星都具有偶极磁场，天王星和海王星虽然具有全球性磁场，但并不是偶极磁场。为此，人们提出了涉及冰巨星核心的状态的多种假说，其中一种观点是冰巨星核心的水成了导电流体。请你估算，在这种情况下，冰巨星核心的岩石会是什么状态？假定用橄榄石代表冰巨星核心的岩石。

（3）探测冰巨星是走出太阳系的第一步，需要巨大的资金和人员投入。假如作为冰巨星项目的负责人，你该如何说服政府或者私人进行投资？

第十五章

冥王星与柯伊伯带

Pluto and Kuiper Belt

2006 年，国际天文学联合会将冥王星（Pluto）从太阳系的行星行列中取消，将其重新定义为矮行星（dwarf planet）。但是，冥王星本身及其所属的柯伊伯带（Kuiper belt）并不会因为冥王星被降级为矮行星而失去科学研究意义。相反，把它归为柯伊伯带天体之后，人们可以通过冥王星来研究柯伊伯带，使其具备更为广泛的科学价值。2006 年，美国宇航局发射新视野号（New Horizons）专门探测冥王星及其他柯伊伯带天体。2015 年，新视野号飞掠冥王星，成为首个到达冥王星附近的人造航天器。本章将重点介绍新视野号取得的关于冥王星地质与大气特征的进展，在此基础上进一步介绍冥王星及其最大卫星卡戎的内部圈层结构和冥王星 - 卡戎系统的起源。最后，将简要介绍柯伊伯带天体的分类。

在冥王星之外，是一片幽暗寂静的无边海洋，一直绵延到宇宙的尽头。人类对这无边无际知道多少？

——詹姆斯·斯特朗

15.1　冥王星的研究历史

人们在观测到海王星之后，发现仅靠海王星无法解释天王星的轨道扰动问题，据此猜测在海王星之外应该还有一颗行星，并将这颗行星命名为 Planet X（X 行星）。1906 年，珀西瓦尔·洛厄尔（Percival Lowell）在美国亚利桑那州建设了洛厄尔天文台，专门用来寻找和识别 Planet X。1915 年，洛厄尔天文台实际上拍摄到了冥王星的影像，但是因为图像太暗，洛厄尔没有识别出这就是他要找的 Planet X。可惜的是，1916 年洛厄尔就逝世了。随后，洛厄尔的遗孀康斯坦斯·洛厄尔（Constance Lowell）与天文台展开了长达十年关于天文台归属的诉讼，以至于其间停止了对 Planet X 的寻找。1929 年，洛厄尔天文台将相关观测任务交给 23 岁的克莱德·汤博（Clyde Tombaugh），一年后，他就发现了 Planet X。Planet X 是怎么被命名为冥王星的呢？洛厄尔天文台发现冥王星之后就开始向学界和公众征集命名方案，最早提出命名方案的是英国的一个 11 岁的小女孩威妮夏·伯尼（Venetia Burney）。Pluto 是罗马神话中冥王的名字。

冥王星距离地球很远，在漫长的时期内，人们只获得了冥王星轨道的一些基本参数，如半长轴（$a = 39.6 \, \text{AU}$）、偏心率（$e = 0.25$）和轨道倾角（$i = 17°$）等。但是 20 世纪 70 年代，人们通过地面望远镜获得了有关冥王星的两项突破性观察。一项是 1976 年 Gruickshank 等发现了冥王星表面的甲烷冰，据此推测冥王星可能有一个大气层，表面反照率可能比较高。冥王星之所以看起来这么暗淡，可能是因为它太小了。另一项是 1978 年 Christy 和 Harrington 发现冥王星附近还有一颗很大的天体卡戎（Charon；名称来自 Christy 的爱人 Sharon）。随后人们对冥王星和卡戎进行联合观察，获得了更多的进展。在其成分方面，不仅确认了卡戎光谱中的甲烷信号来自冥王星，还发现卡戎表面有水冰存在。初步计算得到冥王星和卡戎的密度均约为 $2 \, \text{g/cm}^3$，比木星高，组成物质中岩石的比重应该高于水冰。人们还发现冥王星和卡戎的半径相差不大，属于双行星系统。除了这些观测事实之外，McKinnon 还提出了碰撞模型用以解释冥王星 - 卡戎的双行星体系。

20 世纪 90 年代以后，哈勃空间望远镜及更为强大的地面望远镜纷纷投入使用，人们获得了更多关于冥王星的数据。第一，发现冥王星的表面有 N_2 冰与 CO 冰；第二，首次获得了冥王星大气层的光谱数据；第三，实测了冥王星和卡戎的密度；第四，获得了冥王星的表面图像等多种新信息。冥王星和卡戎都属于柯伊伯带天体（Kuiper belt objects），人们通常称它们为矮行星，以区别于类地行星和巨行星这两类天体。从新视野号的新发现来看，冥王星具有的地质与大气特征表明它也具备行星的大部分条件，可以被归为行星；而且柯伊伯带的散射盘及奥尔特云中可能还有更多的矮行星。但是目前还是根据国际天文学联合会的定义，将它们都归为矮行星。

冥王星体积比较小，轨道特征也与巨行星不同。Lyttleton（1936）很早就认为冥王星是一个逃离了海王星控制的卫星，但是 Edgeworth（1943，1949）和 Kuiper（1951）都认为冥王星是柯伊伯带彗星等大型天体群的典型代表。果然，人们在柯伊伯带发现了更多的类似天体。因此，柯伊伯带被认为是太阳系大型天体形成的第三个主要区域，前两个是类地行星和巨行星区域。柯伊伯带有大量彗星（直径为 1 ～ 20 km）、星子（直径为 50 ～ 300 km）和矮行星（直径为 300 ～ 2400 km）。柯伊伯带的动力学结构也很复杂，很多矮行星都有自己的卫星。

15.2   新视野号

20 世纪 70 年代以来，美国宇航局进行了多轮关于探测冥王星任务的论证，大部分论证报告都建议开展飞掠探测。问题是，如果只是为了探测研究冥王星的特点，似乎不足以开展耗费如此巨大的探测任务。人们认为，应该将探测的视野延伸到冥王星之外，深入到柯伊伯带的内部，为研究太阳系的演化提供更新的证据。2001 年，新视野号在一众探测任务中拔得头筹，其主要任务是获取冥王星表面的物质组成特征及大气结构，其次是详细观测冥王星和卡戎表面的特定地质单元及寻找大气中的特定组分等。新视野号上有 7 个科学载荷，分别为中高分辨率全景可见光成像仪、中分辨率可见光色彩成像仪、表面成分红外热成像仪、地形高程测绘仪、大气成分与结构紫外线成像仪、等离子体质谱仪及微波摄像仪。新视野号不仅完成了预定的目标，在很多方面还超过了设计目标。新视野号详细探测了冥王星和卡戎，以及冥王星的 4 颗卫星。

15.3   冥王星

冥王星是柯伊伯带最大的天体，占冥王星 - 卡戎及其卫星系统总重量的 98%。人们发现，冥王星从形成起到今天都一直处于地质活跃状态。它的内部结构大约是岩石组成的核心、冰冻物质组成的幔、由一层挥发性物质组成的表层，以及较为稀薄的大气层。

15.3.1   冥王星的地质特征

冥王星表面的地质现象十分丰富。陨石坑、断层等地质特征与太阳系的其他天体基本类似，但是冥王星的挥发性物质形成了一些独特的现象。通过冥王星表面反射光谱中红外波段的吸收特征可以发现，冥王星表面不仅存在大量的甲烷冰，还存在 N_2 冰及 CO 冰。值得一提的是，冥王星的表面温度只有 $30 \sim 60$ K，因此只能通过冥王星季节性变化导致的表面物质升华与冷凝来观测冥王星表面物质的特征。冥王星表面有大量的冰川活动及冰火山作用（cryovolcanism），而且这些活动还能将冥王星较为深处的物质传送到表面，因此可通过其获得冥王星深部的信息。冥王星的表面被挥发性物质形成的冰所覆盖，表层之下是水冰组成的幔部及由岩石组成的核心。从图 15.1 可以看到冥王星的表面不仅有大量的陨石坑，还有很多深部的物质剥露到表面。

仅在新视野号所拍摄的这一面（下文提到冥王星表面时，均指新视野号拍摄的这一面），冥王星就有大约 5000 个陨石坑。陨石坑的分布并不规律：没有陨石坑的区域十分年轻，年龄只有几千万年；而像金星号（Venera）、旅行者号（Voyager）及海盗号（Viking）台地的年龄可能有 40 亿年以上。小型陨石坑的形貌类似于一个浅浅的碗，而

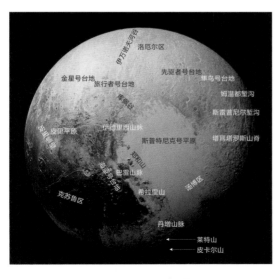

图 15.1　新视野号获得的冥王星地图（被拍摄面）（Stern et al., 2018）

大型陨石坑则有中心峰等复杂撞击形貌。但由于冥王星表面挥发性物质会随着季节的变迁而发生升华与冷凝等，表面物质会覆盖撞击被（impact blankets），以至于很难识别出陨石坑。在有些陨石坑的边缘能够检测到大量甲烷冰，可能是陨石坑的边缘海拔较高，堆积了较多甲烷冰的缘故。有些陨石坑的内部有一些暗红色的堆积物。这些陨石坑受到的后期改造比较严重，很难通过陨石坑来研究冥王星的内部结构。

冥王星的表面，尤其是在海盗号台地和克苏鲁（Cthulhu）区，还有长达数百千米、最大落差达几千米的低谷（trough）和陡坡（scarp）地貌。在这种地貌区域能看到一些深埋地层的层序特征。低谷 - 陡坡这种地貌特征整体上和伸展构造背景相似。陡坡似乎都是从斯普特尼克号平原（Sputnik Planitia）延伸出来的，而斯普特尼克号平原本身呈椭圆形，宽度约为 1000 km，可能是一个古老撞击坑的残留。因此，从斯普特尼克号平原延伸出来的这些陡坡可能就是撞击或者撞击后改造作用的产物。冥王星上一些其他定向构造可能是冥王星自转轴等变化时造成的。图 15.1 最东侧的斯雷普尼尔（Sleipnir）和姆温都（Mwindo）堑沟（fossae）有一系列从某一个共同中心辐射出来的伸展裂缝，这表明冥王星还存在局部构造运动。

斯普特尼克号平原有大量的冰川堆积物，从这些冰川堆积物中可以检测到 N_2、CO 和 NH_4 等挥发物形成的冰，其中 N_2 冰的量最大。人们认为在斯普特尼克号盆地形成后不久，这些冰就已经堆积于此。另外，目前看不到此处明确的撞击构造，说明这个区域的地质活动比较频繁，该地质单元的年龄不会超过 1 亿年。

如图 15.2 所示，斯普特尼克号平原有

大量的多边形或者类细胞构造，其边界是山脊或者低谷。人们认为每一个多边形构造都代表一个内部的循环单元（图 15.3），其基

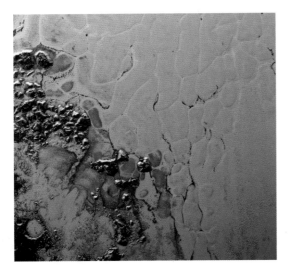

图 15.2 斯普特尼克号平原的多边形构造
来源：NASA。

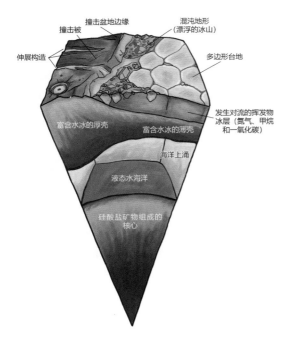

图 15.3 斯普特尼克号平原多边形构造成因
来源：https://www.spektrum.de/news/plutos-polygone-entstehen-durch-konvektion/1412784。

本过程如下：如果表层的挥发物冰层厚度超过 500 m，冥王星的岩石核心放射性同位素衰变形成的热能就足以驱使 N_2 冰发生对流。于是，较热的冰从多边形构造的中心上涌，而较冷的物质从多边形的边缘向下沉降。这样一个对流循环的时长为 10 万～ 100 万年。这个模型很简洁地解释了斯普特尼克号平原的多边形构造，但是其中有一个参数并不确定，那就是 N_2 的相变与流变性。

斯普特尼克号平原还有一些更小尺度的构造形貌，如圆形到椭圆形的波纹（ripples）、凹痕（dimples）和坑（pits）。在斯普特尼克号平原的不同位置，这些小尺度构造形貌的特征各不相同。在斯普特尼克号平原的西北部，这些小尺度构造形貌像是由 CH_4 冰尘组成的沙丘；但是在斯普特尼克号平原的南部和东部，构造形貌逐渐变为以小坑为主，这可能是太阳光照射导致地层冰冻物质升华和冷凝的结果。如图 15.4 所示，对于某一个特定的多边形构造而言，从中心到边缘，小坑的大小和分布密度都呈规律性变化，这也可以表明多边形是由下部热驱动的循环对流造成的。

斯普特尼克号平原的东边边界有大量的冰川地貌。从地貌上看，冰川似乎是从汤博区流入斯普特尼克号平原内部（图 15.5）。在斯普特尼克号平原的局部边缘地区还可以观察到内部冰川物质（浅色）覆盖边缘暗色物质的现象，这也暗示了斯普特尼克号平原内部热驱动的对流。

斯普特尼克号平原西部有几个巨大的山脉，如丹增（Tenzing）山脉、希拉里（Hillary）山脉、郑和（Zheng He）山脉和伊德里西（Al-Idrisi）山脉。这些山脉比斯普特尼克号平原高 5000 m 以上，而且有大量的滚石地貌，一方面可能这些山脉是漂移

的冰山，另一方面这和斯普特尼克号平原形成在西部地区的抬升也存在关联。从这些山脉的高度来看，它们大概是由水冰和甲烷冰组成的。甲烷冰的密度较低，它的浮力可以托着水冰为主的山脉向平原内部移动。另一种设想是这些山脉原本应该更加靠近斯普特尼克号平原的中心，随着冥王星季节和公转轨道的变化，出现了冰川消退现象，于是山脉消退到了现在的位置。

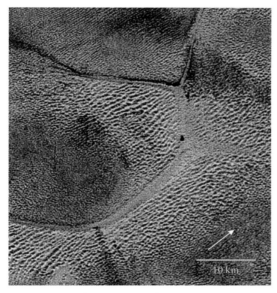

图 15.4　斯普特尼克号平原多边形中的小坑（Moore and McKinnon et al.，2021）

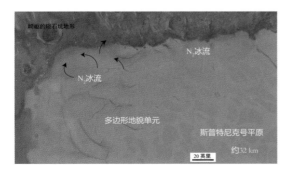

图 15.5　斯普特尼克号盆地的冰川反流现象（Goldlin，2015）[①]

----

① 　1英里≈1.6 km，余同。

冥王星表面还有大量冲沟（channel）和河谷（valley）地貌。在先驱者号（Pioneer）台地有大量的树枝状冲沟（dendritic channel），在金星号台地有锐蚀台地（fretted terrain）。在斯普特尼克号平原的东部，库佩河谷（Kupe Vallis）十分平坦蜿蜒。在洛厄尔地区，伊万诺夫河谷向北延伸了几百千米。人们认为这些巨大的谷地是历史上冰川活动的遗迹。当然，也有人认为这样的地质现象可以由深部冰川物质消融来解释。例如，在冥王星表面以下几千米处，温度升高到 63 K 左右，就会造成 N_2 冰的溶解。但是考虑到实际的冰可能是混合物，因此还需要通过详细的实验来验证。

冥王星上有两座巨大的环形山脉，分别是莱特（Wright）山和皮卡尔（Piccard）山（图 15.6）。这两座山的山口呈圆形，有一些特殊的结构。它们高达 4 ～ 6 km，面积约为 200 km，体积相当于夏威夷火山。这两座山的山顶有深达几千米的洼地，山顶上陨石坑的数目也很少，说明陨石坑是新近形成的或者最近较为活跃。要想保持这么高的海拔，主要组成物质必须是强度较高的水冰，但是目前的影像数据只能看到山顶表面有一层厚厚的甲烷冰。人们普遍认为这两座高山是冰火山。

冥王星的公转周期长达 248 个地球年，因此难以解释冥王星的地貌变化。冥王星赤道面和公转轨道的夹角在 103° ～ 128° 振荡，振荡周期约为 2.8 Ma，因此冥王星的沉积层中形成了米兰科维奇旋回（Milankovitch cycle）。同时，夹角使得太阳光照对纬度上的季节变化造成的影响很明显。冥王星的轨道偏心率为 0.25，也对冥王星的季节变化影响显著：冥王星在远日点接受到的太阳光只有近日点的 40%。目前，冥王星的近日点

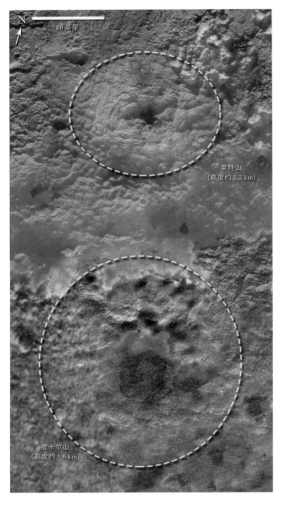

图 15.6　冥王星上的两个冰火山
蓝色代表低海拔，红色代表高海拔
来　源：http://pluto.jhuapl.edu/Galleries/Featured-Images/image.php?
page=&gallery_id=2&image_id=375。

和春分点重合，但有观点认为，其近日点的变化周期是 2.8 Ma，因此假如 80 万年前冥王星的近日点与北半球的夏季一致，那么在 240 Ma 前近日点就与冥王星的南半球夏季一致。挥发分物质迁移模型和全球循环模型认为表层冰川在短时间尺度上的变化与季节变换有关，在更大尺度上的变化则与米兰科维奇旋回有关。

　　在冥王星的赤道上很少看到挥发物形成冰层，因此这些地区可能常年无冰。例

如，在克苏鲁区几乎没有挥发物冰层，裸露出来的物质可能是托林（tholin）。如此看来，冥王星表面的托林可能与光化学反应有关。

　　冥王星的北极已经被阳光照射了几十年，可能富含甲烷冰。而中北纬地区，如汤博区的冰层则主要是 N_2 冰和 CO 冰。这种纬度上的规律性变化可能和混合冰层的物质丢失顺序有关：先是 N_2 冰和 CO 冰，后是 CH_4 冰。新视野号在冥王星北极附近的大气层中探测到了大量 N_2 和 CO，但是在中纬度的大气中并没有探测到。这些物质可能正在转化为冥王星南半球的冰层。

15.3.2　冥王星的大气

　　在新视野号之前，人们就猜想冥王星的大气组成和结构十分复杂，新视野号携带了多个探测设备就是为了解开冥王星大气层的秘密。图 15.7 所示为新视野号获得的冥王星大气结构，可以看到冥王星大气层 3.5 km以上的温度较低 $[(38.9 \pm 2.1)\,K]$，从 1 km往下温度急速升高到约 105 K。由冥王星的大气温度判断，冥王星的大气以 N_2 为主，可能与表面冰层物质达到了热力学平衡。因此，大气中的氮气对温度的变化十分敏感，而冥王星的温度变化在较短的时间周期内又

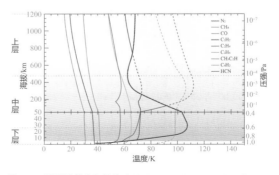

图 15.7　冥王星的大气结构（Gladstone and Young，2019）

主要受控于季节变换。

冥王星的大气中有 N_2、CH_4 及另外三种简单的碳氢化合物（C_2H_2、C_2H_4 和 C_2H_6）和雾霾。我们可以发现在近冥王星表面处甲烷的混合以涡流比（eddy ratio）为主，在高海拔处为扩散比（diffusion ratio），这反映了甲烷不断从冥王星表面注入大气层的过程。通过计算，人们发现在冥王星大气层中涡流混合等于扩散混合的地方（大约冥王星表面以上 12 km 处），涡流的扩散系数只有 550 ~ 4000 cm^2/s，这可能是因为大气层 15 km 以下温度变化梯度过大。冥王星表面大气层中的甲烷混合比为 0.28% ~ 0.35%，可能是太阳的近红外光对甲烷冰加热，使得甲烷发生分解的结果。甲烷的化学寿命很长，受光化学的影响比较小，但是甲烷是多个光化学过程的反应物，它可以生成 C_2H_2、C_2H_4 和 C_2H_6 等。

冥王星大气中的尘埃出现在大气层 200 km 以上（图 15.8）。雾霾颗粒会散射太阳光，发出蓝光，在近冥王星表面颗粒呈圆形，大小为 0.5 μm；在海拔 45 km 处，颗粒集合体的大小可能会达到 10 ~ 20 nm。

冥王星大气中的尘埃可能形成于大气层顶部电离层中，经历了成核、沉淀、冷凝和成团等一系列过程。冥王星大气层中尘埃的分布呈现由地形重力波控制的层状结构。

值得一提的是，新视野号测定的冥王星大气的金斯逃逸（Jeans Escape）速率远低于理论模型，这可能是由于冥王星的大气温度比预测情况更低。金斯逃逸的主要组分是 CH_4^+，这些逃逸的气体组分甚至可以到达卡戎。

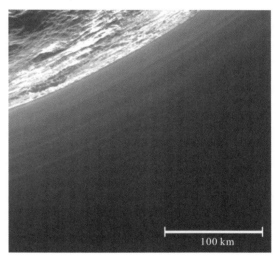

100 km

图 15.8　冥王星大气中的雾霾颗粒（Cheng et al., 2017）

15.4　冥王星和卡戎的内部圈层结构

新视野号的飞掠速度是 13.8 km/s。当它飞掠冥王星时，距离冥王星 13700 km，相当于 11.5 倍的冥王星半径；飞掠卡戎时，距离卡戎 29400 km，相当于 48.6 倍的卡戎半径。在这种情况下，无法获得高阶重力参数，但是结合其他数据能精确计算这两个天体的密度。虽然新视野号上没有携带磁强计，但是从太阳风的轨道来看，冥王星本身没有磁场。

15.4.1　冥王星和卡戎的组成

冥王星和卡戎的密度介于岩石和冰之间（表 15.1），这与人们推测它们来自柯伊伯带是一致的。假定柯伊伯带的整体化学组成与太阳近似，那么冥王星和卡戎的化学组成应该是 40% 的水冰、60% 的岩石。从冥王星和卡戎的密度来看，卡戎的水冰含量可能略高。

表 15.1　冥王星和卡戎的参数

参数	冥王星	卡戎
半径 /km	1188.3 ± 0.8	606.0 ± 0.5
质量 /kg	$(1.303 \pm 0.003) \times 10^{22}$	$(1.586 \pm 0.015) \times 10^{21}$
密度 /(kg/m³)	1854 ± 6	1702 ± 17
表面重力 /(m/s²)	0.62	0.29
逃逸速度 /(km/s)	1.2	0.59
岩石物质占总质量的比例 /%	65.5 ± 0.5	59.0 ± 1.5
扁率 /%	< 6	< 5

实际上目前无法确定冥王星和卡戎的有机物质含量，但是从 67P/ 丘留英夫 - 格拉西缅科彗星来看，有机物质的含量应该不低。

15.4.2　冥王星的圈层分异

在确定了冥王星的大体组成后，如何进一步判断冥王星是否发生分异？

冥王星的表面有大量的 N_2 冰和 CH_4 冰，如果把斯普特尼克号平原的挥发物冰层平铺到整个冥王星的表面，厚度大约有 100 m。假定冥王星表面甲烷冰的丢失速率为 1.6 kg/s，同时假定冥王星的年龄是 45 亿年，那么在这么长时间里，丢失的甲烷冰的厚度约为 25 m。表面的甲烷冰本身就反映了冥王星的内部结构和起源。以甲烷为例，它是彗星的主要成分，比水的含量稍少。这样看来，在冥王星分异的过程中，有一些甲烷冰在增生释放的热量作用下发生了丢失。彗星中 N_2 的含量通常很低，而冥王星表面的氮元素多数以氨的形式存在，因此这些氮应该是冥王星内部岩石核心中的氮被释放到表面的产物。从氮本身来看，冥王星也需要一个岩石核心。因为相较于 67P/ 丘留莫夫 - 格拉西缅科彗星，碳质球粒陨石的氮含量更加可观，所以如果冥王星的岩石核心是碳质球粒陨石，就能满足冥王星表面的氮含量。

除了这些组分上的证据之外，最强有力的证据应该是前文提到的构造特征。如果冥王星没有发生分异，那么冰、岩石及有机物应该在冥王星的核心也呈现混合均匀。由于水冰的熔融曲线与岩石不交叉，所以水冰还是会和岩石分开。这就要求冥王星和卡戎的内部核心的热必须有效地传递到表面，其形式大概只能是固态对流，这从水冰的流变性角度来说可以实现。

问题是，冥王星形成初期还存在大量短半衰期放射性同位素，因此在形成早期，冥王星产生的热量应该比现在高 4 ~ 6 倍。随着短半衰期元素被消耗完，冥王星产生的热量越来越少，内部也逐渐冷却，导致冥王星内部的冰 II 比重不断增加，冰 I 和冰 V 的比重逐渐降低；相应地，卡戎内部的冰 I 也会转变为冰 II。这个冰相的转变最终会导致冥王星和卡戎内部的密度逐渐增加，以及冥王星的半径逐渐缩小。这个过程反映到地质特征上就是形成大量压缩构造（compressional tectonics），如推覆断层；而后期的陨石撞击等事件则再次诱发了冥王星表面的伸展构造。因此，如果冥王星内部没有物质的分异，就不会有这些显著的构造转换。

从上述几点来看，冥王星和卡戎的内部已经发生了物质和圈层的分异。

冥王星和卡戎发生圈层分异的直接结果

就是形成一个由水冰组成的幔部，冥王星幔部的厚度可能为 300 km，卡戎冰幔的厚度可能为 175 km。假定冥王星和卡戎的热源只有长半衰期放射性同位素生热，它们的内部就可能形成液态的海洋。如果考虑冥王星和卡戎的大型撞击过程、潮汐引力和内部圈层分异释放的热量，则冥王星和卡戎的内部一定会有液态的海洋。如果再将盐分、氨和甲烷等作为冥王星和卡戎内部的组成物质，那么这些组分都会抑制水形成冰，进而有助于液态海洋的形成。除了这些组分上的证据之外，人们认为斯普特尼克号平原本身也是内部液态海洋存在的证据。该平原位于冥王星上反卡戎点以北 20°。它与冥王星的潮汐轴几乎重合，这说明平原本身应该是重力正异常的状态。但是，斯普特尼克号平原实际上是一个陨石坑，比冥王星的平均表面低 2500 m，说明该平原是重力负异常的状态。N_2 冰的密度比水冰略高，因此斯普特尼克号平原的 N_2 冰可能是形成重力正异常的原因，但是从目前的认识来看，N_2 冰的量并不足以形成重力正异常。Nimmo 等（2016）认为形成斯普特尼克号平原的撞击作用使得平原之下比水更重要的液态海洋物质上涌可以造成重力正异常，这和月球上质量汇聚区（mass concentrations，简称 mascons）的形

成原理类似。如图 15.9 所示，新的模型认为如果液态海洋顶部有一层笼形水合物（类似于地球上的可燃冰），其将有助于平原形貌的保持。

这样的海洋的存在会造成一个后果，那就是海洋上的冰层应该已经处于完全凝固状态，不会再发生物质对流。也就是说，冥王星的温度可能比想象中的更低。但是存在两个现象，要求冥王星的温度更低一些（但是也不能太低）：一是斯普特尼克号平原的多边形构造，二是冥王星近期没有收缩构造。理论上可以推测出冥王星内部的温度梯度曲线，但是实际上现在还做不到。

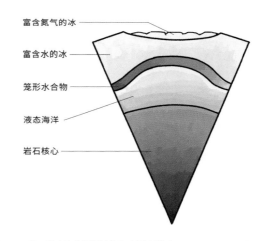

图 15.9　冥王星内部的圈层结构与海洋上涌（Kamata et al.，2019）

15.5　卡戎及冥王星的卫星

冥王星有五颗卫星，从近到远依次是卡戎（Charon，冥卫一）、斯堤克斯（Styx，冥卫五）、尼克斯（Nix，冥卫二）、科波若斯（Kerberos，冥卫四）和许德拉（Hydra，冥卫三）（表 15.2）。卡戎的大小相当于冥王星的一半，质量相当于冥王星的 12.2%，这说明卡戎太小而不足以保持一个大气层。

Nix 和 Hydra 的体积只有卡戎体积的 30% 左右，Kerberos 和 Styx 则更小，它们只有 Nix 和 Hydra 体积的 1/4。卡戎是通过地面望远镜发现的，其余 4 颗卫星都是使用哈勃空间望远镜发现的。新视野号也在尝试寻找新的冥王星卫星，但是目前还没有找到。

表 15.2 卡戎及冥王星其他卫星的参数

天体	形状参数	轨道距离 /km	自转周期 /d	公转周期 /d	公转轴夹角 /(°)	反照率
Charon	(606.0±0.5)km	19573±2	6.3872270±0.0000003	6.3872270±0.0000003	[132.993, −6.163]	0.41±0.02
Styx	16 km × 9 km × 8 km(10.5 km)	42656±78	20.16155±0.00027	3.24±0.07	[196, 61]	0.65±0.07
Nix	48 km × 33 km × 30 km(36 km)	48694±3	24.85463±0.00003	1.829±0.009	[349, −38]	0.56±0.05
Kerberos	19 km × 10 km × 9 km(12 km)	57783±19	32.16756±0.00014	5.31±0.10	[222, 721]	0.56±0.05
Hydra	50 km × 36 km × 32 km(37 km)	64738±3	38.20177±0.00003	0.4295±0.0008	[257, −24]	0.83±0.08

注：形状参数中的括注表示几何形状平均值。

15.5.1 轨道特征

冥王星 5 颗卫星的公转轨道几乎共面，而且 Styx、Nix、Kerberos 和 Hydra 的公转中心是冥王星 - 卡戎的质量中心，它们的公转周期与卡戎的公转周期的比依次为 3∶1、4∶1、5∶1、6∶1。我们可以通过研究其公转轨道来确定卫星的质量，这就需要识别出它们在公转轨道数据上的细微差别。虽然说这 5 颗卫星几乎为共面的圆形轨道，但实际上 Hydra 的偏心率为 0.005±0.001，而 Kerberos 和 Hydra 的轨道倾角分别是 0.4° 和 0.3°。这 4 颗卫星和卡戎并不处于轨道共振状态。目前的研究表明，Styx-Nix-Hydra 可能属于三体共振状态。

除了卡戎之外，其余 4 颗卫星都呈椭圆形（图 15.10），而且它们的自转轴相对于冥王星 - 卡戎体系而言偏角很大，且公转速度较快。这 4 颗卫星之所以公转速度很快，一是因为冥王星的质量太小，二是因为 Nix 和 Hydra 的表面有很多陨石坑，陨石撞击或许也是它们公转速度较快的原因。但是，如果卡戎是冥王星经历一次大碰撞的产物（类似

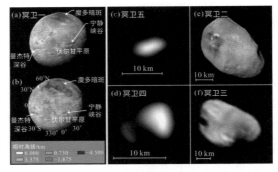

图 15.10 新视野号拍摄的冥王星的 5 颗卫星（Stern et al., 2018）

于地球和月球的关系），那么卡戎轨道的外迁也会造成其余 4 颗卫星的轨道异常。

15.5.2 卡戎

卡戎是一个圆球，它被冥王星潮汐锁定。卡戎表面的反照率为 0.41±0.02，低于冥王星的反照率（0.52±0.03），这说明卡戎的表面应该没有 N_2、CH_4 和 CO 形成的冰层。卡戎表面反照率的变化也不如冥王星那么明显，说明卡戎表面的物质组成和地貌都不如冥王星复杂。和冥王星相比，卡戎的表面更加偏灰，说明卡戎的表面以

水冰为主。但是卡戎的北极地区较为偏红且暗淡，人们认为这是从冥王星逃离的甲烷在卡戎北极重新凝结的产物，这些甲烷可能经历了复杂的光化学反应，因此凝结物也不是单纯的甲烷，呈现出来的光学特征不同于纯粹的甲烷。

卡戎的表面也有大量构造特征。例如，有两条巨大的鸿沟（chasma）几乎围绕卡戎小半圈。宁静狭谷宽约 50 km，深约 5 km，长约 200 km；曼杰特（Mandjet）深谷宽约 30 km，深约 7 km，长约 450 km。人们认为这两条鸿沟是深部海洋冷凝扩张后撕裂表面所造成的。卡戎的北半球有大量多边形的山谷。鸿沟和山谷都是卡戎伸展运动的产物。

宁静狭谷以南是一块非常平坦的区域，叫作伏尔甘平原（Vulcan Planum），面积大约 540000 km²，伏尔甘平原上有大量呈剪刀状的小溪（rilles，图 15.11），它们的深度一般有 500 m，宽度可达 3 km，蜿蜒长度可达几百千米。从伏尔甘平原本身十分平坦的特

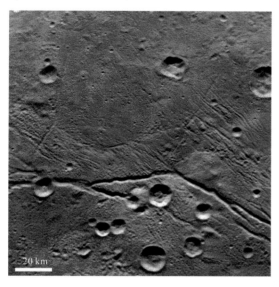

图 15.11　伏尔甘平原的剪刀状小溪（Beyer et al., 2017）

征来看，它们可能是洪积物或者冰川流。交叉小溪可能是冰火山的产物。

陨石坑定年发现卡戎的表面年龄很大，约为 40 亿年，不过有些区域可能存在近期地质活动的特征。伏尔甘平原的陨石坑都很小，直径不超过 2 km，陨石坑的数目统计也低于新视野号之前的研究预测。目前人们认为这些较小的陨石坑代表了卡戎增生物质的残留。不过也有人认为，如果这些陨石坑不是卡戎增生物质的残留，那就说明柯伊伯带小天体的数量在很短时间内减少了很多。

15.5.3　冥王星的其他卫星

除卡戎外，冥王星的其他 4 颗卫星都不是圆球体，而是长条形（图 15.10）。这种形状通常是更小的物质堆积在一起的结果，因为其重力不足以将它们塑造成圆球形状。并且 Kerberos 是葫芦形状，说明它是两个更小的天体碰撞黏合在一起形成的；Nix 和 Hydra 的表面比较光滑，不过这也可能是新视野号只能拍摄到它们的一小部分表面所造成的观测偏差。Nix 和 Hydra 的表面陨石坑特征表明它们的表面非常古老，说明冥王星及其卫星系统形成于太阳系早期，不是最近才出现的。

有意思的是，这 4 颗卫星的可见光反照率不仅比卡戎高，甚至比冥王星自身还高。这么高的反照率不是挥发物结冰造成的，具体原因现在还不明确。仔细来看，Nix 和 Hydra 的表面更加偏灰，说明它们的表面物质主要都是水冰。可惜，新视野号没能获得 Styx 和 Kerberos 的表面组分。

15.6　冥王星系统的起源

冥王星公转轨道的偏心率及其与海王星的轨道共振都表明冥王星的轨道向外迁移了。难点在于如何在轨道迁移的情况下解释冥王星的 17° 轨道倾角。人们认为冥王星不能单靠自身轨道迁移，需要 4 颗巨行星一并外迁。这就是所谓的尼斯（Nice）模型。

15.6.1　尼斯模型

当前的尼斯模型需要 5 ~ 6 颗巨行星才能重现冥王星系统的形成过程，而且其中 1 ~ 2 颗巨行星必须在太阳星云消散的时候丢失。这个简单的模型能够很好地解释柯伊伯带的轨道动力学特征：轨道共振（3∶2）、热群（hot）天体与冷群（warm）天体、散射盘（scattering disk，指依然受海王星引力控制的天体）及脱离天体群（detached population，指脱离了海王星引力控制的天体）。上述所有的柯伊伯带物质都被视为原始星子盘的残留物，星子盘的内边界在 20 AU 处，外边界到达 30 AU 处。冥王星就形成于这个盘中，与它同时形成的相似大小的天体可能还有上千个。海卫一可能也是从这个星子盘中捕获的。

这个星子盘孕育了目前观测到的短周期彗星。我们已经了解到，冥王星和卡戎的主要物质是岩石，其次是水冰，这与彗星的主要物质组成比较类似。稍有不同的是，冥王星表面 N_2 与 CO 的质量比高于彗星，且冥王星和卡戎的表面并没有 CO_2。值得注意的是，海卫一的表面有 CO_2。现在还不知道为什么冥王星及卡戎的组成与彗星有这样的差异。

冥王星和卡戎的密度低于海卫一和另外两个柯伊伯带天体，即阋神星（Eris）和妊神星（Haumea）。人们认为，之所以这些更加靠外的天体的岩石比重更高，是因为太阳

星云中 CO 的形成降低了外太阳系的水含量。

人们很早就发现，如果冥王星形成于现今的轨道位置，那么它形成的时间会很晚。但前面已经分析过，冥王星很早就形成了。如果把冥王星的形成区域放在 20 ~ 30 AU，就不存在这个问题。但会产生新的问题，在这么远的地方形成这么多小天体也是一件麻烦事。于是需要引入冲流不稳定性（streaming instability）这个概念。在冲流不稳定性的框架下，某一区域砾石（pebble）的密度与太阳星云气体的拖拽有关，砾石和太阳星云气体的相互作用最终导致砾石的堆积并形成可观的引力，进而促进星子的迅速形成。目前的模拟认为在 25 AU 处，只需要几百万年就能形成冥王星甚至更大的天体物质。

15.6.2　卡戎形成大碰撞

冥王星具有多颗卫星，这也是柯伊伯带其他大型天体的基本特征。以冥王星 - 卡戎系统为例，目前有三个成因模型。①大碰撞模型；②一个更大的天体由于引力坍塌而分裂成冥王星和卡戎；③柯伊伯带大型天体之间潮汐引力撕裂所形成。第二个模型要求砾石的数量至少达到冥王星和卡戎的质量总和，但是即便依靠冲流不稳定性，要在外太阳系形成如此大量的砾石堆积也很难。另外，这个模型预设卡戎和冥王星的物质组成类似，但就目前新视野号获得的数据而言，二者的物质组成并不相同。第三个模型也要求巨大数量的砾石堆积，从目前的模型来看，也很难实现。总体来看，只依靠原行星盘的增生而不引入大碰撞很难解释冥王星 - 卡戎系统的一系列性质。

卡戎形成大碰撞模型与月球形成大碰撞

模型极为相似。考虑到大碰撞模型中通常假设的相遇速度，原始柯伊伯带的质量恐怕要比现在大 100 倍左右，才能使得原始柯伊伯带中更容易发生大碰撞。如果两个原始天体都只发生了部分分异，那么碰撞体（卡戎的母体）只有一小部分冰壳会被撞飞。一大部分被撞飞的物质随后又被冥王星和卡戎的引力回收，没有被回收的物质则形成了另外 4 颗小卫星。如果两个原始天体没有发生圈层分异，那么卡戎的物质组成就必须和冥王星一致，而且也难以形成 4 颗小卫星。如果两个原始天体完成了圈层分异，碰撞的结果就是形成一个以水冰为主的卡戎及其他卫星。这种模型形成的卡戎的密度要远远低于观测数据。因此，两个原始天体只发生了部分分异的情况符合观测事实。但是目前来说，关于冥王星 - 卡戎系统形成的模拟才刚开始开展，还有很多细节需要完善。

值得一提的是，最初模拟冥王星 - 卡戎系统形成的是 Canup（月球形成大碰撞的数值模拟也是 Canup 开启的）。在 Canup 和 Asphaug（2001）的模型中，大碰撞形成的增生盘会延伸到卡戎轨道之外，但是也到不了目前 Styx、Nix、Kerberos 及 Hydra 的位置。那么这些卫星如何形成的呢？一种方案认为大碰撞形成的碎屑物质与卡戎形成了轨道共振，而卡戎离冥王星又比较近，使得这些碎屑物质不会被卡戎的引力所回收，进而凝聚成小卫星，最后这些卫星在冥王星 - 卡戎系统潮汐引力的作用下不断外迁到现在的位置。

<hr>

知识拓展 1　卡戎形成大碰撞模型

2005 年，Canup 生成的模型参数设置如下：两个天体的质量分别约为冥王星与卡戎的质量总和的 53%，且这两个天体都由 40% 的冰幔和 60% 的岩石核心组成。这两个天体先是斜擦碰撞，随后对撞，最终形成冥王星 - 卡戎系统。2017 年日本科学家 Sekine 等通过对溶解有机物质的水冰进行挥发实验发现，当挥发温度高于 50℃时，残留物的颜色与冥王星上的暗红色接近。进而他们通过基于光滑粒子模型流体动力学的大碰撞模拟，发现卡戎可以对冥王星上的部分区域进行加热，使其表面温度高于 50℃，这个区域就是现在冥王星上的克苏鲁区。

15.7　冥王星系统与柯伊伯带

柯伊伯带天体是太阳系星子的最佳写照。从轨道动力学的角度来看，柯伊伯带天体与巨行星处于引力扰动的平衡状态；从化学的角度来看，柯伊伯带天体可能保留了原始太阳星云的挥发分物质特征。从光谱特征来看，柯伊伯带天体的颜色变化最大，可能意味着太阳系行星轨道的迁移。从物理的角度来看，柯伊伯带天体的大小、密度及角动量分布可能依然保留了它们刚形成时的特征，这也为人们了解太阳系最早期的物理状态提供了制约。如图 15.12 所示，柯伊伯带的大部分天体可以被分为以下五类：①共振（resonant）天体，与冥王星处于轨道共振状态，它们不会与其他较大的行星相撞。②经典（classical）柯伊伯带天体，之所以被视为经典天体，是因为它们与预测的一个又冷又稳定的原行星盘比较吻合。③散射（scattered）天体，在近日点与海王星的作用很强，会被海王星散射。④脱离（detached）天体，近日点距离为 40 AU，海王星对它们的影响微乎其微。⑤半人马型（centaur）天体的运行轨道位于木星和海王星之间，因此该类型的天体受到巨行星引力的强烈作用。在巨行星引力的作用下，该类型天体要么被向外弹出太阳系，要么被向内弹到太阳系。

从新视野号的数据出发，能获得有关柯伊伯带天体的新认识吗？冥王星没有明显受到潮汐引力加热的影响，其地质活动一直持续到今天。因此，柯伊伯带的其他天体可能也有地质活动。同样，可以想象柯伊伯带其他天体的表面地质现象应该也非常复杂多样。冥王星上有一个很大的撞击盆地（斯普特尼克号平原），可能柯伊伯带的其他大型天体也有类似的地质单元（如阋神星）。此前人们预测柯伊伯带天体没有氨，因为它应该在离太阳更近的区域就已经冷凝了，但在

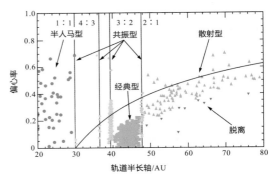

图 15.12　柯伊伯带的天体分类（Lacerda，2009）

冥王星的卫星上发现了氨，说明氨可能存在于整个太阳系。冥王星有很强的季节变换，柯伊伯带的其他天体可能也有季节变换。冥王星及卡戎的深部有液态海洋，柯伊伯带的其他大型天体内部可能也有液态海洋。总体而言，新视野号以冥王星 - 卡戎系统为切入点，革新了人们对柯伊伯带的认识。然而，如前所述，新视野号并没有对冥王星和卡戎进行全球观测，将来可能需要通过轨道环绕探测来获得它们完整的地质与大气特征。

· 习题与思考 ·

（1）冥王星表面有大量的陨石坑，月球表面也有大量的陨石坑。你认为使冥王星和月球表面形成大量陨石坑的陨石相似吗？为什么？

（2）月球形成大碰撞假说是目前关于月球形成最为主流的认识，这是因为它不仅能解释地球和月球之间的物理和轨道关系，还能够预测并解释月球的元素含量特征和同位素特征。如果卡戎是冥王星和另一天体激烈相撞的产物，那么卡戎应该具有怎样的地球化学特征？我们该如何通过探测任务进行验证？

（3）冥王星的密度比冰巨星更低，意即它的组成物质中挥发性物质的比例更大，冥王星的内部生热有限。但是迄今为止冥王星表面还有大量地质活动存在，而地质活动需要来自冥王星内部的热量。你认为该如何解释这些极为矛盾的现象？

第十六章

行星探测中的设备

Instruments in Space and Planetary Explorations

前面的章节详细介绍了太阳系各主要天体的特征，经常会提到各种仪器设备，它们统称为科学载荷（scientific instruments）。以下需要通过一个对比来展示行星科学设备的特殊性和多样性。

地质学家或地球科学家的工作大致可以分为三类：野外工作、实验室的测试分析与模拟、计算机模拟。在野外工作中，地质学家使用的设备通常包括地质图、罗盘和放大镜，而地球物理学家们则主要使用地震仪等地球物理探测设备。一般来说，地质学家通过野外工作可以获得地质体的产状，这一部分工作最直接的产物就是更加精细准确的地质图。除此之外，在野外工作中，地质学家还会对关键地质体进行采样，以便后续的实验室测试分析。地球物理学家的野外工作则可以直接获得所需要的数据，后续工作就是数据处理。面对地质学家从野外采集回来的样品，实验室工作的核心目标就是获得样品的矿物和化学组成特征。因此，实验室工作大体可以分为两类，一类是获得样品的矿物学和岩石学信息，可以利用的设备包括显微镜、扫描电子显微镜和电子探针等；另一类是获得样品的元素含量和同位素组成，可以利用的设备包括各类质谱仪。通过这些基础数据，就可以研究地质体的地质学、地球化学和地球物理学特征，进而探讨其形成和演化历史及工业和文化用途。但是很多时候由于数据的多解性，只从天然样品得来的数据不能获得对地质体的全面认识，还需要进行实验或计算机模拟。实验和计算机模拟的目的就是降低基于天然样品测量的多解性。更广义上的地球科学家也会使用遥感等手段监测地球表面地质或地貌特征的变化，但是人们通常不用遥感数据来估算地球的整体化学组成和地球的形成与演化。而这正是行星科学家所做的事情。

行星科学家的工作难点在于数据获取。对于大部分天体来说，都是通过各种远距离手段（望远镜或在轨卫星等）对其进行研究，对于极少数天体可以将探测器着陆到它的表面进行就地测试分析，从而获得地质学、地球化学和地球物理学数据。直接从地外天体上采集样品，人类目前只采集了月球（美国的阿波罗计划、苏联的 Luna 计划和中国的嫦娥工程）和小行星龙宫（1999 JU3；Ryugu）、贝努（101955；Bennu）的样品。陨石样品则有来自火星的及小行星带的。可以发现，地球科学研究中常用的技术手段只能应用于行星科学中的特定情况。我们有必要了解行星科学中常用的探测设备，这样能够加深对数据的理解和对行星特征的认识。

本章首先介绍探测任务的分类，然后重点介绍 7 种接触探测设备和 9 种远距离探测设备，最后介绍科学载荷组合的概念。

你搞定那个小问题。点火！

——艾伦·谢泼德

16.1　探测任务分类

本章所提到的探测任务指无人探测任务。无人探测是目前最主要的深空探测手段，它的成本和风险比载人探测更低。它也能到达一些人类目前还无法适应的极端环境，如人类的探测器就曾经到达过金星的表面，但是在未来很长一段时间内把人送上金星都是一件很难的事情。大体上可以将无人探测任务分为八类，包括飞掠（flyby）探测、轨道（orbiter）探测、大气（atmospheric）探测、着陆（lander）探测、穿透（penetrator）探测、表面行驶（rover）探测、望远镜（observatory）观测及通信与导航（communications and navigation）系统。

16.1.1　飞掠探测

飞掠探测指航天器抵近并掠过某一天体，但是并不会被天体的引力所束缚，也不会进入天体的环绕轨道。飞掠探测器的目标是在它们飞过某个天体的同时对天体进行探测。最著名的飞掠探测任务是旅行者号，它探测了木星、土星、天王星、海王星和更为遥远的太阳系空间。除此之外，还有飞掠金星的水手（Mariner）2号和5号，飞掠火星的水手4号、6号和7号，飞掠水星的水手10号，飞掠木星和土星的先驱者（Pioneer）10号和11号，以及返回

彗星样品的星尘号（Stardust）和飞掠柯伊伯带的新视野号（New Horizons）。卡西尼号也算是飞掠探测。综上可以发现一个特点，即飞掠探测一般是一系列探测任务的开始。飞掠探测向人类提供了很多新数据。例如，通过水手6号和7号，人们知道了火星的大气成分是二氧化碳。

16.1.2　轨道探测

轨道探测指航天器围绕某一天体运转，以进行长时间观测。人类发射的轨道探测器包括围绕月球的嫦娥一号和二号，围绕火星的水手9号、奥德赛号（Odyssey）和火星全球勘测者号（Mars Global Surveyor），围绕金星的麦哲伦号（Magellan），围绕水星的信使号（MESSENGER），围绕木星的伽利略号。这应该是目前最主流的探测设备，其中携带的科学设备为人们了解行星提供了大量数据。

16.1.3　大气探测

大气探测的目的性很强，就是为了获得大气的热结构和化学成分。通常采用航天器将大气探测设备送到指定位置，然后掷出，探测设备在穿越大气层的过程中收集有关信

息并传回地球。如果大气层的成分具有腐蚀性或者大气压强较高，就需要对大气探测器做额外的保护。著名的大气探测器包括金星9号和卡西尼号携带的惠更斯探测器。除此之外，还有先驱者13号和伽利略号的大气探测设备。

16.1.4　着陆探测

着陆探测指的是将设备降落到行星的表面，以便长时间对周边进行观测。最著名的着陆探测设备是苏联的金星7号，它降落到了金星的表面，获得了金星表面的岩石信息和大气成分。我国的嫦娥三号和四号也是着陆探测。火星上的着陆器最多，苏联的火星3号可能是最早的火星着陆器，但是着陆后就失联了。美国的海盗号（Viking）和探路者号（Pathfinder）也都是着陆器。我国的天问一号是着陆和行驶相结合。日本的隼鸟号（Hayabusa）着陆在了小行星糸川（Itokawa）上，欧洲航天局的罗塞塔号（Rosetta）上的菲莱号（Philae）着陆器着陆在了67P/丘留莫夫-格拉西缅科彗星上（图16.1）。

16.1.5　穿透探测

穿透探测是探测设备高速撞击目标天体的表面，以获得天体表面之下的物质信息。美国宇航局的火星极地着陆号（Mars Polar Lander）携带了两个穿透探测器，但是探测器撞击火星表面之后就失联了。不过美国宇航局的另一个穿透探测任务成功了，就是针对彗星坦普尔1号（Tempel 1）的深度撞击号（Deep Impact）。

16.1.6　表面行驶探测

表面行驶探测器就像一台可以自行移动的汽车，上面载有各种探测设备，可以对天体表面进行大面积的探测。人类第一台成功发射的行驶探测器是苏联1970年向月球发射的月球车1号（Lunokhod 1）。著名的阿波罗15号、16号和17号也都是行驶探测器。我国的嫦娥三号的玉兔号和天问一号的祝融号也都是行驶探测器（图16.2）。美国的勇气号（Spirit）、机遇号（Opportunity）及欧洲航天局的小猎犬2号（Beagle-2）也都是行驶探测器。值得一提的是，小猎犬2号虽然着陆了，但其设备并没有正常工作。

图16.1　罗塞塔号降落在彗星
来源：NASA。

图16.2　祝融号与火星车

16.1.7　望远镜观测

这里所说的望远镜通常指空基天文望远镜，如哈勃空间望远镜和韦布空间望远镜。除此之外，还有用来探测 X 射线的钱德拉（Chandra）探测器和研究宇宙背景辐射的普朗克（Planck）探测器。

16.1.8　通信与导航系统

通信与导航系统的代表有我国的北斗卫星导航系统和美国的全球定位系统。人们目前正在计划为火星和金星也建立类似的通信与导航系统，方便将来着陆器、行驶器等各种探测设备与轨道探测器进行无延迟通信。实际上中继星也属此类，其中的代表是我国的鹊桥号。

上面列举的探测器分类和代表型号或许没有完全覆盖现有的探测任务。我们可以发现，着陆器和行驶器可能只适用于类地天体的探测。综合比较，轨道探测器似乎成本最低，能获得的信息也很多，属于性价比较高的探测器。着陆器、行驶器及穿透探测器失误的情形很多，制造成本也比轨道探测器更高。

16.2　科学载荷

人们发射深空探测器就是为了收集科学数据。因此，对于一个特定的探测任务来说，所有的工程子系统和器件都是为了一个目标而设置的，那就是把这些设备送到目的地开展科学观测和实验，同时把数据返回地球。科学载荷的种类很多，由分散在世界各地的各个研究机构根据科学目标来设计、组装和实验，在航天器发射之前送到发射中心，安装在航天器上。之后，还要继续检查科学载荷是否能正确响应指令，它的电力、热状态及力学性能是否符合探测任务要求。一旦发射升空，通常情况下负责制造科学载荷的成员就与整个发射团队一起继续操作和运行科学载荷。

科学载荷很多、很复杂，而且几乎每次任务都有新的科学载荷被设计出来投入使用。因此，本节只介绍一些最基本类型的科学载荷并讲解案例。目的是希望大家看新闻或听学术报告时，听到某种科学载荷的名字就能知道它获取的是何种数据，以及能够解决的科学问题，如果你还能够对朋友讲解这些设备的工作原理就更好了。

16.2.1　接触探测设备

1. 重离子计数器与尘埃探测器

接触探测又叫直接探测（contact or direct sensing），可以直接在真空工作。伽利略号上的重离子计数器（heavy ion counter）就是一个直接探测载荷。虽然重离子计数器的功能就是计数，但是这些数据对人类很有帮助。重离子指的是从 C 到 Ni 的元素离子，它们属于高能粒子。为这些粒子计数有助于了解空间辐射的强度，进而在设计电子元件时可以更好地保护电子元件免受空间辐射的危害。当然，重离子计数器还有其他科学价值，例如，人们通过重离子计数器获得了太阳耀斑的信息，进而推测出整个太阳的化学组成。通常情况下重离子计数器的重量为 8 kg。

另一个类似的设备是伽利略号和卡西尼号都已配备的尘埃探测器（dust detector，图 16.3），它可直接测量进入探测器的灰尘的质量、类型、速度及方向等。这些直接探测设备一般都不具备成像功能。

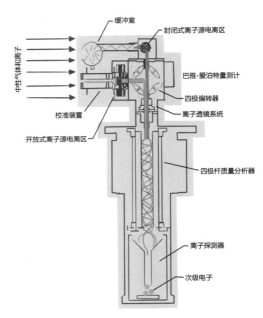

图 16.4　中性气体与高能离子探测器

图 16.3　尘埃探测器
来源：NASA。

有关信息。如果等离子体波探测器进入了行星的磁层，那么它还可以检测大气中的闪电现象和粒子撞击航天器等事件。旅行者号上的等离子体波探测器还记录了离子撞击航天器发出的声音。

4. 质谱仪

质谱仪的代表是卡西尼号上的离子与中性粒子质谱仪（ion and neutral mass spectrometer），它可以分辨进入探测器的原子或分子的类型和相对含量。惠更斯探测器上的气体层析质谱仪（gas chromatography mass spectrometer，图 16.5）也是这一类，它可以探测泰坦的大气组分，坠落在泰坦表面后它还返回了泰坦表面的化学组成信息。

激光剥蚀质谱仪（laser ablation mass spectrometer，LAMS；图 16.6）是地球化学领域常用的原位研究设备，它向目标发射聚焦的脉冲激光，将物体离子化形成一个低速的等离子体。等离子体穿越加速设备，通常是一个电场，不同的离子就获得了不同的

2. 高能离子探测器

高能离子探测器也属于直接探测器（图 16.4），它可以用来计量被束缚电子的能量或核素的能量。例如，旅行者号上的宇宙射线探测器能够检测行星磁层中的带电粒子，覆盖范围可以从 H 到 Fe。

3. 等离子体波探测器

等离子体波探测器（plasma wave detector）可以测量等离子体在三维方向上的静电和电磁参数。实际工作原理和收音机类似，即通过接收太阳风中不同波长的等离子体来获取

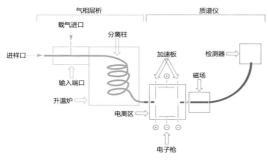

图 16.5　气体层析质谱仪

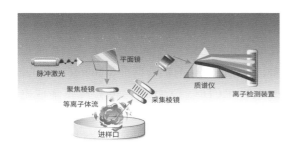

图 16.6　激光剥蚀质谱仪

速度。较轻的离子飞行速度较快，较重的离子飞行速度较慢，根据它们到达离子计数器的时间，就可以反算离子的类型和丰度。虽然地球化学实验室的激光剥蚀质谱仪很大，但是经过改造可以达到很小质量（如 250 g）。需要指出的是，这类仪器的检测限很低，元素的含量超过 10^{-4} 时就能通过这类设备检测到。激光诱导击穿光谱术（laser-induced breakdown spectroscopy，LIBS）的工作原理与 LAMS 相同，只不过激光的能量更高，它不仅可以获得物体表面的组成信息，还可以获得物体内部的成分信息。

5. 温度与压力探测器

用来测定温度和压力的接触探测设备包括电阻温度计（electrical resistance thermometer）和半导体应变计（semiconductor strain gage）等。电阻温度计的原理就是欧姆定律。半导体应变计是一个由 Si 组成的薄膜，薄膜在压力作用下会变形，变形时会输出一定的电压，通过测定电压就可以获得压力的信息。

6. 热释光或光释光技术

在地球化学实验室中有很多定年的手段，其中最有可能搭载到航天器上的是热释光或光释光技术。如图 16.7 所示，它最基本的原理是矿物暴露在阳光下时，受光照或宇宙射线照射会激发出自由电子，这些电子会被困在矿物的晶格里，需要通过光照或加热的办法释放电子。最常用的矿物是石英或者长石，因此利用这个方法可以研究火星的表面历史。这些设备都需要有一个热源或者光源，以及一个光子探测器。现有的航天器上还没有配置这类设备，但是相信这类设备的小型化并不是很难解决的问题，将来它们可能会出现在火星探测器上，为我们带来火星的全新知识。

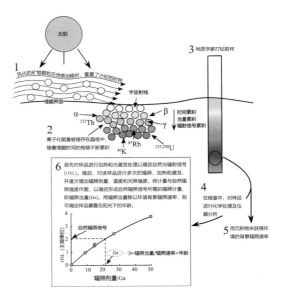

图 16.7　热释光工作原理

7. 扫描电子显微镜

扫描电子显微镜（scanning electron microscope）也是常见的接触探测设备（图 16.8）。扫描电子显微镜上的阴极发光器发射出电子束，电子束轰击物质的表面，再发生散射形成次生电子和 X 射线。能量较低的次生电子经过探测器被解译成黑白图像，也就是背散射电子图像（back scattered electron images），通过这些图像可以获得物质的晶体结构和化学组成信息。现在小型化的扫描电子显微镜的质量只有 11.9 kg，也是航天器上最常用的设备。

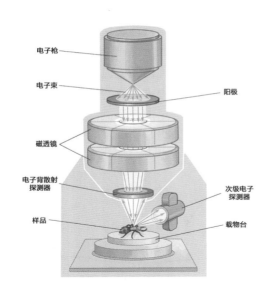

图 16.8 扫描电子显微镜工作原理

16.2.2 远距离探测设备

1. 光学照相机

远距离探测与直接探测不同，远距离探测是为了成像。远距离探测设备通常与被观测物之间有相当的距离，照片与图像是最基本的数据形式。光学照相机是最常见的远距

离探测设备。根据所采集的光谱波段，光学照相机可以细分为紫外线相机、可见光相机和近红外相机等。老式的成像设备需要一个类似于阴极射线管（cathode-ray tube）的视像管（vidicon）。视像管的阴极发射出电子束，电子束扫过光电导体涂层，使得光电导体涂层的电流发生变化，进而产生图像信号。海盗号、水手号和旅行者号都采用了这样的图像采集设备。从图像采集的原理来看，被拍摄物体的亮度越高，图像质量就越高。现在的航天器已经不再使用这种老式的成像设备，而是改为电荷耦合器件（charge-coupled device，CCD）。CCD 是一种大规模集成电路器件，其本质是由上百万个电荷隔离阱组成的二维阵列，每个电荷隔离阱代表一个像素。落在阱里的光被光电导体吸收，并释放出与光强度成比例的电子数量，形成电流，电流进一步转换为数字信号。和老式的成像设备相比，CCD 的敏感度更高，体积也更小，因此需要的能量也更少。它还可以检测单个光子，即便是在较为暗淡的环境下也能获得图像。伽利略号上的固态成像仪（solid state imaging instrument）使用了 800×800 的像素阵列，可采集的光谱波长范围为可见光到近红外光，因此可以获得行星表面的成分信息。

高分辨率成像光谱仪（high resolution image spectrometer，HIRIS）也采用 CCD 技术，但是其电荷隔离阱不是二维阵列，而是单线排列的，分辨率可达 25 cm 每像素。美国的火星轨道照相机（Mars orbiter camera）使用的就是这个技术。

2. 磁层成像仪

磁层成像仪（magnetosphere imager）也是一个成像设备，但是它没有采用 CCD 技术，探测的目标也不是光。卡西尼号上有

一个磁层成像设备（magnetospheric imaging instrument，MIM）和一个离子与中性粒子照相机（ion and neutral camera，INCA），二者联用，实际上是一个粒子探测器。它所采集的粒子是从行星磁场逃逸的离子和中性粒子，这是行星磁层物理及等离子体物理研究中的基本设备。

3. 旋光仪

旋光仪（polarimeter）专门用于测定从目标反射的光的偏振方向和程度。在矿物学和岩石学的课程中都会使用偏光显微镜来研究岩石的矿物组成信息。旋光仪本质上就是一个偏光显微镜，只不过结合了光学探测的望远镜。利用旋光仪可以得到目标物的化学成分和结构，这个目标物并不要求必须是固体的矿物和岩石，也可以是大气中的气溶胶等物质。旋光仪是研究行星表面物质组成的一种基础设备。

4. 光度计

光度计（photometer）是测量光源光强度的设备，它的探测目标是各类天体，获得的主要数据是天体的反射率（reflectivity）或反照率（albedo）。当行星环或者大气层进入掩星阶段时，光度计还可以获得行星环或大气层的密度和热结构等信息。斯皮策（Spitzer）空间望远镜就有一台光度计，用来研究恒星在红外波段的辐射强度。

5. 光谱仪

光谱仪（spectrometer）可以探测电磁波的所有波段。这一大类还可以细分为多个类型。吸收光谱仪（absorption spectrometer）主要用于检测目标对某个特定电磁辐射的吸收，例如，当光穿过大气层时，可以通

过降低特定波段的光谱强度来识别芳香烃或者其他分子。发射光谱仪（emission spectrometer）主要用于检测物质发射的电磁辐射的性质。例如，炽热的金属（如烧红的铁块）可以发射多个波段的电磁辐射，形成一个连续光谱。处于激发态的气体只能发出特定的离散辐射，每种气体分子发出的离散辐射都不同，所以这个方法可以用来鉴定大气的成分。还有其他光谱仪，如散射光谱仪。光谱仪在原理上都是将收集到的光分解成多个波段分别进行测量和分析。通过分光镜（spectroscope；如棱镜）获得的光谱只能用肉眼直接观察。在航天器上，通常采用衍射光栅（diffraction grating）来色散入射的光。生活中常见的衍射光栅代表是 CD（compact disc，激光唱片）和 DVD（digital versatile disc，多用途数字光盘），当光照射在它们的微观数据轨道上时，光会被分离成不同波长或颜色。如近红外成像光谱仪（near-infrared mapping spectrometer）、紫外成像光谱仪（ultraviolet imaging spectrograph）等都是用来研究天体物质组成的设备。

红外辐射计（infrared radiometer）可用于测量目标辐射的红外线能量的强度。通过这个设备可以计算地球接收的太阳辐射和地球辐射出去的热量，进而研究地球的热收支状况。当然，还可以用红外辐射计来研究类地行星的大气和表面的热结构或者其他与热能有关的参数。

伽马射线光谱仪（gamma ray spectrometer，GRS）是用来检测伽马射线能量分布的设备，在核物理、地球化学和天体物理中应用得比较多，它们的探测元件主要半导体是 Ge 半导体。大多数放射性核素都会发出伽马射线，利用伽马射线光谱仪可以获

得射线的强度和来源。以 ^{60}Co 为例，^{60}Co 是一个人工制造的放射性核素，半衰期是 5.272 年［图 16.9（a）］。制作方式是在核反应堆中用中子轰击 ^{59}Co。它有两个显著的伽马射线峰，在 1.17 MeV 和 1.33 MeV 处［图 16.9（b）、图 16.10］。我们可以发现谱线上的实际峰位置（1.17 MeV 和 1.33 MeV）与理论值有微小差异，这是康普顿散射的结果。一个典型的伽马射线光谱大致由三部分组成：光峰（photo peak；如图 16.10 所示

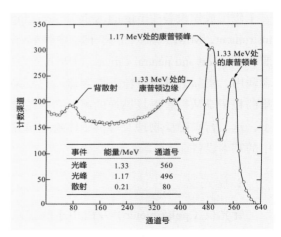

图 16.10　典型的伽马射线光谱

^{60}Co 的 1.17 MeV 和 1.33 MeV 处）、康普顿连续体（Compton continuum）及康普顿边缘（Compton edge）。图 16.10 中，光峰和康普顿边缘中间的谱就是康普顿连续体。

在行星探测中，伽马射线的来源有两个，一个是类似于 ^{60}Co 这样的放射性元素（K、Th 和 U），另一个是宇宙射线照射某些特定元素（H、C、O、S 和 Fe 等）后放射的伽马射线。

中子光谱仪（neutron spectrometer）又叫作中子计量器，可以探测三种类型的中子，即热中子（小于 0.025 eV）、浅热中子（0.025 ～ 1 eV）和自由中子（大于 1 eV）。每一种中子类型都代表了中子和行星表面物质的相互作用。银河系射线照射行星表面会形成自由中子，而自由中子很容易受到氢元素的影响，因此中子光谱仪是用来探测表层水（固体表面以下 1 m 处）的绝佳设备。以火星为例，中子光谱仪就可以用来探测其表层的冰。探测中子的元件是镀了一层硼的塑料闪烁器，中子撞击到闪烁器上后会将能量转换为光子，通过检测光子就可以获得中子的相关信息。有时还可以镀其他元素来探测特定能量段的中子。关键是，必须区分出行星表面的中子和宇宙中的背景中子，所以通

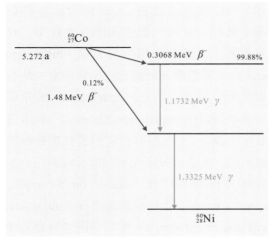

（a）^{60}Co 的衰变

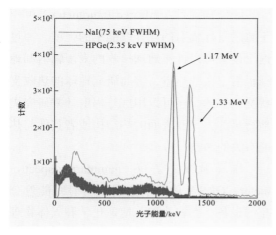

（b）伽马射线谱图

图 16.9　^{60}Co 的伽马射线谱

蓝色的谱线来自 NaI(Tl) 闪烁探测器（scintillation detector），红色的谱线来自高纯度 Ge 探测器（high purity germanium detector）

常采用的思路是让中子探测器朝向不同的空间方位。如果探测器的朝向与航天器的飞行方向一致，那么它探测到的可能是背景中子，而同时背向航天器飞行方向探测到的可能是来自行星表面的中子。

6. 雷达

雷达的用途十分广泛。例如，在许多行星的大气层中有各种各样的云层或雾霾，一般的光学设备很难穿过云层获得行星表面的信息。但是雷达波的波长可以从厘米级到千米级，能够穿透云层，直达行星的表面，因此一般的航天器上都载有雷达设备。雷达设备属于主动探测设备，它会发射雷达波对目标进行照射并接收其回波，从中提取信息。与此相对的是，不论是光谱仪还是成像仪都是被动探测设备。雷达设备中最常见的是雷达测高仪（radar altimeter），它可以向行星表面发射脉冲波或者连续波来获得地貌信息。人类就是通过雷达设备获得了金星的地貌特征。探地雷达（ground penetrating radar）发射的是低频雷达波，这样可以穿透天体表面，获得相对深处的信息。问题是，频率越低，空间分辨率就越差。因此，需要掌握好雷达频率和分辨率之间的平衡。通常雷达波在干燥无水的土壤中的穿透深度会大于在湿润的土壤中。因此，探地雷达可以用来研究深处的水体或者冰。当然，雷达设备还有很多，在此就不一一介绍了。

7. 微波探测仪

微波探测仪（microwave sounder）可以弥补光学探测器的缺陷。微波探测仪的用处很广，可以探测行星表面或大气层中热过程

知识拓展 1　深空探测的预算问题

深空探测需要大量的资金投入。以美国为例，美国宇航局 2023 年用于科学研究的费用约为 78 亿美元。其中，32 亿美元用于行星科学、22 亿美元用于地球科学、15 亿美元用于天体物理、8 亿美元用于太阳物理、1 亿美元用于生物及其他物理科学。

以行星科学的预算为例，美国火星样品返回计划的预算已经从 6.53 亿美元涨到了 8.22 亿美元，欧罗巴快船号和蜻蜓号的预算也都涨了不少。到蜻蜓号发射时，预计是 2028 年，它的预算可能会高达 33.5 亿美元。新视野号 2006 年发射，2015 年飞掠冥王星，2019 年飞掠柯伊伯带天体阿罗科斯（Arrokoth），将会一直运行到 2028 年，实际上可以一直运行到 2050 年，完成对柯伊伯带的探测。新视野号发射后，每年的运行费用为 1.47 亿美元。2023 年，新视野号团队向美国国会众议院预算委员会提出了新的项目，要求新增 3 年的预算。但是美国国会众议院预算委员会最终只批复了 2 年的预算，因为他们认为新视野号和其他天体物理或太阳物理项目相比，竞争力并不强。他们给天体物理项目打分为"优"（excellent/very good），而给新视野号的打分为"中"（very good/good）。因此，2024 年新视野号团队的经费大为缩减。可见，深空探测计划不仅要技术上可行，还要有重要的科学发现才能获得公众和财政支持。

释放的微波，进而获得大气层的热结构、化学组成、压力和云雾的信息。值得一提的是，微波探测仪对还原态的氧和氮，即水和氨特别敏感。木星大气中水和氨的含量就是用厘米或者分米波段的微波探测仪获得的。微波探测仪还可以获得大气中环流、对流及成云过程等信息。因此，微波探测仪是研究行星大气的利器。和雷达不同，微波探测仪是一种被动探测设备，它可以获得覆盖全星球的信息。

8. 重力仪

重力仪（gravimeter）是用来测定物体重力场加速度的设备。对于天体而言，重力场的强度和形状受控于其内部物质的特征和分布状态。重力仪的原理较为简单，即测定真空中小球自由落体时的加速度，因此本质上来说重力仪是一个加速度测量器。用于测量地球重力场参数的绝对重力仪通常由两部分组成，即后向反射器（retroreflector）和迈克耳孙干涉仪（Michelson interferometer）。后向反射器通过将光线反射回光源来检测小球的自由落体运动。迈克耳孙干涉仪的工作原理是将一束入射光分割为两束，每一束都被相应的平面镜反射回来后，这两束光就会发生干涉，通过对干涉条纹进行计数和计时就可以算出重力加速度。相对重力仪通常用来测定质量异常体的形状，如行星表面之下的空洞等。相对重力仪通常来说是在弹簧上加载一个重物，通过检测弹簧的长度来获得局部重力场信息。

最近欧洲航天局的赫拉计划（Hera）设计了一台可用于测量微弱重力场参数的新型重力仪 GRASS（图 16.11），成功测量了一颗近地小行星双卫一（Dimorphos）的重力场。双卫一的重力加速度只有地球的百万分之一，因此这是一台灵敏度很高的设备。GRASS 由两个完全相同的重力仪组合在一起，二者之间成直角，总重量为 385 g。每个重力仪的大小相当于一台常见的智能手机。GRASS 最核心的部件是旋转探头，探头上有一组很薄的 Cu-Be 合金叶片。每个叶片的轻微运动都会改变叶片本身及周围部件的电压。因此，这是一种基于电容测量的设备，可以测量阿托法拉（ato-Farads）量级的电容，使重力仪的灵敏度可以达到 1 μm。探头不停地转动，GRASS 也在不停地转动，因此该设备可以构建出三维重力矢量图像，而且可以在任何着陆位置检测重力矢量的变化。

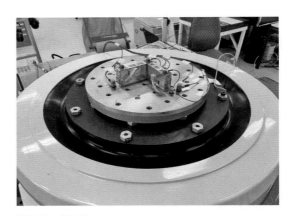

图 16.11　GRASS
来源：ESA。

9. 磁强计

由于磁场是一个向量，因此用于行星探测的磁强计（magnetometer）通常可以分为标量磁强计和矢量磁强计两种。标量磁强计只能测量磁场的强度，而矢量磁强计则可以测量磁场的强度和方向。在空间探测中用的最多的是矢量磁强计。常见的矢量磁强计有磁通门磁强计和磁阻磁强计，而空间探测中最常用的是磁通门磁强计。

磁通门磁强计的基本原理是法拉第电磁

感应定律。如图 16.12 所示，传感器通常由两组线圈组成，即绕在磁芯上的驱动线圈和包围磁芯的感应线圈。如果给驱动线圈通入一定频率的脉冲电流，那么每个脉冲电流都会在磁芯上形成感应磁场，每个脉冲周期内可以使磁芯饱和两次。感应线圈则会形成感应电势，电势由两部分组成，即脉冲电流形成的奇次谐波和外部磁场形成的偶次谐波，偶次谐波的幅度与外部磁场的大小成正比。磁通门磁强计就是利用这个原理将磁信号转变为电信号，进而测量外部磁场。

磁通门磁强计作为载荷搭载到探测器上时，探测器上的各种电子器件都会产生磁场，因此要控制探测器的磁洁净度和剩磁。但是无论如何，也不可能将探测器本身的磁场控制到能够满足磁强计的精度要求，因此一般来说就是将磁场传感器安装到一个伸缩杆上。在磁强计工作时，伸缩杆伸开，将磁场传感器伸到探测器的主体之外。剩磁强度与磁场传感器到探测器的距离的平方成反比，因此伸缩杆越长越好，旅行者 1 号的磁强计伸缩杆长达 14 米。天问一号在轨探测器携带的磁强计是由中国科学技术大学独立研制的。

本节从接触探测和远程探测的角度介绍了常见的行星探测设备。也有其他分类方案，前文提到的主动探测和被动探测就是另一种分类方案。本节介绍的这些设备远远不能覆盖曾经使用过、目前使用中及正在设计的科学载荷。这些设备该怎么组合呢？或者说，根据不同的探测目标，该怎么组合使用前面介绍的探测设备，从而获得最高的性价比？

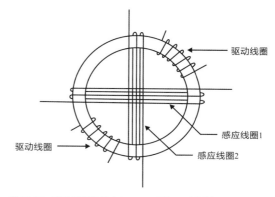

图 16.12　磁通门磁强计（Acuna and Ness，1973）

16.3　科学载荷的组合

地球科学中使用到的所有科学仪器都可用于行星探测。这是因为绝大多数天体，即行星、卫星、小行星和彗星都可以用地球科学的手段来研究。问题是，绝大多数地球科学使用的仪器要么体积太大，要么实验条件要求很高，难以在行星探测器中植入。一般情况下，燃料就占到航天器运载量的 50% ~ 60%，因此留给科学载荷的空间并不大。此外，各国用于航天探测的预算都有限，像卡西尼号这么大型的探测任务极少。在科学目标的遴选上必须慎之又慎，在此基础上还得对科学载荷进行有效组合。通常来说，探测器越小，能承载的有效载荷空间就越小。因此，科学设备的挑选是科学目标、有效载荷空间和航天工程可靠性之间的平衡。单从有效载荷空间的角度来考虑，把探测设备组装在一起实现多个探测目标，远比将单独的设备都搬到航天器上划算。

大小、质量、形状和内部结构是行星的基本参数，不仅具有重要的科学价值，对航天器导航也很重要。用于获得这些参数的设备包括激光或雷达测高仪、探地雷达和成像仪等远距离探测设备，以及地震仪、热流探测器等接触探测设备。

对天体表面和次表面的探测历来是重点。由于天体表面现象的多样性，可以组合的探测设备有很多。远距离探测设备包括高分辨率成像光谱仪、光谱仪、低频雷达、γ射线与中子光谱仪、微波探测仪和热红外探测仪等。接触探测仪器则更多，包括各种全景摄像机、傅里叶红外光谱仪、气体质谱仪、扫描电子显微镜、地震仪、风力计、温度计等。这些设备都可以放置在着陆区或者在轨航天器上，如果能放置在行驶车上则更好。

大气层是探测的最初目标，从巨行星相关的章节中可以发现研究大气层对于行星科学的重要性。可以用来探测行星大气的远距离探测设备包括广域成像仪、雷达、光谱仪、激光测高仪、微波探测仪及闪电探测器等。可以用来接触探测行星大气的仪器也有很多，包括气溶胶探测器、尘埃探测器、气体质谱仪、温度与压力探测器、等离子体波探测器及高能离子探测器等。

另一个需要特别考虑的过程与着陆器或行驶车有关，即它们进入大气和着陆的过程（图16.13）。在这个过程中涉及的科学载荷有大气结构探测器、浊度计（nephelometer）、气溶胶分析仪、高能粒子谱仪、等离子体光谱仪、多普勒风实验平台及风速计

（anemometer）等。

小行星和彗星的探测在某些方面不同于行星。远距离探测设备大体相同，包括成像仪、光谱仪、微波探测仪、激光或雷达测高仪等。接触探测设备的类型则有所不同，小行星和彗星的接触探测设备包括全景和微观摄像机、撞击器、质谱仪、朗缪尔探针（Langmuir probe，可用于探测等离子体的电子温度、密度和电势）、磁强计、导电性探测仪、原子力显微镜（atomic force microscope）、地震仪及声呐等。

上述大部分设备都可以为地外生命探测提供基础数据，但是地外生命探测还是有一些特有的探测设备，如氡呼出（radon exhalation）探测器、钻孔系统、生命标记芯片（life marker chip）等设备。

还有很多探测目标本书没有提到，大家可以根据科学问题来进行探测仪器的组合。以我国的祝融号和美国的卡西尼号为例，可以看看它们都有哪些探测设备。

如图16.14所示，我国祝融号火星车上有导航与地面摄像机、多光谱照相机、磁强计、穿透雷达、火星气象站及火星表面成分探测仪等。

如图16.15所示，卡西尼号搭载的科学设备有可见光与红外光谱仪、雷达、离子与中性粒子质谱仪、电磁波与等离子体波设备、极紫外成像仪、等离子体质谱仪、综合红外光谱仪、磁层成像仪等。

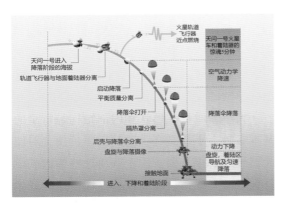

图16.13 天问一号的着陆过程

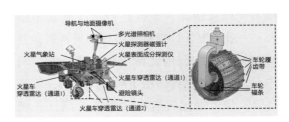

图16.14 祝融号搭载的科学设备

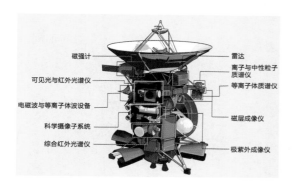

图 16.15　卡西尼号搭载的科学载荷

实际上，太阳系所有的行星，一部分卫星、彗星和小行星都已经被人造航天器探测过，未来的任务是进行更为彻底的探测。对于人类已经拥有远距离探测数据的天体，包括水星、伽利略卫星及一些小行星和彗星，着陆探测势在必行。现在人类已经在月球和火星表面放置了地震仪，将来可以在金星或者其他类地天体的表面也放置地震仪，从而获得对其内部圈层结构的认识。

还有一个需要关注的内容是样品返回。目前人类已经对月球和小行星进行了采样返回，美国对火星表面进行了采样，但还没有返回样本。采样返回的成本很高，风险也很大，虽然将来还会有更多的采样返回计划，但是进展可能会比较缓慢。

从中长期来看，科学载荷的小型化和集成化将极大地提升探测能力，新的传感器、探测器及集成电路设计都可能带来新的科学数据。如前所述，深空探测不仅要从技术和科学层面探讨可能方案，也要从政治和社会的角度来进行更为合理和有说服力的论证，公众和资助机构的兴趣和信任是深空探测得以实现的关键因素之一。

· 习题与思考 ·

（1）如果计划对天王星的大气成分和结构进行探测，请你设计一套科学载荷的组合，并简单介绍组合中各部件的工作原理。

（2）为了探测冥王星内部的热活动信息，我们应该在冥王星上放置何种探测设备？为什么？

（3）生命过程会产生特殊的同位素特征。如果我们要探测火星表面土壤或沉积物的同位素特征以识别火星是否具有生命信号，那么主要的探测目标是什么？探测什么岩石或者矿物？探测什么同位素体系？该使用什么科学载荷？

part.3

第三部分

形成一颗行星

## 第 十 七 章

系外行星

Exoplanet

本章将详细介绍用于识别系外行星的方法，并在此基础上介绍有关系外行星的分类（系外行星的分类对研究行星的形成和演化有重要价值）；然后重点介绍系外行星的大气，最后简要介绍系外行星的宜居性和天体生物学。

知道某个东西的名字和了解某个东西本身是完全不同的两回事。

——理查德·费曼

17.1 系外行星的定义

系外行星（exoplanet；extrasolar planet）指太阳系之外的行星。国际天文学联合会给太阳系行星下的定义包含三个要素：达到静力学平衡（接近球体）、围绕太阳公转和清空所在轨道。国际天文学联合会系外行星工作组给系外行星下的定义也包含三个要素。首先，这个天体需要围绕宿主恒星或者恒星残留体公转；其次，系外行星的质量不能超过 13 颗木星的质量，超过 13 颗木星质量会发生热核聚变，就属于恒星；最后，该天体与宿主恒星的质量比不能超过 $2/(25+\sqrt{621})$。不过，国际天文学联合会的定义在实际工作中可能会引起混淆，例如，该天体的质量超过了热核聚变的临界值，就不合适了。在国际天文学联合会的定义中，这类天体被称为褐矮星（brown dwarf）。我们知道，褐矮星是分子星云坍塌的产物，而行星则并不是直接从分子星云中形成的，需要从原行星盘中经过砾石增生或者星子增生过程形成。另外，13 颗木星质量所代表的物理意义也不明确。在很多情况下，即便天体的质量小于 13 颗木星质量，内部也还是能发生热核聚变，这与天体内部的物质组成有关。其他研究机构建议的质量临界值有的是 30 颗木星质量，有的是 60 颗木星质量，总之比较木星质量并不是可靠的定义方案。有人提出从天体核心的主要物理作用力来区分，如果主要作用力是静电力，那么就

是行星；如果主要作用力是电子简并压力（electron degeneracy pressure），那么就属于褐矮星。天文学家在实际工作中是根据天体是否围绕宿主恒星运转来确定其是否属于褐矮星。

系外行星虽然也是行星，但是在未来很长一段时间内人类的探测器都无法到达，因此对系外行星的研究主要还是天文手段，也就是通过各类天文望远镜进行研究。但是系外行星研究的关注点却和太阳系行星类似，关注系外行星的大气、固体表面的矿物与岩石、行星内部的动力学机制甚至系外行星上的天体生物学信号。这与恒星系统研究的重点是完全不同的。换言之，我们要从天文学手段获得的数据中提取出行星科学关心的信息。这是一个交叉学科。

最早是布鲁诺推断了系外行星的存在，牛顿在他的著作《自然哲学的数学原理》中也指出其他恒星没有自己的行星是毫无道理的。早在 1952 年，奥托·斯特鲁维（Otto Struve）就指出可以用多普勒光谱学（Doppler spectroscopy）和凌日法（transit photometry）来研究公转周期较短的系外巨行星。第一个获得后续研究认可的是 1988 年加拿大科学家布鲁斯·坎贝尔（Bruce Campbell）等的研究，他们发现 Gamma Cephei 恒星附近可能有一颗行星。对于这一结果的验证可谓一波三折，1990 年有研

究证实这是一颗行星，但是到了 1992 年又有研究认为它可能不是行星，最终的结果是 2003 年，观测技术水平大幅度提升以后，人们确认坎贝尔等在 1988 年发现的确实是一颗行星。20 世纪 90 年代初掀起了观测系外行星的热潮，很多人都说自己首先发现了第一颗系外行星。2019 年的诺贝尔物理学奖颁给了日内瓦大学的米歇尔·马约尔（Michel Mayor）和英国卡文迪许实验室的迪迪埃·奎洛兹（Didier Queloz），以表彰他们在 1995 年发现了第一颗围绕系外太阳（系外太阳指的是与太阳质量和大小接近的恒星，即主序恒星）运转的系外行星飞马座 51 b（51 Pegasi b）。

------- 知识拓展 1　系外行星的命名 -------

以系外行星 51 Pegasi b 为例，51 Pegasi 是宿主恒星的编号，b 代表该恒星系统中被发现的第一颗行星。如果系外行星的恒星是双星系统，而系外行星围绕其中一颗恒星运转，那么它的命名就需要增加宿主恒星的信息。例如，天鹅座 16 Bb（16 Cygni Bb）就是双星系统 16 Cygni 中的恒星 B 的行星 b。和给太阳系的小天体命名一样，人们也可以给系外行星命名。例如，编号为 51 Pegasi b 的行星叫作 Bellerophon（柏勒洛丰）。

17.2　系外行星的发现手段

图 17.1 所示是常见的系外行星探测手段，包括径向速度法（radial velocity）、凌日法、脉冲星定时法（pulsar timing）、引力透镜法（gravitational lensing）和直接成像法（direct imaging）。在 1995 年之前，被确认的系外行星只有 5 颗，其中脉冲星定时法发现了 3 颗、径向速度法发现了 2 颗。但是自 2001 年以后，凌日法的优势逐渐凸显，发现的系外行星数量超过了径向速度法，而脉冲星定时法发现的系外行星数量则越来越少。表 17.1 是系外行星探测方法总结，每种方法都各有优劣。后文介绍这些方法时，大家可以仔细对照此表复习。

17.2.1　径向速度法

径向速度法又叫多普勒光谱法，它通过研究行星围绕恒星运转过程中对恒星光谱造成的偏移来确认行星的存在。径向速度法的基础是开普勒定律，前面的章节中已经详细介绍了开普勒定律的证明过程。径向速度法所使用的就是一个简单的两体过程，即行星

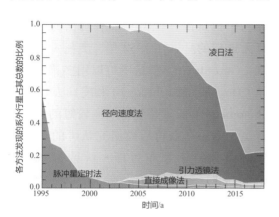

图 17.1　系外行星探测手段（Deeg and Alonso，2018）

表 17.1　　系外行星探测方法总结

方法	测量参数	优点	缺点	最佳适用范围	仪器
径向速度法	m_p、T、a	同时观测多个恒星系统	行星离观测者不能太远	较冷的小型恒星中较大的行星	天文望远镜
凌日法	m_p、T、a	同时观测上千个恒星系统，可以获得行星大气数据	存在假正值，只能观测与恒星交错的行星	大行星，低背景噪声	开普勒太空望远镜及对流旋转和行星横越任务（COROT）
直接成像法	m_p、T、a	直接获取处于恒星正面的行星	需要稳定的光热和耀斑	距离观测者近，体积大，轨道半长轴长，最好是一颗热行星	红外望远镜
脉冲星定时法	m_p、T	体量较小的行星，多行星的恒星系统	可观测恒星系统数量很少	脉冲星、多行星的恒星系统，双星系统	开普勒太空望远镜
引力透镜法	m_p	轨道半长轴较长的行星	不太可能对齐，单次实验	轨道半长轴长，恒星系统的背景最好是星系中心	机器人望远镜（光学重力透镜实验，OGLE）

注：m_p 为行星质量；T 为行星公转周期；a 为行星轨道半长轴。

围绕恒星做开普勒运动。假如恒星的半径是 a_1，恒星和行星形成的质心所代表的轨道半径是 a，二者之间的关系可以表示为

$$a_1 = \frac{m_2}{m_1 + m_2} a \qquad (17.1)$$

式中，m_1 代表恒星的质量；m_2 代表行星的质量。

在极坐标中，行星围绕恒星做开普勒运动的公式可以表示为

$$r_1 = \frac{a_1(1-e^2)}{1+e\cos f} = \frac{m_2}{m_1+m_2} \cdot \frac{a(1-e^2)}{1+e\cos f} \quad (17.2)$$

式中，r_1 代表行星到恒星的距离；e 代表偏心率；f 代表真距平角，也就是从质心测量的近星点方向（periastron direction）与轨道位置之间的夹角。f 本质上是时间的函数，可以用开普勒公式导出，但是它没有解析解，只能通过数值手段来计算。这里我们最关心的参数是行星在轨道上的位置与速度之间的关系，而 f 就是标定行星轨道位置的参量。更进一步来说，观察值是物体的径向速度，因此必须将轨道速度投影到由观察者和恒星系统组成的视线上。在笛卡儿坐标系中，

x 轴指向近星点位置，原点则为质心，位置和速度矢量的关系式如下：

$$\mathbf{r}_1 = \begin{pmatrix} r_1\cos f \\ r_1\sin f \end{pmatrix} \qquad (17.3)$$

$$\dot{\mathbf{r}}_1 = \begin{pmatrix} \dot{r}_1\cos f - r_1\dot{f}\sin f \\ \dot{r}_1\sin f + r_1\dot{f}\cos f \end{pmatrix} \qquad (17.4)$$

现在的任务是把 $\dot{r}_1$ 和 $\dot{f}$ 表达成 f 的函数，这样才能获得速度随 f 变化的公式。首先对式（17.2）进行微分，获得 $\dot{r}_1$：

$$\dot{r}_1 = \frac{a_1 e(1-e^2)\dot{f}\sin f}{(1+e\cos f)^2} = \frac{e r_1^2 \dot{f}\sin f}{a_1(1-e^2)} \quad (17.5)$$

把式（17.5）代入式（17.4）中，做一些简单的代数变化，就可以得到

$$\dot{\mathbf{r}}_1 = \frac{r_1^2 \dot{f}}{a_1(1-e^2)} \begin{pmatrix} -\sin f \\ \cos f + e \end{pmatrix}$$

$$= \frac{h_1}{m_1 a_1(1-e^2)} \begin{pmatrix} -\sin f \\ \cos f + e \end{pmatrix} \qquad (17.6)$$

式中，$h_1 = m_1 r_1^2 \dot{f}$，代表行星的角动量，对于某一行星而言，这是一个定值。我们还可以把它表示成轨道参量的函数，即

$$h_1 = \frac{m_2}{m_1+m_2} h = \sqrt{\frac{Gm_1^2 m_2^4 a(1-e^2)}{(m_1+m_2)^3}} \quad (17.7)$$

把式（17.7）代入式（17.6），就可以得到

$$\dot{\boldsymbol{r}}_1 = \sqrt{\frac{Gm_2^2}{(m_1+m_2)a(1-e^2)}} \begin{pmatrix} -\sin f \\ \cos f+e \end{pmatrix} \quad (17.8)$$

还需要一步才能达到我们的目的，也就是把速度矢量投影到观察者和恒星系统组成的视线上。现在定义一个角度 i，它代表行星公转轨道形成的平面和天空平面之间的夹角。同时，定义 ω 是节点线（line of nods）和近星点方向的夹角。在这里使用一个三维笛卡儿坐标系，即有 x、y、z 三个轴。那么视线上的单位向量为

$$\boldsymbol{k} = \begin{pmatrix} \sin\omega\sin i \\ \cos\omega\sin i \\ \cos i \end{pmatrix} \quad (17.9)$$

结合式（17.8）就可以得出径向速度公式：

$$v_{r,1} = \dot{\boldsymbol{r}}_1 \cdot \boldsymbol{k} = \sqrt{\frac{G}{(m_1+m_2)a(1-e^2)}} m_2\sin i$$
$$\cdot [\cos(\omega+f)+e\cos\omega] \quad (17.10)$$

式（17.10）就是径向速度法最核心的公式，它连接了径向速度和行星的轨道位置。从这个公式还可以得出径向速度的半振幅（semi-amplitude）：

$$K = \frac{v_{r,\max}-v_{r,\min}}{2} \quad (17.11)$$

式中，$v_{r,\max}$ 表示最大径向速度；$v_{r,\min}$ 表示最小径向速度。

那么可以得出视线方向上的半振幅表达式为

$$K_1 = \sqrt{\frac{G}{1-e^2}} m_2\sin i(m_1+m_2)^{-\frac{1}{2}}a^{-\frac{1}{2}} \quad (17.12)$$

这个公式并不实用，可以把它转变成更实用的形式：

$$K_1 = \left(\frac{28.4329}{\sqrt{1-e^2}}\right)\left(\frac{m_2\sin i}{M_{\text{Jupiter}}}\right)\left(\frac{m_1+m_2}{M_\odot}\right)^{-\frac{1}{2}}\left(\frac{a}{1\,\text{AU}}\right)^{-\frac{1}{2}}$$
$$(17.13)$$

式中，M_{Jupiter} 代表木星的质量；$M_\odot$ 代表太阳的质量。因此，我们就可以把观测到的系外行星和太阳系做对比。我们还可以用公转周期 T 替换 a，得到

$$K_1 = \left(\frac{28.4329}{\sqrt{1-e^2}}\right)\left(\frac{m_2\sin i}{M_{\text{Jupiter}}}\right)\left(\frac{m_1+m_2}{M_\odot}\right)^{-\frac{2}{3}}\left(\frac{T}{1\,\text{a}}\right)^{-\frac{1}{3}}$$
$$(17.14)$$

在实际的系外行星观测中，只有宿主恒星的径向速度是可观测的，因为行星太小了。如果能获得整个轨道周期的径向速度，那么公转周期 T、轨道偏心率 e 和径向速度的半振幅 K_1 都可以得到。基于这些观测量，就可以得到行星的最小质量 $m_2\sin i$。在实际工作中，行星的质量通常可以忽略。但问题是还不知道 i，就没有办法计算真正的行星的质量。这是径向速度法固有的问题，但这并不影响系外行星的统计学研究。因为 i 是随机分布的，接近 90° 的情形远远多于其他情形，$\sin i$ 的统计平均值为 0.79，也就是 $\pi/4$。

此外，式（17.13）中的 K_1 与很多轨道参数有关。表 17.2 是一些典型行星与其宿主恒星的距离和 K_1，这些行星都围绕太阳

表 17.2　典型行星与其宿主恒星的距离和 K_1

行星	a/AU	K_1/(m/s)
木星	0.1	89.80
木星	1.0	28.40
木星	5.0	12.70
海王星	0.1	1.50
海王星	1.0	1.40
超级地球（5 倍地球质量）	0.1	1.40
超级地球（5 倍地球质量）	1.0	0.45
地球	0.1	0.28
地球	1.0	0.09

这样的恒星运动。可以发现，想要用径向速度法探测系外行星，速度的精度必须高于 30 m/s。如果行星的质量比较小（如海王星），精度则需要达到 1 m/s。如果行星的质量接近地球，那么精度需要达到 0.1 m/s。因此，行星越小，运用径向速度法的难度就越大。

在介绍完基本原理之后，大家可能依然不清楚如何使用径向速度法来计算系外行星的公转周期及其与宿主恒星的距离。这是因为我们还没有学习如何从光谱中得出关键信息。实际上，我们在观察系外恒星的光谱时，并不知道这颗恒星是否有一颗行星，只能通过光谱的变化来判断。如果这颗恒星有一颗围绕它运转的行星，那接收到的光谱就会呈现有规律的变化。把地球作为观察者，当系外恒星开始向"远离"地球的方向公转时，就会发生谱线红移现象，得到的望远镜光谱就是红偏。如果系外恒星"朝向"地球的方向公转，那么就是谱线蓝移现象，得到的望远镜光谱就是蓝偏。图 17.2 表达的就是这样的现象，只不过它假定行星的公转轨道是正圆形。

从光谱的规律变化中可以得出行星（正圆形）公转周期和径向速度的图像（图 17.3）。从图中可以知道行星的公转周期，结合开普勒第三定律就可以得到行星到恒星的距离，进而根据万有引力公式得到公转速度。对于一个正圆形公转轨道，其基本公式如下：

$$r^3 = \frac{GM_{star}}{4\pi^2} P_{star}^2 \qquad (17.15)$$

$$v_{planet} = \sqrt{\frac{GM_{star}}{r}} \qquad (17.16)$$

$$M_{planet} = \frac{M_{star}v_{star}}{v_{planet}} \qquad (17.17)$$

$$v_{star} = \frac{K}{\sin i} \qquad (17.18)$$

式中，r 是行星到恒星的距离；G 是引力常数；M_{star} 是恒星的质量；P_{star} 是恒星光谱的变化周期；v_{planet} 是行星的公转速度；M_{planet} 是行星的质量。读者可以自行对图 17.4 做一定的演算，来计算该行星的公转半径及质量。计算完毕后，感兴趣的读者可以到系外行星数据库中查询它与已知的哪颗系外行星类似。

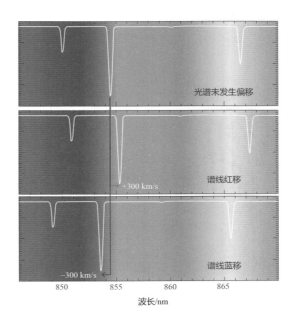

图 17.2 多普勒效应在光谱上的表现
来源：https://aa.oma.be/gaia_RV。

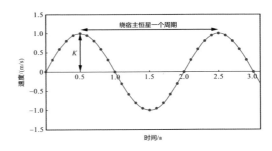

图 17.3 径向速度与公转周期

••••••••••••••••••• 知识拓展 2　系外行星研究获得诺贝尔物理学奖 •••••••••••••••••••

　　2019 年，米歇尔·马约尔（Michel Mayor）、迪迪埃·奎洛兹（Didier Queloz）和詹姆斯·皮布尔斯（James Peebles）共同荣获诺贝尔物理学奖。马约尔是瑞士日内瓦大学的荣休教授，奎洛斯现在是英国卡文迪许实验室的教授。1995 年，马约尔和奎洛斯（当时还是马约尔的学生）利用法国上普罗旺斯（Haute-Provence）天文台的数据发现了第一颗围绕系外太阳运转的系外行星。2002 年，马约尔团队还在智利安装了自行研制的高精度径向速度行星搜索器（high accuracy radial velocity planet searcher，HARPS）。2013 年，马约尔团队利用 HARPS 发现了开普勒 -78b（Kepler-78b），这是迄今为止最像地球的系外行星。

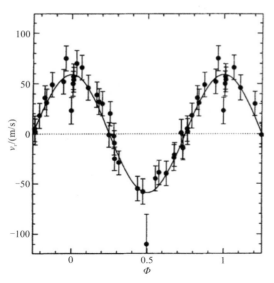

图 17.4　通过径向速度法获得的某系外行星公转周期（Mayor and Queloz，1995）

17.2.2　凌日法

　　和径向速度法一样，凌日法也是通过观察行星围绕恒星运转给恒星造成的光度变化来获得行星本身的信息。不同于径向速度法所关注的恒星光谱的红移和蓝移，凌日法关注的是恒星的亮度变化。

　　图 17.5 展示了凌日法的基本原理。当行星运行到恒星的正前方，也就是介于观察者和恒星之间的连线上时，观察者捕捉到的恒星光流量会降到最低，幅度为 ΔF。假定恒星和行星都是正球形，且从行星反射到观察者的光可以忽略不计，那么可得出

$$\Delta F \approx \left(\frac{R_{\mathrm{P}}}{R_{\mathrm{S}}}\right)^2 = k^2 \qquad （17.19）$$

式中，R_{S} 和 R_{P} 分别为恒星和行星的半径；k 是行星和恒星的半径比值。

　　如图 17.5 所示，整个凌日过程的持续时间是 t_{T}，t_{F} 表示光变曲线相对平缓的持续时间。通过一些解析表达式就可以把观察参数与行星的轨道参数联系起来。其中一个重

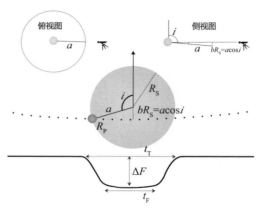

图 17.5　凌日法基本原理示意图（Deeg and Alonso，2018）

要的参数是碰撞参数（impact parameter），用 b 表示，指的是凌日期间到恒星盘中心的最小投影距离，它的表达式为

$$b \equiv \frac{a}{R_S} \cos i$$

$$= \sqrt{\frac{(1-k)^2 - \left[\dfrac{\sin^2\left(\dfrac{t_F \pi}{P}\right)}{\sin^2\left(\dfrac{t_T \pi}{P}\right)}\right](1+k)^2}{\dfrac{\cos^2\left(\dfrac{t_F \pi}{P}\right)}{\cos^2\left(\dfrac{t_T \pi}{P}\right)}}} \quad (17.20)$$

式中，a 是轨道半长轴；i 是轨道倾角；P 是公转周期；$\dfrac{a}{R_S}$ 是系统尺度，代表轨道半长轴和恒星半径的比例，它的表达式为

$$\frac{a}{R_S} = \frac{1}{\tan\left(\dfrac{t_T \pi}{P}\right)} \sqrt{(1+k)^2 - b^2} \quad (17.21)$$

根据开普勒定律，假设恒星的质量远远大于行星的质量（这个假设很合理），并假设恒星是一个正球形，就可以把 $\dfrac{a}{R_S}$ 和恒星的密度 ρ_S 联系起来：

$$\rho_S = \frac{3\pi}{GP^2}\left(\frac{a}{R_S}\right)^3 \quad (17.22)$$

上述关于凌日法的公式都是最简单的情形，它假设行星公转轨道是圆形，而且忽略了恒星光流量逐渐减少的变暗和光流量逐渐增加的变亮过程，因此实际研究中凌日法的数学推导更为复杂，在此不做介绍。另一个需要关注的问题是凌日法下系外行星的发现概率（detection probability），其表达式为

$$p_{transit} = \left(\frac{R_S \pm R_P}{a}\right)\left(\frac{1 + e\sin\omega}{1 - e^2}\right) \quad (17.23)$$

式中，e 是轨道偏心率；ω 是行星公转角动量。当凌日过程是完全凌日时，等号右边第一项的分子表达式是 $R_S - R_P$；当凌日过程

是不完全凌日（grazing transit，即掠凌）时，表达式则是 $R_S + R_P$。不完全凌日指的是没有形成光变曲线的稳定平台。典型的不完全凌日现象如图 17.6 所示。

凌日法存在一个明显的问题，那就是有些光流量降低的事件并不是凌日造成的。当然检查这种假凌日现象的手段也很简单，常用的是对一颗恒星进行重复观察。

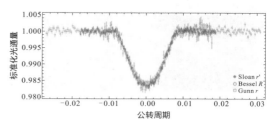

图 17.6　WASP-67b 的不完全凌日现象（Mancini et al.，2014）

17.2.3　脉冲星定时法

在恒星的演化末期，由于核反应的逐渐停止，内部辐射压逐渐降低，恒星发生引力坍塌。如果恒星的质量不够大，电子简并压力与引力达到平衡，则会形成白矮星；如果恒星的质量很大，电子会被压入原子核，中子简并压力与引力达到平衡后形成中子星。典型的中子星很小，半径只有几千米到十几千米，质量为 1 ~ 2 个太阳质量。在恒星坍塌的过程中，角动量还是要保持守恒，因此中子星的自转速度往往很快。与此同时，中子星的自转轴和磁轴一般不重合，导致电磁波只能从中子星的磁极发射出来，形成一个圆锥状的辐射区（图 17.7）。因此当中子星的电磁波束扫过地球时，地球就接收到一个脉冲，即脉冲星。对于特定的脉冲星而言，其脉冲间隔极为稳定和精确，精度甚至超过了原子钟。脉冲范围从毫秒到秒，它的周期是天文学研究中的重要工具。最早的系外行星就是 Wolszczan 和 Frail（1992）利用

脉冲星定时法（pulsar timing，图17.8）发现的，只不过这颗系外行星在脉冲星PSR B1257+12附近运转，与太阳系行星的环境完全不同。

从脉冲星的形成过程可以大体推测出它的周围不应该有行星的存在。尤其是脉

冲星PSR B1257+12，它还是一颗毫秒脉冲星，而毫秒脉冲星通常有一颗伴星，伴星的角动量会不断传递到脉冲星上。因此，通过对脉冲周期（尤其是脉冲波的到时，time of arrival）的检测，就可以反算出伴星的性质。Wolszczan 和 Frail（1992）对脉冲星PSR B1257+12 进行了连续观测和密集采样，使得可以在以天为单位的基础上分辨出实际到时和理论模型预测到时的差值。他们发现每2～3个月就会有一个脉冲周期，但是脉冲波到时的变化幅度很小，只有±3 ms。由于变化幅度实在太小，也不能用白矮星作为解释，所以其可能是一颗行星。在中子星的标准模型中，它的质量 $m_1 = 1.35\,M_\odot$，假设行星的质量为 m_2，而行星的公转周期为 P、到时变化幅度（也是半振幅）为 ∇t，那么就可以得到

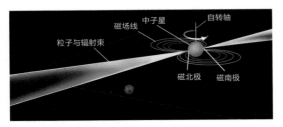

图 17.7 脉冲星定时法示意图（de Campos Souza et al.，2019）

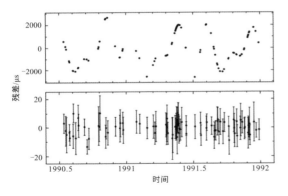

图 17.8 PSR B1257+12 脉冲星数据（Wolszczan and Frail，1992）

$$m_2\sin i \approx 21.3 M_\oplus \left(\frac{\nabla t}{1\,\mathrm{ms}}\right)\left(\frac{P}{1\,\mathrm{d}}\right)^{-\frac{2}{3}} \quad (17.24)$$

式中，$M_\oplus$ 是地球质量；$m_2 \ll m_1$。简单计算就可以发现，脉冲星PSR B1257+12 的伴星质量只有 $2\,M_\oplus$，这只能是一颗行星。利用式（17.24），大家还能发现一些更小的长周期天体，比如小行星。

知识拓展3　莱恩撤回研究成果

　　1992年1月，美国天文学会年会在亚特兰大举行，此次会议安排了两个发现系外行星的报告，一个是安德鲁·莱恩（Andrew Lyne）报告 Bailes 等在1991年的工作，另一个是 Wolszcazan 的新发现。两个报告都让人们印象深刻：第一颗系外行星居然不是在类太阳的恒星系统中发现的，而是在恒星的残留物脉冲星周围发现的。但是莱恩前来参会的目的并不只是做报告，还要把该发现撤回，因为他们意识到忽视了地球轨道偏心率，这导致脉冲星的时间残差出现了明显的半年变化，他们错把这个当成了新的系外行星的标志。现场的听众给莱恩报以持久而热烈的掌声，被他的勇气和诚实所折服。

17.2.4 直接成像法

目前发现的系外行星数目已经超过了5000颗，而利用直接成像法发现的可能只有不到30颗[①]。虽然直接成像法发现的系外行星数目不多，但是采用这个办法可以直接获得系外行星大气的信息，因此现在已知的系外行星大气信息几乎都是通过直接成像法获得的。此外，采用直接成像法发现的都是一些年轻的巨行星，质量普遍大于两个木星质量，距离宿主恒星的位置也比较远，为 $10 \sim 250$ AU。因此，直接成像法可用于观测类木行星的形成和演化过程。

直接成像法需要把微弱的行星反光从强烈的恒星光中区分出来，因此行星和恒星的光亮对比度就很重要。通常拍摄的天文图像上的点源（如一颗遥远的恒星）不是一个单点，它的光照强度分布遵循望远镜光瞳函数（telescope pupil function）的傅里叶变换。对于一个最简单的无遮挡圆形望远镜镜筒而言（图17.9），图像强度遵循艾里模式（Airy pattern），强度值 I 与最亮光度 I_0 之间的关系如下：

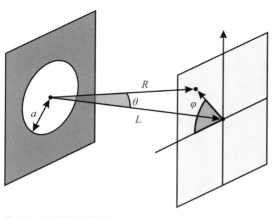

图 17.9 直接成像法原理

$$I = I_0 \left[\frac{2J_1(ka\sin\theta)}{ka\sin\theta} \right]^2 = I_0 \left[\frac{2J_1(x)}{x} \right]^2 \quad (17.25)$$

式中，θ 是角矩；a 是望远镜的有效孔径；$k = \dfrac{2\pi}{\lambda}$（$\lambda$ 是波长）代表波数；J_1 是第一类贝塞尔函数。$x = ka\sin\theta = \dfrac{2\pi a}{\lambda} \dfrac{q}{R}$，其中 R 代表望远镜到观测点的距离；q 是观测点到光轴的径向距离。艾里函数的第一个零值出现在 $1.22\dfrac{\lambda}{a}$。天空上该点源的半值全宽（full width at half-maximum，FWHM）决定了这个望远镜的衍射极限：

$$\theta('')_{\text{FWHM}} \sim 0.21 \left(\frac{\lambda}{a} \right) \quad (17.26)$$

式中，λ 的单位是 μm；a 的单位是 m。

如果在距离地球 10 pc 的地方，有一个地球大小的行星在围绕太阳大小的恒星运转，二者之间的距离是 1 AU，那么衍射角是 0.1″，哈勃空间望远镜的分辨率就足以识别距离地球 $10 \sim 20$ pc 内的系外行星。但由于可以通过多种手段来降低恒星的光亮，因此可以通过直接成像法检测更远处的恒星是否有行星伴随。压制恒星光亮的具体手段与探测的光的类型有关，一般情况下探测的要么是反射光（reflected light），要么是热发射（thermal emission）。

行星在围绕恒星运转的时候会反射恒星照射来的光。行星对恒星光的反射比例大体可以表示为

$$C_{\text{optical},\lambda} \sim A_g(\lambda)\varphi(\lambda,\alpha) \left(\frac{r_p}{a_p} \right)^2 \quad (17.27)$$

式中，r_p 是行星半径；a_p 是行星到恒星的距离；$A_g(\lambda)$ 是可见光的反照率谱；$\varphi(\lambda,\alpha)$ 是相位函数，它与相位角 α 有关（相位角指恒星、行星和观察者三者之间的角度）。$A_g(\lambda)$、$\varphi(\lambda,\alpha)$ 都和行星的大气有关。如果行星的反照率比较高，就可以用朗伯相位函数

（Lambertian phase function）来处理：

$$\varphi(\alpha) = \frac{\sin\alpha + (\pi-\alpha)\cos\alpha}{\pi} \quad (17.28)$$

因此，对于一个系外木星或系外地球而言，假定它们的反照率分别是 0.52 和 0.367，那么就可以得到两类天体对恒星光照的反射公式，表达式分别为

$$C_{\text{optical,Jupiter}} \sim 1.4\times10^{-9}\left(\frac{r_p}{r_J}\right)^2\left(\frac{5.2\ \text{AU}}{a_p}\right)^2 \quad (17.29)$$

$$C_{\text{optical,Earth}} \sim 2.1\times10^{-10}\left(\frac{r_p}{r_\oplus}\right)^2\left(\frac{1\ \text{AU}}{a_p}\right)^2 \quad (17.30)$$

式中，$r_\oplus$ 和 r_J 分别代表地球和木星的半径。如果系外恒星距离地球 10 pc，想要观测到木星，衍射角至少为 0.5″，目前的探测设备都达不到这个要求。这也是直接成像法目前只能观测比木星更大的巨行星的原因。

这一类比木星更大的行星，又叫作超木星（super-Jupiter）。随着时间流逝，超木星逐渐冷却，它的一部分重力势能会以散热的形式，也就是热发射离开行星。当一个超木星年轻时（百万年至千万年），假定它的质量是 1 ~ 10 个木星质量，直径为 2.5 ~ 3 个木星的直径，那么它的热发射的温度为 500 ~ 3000 K。随着木星的变老（如 10 亿年），超木星逐渐收缩到木星大小，热发射的温度不会超过 500 K。因此，一颗年轻的超木星的热发射谱峰值可能在近红外到中红外区，等它老了之后可能就会逐渐移动到中红外区。行星的热发射光与恒星光的比值表达式为

$$C_{\text{near infrared},\lambda} \sim \frac{F_{\lambda,p}(T,X)}{F_{\lambda,s}(T)}\left(\frac{r_p}{r_s}\right)^2 \quad (17.31)$$

式中，$F_{\lambda,p}(T,X)$ 是行星的热通量，是波长的函数；$F_{\lambda,s}(T)$ 是恒星的热通量，也是波长的函数；$C_{\text{near infrared},\lambda}$ 代表行星大气的性质，包括云层、化学成分及重力等因素。

图 17.10 的纵轴是热发射光的比值，横轴是波长。具体观测的天体是围绕宿主恒星褐矮星（G2V）运行的两颗行星，即绘架座 βb（β Pic b）和飞马座 V342（HR 8799 cde），这两颗行星都是超木星，它们的亮度是宿主恒星的 1/100000 ~ 1/1000。即便两颗系外行星的质量相当，但如果它们更老，那么它们的热发射温度就更低（对比该图的红线和绿线，蓝线和紫色线）。类地行星也有热发射过程，因此如果系外行星是一颗巨大的类地行星，也可以用这个办法来识别。

现在我们来看由直接成像法获得的系外行星图像。图 17.11 是恒星系统 HR 8799，它是一颗比较年轻的恒星，形成时间大约只有 4000 万年。这颗恒星有一个类似于柯伊伯带原行星盘的很宽的残留盘，在距离恒星 10 AU 的地方可能还有一条小行星带。图 17.11 中的 b、c、d 和 e 代表在 HR 8799 发现的行星。目前研究发现这 4 颗行星处于轨道共振的状态，b : c : d : e=1 : 2 : 4 : 8。b、c 和 d 可能与残留盘和小行星带共面，面倾角大约为 27°，e 可能不与其他 3 颗行星共面。人们最初推测这 4 颗行星的质量分别为 5 ~ 13

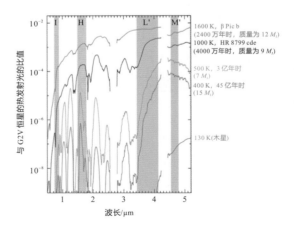

图 17.10　直接成像法中行星质量与年龄的光谱特征（Skemer et al.，2014）

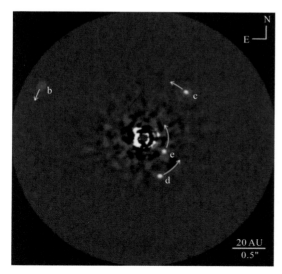

图 17.11　HR 8977 的行星系统

来源：凯克天文台和赫茨伯格（Herzberg）天体物理研究所。

个木星质量。随后的动力学研究认为 b 行星的质量等于 7 个木星质量，而剩余 3 个行星的质量也都小于 10 个木星质量。总的来看，HR 8799 就是外太阳系的放大版本。

　　早在 20 世纪 80 年代，人们就发现绘架座（β Pic）恒星系统（恒星年龄大约为 2000 万年）的边缘可能有一条原行星盘残留物组成的带，姑且也称之为小行星带（图 17.12）。这个带的展布范围很宽，距离绘架座 β 约 70 ～ 700 AU，组成物质可能是星子及大量的尘埃。2009 年，Langrange 等发现了 β Pic b 是一颗围绕绘架座 β 运行的行星，其轨道半长轴为 9 AU，人们观测到的数据覆盖了其轨道的 75%，观测数据较为翔实。β Pic b 可能造成了小行星带的包卷，可以解释过去 30 多年来观察到的小行星带大量彗星物质的蒸发现象，同时也可以解释小行星带内带比较空，即内带没有多少残余尘埃的现象。从径向速度法的数据可以计算出 β Pic b 的质量是 $9.3^{+2.5}_{-2.6}M_J$。直接成像法的数据表明这

颗行星的亮度可能比 HR 8799 的行星更高，但是也更偏红，说明这颗行星大气层中的尘埃或云层比较多。

　　波江座 51（51 Eridani）距离地球 29 pc，年龄大约也是 2000 万年。它和绘架座 β 同属于一个移动恒星团（绘架座 β 移动星群，β Pic moving group）。在距离波江座 51 约 5 ～ 80 AU 的地方有一条残余尘埃组成的带。波江座 51 b 是一颗亮度很低的行星（图 17.13），轨道距离恒星约为 13 AU，具有很强的甲烷吸收线，属于一颗矮行星。该行星的质量估算不太准确，前人基于不同数据，认为它的质量可能是 2 个木星质量，也可能是 9 个，还有人提出过可能是 11 个，最终都没有定论。该行星的大气温度可能是 700 K，没有云层，或者云层分布不广。

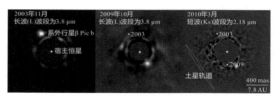

图 17.12　绘架座 β 的行星系统（Bonnefoy et al., 2011）

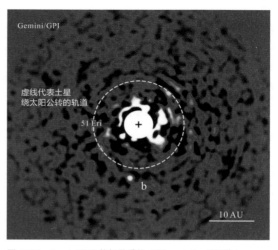

图 17.13　Gemini/GPI 的行星系统（Wang et al., 2018）

17.2.5 引力透镜法

　　和前面介绍的所有系外行星的探测方法都不一样，引力透镜法并不依赖于对遥远恒星和行星发射出的光子的探测，它探测的是一个距离地球更远的恒星发出的光被距离地球更近的一颗恒星的引力所扰动的情况。其基本原理如图 17.14 所示。以地球为观测点，当地球、一颗离地球较近的恒星和一颗离地球较远的恒星三点一线时，就会出现类似的掩星现象。中间那颗离地球比较近的恒星充当了放大镜，会让地球上的观测者观察到离地球更远的恒星发出的光有一个突然变亮的过程。如果离地球较近的恒星有一颗行星，

它就有可能继续放大远处恒星的亮度，形成一个小突刺。这就是引力透镜的基本原理。从上述简单的描述中大家可以发现，这种三点一线的情形不像其他方法，这是一种偶然的情况，无法预测。因此恒星越密集的地方，三点一线的情形可能就越多。这样的地方靠近银河系的中心。这个方法对发现小质量行星可能很有效。

　　引力透镜法的基本几何框架如图 17.15 所示。假设距离地球比较远的光源星 S 到地球的距离为 $D_{source,s}$，距离地球比较近的恒星 L 到地球的距离为 $D_{lense,l}$。从光源星 S 发出的光线因为透镜星 L 的引力而发生弯曲的角度为 $\hat{\alpha}_d$。在没有透镜效应的情况下，光源

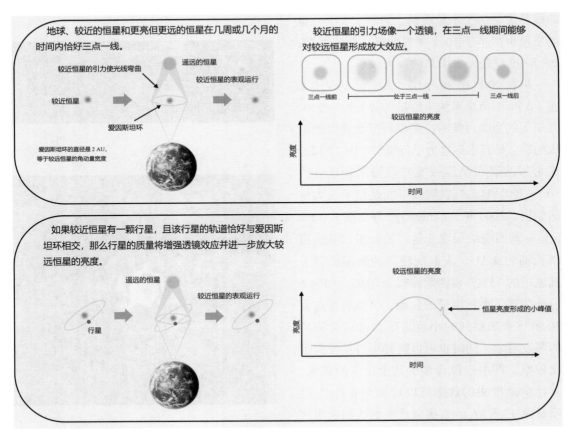

图 17.14　引力透镜法原理
来源：https://www.eurekalert.org/multimedia/778142。

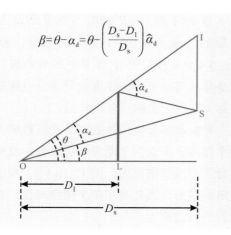

$$\beta = \theta - \alpha_d = \theta - \left(\frac{D_s - D_l}{D_s}\right)\hat{\alpha}_d$$

图 17.15　引力透镜法的几何框架（Gaudi，2012）

星 S 与透镜星 L 之间的角矩是 β，光源星 S 的角位置为 θ，总偏转角为 α_d，β 和 θ 之间的关系为

$$\beta = \theta - \alpha_d \qquad (17.32)$$

利用小角近似，可以得到

$$\hat{\alpha}_d(D_s - D_l) = \alpha_d D_s \qquad (17.33)$$

根据广义相对论，光线弯曲的角度和光线行走的距离 $\boldsymbol{b}$ 及透镜星的质量 M 之间的关系为

$$\hat{\alpha}_d = \frac{4GM}{|\boldsymbol{b}|^2 c^2}\boldsymbol{b} \qquad (17.34)$$

在只有一个透镜星的体系中，将透镜星作为坐标系的原点。光源星、透镜星和地球的相对位置不会发生变化，因此可以不考虑向量。同时，θ 的正值表示光源星和透镜星在同一侧。因此，可以把式（17.34）简化为

$$\beta = \theta - \frac{4GM}{c^2 D_{rel}\theta} \qquad (17.35)$$

式中，D_{rel} 为光源星和透镜星之间的相对距离，表达式为

$$D_{rel} \equiv \frac{D_s D_l}{D_s - D_l} \qquad (17.36)$$

如果三者恰好一线，那么 $\beta = 0$，则光源星被成像为一个具有角半径的环，即

$$\theta_E \equiv \left(\frac{4GM}{c^2 D_{rel}\theta}\right)^{\frac{1}{2}} \qquad (17.37)$$

式中，θ_E 是爱因斯坦环角半径，它定义了透镜放大的尺度。式（17.37）有几种形式，其中一种为

$$\theta_E = \left(\frac{2R_{Sch}}{D_{rel}}\right)^{\frac{1}{2}} \qquad (17.38)$$

式中，R_{Sch} 是透镜星的施瓦西半径（Schwarzchild radius），其表达式为

$$R_{Sch} = \frac{2GM}{c^2} \qquad (17.39)$$

施瓦西半径是广义相对论中的一个重要概念。可以这样理解这个概念的物理意义：黑洞具有强大的重力场，如果物体离黑洞太近，那么它就会被黑洞的引力控制，无法逃逸。施瓦西半径就是用来衡量"太近"的尺度。在施瓦西半径之内，即使物体的加速度接近光速，也无法逃出黑洞；在施瓦西半径之外，物体就可以逃出黑洞的重力场。因此，以施瓦西半径形成一个球面，就可以把时空分成两个区域，球面就是事件视界（event horizon）。根据式（17.39）可以算出太阳的施瓦西半径是 3 km，也就是说如果一个黑洞的质量与太阳相等，那么要想不被黑洞吸入，就得距离它至少 3 km。

式（17.37）的另外一个表达式为

$$\theta_E = (\kappa M \pi_{rel})^{\frac{1}{2}} \qquad (17.40)$$

式中，π_{rel} 为透镜星 - 光源星的相对视差，表达式为

$$\pi_{rel} = \frac{AU}{D_{rel}} \qquad (17.41)$$

式中，AU 代表地球到太阳的距离。

κ 是一个常数：

$$\kappa = \frac{4G}{c^2 AU} = 8.144\ \text{mas}M_\odot^{-1} \qquad (17.42)$$

式中，mas 为 milliarcsecond（毫角秒）。

式（17.38）～式（17.42）有些难度，

此处介绍是为了方便大家阅读文献时使用，本课程不做要求。回到式（17.35），为了让它变得更简洁，需要做一些小变换——让所有的角都除以 θ_E，并定义：

$$u = \frac{\beta}{\theta_E}, \quad y = \frac{\theta}{\theta_E} \quad （17.43）$$

那么式（17.35）就可以变为

$$u = y - y^{-1} \quad （17.44）$$

解出 y：

$$y_{\pm} = \pm\frac{1}{2}(\sqrt{u^2 + 4} \pm u) \quad （17.45）$$

在绝大多数情况下，光源星、透镜星和地球都不在一条绝对直线上，即 $u \neq 0$，因此一颗透镜星可以产生两个图像 [图 17.16（a）]。当 y 为正解时，正解 [又称为主图（major image）或者最小图（minimum image）] 位于光源星和透镜星的同一侧且位于爱因斯坦环之外，即 $y_+ > 1$；负解 [又称为副图（minor image）或者马鞍图（saddle image）] 位于光源星和透镜星的对侧且位于爱因斯坦环之内，即 $|y_-| < 1$。在天空中，正解和负解之间的角矩为

$$\Delta\theta = |y_+ - y_-|\theta_E = \theta_E(u^2 + 4)^{\frac{1}{2}} \quad （17.46）$$

当 $u \ll 1$ 时，$\Delta\theta \leq 2\theta_E$。通常情况下透镜星的质量为 $0.1 \sim 1$ 个太阳质量，D_1 为 $1 \sim 7$ kpc（秒差距），于是正解和负解只能在毫角秒甚至更小的尺度上分开，也就是说实际上这两个图像是分不开的。

光源星的光线经过透镜星之后被放大成两个图像，而这两个图像无法区分，以至于重合，形成双倍放大。图 17.16（b）所示为正解的情形，因此对于单个图像来说，放大倍数的表达式为

$$A_{\pm} = \left|\frac{y_{\pm}}{u}\frac{dy_{\pm}}{du}\right| = \frac{1}{2}\left[\frac{u^2 + 2}{u\sqrt{u^2 + 4}} \pm 1\right] \quad （17.47）$$

正解和负解叠加（实际上是光波的叠加），则总的放大倍数为

$$A(u) = \frac{u^2 + 2}{u\sqrt{u^2 + 4}} \quad （17.48）$$

从图 17.16（b）和式（17.48）中可以发现，当 $u = 0$ 时，放大倍数开始离散，其物理意义就是单个透镜星的焦散（caustic）。

由于观察者、透镜星和光源星都处在相对运动中，光源星和透镜星的角矩（angular separation）是时间的函数，而角矩决定了放大倍数，因此放大倍数也是

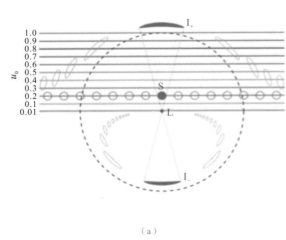

（a）

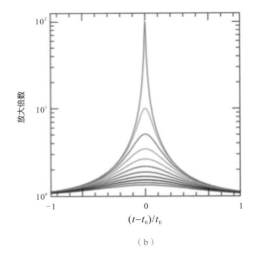

（b）

图 17.16　引力透镜法的正解与负解（Gaudi，2012）

图（a）的虚线圆代表爱因斯坦环，椭圆形代表成像

时间的函数。在最简单的情形下，光源星和透镜星的相对自行（relative proper motion；μ_{rel}）在事件发生的时间上可以被看作一个常数。也就是说，当透镜星、光源星及观察者的投影加速度都很小时，光源星相对于透镜星的轨迹可以假定为一条直线：

$$u(t) = (\tau^2 + u_0^2)^{\frac{1}{2}} \tag{17.49}$$

式中，

$$\tau \equiv \frac{t - t_0}{t_E}, t_E \equiv \frac{\theta_E}{\mu_{\text{rel}}} \tag{17.50}$$

式中，t_0 代表最近的三者一线时刻，此时 $u = u_0$［u_0 代表引力透镜事件的碰撞参数（impact parameter）］，也就是放大倍数最大的时候；t_E 是切割爱因斯坦环的时间。

单个透镜星的放大倍数随时间变化的关系也可以在图 17.16（b）中观察，放大倍数是 u_0、t_0 和 t_E 的函数。

在星系核球（galactic bulge）处发生的引力透镜事件持续时间是 1 个月左右：

$$t_E \cong 24.8\,\text{d} \left(\frac{M}{0.5\,M_\odot} \right)^{\frac{1}{2}}$$

$$\times \left(\frac{\pi_{\text{rel}}}{125\,\mu\text{as}} \right)^{\frac{1}{2}} \left(\frac{\mu_{\text{rel}}}{10.5\,\text{mas}\cdot\text{a}^{-1}} \right)^{-1} \tag{17.51}$$

但实际上由于透镜星的质量和距离，以及光源星和透镜星的速度等因素，引力透镜事件的时长可以从几天到几年。最后了解一下引力透镜事件发生的概率：

$$\Gamma = \frac{2}{\pi} \frac{\tau}{t_E} \tag{17.52}$$

由式（17.52）可知，由于星系核球处发生的引力透镜事件持续时间为 1 个月左右，因此引力透镜事件发生的概率为每十万年发生一次。概率极低，如果再叠加其他因素，引力透镜事件发生的概率就更低了。

至此，我们大体了解了单个透镜星的基本物理原理。实际的引力透镜法十分复杂，这里不再介绍。引力透镜法对探测雪线（snow line）的位置十分灵敏，而对探测宿主恒星的宜居带范围则相对不灵敏。引力透镜法还适合用来探测自由飘荡的系外行星（free-floating exoplanet）及小质量的系外行星。但这个方法的劣势在于，除了引力透镜事件发生的概率很小及不可预测之外，还不能获得宿主恒星和行星的其他信息。

本节较为全面地讲解了目前最常用的发现系外行星的五种方法，这五种方法各有优劣，需要结合起来使用。人们还在不断提升现有方法的探测性能，如未来的暗物质探测器也可以用来探测系外行星。与此同时，人们也在开发新的方法。现在系外行星研究的重点一方面在于发现更多的系外行星，另一方面则是关注系外行星本身的性质和它们的宜居性。

本节的公式推导较多，需要大家耐心学习，如果不懂也没关系，因为这些推导中涉及特别多高等物理知识，等到学习了广义相对论之后再了解这些公式可能会轻松很多。需要注意的是，本节呈现的公式大多数是结论性质的公式，中间的推导过程并不详细，感兴趣的读者可以自行阅读相关材料。

17.3　系外行星的大气

在前面的章节中，我们已经知道行星大气是研究行星过程的最主要手段。这个结论不仅对太阳系的大气适用，也适用于系外行星的研究。目前发现的数千个系外行星

的表面温度为 $200 \sim 4000$ K，半径相当于 $0.52\,R_{\oplus}$，质量相当于 $110^4\,M_{\oplus}$，因此可以推测系外行星的大气成分和热结构差别很大。系外行星大气也是研究系外行星形成和演化的最佳实验室。前面介绍了系外行星的探测手段——凌日法、径向速度法和直接成像法，其中凌日法和径向速度法对于观察离宿主恒星比较近的行星大气比较有效，直接成像法则对公转轨道比较大的行星更加有效。

17.3.1　凌日法获得的大气

从获得的系外行星大气信息的数量及其所包含的内容来看，凌日法是最成功的手段。采用凌日法时可通过三种组态（configuration）来研究行星的大气：第一，行星经过宿主恒星正前方时［即发生主日食（primary eclipse）时］形成的透射光谱；第二，行星经过宿主恒星后方时（即发生次日食时）形成的反射光谱；第三，行星处于主日食和次日食之间时形成的相变曲线。在主日食时，恒星的光线穿过行星大气层的晨昏交界线，所观测到的光谱现象是行星大气的吸收光谱与恒星光谱叠加。与此相反，次日食时获得的行星大气光谱可以用来代表恒星光谱。将这两种光谱叠加，再剔除恒星的光谱，就可以获得行星大气的光谱。此外，行星的相变曲线也能提供行星凌日不同阶段的光谱信息。这三种信息是互补的，能够让我们获得比较完整的行星大气信息。

透射光谱测量的是与光线传播方向垂直的大气层的厚度。不同的光谱区域可以提供有关系外行星大气不同的化学信息。行星大气中存在的分子可能包括 H_2O、CO、CH_4、CO_2、HCN 和 TiO/VO 等，这些成分在红外和

可见光谱区有明显的吸收特征，因此可以通过透射光谱来确定它们的存在（图 17.17）。除此之外，碱金属在可见光波段的吸收特征也很明显。透射光谱对大气中的散射现象很灵敏，因此可以用透射光谱中的瑞利散射（Rayleigh scattering；小颗粒）和米氏散射（Mie scattering；大颗粒）来研究系外行星大气中的云雾现象。如果系外行星具有电离层，那么还会在紫外光波段观测到明显的吸收现象。透射光谱吸收峰的形状和幅度不仅受控于大气的化学成分，还与大气的热结构有关，因此除了化学信息之外，还可以通过凌日法获得系外行星大气的热结构。

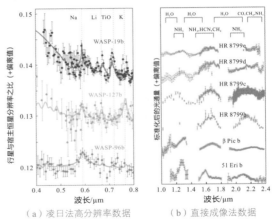

（a）凌日法高分辨率数据　　（b）直接成像法数据

图 17.17　地面望远镜获得的系外行星大气信息（Madhusudhan，2019）

17.3.2　径向速度法获得的大气

径向速度法对研究热木星的大气成分较为有效。由于这个方法对多普勒望远镜的相分辨率要求很高，且地基多普勒望远镜获得的多普勒光谱也是多光谱的混合物，其来源包括地球大气层自身、系外行星及系外恒星等，因此，在实际工作中要剔除地球大气和系外恒星的影响。对于系外行星大气而言，有两个参数最为关键，即系外行星径向速度

的最大半振幅和系统的镜像速度。通过对这两个参数的处理，可以获得系外行星大气的成分信息。绘架座 β b 大气中的 CO 就是通过这个办法获得的，虽然它是一颗离宿主恒星较远的行星。

17.3.3　直接成像法获得的大气

直接成像法获得大气信息的原理很简单，但要求却很高。例如，某颗恒星距离地球 10 pc，有一颗木星围绕它运转，要识别木星大气的信息，近红外波段行星和恒星的光流量比值至少需要达到 10^{-7}。对于年轻的系外恒星而言，通常情况下光流量比值接近 10^{-4}，因此可以用直接成像法来研究系外行星大气。直接成像法对光谱的使用和凌日法是一样的。但是和凌日法可以获得行星的直径及质量不同，直接成像法无法获得行星的重力场信息，所以直接成像法在获得行星大气化学成分的时候会受到一些影响。即便如此，如图 17.17 所示，也能从直接成像法中获得行星大气中 CO、CO_2 和 CH_4 等的成分信息。

17.3.4　系外行星大气的理论研究

除了上述观测方面的研究之外，还可以对系外行星大气进行理论模拟和模型反演。这方面的工作大概可以分为三类：正向光谱建模（forward spectral modeling）、反演和大气理论。实际上，在获得系外行星的光谱信息之前，也需要进行正向光谱建模。我们可以假定行星大气中的成分及热结构，生成理论光谱。一旦获得观测光谱就可以和理论光谱进行对比，进而获得更为准确的信息。除了这些信息之外，大气理论考虑的因素更多，不仅需要考虑大气的物理和化学过程，还需要考虑大气环流、云雾、大气逃逸及热结构等。

17.3.5　系外行星大气的特征

利用上述研究手段，就可以获得系外行星大气的组成成分、相对含量、热结构和大气动力学等信息。前面的章节中已经提到可以获得的大气成分的种类比较多，不仅有分子形式的成分，还有原子和离子形式的成分。

除了可以获得组分种类的信息之外，我们还可以获得成分含量的信息。不过从光谱中识别出存在的化学成分的种类后，要确定它们在大气中的比重依然是一件比较困难的事情。径向速度法对大气成分中的含量并不敏感，可以通过凌日法的透射光谱和发射光谱来获得大气中各组分的比重，但是即便对于凌日法，也需要覆盖很宽的光谱范围和极高的分辨率。尤其是在透射光谱中，需要从近红外到可见光的光谱范围数据来提取化学组分含量和云雾性质的信息。目前来说，对系外行星大气中水含量的估算最为准确（图 17.18）。总体而言，绝大多数系外行星大气层中的水含量要比太阳系低，目前还不太确定这种情

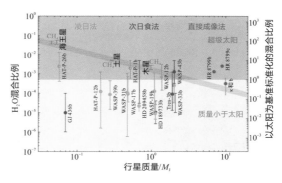

图 17.18　系外行星大气中的水（Madhusudhan，2019）

况代表的含义。也有一些系外行星的水含量高于太阳系。但不管水含量比太阳系高还是低，误差都很大，需要更加准确地测定。

系外行星大气中的云雾信息表现在光谱上有两个特征：重要化学组成物质的光谱线比较柔和（被压宽了），以及光谱斜率偏离瑞利散射。现在观测到的较冷的超级地球和较热的类木行星的大气层中 H_2O 的吸收谱线深度都达不到理论预测值，这可能意味着这些系外行星的大气层中存在水云。

总之，我们对系外行星大气的了解比较粗浅，现阶段能做到的就是测出系外行星大气的主要成分，但是每个成分的含量依然难以确定，要获得云雾的化学和物理性质则更困难。

17.4   系外行星的宜居性

和探测太阳系内天体一样，探测系外行星的一个重要目的也是关注系外行星是否存在生命或者是否具有适合生命生存的环境。从图17.19可以看出，影响宜居性（habitability）的因素十分复杂，包括恒星本身的一些重要物理特征、行星所处的空间环境特征及行星本身从内到外的各种因素。对于系外行星而言，能确定的因素更少，因此我们需要关注最重要的概念，即宜居带（habitable zone）。

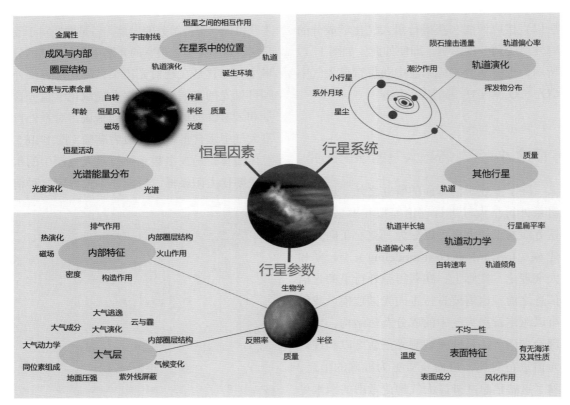

图 17.19   影响系外行星宜居性的因素（Kopparapu et al.，2020）

17.4.1 系外行星宜居带的概念

宜居带是一个距离范围，它指恒星的某个距离范围内，行星表面温度比较适宜，表面水可以以液态（liquid）的形式存在。地球上所有的生命都需要液态水，因此自然而然地要求恒星宜居带有液态水存在。由于行星大气层的气候变化主要受控于宿主恒星的热量输入，而大气的热量状况决定了水的存在形式，因此宜居带的定义是通过行星到恒星的距离来确定的。质量较小的恒星的宜居带离恒星比较近，质量较大的恒星的宜居带离恒星比较远。20 世纪初人们在对比地球和火星的气候时，提出了宜居带这个概念。随后人们意识到碳酸盐 - 硅酸盐矿物的循环是维持气候稳定的一种重要机制，而碳酸盐（其岩石形式是石灰岩）的形成则需要表面液态水的存在。1993 年，Kasting 等首先提出了系外行星的宜居带，认为太阳系的宜居带在金星和火星之间。现在关于系外行星宜居性的讨论依然聚焦在主序恒星的类地行星上，这也是我们接下来介绍的重点。

事实上，即便一颗行星处于宜居带，也不代表它真的就适合生命诞生和生存，金星就是一个明显的例子。利用现在对系外行星的研究手段，很容易得出"类似于金星的系外行星可能存在生命"这个推论，但是金星的大气层有太多温室气体，大气的温度高达 700 K，根本不适合液态水的存在，也不太可能有生命（有人从磷化氢的角度认为金星有生命的迹象，但还有待查证）。如果非要给系外行星的宜居性下一个结论，那么只能说：一切皆有可能。

现在人们探测到的系外行星非常多样，它们的形成过程和轨道演化历史也完全不同。因此，这种多样性也使得它们的大气组成可能千变万化，我们需要对之前关于宜居带的定义做相应的修改。传统的研究把宜居带和液态水相关联，因此在实际工作中，寻找生命就是寻找液态水。现在人们逐渐意识到有水对生命当然极为有利，但无水未必就一定没有生命。目前之所以在系外行星的探索中仍然关注水，是因为水比较好探测。

对于太阳系而言，地球不冷不热，表面液态水恰好可以稳定存在。金星离太阳更近，接收到的太阳辐射比地球多接近一倍，可能在金星形成的最早期表面也有液态水。我们可以从金星大气层的 D/H 值来思考这个问题。现在金星大气层的 D/H 值很高，假定金星的组成部分和太阳接近，那么就只能说明金星的大气丢失了更多的 H（相对于 D 而言）。H 是怎么丢失的呢？首先，金星表面的高温不断把液态水 H_2O 变成气态水，然后气态水通过光解反应形成氢离子，氢离子最后通过大气逃逸，不断逃离金星。你可能会想，D_2O 也可以丢失。但是氘比氢更重，光解 D_2O 需要的能量要远高于 H_2O，因此 D_2O 丢失得比 H_2O 慢。这种效应逐渐形成一个正反馈，促使金星大气进入失控温室效应（runaway green house effect）状态，最后将金星表面的液态水全部丢失到太空中。相比而言，火星离太阳远得多，不至于形成失控温室效应，表面存在过周期性的海洋，但是火星太小，在太阳辐射的作用下大气迅速丢失，以至于表面的液态水一部分丢失，一部分变成了固态的冰，连二氧化碳都变成了干冰。因此，从金星和火星的角度来看，行星宜居带内边界的物理和化学条件应该是失控温室效应丢失水，外边界应该是二氧化碳冷凝成干冰。

对于系外行星而言，我们没有办法直接研究它们表面的液态水。因此，可以用系外行星大气中的水蒸气来作为替代指标。人们在凌日法观测到的热木星的大气中探测到了水蒸气，但热木星的表面温度太高，可能也没有液态水。值得一提的是，只要系外行星足够大或者足够冷，大气中都有可能有水蒸气。但是，探测手段的分辨率还不够高，人们还没有获得系外类地行星表面的大气信息。因此，目前只能退而求其次，关注恒星的宜居带，这样至少可以缩小探测系外行星生命的范围，从大海捞针变成从"南海捞针"。

17.4.2 系外行星宜居带的控制因素

如果把液态水作为系外行星宜居性的指标，那么什么样的行星是宜居的呢？这就需要考虑液态水可以存在的温度和压力范围。恒星的类型不同，行星的大小、质量及它们到恒星的距离不同，因此系外行星大气的化学组成、温度和压力也不同，如果把水的相图（图 17.20）和行星表面的状态联系起来，就可以大体得出一个结论：即便一个系外行星的表面大气压力比地球高 1000 倍，只要它的表面温度足够高，液态水就能在其表面稳定存在。行星表面的温度是多少才适合生

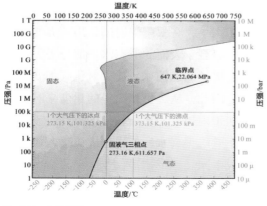

图 17.20　水的相图

命存在呢？一个武断的标准是：下限是液态水的结晶温度，上限是液态水变成超临界态的温度（647 K）。需要说明的是，这个上限温度并不准确，因为对水的高温高压相图研究得还不够彻底，因此还需要考虑系外行星大气成分的多样性。

系外行星的表面温度高低取决于它有无温室效应。温室气体吸收恒星热量的同时，也会重新向太空辐射能量。对于地球，最主要的温室气体是 CO_2，但是我们不知道系外行星的主要温室气体是什么，因为我们无法确定其大气成分的含量。本着"有比没有好"的精神，我们暂时总结一下温室气体对系外行星大气的控制作用。从本质上讲，行星的大气是内因和外因共同作用的产物，内因是行星内部的排气作用（如地球和金星上的火山）；外因是行星吸积的恒星原始星云气体。对于类地行星而言，早期吸积的星云气体（原始大气）可能会很快消散在太空中，后来的大气来源主要是内部火山作用和外部小行星和彗星撞击，我们称这种大气为次生大气（secondary atmosphere）。次生大气形成以后，行星表面的物理和化学过程还是会不断改变大气的成分和大气层的结构。从上面的描述来看，似乎大气的演化过程也不复杂，但是一讨论细节则困难重重。例如，行星的大气逃逸与恒星的紫外线强度有关，也和行星的磁场演化有关。通常情况下，我们既不知道某个宿主恒星过去的紫外线强度，也不知道具体恒星的磁场演化历史。再如，对于地球而言，板块运动和火山作用是控制地球大气演化的关键因素，但是系外行星上是否有板块运动不得而知，尤其是考虑到超级类地行星的质量比地球大得多。其他更为细节的过程包括大气的湿度、海洋的 CO_2 溶解度、

行星表面和内部的氧化还原状态及重力场等。此外，宿主恒星也有影响，影响因素真是一串又一串。总之，这些因素我们知之甚少，只能留在将来慢慢研究。

17.4.3 系外行星宜居带概念的扩展

虽然我们知道得很少，但是依然可以讨论系外行星大气中的温室气体。如果考虑行星距离宿主恒星的远近，则最重要的温室气体是氢气（H_2）。从行星的形成理论来看，绝大多数行星的大气层中都应该有氢气或氢气 - 氦气混合物。如果类地行星的质量太小，它的引力场就不能保住这些气体，但是目前探测到的系外行星的质量普遍很大，其大气层中必然有可观的氢气存在。和其他温室气体相比，氢气对恒星辐射的吸收可以覆盖很宽的连续太阳光谱。理论上，氢分子通常没有偶极矩，因此它不具备吸收红外波所需的典型的旋转振动（rotational vibration）。但是，如果大气的压强很大，分子间的相互碰撞就会十分频繁，频繁的相互碰撞会让氢分子形成偶极矩，使得氢分子可以吸收较宽的连续太阳光谱。此外，气态氢分子凝结成液态所需的温度极低，在 $100 \sim 1000$ kPa 的大气压下气态和液态氢的临界温度约为 10 K。而在同样的压力条件下，CO_2 的液态临界温度是 $190 \sim 250$ K。所以，氢气可以作为系外行星大气的主要成分而广泛存在。一个以氢气为主要大气成分的系外行星保有液态水的温度和压力条件要比以 CO_2 为主要温室气体的行星宽泛得多。或许，那些脱离了宿主恒星引力的自由游荡的行星表面也还有液态水。

行星宜居带内边界的确定还是需要考虑水蒸气作为温室气体。行星的宜居性不能一概而论，必须逐个讨论。如果宿主恒星类似于太阳，那么宜居带的内边界是 0.5 AU（类地行星），外边界是 10 AU（有氢气作为大气层的行星）。其中还暗含很多假设。那该如何分析特定行星的宜居性呢？首先，可以通过行星的直径和质量来计算行星的密度，通过行星的密度（也就是重力场）可以知道哪些行星可能有一个大气层。其次，结合恒星的亮度及行星和恒星之间的距离，还要充分考虑行星的内部状态，来评估行星表面是否可以存在液态水。如果某个行星满足上述标准，接下来就要详细研究这颗行星的光谱信息，从而了解它的大气层中是否存在水分子的信号。这个流程是不是挺简单清晰的？问题是，有时候我们知道某个行星的直径，但却不知道它的质量；有时候我们知道它的质量，但又不知道它的大小。总之，要确认系外行星的宜居性，难度很大。

17.4.4 系外行星大气中的生命信号

我们之所以千方百计研究宜居带，是为了进一步确定生命特征气体（biosignature gases）信号。具体到系外行星，就是系外行星中那些由生命过程形成的大气分子。如果大气中的某个分子既可以是大气化学过程的产物，也可以是生命过程的产物，那怎么确定这个分子是生命过程产生的呢？人们以热化学平衡反应为标准，如果大气中某个分子的含量超过了大气热化学平衡反应所能产生的量，那么它就有可能是生命过程的产物。

我们能够从系外行星的大气里检测到哪些生命特征气体呢？很明显并不是所有生命特征气体，首先该气体的含量必须很高，其

知识扩展 4   碳基生物还是硅基生物？

硅和碳属于同一主族，二者化学性质类似，硅也可以形成较复杂的化学物并承载一定的生物信息，因此人们一直推测是否存在以 Si 为基础的生命。由碳组成的有机物具有的优势是碳可以形成长链和复杂化合物，并具有优良的亲水性和亲油性。和碳相比，硅的缺点十分明显。例如，硅只能与特定元素形成化学键，而生命过程需要多种化学键；碳可与 H、N、O、S、P、Fe、Mg、Zn 和 Cu 等组成有机官能团，而在常温下，Si 只有与 O 等形成化学键较为容易。此外，硅与其他元素结合时只能形成单键，而不能像碳那样形成双键。目前从星际物质中发现的绝大多数分子都是碳基分子，只有极少数是硅基分子。但是这并不能说明以硅为主就无法具有生命活性。例如，硅烷是一种非常亲水的化合物，长链硅烷在富含硫酸的环境中比碳氢化合物更加稳定。金星的表面有大量硫酸，其他系外行星肯定也有类似的环境。地球上一些生物也能利用硅，如硅藻的骨架就是硅酸盐。

次它必须是全球分布的。如果把地球看作一个系外行星，那么能检测到的生命特征气体就是 O_2（及它的光化学产物 O_3）、CH_4 和 CO_2 等（图 17.21）。但是地球上的微生物不仅种类繁多，而且数量很大，它们并不一定都产生 CO_2 作为生命特征气体。因此，CH_3SH、CH_3Cl 甚至单质硫气体也能算作生命信号。

我们再广泛考虑，如果恒星的紫外线辐射比太阳的低，那么它的行星的大气层中的生命特征气体信号就会更强，这是因为紫外线会导致羟基从母分子上断离，缩短大气中该母分子的存在时间，因此也就降低了大气中该分子的浓度。我们需要时刻记住，有些生命特征气体信号是"假正值"（假阳性），因为绝大部分生命特征气体都可以通过非生命过程产生。例如，失控温室气体效应也会提高大气中 O_2 的浓度，但这和生命关系不大。因此，研究单个的生命特征气体分子还不够，还需要结合其他气体分子来进一步分辨。

17.4.5   如何寻找一个宜居的系外行星

我们已经粗略讨论了宜居带的概念、宜居带的影响因素及探测指标，接下来讨论如何探测宜居星球。

第一个办法是直接成像法。前文已经详细介绍了直接成像法，这里需要注意：最

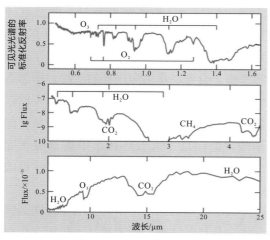

图 17.21   地球作为系外行星在光谱中的生命特征气体（Seager, 2013）

重要的影响因素是行星到恒星的距离，而不是行星和恒星的亮度差异。虽然太阳这样的恒星比 M 恒星亮得多，但是 M 恒星与其行星之间的角矩太小，因此探测 M 恒星的行星大气的难度更大。从技术本身来考虑，太空望远镜比地面望远镜更好，前者一方面可以避免地球大气层的散射现象，另一方面可以避免地球大气层中的生命特征气体信号干扰。此前很多旨在发现系外类地行星的太空望远镜计划都被推迟或取消了，然而目前来看，还是需要通过太空望远镜来研究这一领域，尤其要考虑调整这类望远镜的力学和工程属性以专门探测系外类地行星。

第二个办法是凌日法。这个办法的问题是凌日发生的偶然性，以及恒星光和行星大气光的叠加。我们提到过，在亮度不高的恒星系统中，行星大气中的生命特征气体含量可能会很高，因此未来的方案应该聚焦在亮度较低的恒星（如 M 恒星）上，专门观测凌日中的行星，估计这是最有可能发现宜居行星的手段。

现在的问题是，首先要发现足够多的行星可能有生命信号，然后才能对行星逐个展开研究。虽然现在发现的系外行星数目已经很多，但是被认为可能有生命信号的还很少。现在人们认为宜居性比较高的系外行星包括 Kepler-22、Kepler-62 ef、Gliese 581 g、Gliese 667C c、Gliese 163 c、Gliese 581 d、Tau Ceti e 和 HD 40307 d 等。

17.5　系外行星的分类与统计

系外行星与其宿主恒星之间的距离是影响系外行星可被探测性和大气成分等的关键因素。现在发现的系外行星数目已经超过 5000 颗，数量已经足够多，那是如何对它们进行分类的呢？

一个直观的感受是行星的大小和它的气体含量有关。巨行星的大气成分主要是氢气和氦气，小质量行星的大气成分主要是 CH_4、CO_2、H_2O 和 NH_3。表面温度较高的行星的大气成分应该是化学平衡反应的产物，而表面温度较低的行星的大气成分则主要受光化学反应和大气冷凝过程的控制。大气中气体组分和凝结组分的化学行为是温度、压力和大气金属丰度（metallicity，大气中比 H 和 He 更重的元素的含量）的函数。在研究大气成分的模型中，一般假定行星的整体成分类似于太阳，通常关注 ZnS、H_2O、CO_2 和 CH_4 在不同温度和压力下的存在形式。另一个需要关注的因素是恒星向行星输入的能量。

前人研究发现，热木星的大气中可能存在 ZnS 气体分子，因此我们把它作为系外行星分类的第一个边界。如果行星离恒星稍远一些，恒星对行星大气输入的热量便逐渐减少，H_2O 就是第二个从大气中凝结出来的物质，因此我们把 H_2O 作为第二个边界指标。随着行星离恒星越来越遥远，CO_2 和 CH_4 会相继从大气中凝结出来，它们就是系外行星分类方案的第三个边界指标。这种分类方案有一个好处，它不依赖于大气模型，适用于达到了大气化学平衡的任何体系。

根据上述标准，我们可以考虑 6 种不同体量的行星：$0.5\,R_{\oplus}$、$1.0\,R_{\oplus}$、$1.75\,R_{\oplus}$、$3.5\,R_{\oplus}$、$6.0\,R_{\oplus}$ 和 $14.3\,R_{\oplus}$。$0.5\,R_{\oplus}$ 是行星保有大气层的质量下限，$1.0\sim1.75\,R_{\oplus}$ 是超级地球（super Earth），$1.75\sim3.5\,R_{\oplus}$ 是次海王星

（sub Neptune），3.5～6.0 $R_\oplus$ 是海王星（Neptune），6.0～14.3 $R_\oplus$ 是超级木星（super Jupiter）。图 17.22 显示的是在两种行星体量（0.5 $R_\oplus$ 和 14.3 $R_\oplus$）和两种恒星入射通量（incident stellar fluxes；0.004 $I_\oplus$ 和 220 $I_\oplus$）下获得的系外行星大气中 ZnS、H_2O、CO_2 和 CH_4 随温度和压力的变化关系。从该图可以看出，对于热木星（14.3 $R_\oplus$）而言，如果它的恒星入射通量是地球的 220 倍，那么 ZnS 会在大气压力为 1000 Pa 的时候开始凝结；对于小行星（0.5 $R_\oplus$）而言，如果它的恒星入射通量是地球的 1/280，那么 CH_4 会从大气中凝结出来。

如图 17.23 所示，根据恒星入射通量可以将系外行星分为很细的类；与此同时，还可以根据行星的公转周期来进行分类（图 17.24）。但是无论如何，系外行星的大体分类方案是类似的。从图 17.24 的统计中可以看到，目前发现的系外行星和地球都不像，将来探索发现的应该是公转周期和半径接近地球的天体。我们之所以讨论系外行星的分

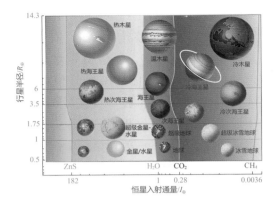

图 17.23　基于恒星入射通量和行星半径的系外行星分类（Kopparapu et al.，2020）

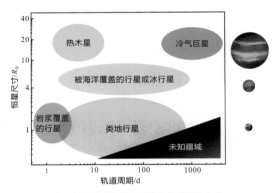

图 17.24　基于恒星尺寸和系外行星公转周期的分类

类和统计，是因为这有助于我们学习后一章节的内容，即系外行星的特征，这能帮助我们建立更为普适和完善的系外行星理论。

和太阳系相比，我们对系外行星的了解特别少，对绝大多数参数和结论都不确定。将来应该发射更为先进的太空望远镜来进一步推进对系外行星宜居性的研究。当然，即便找到一颗和地球极为类似的系外行星，也不能移民过去。但是我们可以通过对系外行星的探测和研究来加深对太阳系行星形成和演化的认识。

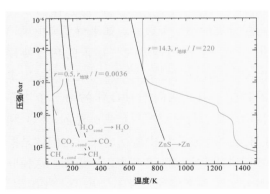

图 17.22　系外行星大气中 ZnS、H_2O、CO_2 和 CH_4 随温度和压力的变化关系图（Kopparapu et al.，2018）

• 习题与思考 •

（1）计算图 17.4 中提出的问题。

（2）系外行星 Kepler-7b 的光度曲线如图 17.25 所示，它表明宿主恒星的光通量会以 4.885 d 的周期发生幅度为 0.68% 的降低。径向速度法已经确定该系外行星的质量为木星质量的 44.3%。请计算 Kepler-7b 的密度，并与常温常压下水的密度进行比较，然后解释为什么 Kepler-7b 会具有这样的密度。提示：可能需要通过轨道半长轴及瞬时光通量进行计算。宿主恒星为 G0V，其质量为 1.347 个太阳，直径为 1.843 个太阳，光度为 4.25 个太阳。

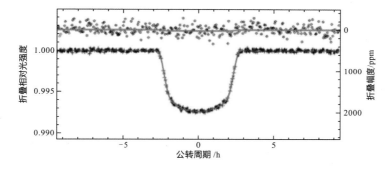

图 17.25　系外行星 Kepler-7b 的光度曲线

（3）图 17.26 为引力透镜法观测到的某恒星的亮度随行星与其相对位置的变化规律。请画出以地球视线为出发点所观察的行星系统与远处的恒星的关系。

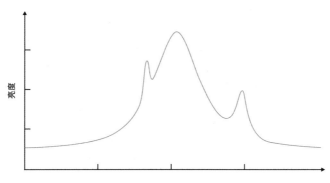

图 17.26　某恒星的亮度随行星与其相对位置的变化规律

## 第 十 八 章

行星的形成
Planet Formation

我们先来回顾前面介绍的内容。第一部分介绍了行星所在的广泛时空，第二部分介绍了太阳系的主要天体，第三部分先介绍系外行星，再对全书内容进行总结。全书总体上遵循"总 - 分 - 总"的结构。我们希望读者在获得对众多天体的了解之后，回到一个更为理论的问题：行星是怎么形成的？

对太阳系的观察形成了解释行星形成的最初理论框架。太阳的行星公转方向一样，所有行星的公转轨道都在同一个平面，这是解释太阳系行星形成的两个重要依据。1633 年，勒内·笛卡尔（René Descartes）认为宇宙中最初充满了涡旋，这些涡旋经过不断收缩形成了行星。这个理论可以解释为什么太阳系所有行星的公转轨道都是一样的。1749 年，乔治·路易·勒克莱尔（Georges-Louis Leclerc）和孔德·布冯（Comte de Buffon）认为有一颗巨大的彗星和太阳相撞以后，飞溅的碎片成了太阳系的行星。现在我们知道这两个理论都是不准确的，但是它们有一部分正确的内容被保留在了现在的行星形成理论中。现在的行星形成理论起源于 1734 年伊曼纽·斯威登堡（Emanuel Swedenborg）提出的星云假说，这个假说经过伊曼努尔·康德（Immanuel Kant）（1755 年）和皮埃尔 - 西蒙·拉普拉斯（Pierre-Simon Laplace）（1796 年）完善之后，成为行星形成的基本理论架构。拉普拉斯认为在太阳系形成之前，太阳周围围绕着一团气体，这团气体充满了目前太阳系所占的空间。总体来看这个理论和现在的认识差别不是很大，现在的理论框架是：太阳系质量的 99% 以上都是太阳贡献的，行星实际上是恒星形成的残留物。因此，观察正在形成的恒星系统对我们了解行星的形成过程至关重要。

本章首先简单回顾系外行星的内容和阿塔卡马大型毫米波 / 亚毫米波阵（ALMA）等对行星盘的观测结果，然后重点介绍行星形成的理论，最后介绍如何从形成单个的行星演化出一个类似于太阳系这样由多个行星组成的行星系统。

科研如同学习游泳，不需要看完前人所有的成果，而是要边做研究边学习相关的内容。

———史蒂文·温伯格

18.1 系外行星的特征

前面已经介绍过系外行星可以根据不同的参数分成很多类型，在此不再回顾系外行星的分类和每一类的特征，只介绍这些系外行星对了解行星的形成有哪些促进作用。直接成像法发现的超级木星距离其宿主恒星要比木星距离太阳远得多，为 10 ～ 100 AU。另外，在 M 矮恒星周围也发现了超级地球，也就是说原行星盘即便质量较小，也能形成较大体量的恒星。恒星的金属丰度，也就是恒星的成分中比 H 和 He 更重的元素的含量，与行星出现的频率有关。恒星的金属丰度越高，其周围也就越容易形成行星。

从轨道的角度来看，绝大部分行星的系统都与太阳系类似，但是依然有一些不同的特征。现在观测到的系外行星系统中的行星绝大多数并不处于轨道共振状态，也就是说即便这些行星曾经处于轨道共振，现在这些共振链也已经断了。

从同一系统中的系外行星类型来看，我们也能获得一些更新的认识。例如，一般情况下，一个系统中只有一颗超级木星，即使有第二颗，两者的距离也很远，通常在 50 AU 以上。此外，如果在一颗恒星附近已经发现了一颗超级地球这样的行星，那么在它周围发现另一颗超级木星的概率远高于在一个尚未发现任何系外行星的恒星附近找到超级木星的概率。

18.2 原行星盘的新观测数据

前面的章节中专门介绍了阿塔卡马大型毫米波 / 亚毫米波阵（Atacama large millimeter/ submillimeter array，ALMA）的进展，现在我们再简单回顾下。需要注意的是不同波段光谱只能携带特定星周盘区域的信息（图 18.1）。

在传统的标准模型中，星周盘（circumstellar disk）的密度从内到外逐渐降低。内指的是靠近恒星，外指的是远离恒星。初期恒星体（young stellar object，YSO）可能是行星

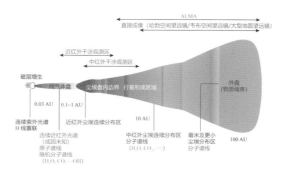

图 18.1 原行星盘发射光谱及天文望远镜的探测区域（Dullemond and Monnier，2010）

形成的最初状态。YSO 又被称为第二类星周盘（Class Ⅱ）。以下简单介绍星周盘的分类。Class 0 和 Class Ⅰ指分子星云已经开始塌陷，进入了恒星形成的阶段，Class Ⅱ指原始恒星的光球层刚刚开始显现。因此，传统上把 Class Ⅱ作为行星形成理论的起始点。但是 ALMA 甚至之前的研究已经发现，行星形成开始得更早，甚至早于原行星盘的成形。

星周盘中的尘埃量随着体系的成熟逐渐降低，如 Class 0 和 Class Ⅰ的尘埃量就远远高于 Class Ⅱ。这是因为尘埃要么气化消失，要么凝聚在一起形成了较大的固体物质。而这些固体物质就是未来行星形成的种核。星周盘中除了存在尘埃之外，还存在大量气体，因此星周盘的尘埃与气体比就很重要，这涉及行星能否"抓"住这些气体形成原始大气层。如何确定星周盘气体的量呢？人们通过观测星周盘中 CO 的信号来实现。现在观测到的 Class Ⅱ的尘埃与气体比为 10 ～ 50，略低于理论估计的 100。

另一个参数是原行星盘（protoplanetary disk）的大小。具有环沟结构的原行星盘通常很大。Class 0 和 Class Ⅰ的直径为 80 ～ 100 AU；Class Ⅱ的直径变换范围比较大，最大可以到 200 AU，最小约为 40 AU。

ALMA 的数据还反映了尘埃增长的过程。研究发现原始尘埃的直径为 50 ～ 100 μm（图 18.2）。需要注意的是，天文望远镜有特定的光学深度，现在观测到的尘埃直径可能只是原行星盘表层的尘埃颗粒大小，内部的尘埃可能会比较大。有关尘埃的另一个问题是尘埃颗粒在原行星盘中的空间分布规律。理论上，某一区域尘埃的数量应该与其离恒星的距离成反比。但是具有环沟结构的原行星盘表明尘埃会从内部向外迁移，即所谓的径向迁移（radial drift，图 18.2）。

最后一个需要关注的物理参数是星周盘的流体力学特征。从理论上来说，由于流体力学不稳定性或者磁场等因素，星周盘应该会有湍流或者涡旋。可以想象，星周盘中的涡旋分布不均匀，因此星周盘也不能用单一的涡旋强度来描述。另外，一个原行星盘的表面的涡旋强度和盘中央的涡旋强度也不一样，因此涡旋强度是行星形成模拟中一个变数较大的参数。

ALMA 提供的数据对了解行星的形成至关重要，但是 ALMA 观察到的原行星盘大多数是围绕在 M 恒星等质量较小的恒星周围，可能会存在观测偏差。

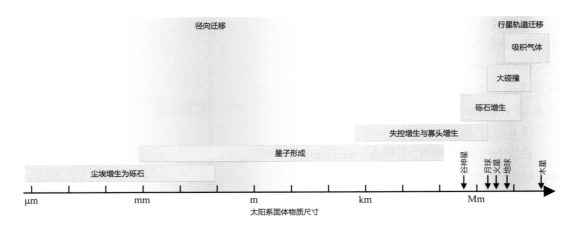

图 18.2　从尘埃到行星的增长示意图（Drazkowska et al., 2023）

18.3 分子云的塌缩

18.3.1 观测分子云

在介绍行星形成的内容之前，需要简单介绍恒星的形成。恒星的形成区域即分子云（molecular cloud）。第一个突出的问题就是我们该如何观测分子云。通常来说，分子云较冷，且极为稀薄，最有效的观测手段是红外线、次毫米波段和电磁波段的观测。氢是宇宙中最常见的元素，当氢原子的电子的自旋状态从平行变到反平行时，氢原子在波长为 21 cm 处有一个超精细转换。完成此转换需要的能量极低，因此在较冷的分子云中也能实现。这种转换可以从银河系及其他星系中观测到。但是在形成恒星的区域，分子云的密度通常很高，氢原子就会结合为氢分子。考虑到氢分子的量子结构，在分子云的状态下，没有氢分子会释放出任何可以被观察到的谱线。换句话说，在正在形成恒星的区域内无法观测到其中最重要的组分氢气的活动。只能退而求其次，观察其他指标。

其中一个观察指标是尘埃。分子云中气体和尘埃永远都是共存的，可以通过尘埃释放出的热辐射实现对恒星形成区域的间接观测。尘埃会吸收背景星光，因此可以监测吸收光谱。尘埃的另一个优势是它是固体，它的发射光谱和吸收光谱都是连续的。观测时，一个重要的参数是分子云的透光性。虽然分子云中的气体占绝大多数，但是尘埃是控制分子云透光性的决定性因素。而对银河系之外的星系来说，探测分子云的尘埃比较难，因为亚毫米波段天文望远镜的分辨率和灵敏性都不高。

另一个观察指标是其他气体分子（如 CO 分子）的发射光谱。在分子云中除了氢和氦之外，碳和氧就属于最为常见的元素了，因此 CO 的发射光谱不仅很常见，而且很明亮。可想而知，通过其他分子的发射光谱来推断分子云的性质需要考虑的因素很多，但是也能获得更多的信息，例如，星云密度、气体运行的速度、分子云的温度及质量等。

18.3.2 分子云中的物理过程

在介绍了对分子云的观测手段之后，下面简单介绍发生在分子云中的物理过程。首先是加热和冷却过程，即温度的变化。分子云的加热主要通过辐射来实现。对于一个分子云而言，最主要的热源通常是背景星光，但是背景星光生热能力很差，因此最主要的热源是宇宙射线对分子云的加热。在宇宙射线中，粒子被加速到相对论速度，可以很快穿透整个分子云，这能产生可观的加热效应。分子云的冷却主要由两个过程实现，即分子发射光谱和尘埃辐射。虽然尘埃可以有效地降低星云温度，但是这取决于尘埃和氢气分子碰撞的频率，一般情况是尘埃颗粒冷却了，但气体依然很热。发射光谱主要是 CO 分子的发射光谱，原理很简单。由于氢气分子的碰撞，动能转变为势能。获得势能的 CO 分子如果发生退激发，放出的光子就会逃离分子云，分子云就是因为失去能量而发生冷却。

我们前面一直假定整个分子云是固定不动的，但是实际上分子云内部是有气体流动的。还需要考虑两种不同的状态，即分子云中是否存在统一的磁场。如果存在统一的磁场，那么就需要考虑磁流体力学下物质的运动方程。控制分子云运动的主要物理量包括分子云整体的动量和热能、分子云的表面热压力、试图将分子云拢在一起的内部磁场和分子云表面试图将分子云撕裂的磁场张力，以及在没有外在引力场的作用下分子云自身的重力势能。

18.3.3　分子云的坍塌

在讨论分子云的塌缩之前，先来了解哪些因素可能会导致分子云不稳定。如果只考虑热能部分而不考虑磁场效应，那么就只需要考虑星云的压强和重力。如果分子云的起始直径为 R，自身重力和压强也可以忽略。随着分子云的膨胀，其自身重力会变得越来越重要，越来越多星云的内能会抵抗重力势能，最终形成一个平衡的状态。但是在实际情况中，由于分子云质量不相同等情况，分子云表面的压力难以维持平衡状态，使得星云进入坍塌阶段。导致分子云表面压强失衡的质量叫作伯纳 - 依伯特（Bonnor-Ebert）质量。

如果分子云中磁场起作用，就涉及磁场临界质量的概念。如果分子云的质量超过了磁场临界质量，那么磁场将无法阻止分子云的塌缩。如果分子云的质量小于磁场临界质量，那么无论如何分子云都不会完全塌缩。

分子云塌缩的具体机制有哪些呢？首先是球形塌缩。假定发生塌缩的核心是一个没有自转、没有湍流、没有磁场的等热球体，那么塌缩就是自内而外的最简单的塌缩形式。从这种形式我们可以估算出恒星形成的时长为 1 万～ 10 万年。其次，稍微复杂的情形是塌缩的核心正在发生自转。这时虽然需要考虑自转动能和重力势能的相对大小，但当恒星核心增大到 0.1 pc 时就会产生一个显著的结果，即核心周边的星云开始因为自转发生扁平化，形成一个直径约为数百天文单位（AU）的星周盘。最后，我们还需要考虑磁场作用，这个情形更复杂。理论上，如果分子云塌缩过程是理想磁流力学状态，那么对于太阳这样的恒星而言，它的表面磁场强度就约为 10^8 Gs[①]。但是实际上太阳表面的磁场强度只有几个高斯，很明显，在分子云塌缩的过程中磁场被损耗了，也就是说分子云的塌缩不是理想的磁流体状态。在真实情形中还会存在双极扩散和电阻两个机制来损耗磁场。

分子云塌缩的具体细节不是本书的主要内容，但是我们要大致知道分子星云的塌缩可以形成扁平的星周盘，而这正是行星由尘埃逐渐生长而来的场所。人们根据分子云塌缩时正在形成的恒星的中红外波段的特征将其从新到老分为五个阶段，即 Class 0、Class I、Flat spectrum、Class II 及 Class III。尘埃的凝聚可能就是从 Class 0 开始的。

18.4　从尘埃到星子

要想理解星周盘及原行星盘中尘埃的演化，就必须理解原行星盘的环沟结构及尘埃可以碰撞粘连的物理机制。目前的研究表明，从尘埃到星子需要克服反弹（bouncing）、

---

① 1 Gs＝0.1 mT。

碎裂（fragmentation）及径向迁移等阻挠。尘埃的生长并不只是与尘埃本身有关，星云气体也起到很重要的作用。在星云气体的裹挟之下，尘埃实际上也在围绕恒星做类开普勒运动。在这个过程中，尘埃和气体之间的相互作用包括气动阻力（aerodynamic drag）、角动量丢失及向着中心恒星旋进。

18.4.1 尘埃与气体的关系

描述尘埃团粒行为的一个参数叫作斯托克斯数（Stokes number，St），它指的是尘埃和气体耦合在一起的时间尺度，表达式为

$$St = t_{stop} \Omega_K \qquad (18.1)$$

式中，t_{stop} 代表尘埃和气体解耦的时间；Ω_K 代表开普勒分布频率。斯托克斯数越小，气体和尘埃的耦合就越紧。从整个原行星盘来看，尘埃的行为符合爱泼斯坦方程（Epstein formula）：

$$St = \frac{\pi}{2} \frac{a\rho}{\sum gas} \qquad (18.2)$$

式中，a 代表尘埃团粒的大小；ρ 代表密度；$\sum gas$ 代表局部气体在垂向上的密度积分。爱泼斯坦方程描述的是一种作用在微小尘埃上的中性空气的牵引力。从受力平衡的角度来看，尘埃在气体中的牵引力为

$$F_{dn} = -m_d v_{dn} \boldsymbol{u}_{dn} \qquad (18.3)$$

式中，m_d 代表尘埃颗粒的质量；v_{dn} 代表气体分子和尘埃的撞击频率；$\boldsymbol{u}_{dn}$ 代表尘埃颗粒相对于气体分子的速度。从式（18.3）可以看出，斯托克斯数描述的实际上是尘埃颗粒相对于气体的运动。斯托克斯数和尘埃颗粒大小与它们到恒星的距离有关，距离越远、颗粒越小，斯托克斯数越小。在天文学中将距离恒星 1 AU 处的厘米大小的固体也看作

尘埃，因为它们与气体恰好还能保持耦合状态，这时 $St = 10^{-3} \sim 10^{-2}$。

18.4.2 尘埃的径向迁移

前面我们提到尘埃随着气体做类开普勒运动时会逐渐丢失角动量，其结果就是尘埃颗粒发生径向迁移，尘埃径向迁移的速度为

$$v_{r,solid} = \frac{v_{r,gas} - 2\eta v_K St}{1 + St^2} \qquad (18.4)$$

式中，$v_{r,solid}$ 是尘埃的径向迁移速度；$v_{r,gas}$ 是气体的径向迁移速度；v_K 是开普勒速度；η 代表气体方位角速度和开普勒速度之间的关系：

$$\eta = 1 - \frac{v_{\phi,gas}}{v_K} \qquad (18.5)$$

式中，$v_{\phi,gas}$ 代表气体的方位角速度。

从式（18.4）可知，当斯托克斯数接近 1 时，尘埃的径向迁移速度达到最大值。如果尘埃径向迁移的时长短于尘埃增生的时长，尘埃就会停止长大，称之为尘埃径向迁移障碍（radial drift barrier）。

18.4.3 尘埃的增长障碍

尘埃在不断碰撞中逐渐长大，最终与气体解耦，尘埃团粒的速度也越来越快，最终尘埃团粒之间的相互碰撞会造成尘埃团粒的破碎。这个临界速度是多少呢？目前研究认为对于硅酸盐尘埃而言，1 m/s 就是尘埃团粒破碎的临界速度，而冰粒的临界速度可能更高。实际上，目前对临界速度并没有统一认识，其仍然是研究的重点。尘埃团粒破碎这一过程被称为碎裂障碍（fragmentation barrier）。

由上述可知，从微米级别的尘埃长到

厘米级别和分米级别是很难的。怎样才能突破尘埃的增长障碍呢？一种可能是存在区域的高压，迫使尘埃越过碎裂障碍。另一种可能是大小不等的尘埃团粒相撞时，小的团粒更容易碎裂，而大的团粒不仅不容易碎裂，还会获得小尘埃团粒的物质，进一步增大。这样的尘埃团粒能幸运到一路长大直到变成星子大小吗？目前的研究认为这样的方法还是太慢了，尘埃团粒会被吸收到太阳上，不会生长为星子。还有一个方案则需要引入冰。多孔的冰晶体黏性比较大，容易跨越反弹障碍和碎裂障碍，就可以长得比较大。虽然现在有人认为硅酸盐尘埃可以用多孔模型来越过上述增长障碍，但是具体怎么实现还不得而知。因此，尘埃很难长到星子大小。为了解决这个问题，人们提出了各种各样的模型，目前主流的方案是通过冲流不稳定性（streaming instability）来破坏靠自身引力束缚在一起的砾石团块（self-gravitating pebble clumps）。研究认为冲流不稳定性是形成太阳系小行星带中直径为 100 km 的天体的主要因素。但问题是，这要求原

行星盘中央区域的尘埃与气体比很高且砾石必须在特定区域富集。Drazkowska 等（2023）认为在邻近恒星的区域内，砾石可以堆叠起来；在雪线之外，富含冰的尘埃也有可能发生类似的过程。因此，星子的形成似乎可以发生在较宽的行星盘尺度上。

通过 Drazkowska 等（2023）模型可以发现星子只能形成原行星盘的局部区域。怎么才能形成这样的局部区域呢？ALMA 的观测表明大部分原行星盘都有环沟结构，环的内部通常伴有流体动力学不稳定性，从而形成一些漩涡，漩涡可能会导致砾石的堆积。另外一种可能是原始星云气体突然被光致蒸发（photoevaporation）过程驱散。这两个过程可能都存在，共同促进了砾石的区域性富集。但是这两个过程的结果略有差别。如果是依靠光致蒸发，那么星子的形成发生在原行星盘演化的晚期，这样星子就不能参与巨行星的形成；如果是流体动力学不稳定性造成的砾石堆积，那么尘埃在 1 万年内就可以长到星子的体量，星子就可以参与巨行星的形成。

18.5　星子增生与砾石增生

关于行星的增生有两个模型，一个是经典的星子增生（planetesimal accretion）模型，另一个是较新的砾石增生（pebble accretion，PA）模型。星子增生模型假设增生所需的固体物质都以星子的形式存在，砾石增生模型假设固体物质的形式是砾石。二者之间最本质的区别是星云气体是否起作用。星子增生模型中星云气体不起作用，砾石增生模型则需要星云气体的加持。

18.5.1　星子增生

星子的直径通常大于 10 km，星云气体的影响可以忽略不计。最重要的作用力是星子之间的万有引力。这里需要引入碰撞截面 σ。

$$\sigma = \pi R_{\mathrm{p}}^2 \left(1 + \frac{v_{\mathrm{esc}}^2}{\delta v^2} \right) \qquad (18.6)$$

式中，R_p 是中心吸积星胚的半径；ν 是中心吸积星胚与较小星子的相对速度；v_{esc} 是逃逸速度，其表达式为

$$v_{esc} = \sqrt{\frac{2GM_p}{R_p}} \qquad (18.7)$$

式中，G 是万有引力常数；M_p 是中心吸积星胚的质量。

如果原行星盘中星子的分布比较散落，那么行星核心（星胚）的质量增生速率表达式为

$$\dot{M}_{p,pls} \cong \Sigma plts \Omega_k \sigma \qquad (18.8)$$

式中，$\Sigma plts$ 代表星子的表面密度；Ω_k 代表开普勒分布频率。

如果星子的随机速度远远小于逃逸速度，万有引力就是主控因素，且增生过程会很快进入失控增生（runaway growth，rg）阶段。行星的质量增生速率表达式为

$$\dot{M}_{p,rg} = \frac{2\pi G \Sigma plts \Omega_k M_p R_p}{\delta \nu^2} \propto M_p^{\frac{4}{3}} \quad (18.9)$$

失控增生持续的时间 τ_{rg} 可以用下式表达：

$$\tau_{rg} \cong C_{rg} \frac{\rho R_0}{\Sigma plts \Omega_k} \qquad (18.10)$$

式中，ρ 是内部密度；R_0 是星子的初始直径；C_{rg} 代表失控增生阶段最大的星子发生碰撞的时间占总时间的比例。

失控增生什么时候结束呢？如果星胚大到可以对较小的星子形成动力学扰动，此后行星的增生进入寡头增生（oligarchic growth，oil）阶段。失控增生和寡头增生的临界值为

$$R_{rg/oli}(km) = 580 \cdot \left(\frac{C_{rg}}{0.1}\right)^{\frac{3}{7}} \left(\frac{R_0}{10\ km}\right)^{\frac{3}{7}}$$
$$\cdot \left(\frac{r}{4\ AU}\right)^{\frac{5}{7}} \left(\frac{\Sigma plts}{3\ g/cm^2}\right)^{\frac{2}{7}} \quad (18.11)$$

寡头增生阶段行星的质量增生速率为

$$\dot{M}_{p,oli} = \pi \Sigma plts \Omega_k R_p^2 \propto M_p^{\frac{2}{3}} \quad (18.12)$$

星子增生模型的行星质量增生速率随着行星质量的增加而迅速降低，而且离恒星越远质量增生也就越慢。因此，星子增生模型无法解释雪线之外巨行星的存在。

18.5.2 砾石增生

星子增生模型中的主要作用力是引力（gravitational force），而砾石增生（pebble accretion）模型在考虑引力的同时，还考虑了气体拖拽力（gas drag）。气体拖拽力的主要作用是降低砾石的角动量，让砾石逐渐堆积起来。这就要求砾石被气体拖拽结束的时间小于砾石和行星相遇的时间，即 $t_{stop} < t_{encounter}$。由于气体拖拽力的存在，砾石增生的半径（r_{PA}）远远大于只靠引力的星子增生模型所能形成的增生半径。

如果一颗行星大到一定程度，它的引力就会形成一个引力阱（gravitational well），阱周边的所有物质都会掉进阱里。这个临界质量的表达式与砾石增生启动的表达式一样：

$$M_{PA\,onset} = St\eta^3 M_*$$
$$= 2.5 \times 10^{-4} \left(\frac{St}{0.1}\right) \left(\frac{\eta}{0.002}\right)^3 \left(\frac{M_*}{M_\odot}\right) M_\oplus$$
$$(18.13)$$

式中，M_* 为砾石的质量；$M_\odot$ 为太阳的质量；$M_\oplus$ 为地球的质量。临界质量本身相当于一个半径为 500 km 的星子的质量，等同于星子增生模型中失控增生和寡头增生的分界值。如果行星的质量小于临界质量，那么砾石增生模型的效率并不高。上一节中提到的冲流不稳定性形成的星子通常太小，不足以高效率地吸引砾石，因此需要有其他途径使星胚（planetary embryo）长到一定尺寸才行，

可能也需要借助星子增生模型的某些环节。

通过比较砾石增生的半径（r_{PA}）与砾石堆积的高度（H_{PA}）可以将砾石增生模型分为 2D 和 3D 两种形式。如果 $r_{PA} > H_{PA}$，那就是 2D 模型，质量增生速率的表达式为

$$\dot{M}_{p,PA} \approx 2\pi r_{PA}\Delta v \Sigma \mathrm{peb}$$
$$= C_{2D}\sqrt{GM_p t_{stop}\Delta v \Sigma \mathrm{peb} \dot{M}_{p,PA}} \quad （18.14）$$

如果 $r_{PA} < H_{PA}$，那就是 3D 模型，质量增生速率的表达式为

$$\dot{M}_{p,PA} \approx \pi r_{PA}^2 \Delta v \rho_{peb}$$
$$= C_{3D}\frac{GM_p t_{stop}\Sigma \mathrm{peb}}{H_{PA}} \quad （18.15）$$

式中，Δv 是砾石与原行星的相对速度，其表达形式与星子增生模型一致；$\Sigma \mathrm{peb}$ 是砾石的表面密度；ρ_{peb} 是砾石堆积体的中部位置的密度。

r_{PA} 的表达式为

$$r_{PA} \approx \sqrt{GM_p t_{stop}/\Delta v} \quad （18.16）$$

$\Sigma \mathrm{peb}$ 的表达式为

$$\Sigma \mathrm{peb} = \sqrt{2\pi}H_{PA}\rho_{peb} \quad （18.17）$$

H_{PA} 的表达式为

$$H_{PA} = H\sqrt{\frac{\alpha_t}{\alpha_t + \mathrm{St}}} \quad （18.18）$$

式中，H 代表气体盘的高度；α_t 代表湍流气体的扩散系数；St 代表砾石的斯托克斯数；C_{2D} 和 C_{3D} 的意义与 C_{rg} 类似，代表砾石增生阶段的时间占总时间的比例。

在 3D 模型中，由于尘埃沉降的效率比较高及原行星的增生发生在行星盘密度较大的中部（midplane），因此砾石增生的效率随斯托克斯数的增加而增加。但是在 2D 模型中，由于砾石迁移速度的增加、砾石和原行星之间相互作用时间的缩短，砾石增生效率与斯托克斯数之间的关系被抵消。行星增生过程中形成的气流会压制靠近恒星区域的砾石增生效率。以上提供的砾石增生模型的

公式都是建立在行星轨道是正圆形的条件下，如果是椭圆形的开普勒轨道，还需要做相应的修正。

18.5.3 星子增生与砾石增生比较

星子增生模型只能吸收星子轨道附近的物质，而砾石增生模型的物质来源则广泛得多。由于气体的拖曳，砾石会发生径向迁移，使得砾石增生模型可以获得的物质的量更多。对于砾石增生模型而言，增生效率和新加入的砾石的量决定了行星最终可以达到的体量。砾石增生效率通常很低，因此就要求有充足的砾石可供吸积，也就是说需要在比较长的时间尺度上有源源不断的砾石从远方加入增生事件发生的区域，称为砾石流量（pebble flux）。怎样估算砾石流量呢？一个基本的假设是在距离太阳的某个距离处，所有的尘埃都长到了漂移极限，达到漂移极限之后，尘埃脱离气体的控制，开始向太阳方向迁移。尘埃生长的时长与尘埃到太阳的距离有关，随着时间的推移，靠近太阳系的尘埃被率先消耗，使得砾石增生模型的前锋会逐渐外移。因此，只要砾石增生的前锋还没有到达外太阳系，那么砾石流量就可以一直支持砾石增生继续进行。由此可见，砾石流量是制约砾石增生模型的关键。如果再进一步探究，就会发现可能尘埃的碎裂障碍也是影响砾石增生模型的重要因素：尘埃团粒是否能够生长成砾石大小。值得一提的是，在讨论砾石流量时并没有考虑原行星盘的环沟结构。试想，环沟结构对砾石增生的影响可能比上述讨论的所有因素都要大，如此砾石增生模型的效率也就没有那么高了。

星子增生和砾石增生的另外一个区别就是它们长出来的星胚大小不同。如果星胚质

量比较小，那么它对周围气体的扰动就有限，向内运动的砾石流就可以绕过星胚，使得靠近太阳的区域能够获得重组的砾石，砾石增生可以继续进行。但如果星胚很大，并且大到已经在原行星盘上开出来一条空沟，使得局部的星云气体压力发生了倒转，那么靠外的砾石就只能迁移到该较大的星胚所处的轨道，不能再往里迁移。临界星胚质量叫作砾石隔绝质量（pebble isolation mass），它本质上和原行星盘的空沟质量一样：

$$M_{\text{iso,pebble}} \cong 25M_\oplus \left(\frac{\frac{H}{r}}{0.05} \right)^3 \left(\frac{M_*}{M_\odot} \right) \quad （18.19）$$

式中，$\frac{H}{r}$ 代表原行星盘的高长比，假定原行星盘的扰动强度 $\alpha = 10^{-3}$。

相应地，假设星子和行星的轨道不发生迁移，那么我们还可以给出星子增生模型的砾石隔绝质量：

$$M_{\text{iso,plts}} \cong 2\pi r \Delta r \Sigma\text{plts}$$

$$\approx 0.1M_\oplus \left(\frac{\Sigma\text{plts}}{5 \text{ g/cm}^2} \right)^{\frac{3}{2}} \left(\frac{r}{\text{AU}} \right)^3 \left(\frac{M_*}{M_\odot} \right)^{-\frac{1}{2}}$$

$$（18.20）$$

通常情况下，$\Delta r \approx 10r_\text{H}$。$M_{\text{iso,plts}}$ 代表星子把它轨道区域及周边的所有物质全部吸积后能达到的最大质量。假定原行星盘的星子和气体的比例不变，那么对于内太阳系而言，火星就代表了星子增生的质量极限；对于雪线之外的外太阳系而言，增生极限可能是几个地球质量。回到我们前面的假设——星子和行星不会发生轨道迁移，但实际上它们是有可能发生轨道迁移的。

如果把砾石流量和隔绝质量这两个因素合在一起考虑，一旦一颗靠外的行星达到了隔绝质量，那么砾石流就会止于此处，无法再给更靠内的地方供给，靠内的砾石增生过

程也就中断了。因此还需要考虑行星迁移（planet migration）或者原行星盘质量径向运移（mass radial transport）的情况。

式（18.4）得到的是尘埃和砾石的径向迁移速度。对于一个没有环沟结构的理想原行星盘而言，其径向迁移速度约为 10 cm/s，但是对砾石而言可能会达到 30 m/s。从理论模型来看，原行星盘中的尘埃大约在 100 万年内就会被消耗殆尽，形成星子或行星。但是，ALMA 观测到的很多数据表明原行星盘的年龄已经超过了 100 万年，却依然存在大量尘埃。这说明在理想模型中忽略环沟结构可能是不对的，很有可能环沟结构及其造成的各种流体力学的不稳定性延长了尘埃可以存在的时长。

式（18.4）的极限是 St = 1，虽然看起来这个公式也可以用来描述较大质量的星胚或行星的径向迁移速度，但是在这种情况下，更应该考虑星胚或行星的引力及它们和星云气体之间的相互作用过程。我们把行星轨道迁移的具体情况分成两类。第一类是星胚的质量不足以在原行星盘开沟，在这种情况下径向迁移速度与星胚质量成正比，处于轨道迁移状态的时间尺度在 1 万年之内。第二类是星胚质量很大，在原行星盘形成了环沟结构，径向迁移速度比第一类还要低。图 18.3 中有两个关键点值得大家注意：①当气体表面密度的指数为负值时，砾石的径向迁移速度比行星的轨道迁移速度大；②想要砾石的径向迁移过程停滞，必须使星云气体的压力降低为零甚至反转，这样就使得星云气体达到超开普勒旋转。对于行星的轨道迁移而言，只需要降低星云大气的压力就行，并不需要降低到零。

如果行星盘没有环沟结构，那么压力降低到零的区域就是原行星盘的内边界，靠

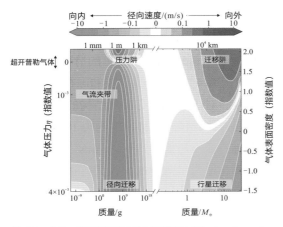

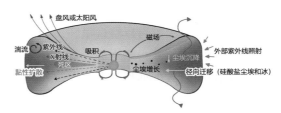

图 18.4　原行星盘中动力特征的示意图（Cleeves，2018）

图 18.3　尘埃、砾石和星胚的径向迁移速度（Drazkowska et al.，2023）

设定的基本参数是星云气体的表面密度为 300 g/cm²，温度为 200 K，扰动强度 $\alpha = 10^{-3}$

近太阳。如果塑造内边界的主要力量是盘风（图 18.4），那么还有可能导致距离太阳 1AU 之内的行星向外迁移。另外一个靠近太阳的区域是太阳磁场的活跃区域和静止区域之间的地带。在这些靠近太阳的区域，无论是星子增长模型还是砾石增长模型，行星增长得都很快。因此，第一代的行星可能形成于离太阳较近的区域。值得注意的是，外

太阳系的沟也有助于行星的形成，可能还促进了靠近太阳的行星向外迁移。

除了上述离太阳很近的区域之外，雪线（water snow line）附近也是一个适宜行星形成的区域（图 18.5）。在雪线附近，砾石的径向迁移会停滞，砾石会堆积起来，为形成行星做准备。但雪线附近是否是一个适宜的环境，取决于冰团粒的碎裂难易程度，也就是其碎裂障碍。如果冰团粒很容易碎裂，那就很难形成行星。

整体来看，对于轨道半径较大的行星，砾石存在径向迁移并在某个位置堆积起来会提高行星增生的速率。但是原行星盘的环沟结构会阻止物质的径向迁移，也会阻碍行星本身的生长。

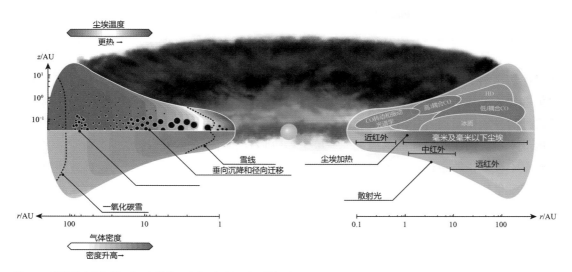

图 18.5　原行星盘的物质组成、尘埃增生过程及光谱检测区域的示意图（Miotello et al.，2022）

18.6 吸积气体

18.6.1 邦迪半径与希尔半径

星胚或者类地行星如何吸积气体形成巨行星呢？当星胚大到一定程度就可以靠引力控制其周围的星云气体，使之成为行星的一部分。星胚发生气体吸积的临界半径叫作邦迪半径（Bondi radius），即气体的声速（c_s）等于星胚的逃逸速度时，其表达式为

$$r_B = \frac{2GM_p}{c_s^2} \qquad (18.21)$$

式中，M_p 是星胚的质量。

另外一个需要介绍的参数是希尔半径（Hill radius）：

$$r_H = r\left(\frac{M_p}{3M_*}\right)^{\frac{1}{3}} \qquad (18.22)$$

式中，r 为公转轨道的半长轴；M_* 为中心天体的质量。

气体吸积发生的半径区域取决于希尔半径和邦迪半径的大小，较小值代表了实际吸积的区域。在这个区域内，星胚吸收盘中的星云气体，形成一个气态的包层（gas envelope）。被吸收的气体逐渐冷凝到固体行星核上，新的气体继续被吸积。吸收的气体量取决于气体包层冷却和塌缩的速率，即开尔文 - 亥姆霍兹时标（Kelvin-Helmholtz time scale），它受控于大气的透明度和行星核的质量。星胚越长越大，吸积气体的能力也越来越强，吸积速率也越来越快。如果星胚太大，就会发生失控吸积。发生失控吸积的临界星胚质量叫作临界金属（岩石、冰及铁等金属）质量，指行星的金属与气体的质量比值。在过去，人们用临界核心质量来表示临界金属质量，但是为了方便后面讨论包

层的污染（polluted envelope），这里采用临界金属质量。如果星胚生长的速度不及原行星盘中气体消散的速度，那么星胚的金属质量就会高过气体质量，也就是说只能吸积很少的太阳星云气体。这里没有将星子模型和砾石模型分开讨论，是因为它们在吸积气体时的表现很相似，但是二者之间仍然有细微的差别。

18.6.2 气体包层污染

为了理解气体包层污染，先回顾一下砾石增生模型下的巨行星增生过程（图 18.6）。在增生过程的早期，砾石和气体之间的相互作用很弱，砾石成为行星的核心。随着砾石和气体不断增多，气体变得越来越热且越来越稠密，导致体量较小的砾石发生气化过程。硅酸盐矿物的气化温度为 2000 K 左右，但是冰只需要 170 K 就可以开始升华了。因此，冰质组分只要进入气体包层就会立即升华，成为包层的一部分。在气体吸积过程刚开始时，气体包层含有很多岩石气化的产物，岩石达到了饱和状态，后来加入的岩石还可以穿过包层到达核心，成为核心的一部分。之后，包层的温度越来越高，再也达不到岩石的饱和状态，后来加入的岩石就只能成为包层的一部分，不会成为核心的组成部分。巨行星的核心生长也就停止了。因此，气体包层中含有的岩石和金属可能比巨行星的核心还多。为什么要讨论气体包层的污染问题？这是因为它决定了行星的类型，如果发生了失控气体吸积，最终就会形成气态巨行星；如果发生了砾石碎裂和气化，行星就有可能无法生长得很大（如海王星）。实际上星子

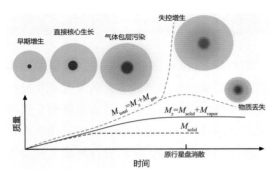

图 18.6　行星气体包层的形成和包层污染（Drazkowska et al., 2023）

增生模型也能导致气体包层的污染，但是由于它要求星胚非常大，所以最终只能形成气态巨行星。

由于气体包层的污染，我们自然而然会想到一个问题：这会造成气体包层甚至巨行星的核心的化学成分存在梯度分布。在巨行星的章节我们提到了木星的核心可能是一个稀释核，可能就是这种成分梯度效应的产物。梯度效应还会影响巨行星内部物质的对流。

如果在全球尺度上梯度效应都很稳定，那么大尺度的对流就很难发生，因此行星内部的状态和它刚形成时的状态可能还是一样的。

另外一个问题是，只要原行星盘的气体还没有消散，物质就可以加入行星的气体包层中，那行星气体包层中的物质还能再回到原行星盘吗？目前的研究认为这个反向过程是可以的：处于邦迪半径之内的原行星盘中的物质可以进入气体包层，包层的物质也可以反向回到原行星盘。气体包层和原行星盘之间的物质循环会影响气体包层的冷却和塌缩。如果没有物质循环，那么气体包层就会通过辐射逐渐变冷，熵逐渐降低。如果有物质循环，气体包层中的低熵物质会被原行星盘中的高熵物质所替换。人们认为气体包层和原行星盘的物质循环可以解释为什么观测到的系外行星中超级木星的数量不如次海王星的数量多。

18.7　行星系统的形成

18.3 ～ 18.5 节介绍了单个行星的形成过程，像太阳系这样一个复杂的行星系统又是怎么形成的呢？如果把行星的形成放在一个系统里面来看，例如，太阳系如何形成从内到外的类地行星及巨行星等天体？从前述内容可知，一个最基本的行星形成模型必须包含两个因素，即行星的增长过程和行星的迁移过程。从现有的行星形成模型来看，它们要么是为了解释太阳系的形成，要么是为了解释系外行星的出现频率和特征。巨行星有两个主要的形成模型：核心增生（core accretion）模型和引力不稳定性（gravitational instability）模型。核心增生模型假设先形成一个固体星胚，固体星胚通过吸积固体和气体继续增长。引力不稳定性模型认为由于区域性的引力不稳定性，原行星盘的气体和尘埃局部密度增大，进而形成团块。如果团块降温很快，那么它的引力就可以跨越星云气体压力，最后形成一颗巨大的气态行星。本节先解释核心增生模型，再分别讨论系外行星和太阳系可能的形成过程，其中会涉及对这两个模型的讨论。

18.7.1　系外行星系统

对于绝大多数系外行星系统而言，能确定的参数就只有行星质量、距宿主恒星的距离、公转周期，以及极少数系外行星大气的参数。不过从这些有限的参数中，也能发现一些端倪。

在那些具有多颗次海王星的系外行星系统中，次海王星之间并不处于轨道共振状态。此外，那些较小（$\leq 1.5\,R_{\oplus}$）的系外行星通常没有大气，而只有较大（$\geq 2.2\,R_{\oplus}$）的行星被探测到了大气特征。目前有两种假说解释这两个现象。第一种假说认为这些系外行星在充满气体的原行星盘中形成，最初确实也处于轨道共振状态，但是在原行星盘气体消散的时候，轨道共振链断开了。第二种假说认为系外行星本身形成的环境并不支持大规模的行星迁移，因此也就不会造成行星共振状态的出现。

第一种假说中，最重要的因素是原行星盘中阻尼力（damping force）的变化。当原行星盘的气体还没有消散的时候，阻尼力控制了轨道的偏心率和轨道倾角。一旦星云气体消散，阻尼力消失，那么轨道偏心率的变大会造成系统的动力学失稳。动力学失稳最终可能导致行星之间的相互碰撞，使得它们之间原本存在的共振状态被破坏。因此，行星的轨道会发生大规模迁移。这样的理论推测可能和雪线附近高效率的砾石增生模型相匹配。由于冰质组分的存在，雪线附近可以形成较大的砾石，进而造成较快的砾石增生速率，使得雪线处的行星比更靠内的行星长得更快。这种假说可以解释为什么雪线附近被探测到的行星数量比较多，但是不能解释为什么比雪线更靠里也会形成体量可观的系外行星。

第二种假说中，行星的轨道迁移十分有限。行星增生进入最后阶段，原行星盘中星云气体的密度已经很低，轨道的迁移速率降低，导致发生行星碰撞的概率也很低。因此，这种原地组装方案会产生一个后果，那就是靠近宿主恒星的行星会缺乏水等挥发性物质。但是观测发现 K2-18b 是富含水的，它

还靠近宿主恒星。

至少一半以上含有冷木星的行星系统都有一颗更靠内的次海王星。不管是星子增生模型还是砾石增生模型，都能形成次海王星和冷木星共存的状态。但是，当原行星盘的气体消散以后，气态巨行星（冷木星）的动力扰动会把靠内的次海王星破坏掉。

人们认为可以用系外行星大气的碳氧比（C/O）来反映它们形成的轨道位置。其中的原理有两点：一是含碳和含氧物质（CO、CH_4、CO_2 和 H_2O）在原行星盘的分布和变化。这些物质都是容易挥发的物质，因此它们的挥发和凝结会反映在碳氧比上。二是通过系外行星的大气可以知道它的整体组成物质。当然，实际过程更加复杂，硅酸盐灰尘和冰颗粒的化学变化及砾石的径向迁移也都会造成碳氧比的变化。但目前对上述过程的了解都还不够。

18.7.2　太阳系

相较于系外行星，我们对太阳系的了解明显更多，可以从太阳系得到更多关于行星演化的信息。但是数据多也有难处，那就是没有一个模型可以解释所有观测数据。

目前研究发现，根据同位素核合成异常（isotope nucleosynthetic anomalies）数据（图 18.7），可以将现有陨石分为两大类，一类是碳质球粒陨石（carbonaceous chondrite，CC），另一类是非碳质球粒陨石（non-carbonaceous chondrite，NC）。碳质球粒陨石代表太阳系雪线及之外的太阳星云组成，非碳质球粒陨石代表内太阳星云的物质组成。最初支持将陨石分为这两大类的证据是难挥发元素的同位素组成，最近的研究发现即便是挥发性元素（如 K 和 Zn），其同位素

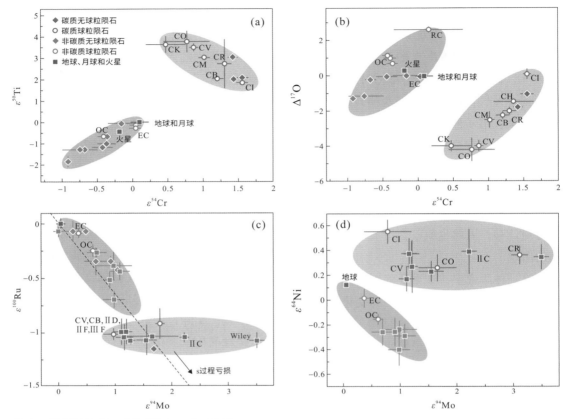

图 18.7　陨石的 NC-CC 二分性（Kleine et al., 2020）

异常数据也存在类似的分类。原先人们认为原行星盘温度比较高，挥发性元素即使存在同位素异常，可能也已经被混合均匀了。但是目前看来，原行星盘的温度可能并没有高到摧毁挥发性元素核合成异常的程度。

　　同位素核合成异常，指的是元素的形成过程（即 r 过程、p 过程和 s 过程）中，形成某个特定同位素时的相对贡献。它们通常来自超新星爆发，超新星爆发将这些异常物质吹到太阳星云中。因此，同位素核合成异常有相应的物质载体（通常称为前太阳系颗粒，是一些非常难熔的矿物，如石墨和 SiC，图 18.8）。CC和 NC 同位素核合成异常特征不同，说明这些载体物质在太阳系中的分布并不均匀。

　　但是为什么同位素核合成异常会被保留在 CC 和 NC 这两类截然不同的样品中呢？

这可能涉及木星核心的形成，木星核心的形成阻止了内太阳系和外太阳系的物质交换。这就要求木星的核心必须形成得非常早。但是这会带来另一个问题，木星的核心形成太

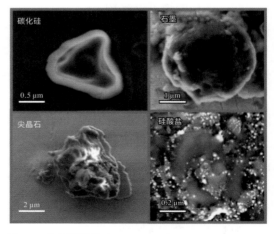

图 18.8　前太阳系颗粒（Hoppe，2010）

早会让它生长得很快，以至于形成超级木星。因此，还得有一个机制阻止木星核心在分隔开 CC 和 NC 之后继续高速增长。目前有人认为可能不需要木星作为中间分割，只需要考虑太阳系物质径向迁移过程中是否有障碍就行。这个方案得到了学界的赞同。这个障碍既可能是一个尘埃陷阱（trap），也可能是一个星子：外太阳系发生的星子增生本身就会消耗大量尘埃，进而阻止外太阳系物质和内太阳系物质的混合。如果考虑到原行星盘中气体的作用，那么外太阳系的砾石会被星云气体阻碍，进而不能与内太阳系物质发生混合。不管哪种模型，都能帮助我们理解类地行星和巨行星之间的二分性。同时，也能解释火星没有继续长大，而是停留在行星胚状态的现象。

除了太阳系的化学组成之外，我们还需要解释太阳系的结构及小行星带的成因。目前有两个模型可以解释。第一个是大转向（grand tack）模型。该模型认为小行星带原本比现在稠密得多，质量也大得多，但是由于木星和土星的轨道内迁及随后外迁时小行星带的物质变少，最终成为现在的状态。第二个模型认为小行星带的物质可能原本比现在更少，木星和土星不断把附近富含水的彗星和小行星散射到小行星带的外部，而地球等类地行星则将附近水含量较低的小行星散射到小行星带的内部。这两个模型都能解释小行星带和太阳系行星现在的轨道状态，但是第二个模型似乎可以更好地解释小行星带的物质分布特征。大转向模型的一个问题是大转向这一事件是什么时候发生的？前人认为晚期月表陨石密集撞击事件（late heavy bombardment）的时间就是最可能的时间（39 亿～ 37 亿年前），但现在很多研究不支持月球经历了这样一个密集撞击事件，而且这个最可能的时间实际上也太晚了。

另一个需要解释的问题是巨行星的成分。在前面的章节中已经提到木星的氮含量超过了太阳，因此人们推测木星原本形成的轨道应该更加靠外，氮可以冷凝结冰，进一步作为主要组分凝聚到木星上；随后木星的轨道再向内迁移。这个方案解释了木星第四和第五拉格朗日点上的特洛伊卫星，但是不能解释这些卫星的轨道倾角。另一个方案是砾石径向迁移的过程中本身就会发生物质的挥发，这也能够造成木星的氮含量高于太阳。

最后需要解释的是天王星和海王星的自转轴倾角。人们认为它们的自转轴倾角是原始天王星与一颗行星撞击导致的，同样的道理也适用于海王星。撞击虽然会将天王星和海王星的自转轴倾角撞歪，但是也会给它们带来很大的角动量，使得它们自转速度很快，目前看来天王星和海王星并不是这样的。因此，仅靠撞击还不能解释天王星和海王星的轨道状态。

18.8　行星种群合成

随着越来越多的系外行星被发现，人们意识到系外行星的类型繁多，绝大多数和太阳系的行星并不相同。面对如此多的系外行星，我们可以通过统计学的手段对它们进行分类研究。我们已对行星形成的原料有所了解，也了解了大量产物（即已经形成的恒星），此外我们还知道部分控制行星形成和演化的物理和化学过程。但是能观察到的正处于形成过程的系外行星的数目并不多（可能只有 PDS 70 系统及 AB Aur b），因此无法建立"原料 - 过程 - 产物"的完整链条。本节要介绍的内容就是如何建立普适统一的行星形成模型。这就要提到行星种群合成（planet population synthesis）的概念，即结合对行星种群分布的观察事实和对行星形成的物理化学过程的理论认识，通过模拟重现系外行星的统计分布规律。这有两个要求：一是需要理清每个阶段互相关联的物理过程；二是需要一个比较简化的行星形成和演化模型。如果模型太复杂，计算机模拟的难度会很大。

行星种群合成的根本假设是系外行星的多样性来源于原行星盘的多样性和行星形成过程自带的混沌属性。因此，不论这个模型及其模拟路径是什么，最终的大统一模型的模拟产物都必须包括类地行星到巨行星等太阳系或系外行星中的各类天体。行星形成过程中相互关联的物理过程的复杂性是模拟产物多样性的一个来源。原行星盘的多样性来源于初始参数的设定。行星合成模拟就是考虑不同的原行星盘及互相关联的物理过程如何影响最后的行星产物。图 18.9 所展示的

正是这样的过程。

第一步，模型的起始点是各个物理过程的具体细节，包括行星盘的结构、固体物质的量、气体吸积、公转轨道及行星与行星之间的相互作用过程等。把这些参数输入"终端 - 终端"的模型中，合成一个大统一模型，这样就可以模拟或预测可能形成的行星的类型。但是，从观测的角度来看，很多参数我们并不知道。尤其是系外行星系统，即便是非常核心的参数（如盘的质量、大小及寿命）也无法确定，因此需要通过统计行星盘参数的分布规律来设定行星盘初始值的边界条件。

第二步，模拟一个特定行星系统的结果。通过调整输入的参数，可以模拟出很多行星系统，进而就能够获得行星种群分布的特征。为了进一步量化模拟的合理性，还需要输入系外行星原行星盘的参数，模拟行星种群分布的影响。这一步的关键是要考虑利用不同理论和方法所获得的参数，而不是为了适配某个特殊的行星系统刻意选择参数。

第三步，将模拟的结果与真正观测到的系外行星分布进行对比。对比时应该考虑的参数包括行星种群的分布频率、质量，行星半径，行星到宿主恒星的轨道半径和偏心率，恒星的质量、年龄和金属丰度等。

考虑到行星形成过程的复杂性，模拟结果或许不能与观测结果的所有参数完全匹配。因此需要不断调整某个特定的模拟子系统，不断迭代，使之渐渐符合观测到的系外行星系统和太阳系特征。有时候我们会发现，模拟的结果可能和某类特定手段观测到的数据比较吻合，就可以继续改进这一观测手段，提供越来越严格的观测数据。这样不断迭代，就可以提高对行星形成的认识。

研究行星种群合成的开拓者是日本东京

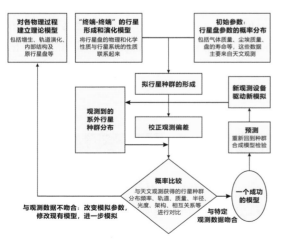

图 18.9　行星种群合成的工作流程图（Emsenhuber et al., 2023）

工业大学的井田茂（Shigeru Ida）、加利福尼亚大学圣克鲁斯分校的林潮（Douglas Lin）、伯尔尼大学的维利·本茨（Willy Benz）和扬恩·阿里别尔特（Yann Alibert），以及马克斯-普朗克天文学研究所的克里斯托夫·莫达西尼（Christoph Mordasini）等。他们都曾经在瑞士伯尔尼大学工作过，因此经典的行星形成和演化模型又叫作伯尔尼（Bern）模型（图 18.10）。

大部分参数在前面的章节中都介绍过，但是为了与前沿文献保持一致，我们需要重新梳理行星种群合成模型中需要的物理量及其表达式。

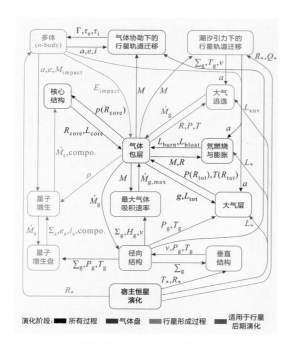

图 18.10　行星形成和演化模型（伯尔尼模型）（Emsenhuber et al.，2023）

模型罗列了行星种群合成模型可能用到的所有参数，箭头表示重要的物理或化学过程，不同颜色代表不同阶段，形成（formation）阶段最长的持续时间是 100 Ma；演化（evolution）阶段通常在 5 Ga 之内

18.8.1　原行星盘的参数

最小太阳星云质量（minimum mass solar nebula，MMSN）是我们需要考虑的第一个参数。最小太阳星云质量（Σ）指的是形成太阳系的行星所需要的最小的固体质量。

$$\Sigma = \Sigma_{10} f_{\mathrm{g}} \left(\frac{r}{10\ \mathrm{AU}} \right)^{-q} \quad （18.23）$$

式中，Σ_{10} 是标准化参数，在 MMSN 模型中，距离太阳 10 AU 的地方，$\Sigma_{10} = 75\ \mathrm{g/cm^2}$。MMSN 的内边界设置在距离太阳 0.04 AU 处。通常情况下，$q = 1$ 就能满足模拟条件。r 代表行星的轨道半径。

原行星盘透光层的温度分布为

$$T(\mathrm{K}) = 280 \left(\frac{r}{1\ \mathrm{AU}} \right)^{-\frac{1}{2}} \left(\frac{L_*}{L_\odot} \right)^{\frac{1}{4}} \quad （18.24）$$

式中，L_* 和 $L_\odot$ 分别代表宿主恒星和太阳的光度。雪线位置（a_{ice}）的温度 $T = 170\ \mathrm{K}$，反映到行星盘透光层的厚度为

$$a_{\mathrm{ice}} = 2.7 \left(\frac{L_*}{L_\odot} \right)^{\frac{1}{2}} \mathrm{AU} \quad （18.25）$$

考虑到恒星星云的黏性扩散和光蒸发作用，式（18.23）中的乘积因子 f_{g} 的表达式为

$$f_{\mathrm{g}} = f_{\mathrm{g},0} \exp \left(-\frac{t}{\tau_{\mathrm{dep}}} \right) \quad （18.26）$$

式中，τ_{dep} 代表行星盘的寿命，为 $10^6 \sim 10^7$ 年。

原行星盘的垂直结构表达式为

$$\frac{1}{\rho} \frac{\partial P}{\partial z} = -\Omega^2 z \quad （18.27）$$

式中，z 是垂直坐标系；ρ 是密度；P 是压力；Ω 是行星盘的角动量分布频率，其表达式为

$$\Omega^2 = \frac{GM_*}{r^3} \quad （18.28）$$

式中，G 是引力常数；M_* 是宿主恒星质量。

对于式（18.27），如果黏性扩散产生的能量与宿主恒星的能量达到平衡，那么辐射通量 ∂F 在垂直方向上的变化可以表达为

$$\frac{\partial F}{\partial z} = \frac{9}{4}\rho\vartheta\Omega^2 \qquad (18.29)$$

式中，ϑ 代表黏度（viscosity），其表达式为

$$\vartheta = \frac{\alpha c_s^2}{\Omega} \qquad (18.30)$$

式中，c_s 代表原行星盘的声速；α 代表黏度系数的一个数值解。

假定原行星盘透光层的厚度比较大，那么辐射通量本身可以表示为

$$F = -\frac{16\pi\sigma T^3}{3k\rho}\frac{\partial T}{\partial z} \qquad (18.31)$$

式中，T 是温度；k 是透光度；σ 是斯特藩 - 玻尔兹曼常数。

通过设定边界条件可以得到式（18.29）和式（18.31）的表达式为

$$P_s = \frac{\Omega^2 H \tau_{ab}}{k_s} \qquad (18.32)$$

$$F_s = \frac{3}{8\pi}\Omega^2\dot{M}_* \qquad (18.33)$$

$$2\sigma(T_s^4 - T_b^4) - \frac{\alpha k T_s \Omega}{8\mu m_H k_s} - \frac{3}{8\pi}\Omega^2\dot{M}_* = 0 \quad (18.34)$$

$$F(z=0) = 0 \qquad (18.35)$$

式中，下标 s 代表当 $z = H$ 时的取值；T_s 代表在该取值时的温度；τ_{ab} 代表从表面到 $z = H$ 的光学深度；T_b 代表背景温度；k 代表玻尔兹曼常数；μ 代表星云气体的平均分子量；m_H 代表氢原子的质量；$\dot{M}_*$ 代表中心恒星的增生速率：

$$\dot{M}_* \equiv 3\pi\tilde{\upsilon}\Sigma \qquad (18.36)$$

式中，$\tilde{\upsilon}$ 代表有效黏度系数；Σ 代表表面密度，其表达式分别为

$$\Sigma \equiv \int_{-H}^{H}\rho\,\mathrm{d}z \qquad (18.37)$$

$$\tilde{\upsilon} \equiv \frac{\int_{-H}^{H}\vartheta\rho\,\mathrm{d}z}{\Sigma} \qquad (18.38)$$

原行星盘的表面温度与中心恒星的辐射温度和非辐射温度有关：

$$T_s^4 = T_{s,\text{nonirr}}^4 + T_{s,\text{irr}}^4 \qquad (18.39)$$

式中，$T_{s,\text{noirr}}$ 代表非辐射温度，主要由黏性加热贡献；$T_{s,\text{irr}}$ 代表辐射温度，其表达式为

$$T_{s,\text{irr}} = T_*$$
$$\times\left[\frac{2}{3\pi}\left(\frac{R_*}{r}\right)^3 + \frac{1}{2}\left(\frac{R_*}{r}\right)^2\left(\frac{H_P}{r}\right)\left(\frac{\mathrm{d}\ln H_P}{\mathrm{d}\ln r} - 1\right)\right]^{\frac{1}{4}}$$
$$(18.40)$$

式中，R_* 代表恒星半径；r 代表行星到恒星的距离；H_P 代表行星盘垂直尺度上的压力，其表达式为

$$\rho(z = H_P) = e^{-\frac{1}{2}}\rho(z = 0) \qquad (18.41)$$

原行星盘的径向演化公式可以表达为

$$\frac{\partial\Sigma}{\partial t} = \frac{3}{r}\frac{\partial}{\partial r}\left\{r^{\frac{1}{2}}\frac{\partial}{\partial r}\left[\tilde{\upsilon}(\Sigma r)^{\frac{1}{2}}\right]\right\} + \Sigma_\omega(r) + \dot{Q}_{\text{planet}}$$
$$(18.42)$$

式中，$\Sigma_\omega(r)$ 代表由宿主恒星本身及邻近恒星造成的光蒸发效应；$\dot{Q}_{\text{planet}}$ 代表行星吸积星云气体的速率，这个可以在前面的公式中找到。

针对宿主恒星本身，如果恒星风比较弱，那么恒星从星云盘吸收的质量等于恒星风丢失的质量，在电离氢脱离恒星引力半径范围内，其表达式为

$$\Sigma_\omega(r) = 0 \qquad (18.43)$$

超过这个半径，表达式为

$$\Sigma_\omega(r) = 2c_{s,\text{II}}n_0(r)m_H \qquad (18.44)$$

式中，$c_{s,\text{II}}$ 代表原行星盘温度等于 10^4 K 时的声速；$n_0(r)$ 代表太阳风中的离子密度，它的表达式为

$$n_0(r) = n_0(R_{14})\left(\frac{r}{\beta_{\text{II}}R_{g,\text{II}}}\right)^{-\frac{5}{2}} \qquad (18.45)$$

式中，$R_{g,\text{II}}$ 代表宿主恒星内部的某个半径；β_{II} 代表衡量尺度内已经失去的恒星质量的一个参数；(n_0) 是标准化半径 (R_{14}) 处的离子密度 n_0。

邻近恒星的光蒸发作用的表达式为

$$\Sigma_{\omega,\text{ext}} = \begin{cases} 0, & r \leqslant \beta_I R_{g,I} \\ \dfrac{\dot{M}_{\text{wind,ext}}}{\pi(R_{\max}^2 - \beta_I^2 R_{g,I}^2)}, & r > \beta_I R_{g,I} \end{cases} \quad (18.46)$$

式中，$R_{g,I}$ 代表中性氢原子逃离恒星引力的半径，通常假设恒星的质量等于太阳质量，温度为 1000 K 或者距离恒星为 140 AU；$\dot{M}_{\text{wind,ext}}$ 代表通过光蒸发丢失的总质量；$R_{\max}$ 是一个设定的邻近恒星所影响的最大范围。

18.8.2　星子增生盘的参数

星子增生盘指的是星子吸积过程中的物质供给盘（feeding zone）。目前人们研究了两类星子，即岩石质星子和冰质星子。在雪线之内就是岩石质星子，雪线（a_{ice}）及雪线之外就是冰质星子。雪线指的是原行星盘中水还是结冰的轨道区域，通常温度为 160 ~ 170 K。但即便是冰质星子，它也有大约 25% 的岩石。

考虑到原行星盘中固体物质的径向分布，星子的表面密度表达式为

$$\Sigma_s = \Sigma_{s,10} \eta_{\text{ice}} f_d \left(\frac{r}{10\ \text{AU}} \right)^{-q_s} \quad (18.47)$$

式中，在 MMSN 模型中，距离太阳 10 AU 的地方，$\Sigma_{s,10} = 0.32\ \text{g/cm}^2$。当 $r < a_{\text{ice}}$ 时，$\eta_{\text{ice}} = 1$；当 $r > a_{\text{ice}}$ 时，$\eta_{\text{ice}} = 4.2$；$q_s = 1.5$。f_d 代表增生盘中尘埃的量，其表达式为

$$f_{d,0} = f_{g,0} 10^{[\text{Fe/H}]} \quad (18.48)$$

式中，$f_{d,0}$ 和 $f_{g,0}$ 分别代表尘埃和气体的初始比例，[Fe/H] 代表原行星盘的金属性。

18.8.3　固体增生过程

原行星的增生可以用增生时长来表示，而增生时长可以通过原行星的质量（M_c）、轨道半长轴（a）及局部表面密度来表示：

$$\tau_{c,\text{acc}}(a) = 3.5 \times 10^5 \eta_{\text{ice}}^{-1} f_d^{-1} f_g^{-\frac{2}{5}} \left(\frac{a}{1\ \text{AU}} \right)^{\frac{5}{2}}$$
$$\times \left(\frac{M_c}{M_\oplus} \right)^{\frac{1}{3}} \left(\frac{M_*}{M_\odot} \right)^{\frac{1}{6}} \quad (18.49)$$

18.8.4　行星之间的相互作用

在早期的行星种群合成中不考虑行星之间的相互作用，因为这个过程很复杂。但是，行星之间的相互作用是塑造行星的重要过程，因此现在的研究都开始考虑这一因素。Alibert 等用式（18.50）描述行星之间的相互作用。

$$\ddot{r}_i = -G(M_* + m_i)r_i - G \sum_{i=1,j \neq i}^{n} m_j \left\{ \frac{r_i - r_j}{|r_i - r_j|^3} + r_j \right\} \quad (18.50)$$

式中，$i, j = 1,2,3,4\cdots N$；m_i 和 m_j 代表两颗行星的质量；M_* 代表中心恒星的质量；r_i 和 r_j 代表两颗行星相对于中心恒星的位置。

18.8.5　行星与原行星盘的相互作用

除了行星之间的相互作用之外，还需要考虑行星和原行星盘的相互作用。我们把行星和原行星盘的相互作用分为两类来考虑，第一类是行星的轨道迁移，第二类是原行星盘的开沟。行星的轨道迁移也分两类，第一类是行星的质量比较小，不能对原行星盘造成开沟；第二类是行星的质量比较大，造成了原行星盘的开沟。我们现在只考虑行星的质量比较小的情形，行星轨道迁移的时长可以表示为

$$\tau_{\mathrm{mig}}(a) = \frac{a}{\dot{a}}$$

$$= \frac{1}{C_1} \frac{1}{3.81} \left(\frac{c_s}{a\Omega_\mathrm{K}}\right)^2 \frac{M_*}{M_{\mathrm{planet}}} \frac{M_*}{a^2 \sum_g} \Omega_\mathrm{K}^{-1}$$

$$\approx 1.5 \times 10^5 \frac{1}{C_1 f_g} \left(\frac{M_c}{M_\oplus}\right)^{-1} \left(\frac{a}{1\,\mathrm{AU}}\right) \left(\frac{M_*}{M_\odot}\right)^{\frac{3}{2}}$$

（18.51）

式中，C_1 是人为参数，用来检验轨道迁移尺度；a 和 $\dot{a}$ 分别代表行星轨道迁移前后的半长轴。如果 $C_1 < 1$，说明行星的轨道迁移速度很慢。通常情况下取 $C_1 = 1$。

第二类行星轨道迁移和原行星盘的开沟相关，在讨论原行星盘开沟的同时，还要考虑行星轨道的迁移。原行星盘的开沟不仅可以影响行星的增生过程，还可以影响行星的轨道迁移机制。行星的引力扭矩迫使原行星盘开沟，与此同时黏性扩散和压力梯度又会抑制原行星盘开沟，因此需要考虑的情形是行星的质量大到什么程度会超过黏性扩散和压力梯度的影响，这个就是行星的临界开沟质量：

$$M_{\mathrm{planet}} > M_{\mathrm{g,vis}} \approx \frac{40M_*}{Re}$$

$$\approx 40\alpha \left(\frac{H_{\mathrm{disk}}}{a}\right)^2 M_*$$

$$\approx 30 \frac{\alpha}{10^{-3}} \left(\frac{a}{1\,\mathrm{AU}}\right)^{\frac{1}{2}} \times \left(\frac{L_*}{L_\odot}\right)^{\frac{1}{4}} M_\oplus$$

（18.52）

式中，Re 代表雷诺数。如果沟的半宽度小于行星所在处原行星盘的厚度，那么沟就会闭合。沟的半宽度从理论上说应该和行星的希尔半径一致。

前面的小节已详细介绍了行星种群合成所需要的物理参数。如图 18.11 所示，目前

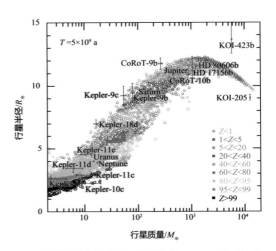

图 18.11　行星种群合成与系外行星数据对比（Benz et al., 2014）
Z 指重元素质量与行星质量的比例

已有的模拟数据表明，调整上述参数和初始条件，可以大致重现系外行星某些分布特征。Exoplanet Population Observation Simulator（EPOS）[1] 是一款基于 Python 3 的行星种群合成模拟程序，感兴趣的同学可以自行调试。总体而言，行星种群合成模拟是复杂物理系统的一种理想型简化，虽然无法包含所有的参数，但是包含了重要的物理参数，也可以大致重现观测事实。正如本章所提到的，有关原行星盘的结构、尘埃及气体的迁移规律依然没有理清，尤其是在尘埃层面。此外，我们还没有考虑原行星盘的化学分带，也就是太阳系陨石所表现出来的 NC 和 CC 的二分性。再者，目前模型中假设原行星盘的沟空空如也，也就是说里面没有什么重要的过程发生，但是这可能并不符合真实的物理情形。因此，将来的行星种群合成还需要在这些或者其他方面进行突破。

至此，不仅本章要结束了，本书也到了最后的阶段。相信读到这里，大家已经意识到行星科学领域还有很多关键问题没有解决，

① https://epos.readthedocs.io/en/latest/。

甚至有些基本理论框架都还有调整的空间。具体到本章，有以下几点对我们来说是新的发现。第一，行星形成的起始时间可能很早，可能在 Class 0 或 Class Ⅰ 就开始了，而不用等到 Class Ⅱ。第二，关于星子的形成，现在我们意识到了砾石增生的重要性。第三，ALMA的观测表明原行星盘可能在时间和空间上都存在局部的不均一性，而目前的模型中对这一特点的考虑尚不周全。行星形成本身是一个很复杂的过程，随着系外行星数据的增多及对原行星盘的观测，关于行星形成的理论将不断得到丰富。这是值得期待的。

• 习题与思考 •

假定有一个原行星盘。

（1）如果在距离宿主恒星 2 AU 处有一个毫米级尘埃，它一面顶着"迎头风"，一面围绕宿主恒星做次开普勒运动。请问在这种情况下，该尘埃经历何种空气动力学机制？斯托克斯状态还是爱泼斯坦状态？为什么？

（2）尘埃不断凝聚成长为星子，星子进而成长为行星。本书中介绍了星子成长为行星的两种途径，请详细描述这两种不同的路径，并用卡通图画出。

主 要 参 考 文 献[①]

第三章　行星诞生的场所

Eisner J，2007．Water vapour and hydrogen in the terrestrial-planet-forming region of a protoplanetary disk[J]. Nature，447（7144）：562-564.

第五章　太阳

Anders E，Grevesse N，1989. Abundance of the elements：Meteoritic and solar[J]. Geochimica et Cosmochimica Acta，53（1）：197-214.

Leibacher J W，Stein R F，1971. A new description of the solar five-minute oscillation[J]. Astropgysical Letters，7：191-192.

Leighton R B，Noyes R W，Simon G W，1962. Velocity fields in the solar atmosphere. Ⅰ. Preliminary report[J]. The Astrophysical Journal，135：474-498.

Ross J E，Aller L H，1976. The chemical composition of the Sun[J]. Science，191（4233）：1223-1229.

Russell H N，1929. On the composition of the Sun's atmosphere[J]. The Astrophysical Journal，70：11-82.

Pagel B，2009. Nucleosynthesis and chemical evolution of galaxies[M]. Cambridge：Cambridge University Press.

Ulrich R K，1970. The five-minute oscillations on the solar surface[J]. The Astrophysical Journal，162：993-1002.

第六章　天体的运行

理论推导

Gleisner F，2013. Three solutions to the two-body problem[D]. Kalmar：Linnaeus University.

Goldstein H，Poole C，Safko J，2002. Classical mechanics[M]. 3rd ed. New York：Pearson.

Hahn A J，2020. Basic calculus of planetary orbits and interplanetary flight：The missions of the Voyagers，Cassini，and Juno[M]. Zug：Springer International Publishing.

Larrouturou F，2021. Analytical methods for the study of the two-body problem，and alternative theories of gravitation[D]. Paris：Sorbonne University.

数值模拟多体问题

Onori E，2001. Elementary celestial mechanics using Matlab[J]. Computing in Science and Engineering，3（6）：48-53.

[①]　本书的主要参考文献不仅包括正文引用，还补充了部分有价值的参考资料，供读者参考使用。此外，主要参考文献按照知识点罗列，与正文章节不严格一一对应。

第七章　地球

地幔柱与地球内部结构

Courtillot V，Olson P，2007. Mantle plumes link magnetic superchrons to phanerozoic mass depletion events[J]. Earth and Planetary Science Letters，260（3-4）：495-504.

Courtillot V E，Renne P R，2003. On the ages of flood basalt events[J]. Comptes Rendus Geoscience，335（1）：113-140.

French S W，Romanowicz B，2015. Broad plumes rooted at the base of the Earth's mantle beneath major hotspots[J]. Nature，525（7567）：95-99.

Hamblin W K，Christiansen E H，2003. Earth's dynamic systems[M]. London：Pearson Education：740.

Romanowicz B，2008. Using seismic waves to image Earth's internal structure[J]. Nature，451（7176）：266-268.

Romanowicz B，2017. The buoyancy of Earth's deep mantle[J]. Nature，551（7680）：308-309.

Song X D，Richards P G，1996. Seismological evidence for differential rotation of the Earth's inner core[J]. Nature，382（6588）：221-224.

Vine F J，Matthews D H，1963. Magnetic anomalies over oceanic ridges[J]. Nature，199（4897）：947-949.

Wei S S，Shearer P M，Lithgow-Bertelloni C，et al.，2020. Oceanic plateau of the Hawaiian mantle plume head subducted to the uppermost lower mantle[J]. Science，370（6519）：983-987.

地核成分

Anderson O L，Isaak D G，2002. Another look at the core density deficit of Earth's outer core[J]. Physics of the Earth and Planetary Interiors，131（1）：19-27.

Hirose K，Wood B，Vočadlo L，2021. Light elements in the Earth's core[J]. Nature Reviews Earth and Environment，2（9）：645-658.

Lin J F，Heinz D L，Campbell A J，et al.，2002. Iron-nickel alloy in the Earth's core[J]. Geophysical Research Letters，29（10）：109-1-109-3.

地磁场与地球发电机

Elsasser W M，1957. The terrestrial dynamo[J]. Proceedings of the National Academy of Sciences of the United States of America，43（1）：14-24.

Elsasser W M，1958. The Earth as a dynamo[J]. Scientific American，198（5）：44-49.

Korte M，Mandea M，2019. Geomagnetism：From Alexander von Humboldt to current challenges[J]. Geochemistry，Geophysics，Geosystems，20（8）：3801-3820.

Tarduno J A，Cottrell R D，Bono R K，et al.，2023. Hadaean to Palaeoarchaean stagnant-lid tectonics revealed by zircon magnetism[J]. Nature，618（7965）：531-536.

地球的元素含量与同位素特征

Fischer-Gödde M，Elfers B M，Münker C，et al.，2020. Ruthenium isotope vestige of Earth's pre-late-veneer mantle preserved in Archaean rocks[J]. Nature，579（7798）：240-244.

Hofmann A W，White W M，1983. Ba，Rb and Cs in the Earth's mantle[J]. Zeitschrift für Naturforschung A，38（2）：256-266.

Nie N X，Wang D，Torrano Z A，et al.，2023. Meteorites have inherited nucleosynthetic anomalies of potassium-40 produced in supernovae[J]. Science，379（6630）：372-376.

Onyett I J，Schiller M，Makhatadze G V，et al.，2023. Silicon isotope constraints on terrestrial planet accretion[J]. Nature，619：539-544.

Palme H，O'Neill H，2014. Cosmochemical estimates of mantle composition[M]//Holland H D，Turekian K K. Treatise on Geochemistry. 2nd ed. Oxford：Elsevier.

Patterson C，1956. Age of meteorites and the Earth[J]. Geochimica et Cosmochimica Acta，10（4）：230-237.

Tang M，Chen K，Rudnick R L，2016. Archean upper crust transition from mafic to felsic marks the onset of plate tectonics[J]. Science，351（6271）：372-375.

Wood B J，Smythe D J，Harrison T，2019. The condensation temperatures of the elements：A reappraisal[J]. American Mineralogist：Journal of Earth and Planetary Materials，104（6）：844-856.

地球的大气层与海洋

Holland H D，Lazar B，McCaffrey M，1986. Evolution of the atmosphere and oceans[J]. Nature，320（6057）：27-33.

Owen J E，Wu Y Q，2016. Atmospheres of low-mass planets：The "boil-off"[J]. The Astrophysical Journal，817（2）：107.

Young E D，Shahar A，Schlichting H E，2023. Earth shaped by primordial H_2 atmospheres[J]. Nature，616（7956）：306-311.

Zahnle K，Schaefer L，Fegley B，2010. Earth's earliest atmospheres[J]. Cold Spring Harbor Perspectives in Biology，2（10）：a004895.

地球的形成

Dauphas N，2017. The isotopic nature of the Earth's accreting material through time[J]. Nature，541（7638）：521-524.

Minarik B，2003. The core of planet formation[J]. Nature，422（6928）：126-127.

第八章　月球

月球岩石与地质

Hiesinger H，Head Ⅲ J W，2006. New views of lunar geoscience：An introduction and overview[J]. Reviews in Mineralogy and Geochemistry，60（1）：1-81.

Jaumann R，Hiesinger H，Anand M，et al.，2012. Geology，geochemistry，and geophysics of the Moon：Status of current understanding[J]. Planetary and Space Science，74（1）：15-41.

Nakamura Y，Latham G V，Dorman H J，1982. Apollo lunar seismic experiment-final summary[J]. Journal of Geophysical Research：Solid Earth，87（S01）：A117-A123.

Ruzicka A，Snyder G A，Taylor L A，2001. Comparative geochemistry of basalts from the Moon，Earth，HED asteroid，and Mars：Implications for the origin of the Moon[J]. Geochimica et Cosmochimica Acta，65（6）：979-997.

Shearer C K，Hess P C，Wieczorek M A，et al.，2006. Thermal and magmatic evolution of the Moon[J]. Reviews in Mineralogy and Geochemistry，60（1）：365-518.

Smith J V，Anderson A T，Newton R C，et al.，1970. A petrologic model for the Moon based on petrogenesis，experimental petrology，and physical properties[J]. The Journal of Geology，78（4）：381-405.

Wood J A，Dickey J S，Jr，Marvin U B，et al.，1970. Lunar anorthosites[J]. Science，167（3918）：602-604.

陨石坑

Bottke W F，Norman M D，2017. The late heavy bombardment[J]. Annual Review of Earth and Planetary Sciences，45：619-647.

Cohen B A，Swindle T D，Kring D A，2005. Geochemistry and ^{40}Ar-^{39}Ar geochronology of impact-melt clasts in feldspathic lunar meteorites：Implications for lunar bombardment history[J]. Meteoritics and Planetary Science，40（5）：755-777.

Hartmann W K，2019. History of the terminal cataclysm paradigm：Epistemology of a planetary bombardment that never（?）happened[J]. Geosciences，9（7）：285.

Guo G，Liu J，Head Ⅲ J W，et al.，2024. A lunar time scale from the perspective of the Moon's dynamic evolution[J]. Science China Earth Sciences，67（1）：234-251.

Kring D A，2017. Guidebook to the geology of Barringer Meteorite Crater，Arizona（a. k. a. Meteor Crater）[M]. 2nd ed. Houston：Lunar and Planetary Institute.

Lowe D R，Byerly G R，2018. The terrestrial record of late heavy bombardment[J]. New Astronomy Reviews，81：39-61.

Neukum G，Ivanov B A，1994. Crater size distributions and impact probabilities on Earth from lunar，terrestrial-planet，and asteroid cratering data[M]//Gehrels T，Matthews M S，Schumann A. Hazards due to comets and asteroids，space science series. Tucson：University of Arizona Press：359.

Neukum G，Ivanov B A，Hartmann W K，2001. Cratering records in the inner solar system in relation to the lunar reference system[J]. Space Science Reviews，96（1）：55-86.

Robbins S J，2019. A new global database of lunar impact craters >1-2 km：1. Crater locations and sizes，comparisons with published databases，and global analysis[J]. Journal of Geophysical Research：Planets，124（4）：871-892.

岩浆洋

Borg L E，Connelly J N，Boyet M，et al.，2011. Chronological evidence that the Moon is either young or did not have a global magma ocean[J]. Nature，477（7362）：70-72.

Borg L E，Carlson R W，2023. The evolving chronology of Moon formation[J]. Annual Review of Earth and Planetary Sciences，51：25-52.

Elkins-Tanton L T，Burgess S，Yin Q Z，2011. The lunar magma ocean：Reconciling the solidification process with lunar petrology and geochronology[J]. Earth and Planetary Science Letters，304（3-4）：326-336.

Warren P H，1985. The magma ocean concept and lunar evolution[J]. Annual Review of Earth and Planetary Sciences，13（1）：201-240.

月球形成大碰撞

Arai T，Takeda H，Yamaguchi A，et al.，2008. A new model of lunar crust：Asymmetry in crustal composition and evolution[J]. Earth，Planets and Space，60：433-444.

Arakawa S，Hyodo R，Genda H，2019. Early formation of moons around large trans-Neptunian objects via giant impacts[J]. Nature Astronomy，3（9）：802-807.

Cameron A G W，Ward W R，1976. The origin of the Moon[J]. Abstracts of the Lunar and Planetary Science Conference，7：120-122.

Cano E J，Sharp Z D，Shearer C K，2020. Distinct oxygen isotope compositions of the Earth and Moon[J]. Nature Geoscience，13（4）：270-274.

Canup R M，Righter K，2000. Origin of the Earth and Moon[M]. Tucson：University of Arizona Press.

Canup R M，Asphaug E，2001. Origin of the Moon in a giant impact near the end of the Earth's formation[J]. Nature，412（6848）：708-712.

Day J M D，Brandon A D，Walker R J，2016. Highly siderophile elements in Earth，Mars，the Moon，and asteroids[J]. Reviews in Mineralogy and Geochemistry，81（1）：161-238.

Drake M J，1983. Geochemical constraints on the origin of the Moon[J]. Geochimica et Cosmochimica Acta，47（10）：1759-1767.

Fischer M，2021. Triple oxygen isotope study on the Earth-Moon system[D]. Göttingen：University of Göttingen.

Fu H R，Jacobsen S B，Sedaghatpour F，2023. Moon's high-energy giant-impact origin and differentiation timeline inferred from Ca and Mg stable isotopes[J]. Communications Earth and Environment，4（1）：307.

Gabriel T S J，Cambioni S，2023. The role of giant impacts in planet formation[J]. Annual Review of Earth and Planetary Sciences，51：671-695.

Herwartz D，Pack A，Friedrichs B，et al.，2014. Identification of the giant impactor Theia in lunar rocks[J]. Science，344（6188）：1146-1150.

Ida S，Canup R M，Stewart G R，1997. Lunar accretion from an impact-generated disk[J]. Nature，389（6649）：353-357.

Johnston S，Brandon A，Mcleod C，et al.，2022. Nd isotope variation between the Earth-Moon system and enstatite chondrites[J]. Nature，611（7936）：501-506.

Kruijer T S，Kleine T，Fischer-Gödde M，et al.，2015. Lunar tungsten isotopic evidence for the late veneer[J]. Nature，2015，520（7548）：534-537.

Lock S J，Stewart S T，Petaev M I，et al.，2018. The origin of the Moon within a terrestrial synestia[J]. Journal of Geophysical Research：Planets，123（4）：910-951.

Lock S J，Bermingham K R，Parai R，et al.，2020. Geochemical constraints on the origin of the Moon and preservation of ancient terrestrial heterogeneities[J]. Space Science Reviews，216（6）：109.

Tartèse R，Sossi P A，Moynier F，2021. Conditions and extent of volatile loss from the Moon during formation of the Procellarum basin[J]. Proceedings of the National Academy of Sciences，118（12）：e2023023118.

Thiemens M M，Sprung P，Fonseca R O C，et al.，2019. Early Moon formation inferred from hafnium-tungsten systematics[J]. Nature Geoscience，12（9）：696-700.

Touboul M，Puchtel I S，Walker R J，2015. Tungsten isotopic evidence for disproportional late accretion to the Earth and Moon[J]. Nature，520（7548）：530-533.

Wang K，Jacobsen S B，2016. Potassium isotopic evidence for a high-energy giant impact origin of the Moon[J]. Nature，538（7626）：487-490.

Wiechert U，Halliday A N，Lee D C，et al.，2001. Oxygen isotopes and the Moon-forming giant impact[J]. Science，294（5541）：345-348.

Hartmann W K，Davis D R，1975. Satelite-sized planetesimals and lunar origin[J]. Icarus，24（4）：504-515.

Young E D，Kohl I E，Warren P H，et al.，2016. Oxygen isotopic evidence for vigorous mixing during the Moon-forming giant impact[J]. Science，351（6272）：493-496.

嫦娥五号

Gu L X，Chen Y J，Xu Y C，et al.，2022. Space weathering of the Chang'e-5 lunar sample from a mid-high latitude region on the Moon[J]. Geophysical Research Letters，49（7）：e2022GL097875.

Jiang Y，Kang J T，Liao S Y，et al.，2023. Fe and Mg isotope compositions indicate a hybrid mantle source for young Chang'e-5 mare basalts[J]. The Astrophysical Journal Letters，945（2）：L26.

Luo B J，Wang Z C，Song J L，et al.，2023. The magmatic architecture and evolution of the Chang'e-5 lunar basalts[J]. Nature Geoscience，16（4）：301-308.

Tian H C，Wang H，Chen Y，et al.，2021. Non-KREEP origin for Chang'e-5 basalts in the Procellarum KREEP terrane[J]. Nature，600（7887）：59-63.

Zong K Q，Wang Z C，Li J W，et al.，2022. Bulk compositions of the Chang'e-5 lunar soil：Insights into chemical homogeneity，exotic addition，and origin of landing site basalts[J]. Geochimica et Cosmochimica Acta，335：284-296.

第九章　火星

火星地质

Carr M H，Head Ⅲ J W，2010. Geologic history of Mars[J]. Earth and Planetary Science Letters，294（3-4）：185-203.

Hartmann W K，Neukum G，2001. Cratering chronology and the evolution of Mars[J]. Space Science Reviews，96（1-4）：165-194.

Rossi A P，Van Gasselt S，2010. Geology of Mars after the first 40 years of exploration[J]. Research in Astronomy and Astrophysics，10（7）：621-652.

Tanaka K L，1986. The stratigraphy of Mars[J]. Journal of Geophysical Research：Solid Earth，91（B13）：139-158.

火星大气

Alday J，Wilson C F，Irwin P G J，et al.，2021. Isotopic composition of CO_2 in the atmosphere of Mars：Fractionation by diffusive separation observed by the ExoMars trace gas orbiter[J]. Journal of Geophysical Research：Planets，126（12）：e2021JE006992.

Banfield D，Spiga A，Newman C，et al.，2020. The atmosphere of Mars as observed by InSight[J]. Nature Geoscience，13（3）：190-198.

Jakosky B M，Slipski M，Benna M，et al.，2017. Mars' atmospheric history derived from upper-atmosphere measurements of ^{38}Ar-^{36}Ar[J]. Science，355（6332）：1408-1410.

天体生物学

Allwood A C，Rosing M T，Flannery D T，et al.，2018. Reassessing evidence of life in 3700-million-year-old rocks of Greenland[J]. Nature，563（7730）：241-244.

Bosak T，Moore K R，Gong J，et al.，2021. Searching for biosignatures in sedimentary rocks from early Earth and Mars[J]. Nature Reviews Earth and Environment，2（7）：490-506.

Brack A，1996. Why exobiology on Mars?[J]. Planetary and Space Science，44（11）：1435-1440.

Brasier M，Green O R，Jephcoat A P，et al.，2002. Questioning the evidence for Earth's oldest fossils[J]. Nature，416（6876）：76-81.

Ehlmann B L，Edwards C S，2014. Mineralogy of the Martian surface[J]. Annual Review of Earth and Planetary Sciences，42：291-315.

Grady M M，2020. Exploring Mars with returned samples[J]. Space Science Reviews，216（4）：51.

Grotzinger J P，Rothman D H，1996. An abiotic model for stromatolite morphogenesis[J]. Nature，383（6599）：423-425.

House C H，Wong G M，Webster C R，et al.，2022. Depleted carbon isotope compositions observed at Gale crater，Mars[J]. Proceedings of the National Academy of Sciences，119（4）：e2115651119.

McKay D S，Gibson E K，Jr，Thomas-Keprta K L，et al.，1996. Search for past life on Mars：Possible relic biogenic activity in Martian meteorite ALH84001[J]. Science，273（5277）：924-930.

Mojzsis S J，Arrhenius G，McKeegan K D，et al.，1996. Evidence for life on Earth before 3800 million years ago[J]. Nature，384（6604）：55-59.

Schopf J W，1993. Microfossils of the Early Archean Apex chert：New evidence of the antiquity of life[J]. Science，260（5108）：640-646.

火星地震

Giardini D，Lognonné P，Banerdt W B，et al.，2020. The seismicity of Mars[J]. Nature Geoscience，13（3）：205-212.

Irving J C E，Lekić V，Durán C，et al.，2023. First observations of core-transiting seismic phases on Mars[J]. Proceedings of the National Academy of Sciences，120（18）：e2217090120.

Khan A，Ceylan S，van Driel M，et al.，2021. Upper mantle structure of Mars from InSight seismic data[J]. Science，373（6553）：434-438.

Kim D，Duran C，Giardini D，et al.，2023. Global crustal thickness revealed by surface waves orbiting Mars[J]. Geophysical Research Letters，50（12）：e2023GL103482.

Knapmeyer-Endrun B，Panning M P，Bissig F，et al.，2021. Thickness and structure of the Martian crust from InSight seismic data[J]. Science，373（6553）：438-443.

Le Maistre S，Rivoldini A，Caldiero A，et al.，2023. Spin state and deep interior structure of Mars from InSight radio tracking[J]. Nature，619：733-737.

Lognonné P，Banerdt W B，Clinton J，et al.，2023. Mars seismology[J]. Annual Review of Earth and Planetary Sciences，51：643-670.

Stähler S C，Khan A，Banerdt W B，et al.，2021. Seismic detection of the Martian core[J]. Science，373（6553）：443-448.

火星形成

Khan A，Liebske C，Rozel A，et al.，2018. A geophysical perspective on the bulk composition of Mars[J]. Journal of Geophysical Research：Planets，123（2）：575-611.

Lodders K，Fegley B，Jr，1997. An oxygen isotope model for the composition of Mars[J]. Icarus，126（2）：373-394.

McSween H Y，Jr，1985. SNC meteorites：Clues to Martian petrologic evolution?[J]. Reviews of Geophysics，23（4）：391-416.

Wänke H，Dreibus G，1988. Chemical composition and accretion history of terrestrial planets[J]. Philosophical Transactions of the Royal Society of London，325（1587）：545-557.

Wänke H，1991. Chemistry，accretion，and evolution of Mars[J]. Space Science Reviews，56（1-2）：1-8.

Wänke H，Dreibus G，1994. Chemistry and accretion history of Mars[J]. Philosophical Transactions of the Royal Society of London，349（1690）：285-293.

Warren P H，2011. Stable-isotopic anomalies and the accretionary assemblage of the Earth and Mars：A subordinate role for carbonaceous chondrites[J]. Earth and Planetary Science Letters，311（1-2）：93-100.

Yoshizaki T，McDonough W F，2020. The composition of Mars[J]. Geochimica et Cosmochimica Acta，273：137-162.

第十章　金星

金星地质

Basilevsky A T，Head Ⅲ J W，1988. The geology of Venus[J]. Annual Review of Earth and Planetary Sciences，16（1）：295-317.

Basilevsky A T，Head Ⅲ J W，2003. The surface of Venus[J]. Reports on Progress in Physics，66（10）：1699.

Hanmer S，2023. Basic structural geology of Venus：A review of the gaps and how to bridge them[J]. Earth-Science Reviews，237：104331.

Hansen J E，Hovenier J W，1974. Interpretation of the polarization of Venus[J]. Journal of the Atmospheric Sciences，31（4）：

1137-1160.

Head Ⅲ J W, Crumpler L S, 1990. Venus geology and tectonics: Hotspot and crustal spreading models and questions for the Magellan mission[J]. Nature, 346（6284）: 525-533.

Margot J L, Campbell D B, Giorgini J D, et al., 2021. Spin state and moment of inertia of Venus[J]. Nature Astronomy, 5（7）: 676-683.

Roberts J A, 1963. Radio emission from the planets[J]. Planetary and Space Science, 11（3）: 221-259.

Saunders R S, Arvidson R E, Head Ⅲ J W, et al., 1991. An overview of Venus geology[J]. Science, 252（5003）: 249-252.

金星大气

Cordiner M A, Villanueva G L, Wiesemeyer H, et al., 2022. Phosphine in the Venusian atmosphere: a strict upper limit from SOFIA/GREAT observations[J]. Geophysical Research Letters, 49（22）: e2022GL101055.

Hoyle F, 1955. Frontiers of astronomy[M]. New York: Harper and Brothers.

Hoffman J H, Keating G M, Niemann H, et al., 1977. Composition and structure of the atmosphere of Venus[J]. Space Science Reviews, 20: 307-327.

Limaye S S, Grassi D, Mahieux A, et al., 2018. Venus atmospheric thermal structure and radiative balance[J]. Space Science Reviews, 214: 1-71.

Roberets J A, 1963. Radio emission from the planets[J]. Planetary and Space Science, 11（3）: 221-259.

Sagan C, 1961. The planet Venus: Recent observations shed light on the atmosphere, surface, and possible biology of the nearest planet[J]. Science, 133（3456）: 849-858.

金星生命

Akins A B, Lincowski A P, Meadows V S, et al., 2021. Complications in the ALMA detection of phosphine at Venus[J]. The Astrophysical Journal Letters, 907（2）: L27.

Greaves J S, Richards A, Bains W, et al., 2021. Phosphine gas in the cloud decks of Venus[J]. Nature Astronomy, 5（7）: 655-664.

Lincowski A P, Meadows V S, Crisp D, et al., 2021. Claimed detection of PH_3 in the clouds of Venus is consistent with mesospheric SO_2[J]. The Astrophysical Journal Letters, 908（2）: L44.

金星形成

Greenwood R C, Anand M, 2020. What is the oxygen isotope composition of Venus? The scientific case for sample return from Earth's "sister" planet[J]. Space Science Reviews, 216（4）: 52.

O'Rourke J G, Wilson C F, Borrelli M E, et al., 2023. Venus, the planet: Introduction to the evolution of Earth's sister planet[J]. Space Science Reviews, 219（1）: 10.

第十一章　水星

水星大气

Bida T A, Killen R M, Morgan T H, 2000. Discovery of calcium in Mercury's atmosphere[J]. Nature, 404（6774）: 159-161.

Leblanc F, Schmidt C, Mangano V, et al., 2022. Comparative Na and K Mercury and Moon exospheres[J]. Space Science Reviews, 218（1）: 2.

Potter A E, Morgan T H, 1997. Sodium and potassium atmospheres of Mercury[J]. Planetary and space science, 45（1）: 95-100.

水星地质与地球化学

Head Ⅲ J W, Chapman C R, Domingue D L, et al., 2007. The geology of Mercury: The view prior to the MESSENGER mission[J]. Space Science Reviews, 131: 41-84.

Kinczyk M J, Prockter L M, Byrne P K, et al., 2019. The first global geological map of Mercury[J]. EPSC-DPS Joint Meeting, 13: 1045.

Nittler L R, Chabot N L, Grove T L, et al., 2018. The chemical composition of Mercury[M]//Solomon S C, Nittler L R,

Anderson B J. Mercury：The view after MESSENGER. Cambridge：Cambridge University Press.

Nittler L R，Frank E A，Weider S Z，et al.，2020. Global major-element maps of Mercury from four years of MESSENGER X-ray spectrometer observations[J]. Icarus，345：113716.

Prockter L M，Head Ⅲ J W，Byrne P K，et al.，2015. The first global geological map of Mercury[J]. AGU Fall Meeting Abstracts：P53A-2106.

Rothery D，Marinangeli L，Anand M，et al.，2010. Mercury's surface and composition to be studied by BepiColombo[J]. Planetary and Space Science，58（1-2）：21-39.

Schon S C，Head Ⅲ J W，Baker D M H，et al.，2011. Eminescu impact structure：Insight into the transition from complex crater to peak-ring basin on Mercury[J]. Planetary and Space Science，59（15）：1949-1959.

Shchipansky A A，2016. Boninites through time and space：Petrogenesis and geodynamic setting[J]. Geodynamics and Tectonophysics，7（2）：143-172.

水星内部圈层与水星形成

Beatty J K，Petersen C C，Chaikin A，et al.，1999. The new solar system[M]. Cambridge：Cambridge University Press.

Cameron A G W，1985. The partial volatilization of Mercury[J]. Icarus，64（2）：285-294.

Fegley B，Jr，Cameron A G W，1987. A vaporization model for iron/silicate fractionation in the Mercury protoplanet[J]. Earth and Planetary Science Letters，82（3-4）：207-222.

Lark L H，Parman S，Huber C，et al.，2022. Sulfides in Mercury's mantle：Implications for Mercury's interior as interpreted from moment of inertia[J]. Geophysical Research Letters，49（6）：e2021GL096713.

Rivoldini A，Van Hoolst T，Verhoeven O，2009. The interior structure of Mercury and its core sulfur content[J]. Icarus，201（1）：12-30.

Wetherill G W，1988. Accumulation of Mercury from planetesimals[J]. Mercury，1988：670-691.

Zuber M T，Aharonson O，Aurnou J M，et al.，2007. The geophysics of Mercury：Current status and anticipated insights from the MESSENGER mission[J]. The Messenger Mission to Mercury，131：105-132.

第十二章　小行星带与彗星

陨　石

Bao H M，2019. Triple oxygen isotopes[M]. Cambridge：Cambridge University Press.

Elkins-Tanton L T，Weiss B P，Zuber M T，2011. Chondrites as samples of differentiated planetesimals[J]. Earth and Planetary Science Letters，305（1-2）：1-10.

Goldberg E，Uchiyama A，Brown H，1951. The distribution of nickel，cobalt，gallium，palladium and gold in iron meteorites[J]. Geochimica et Cosmochimica Acta，2（1）：1-25.

Lovering J F，Nichiporuk W，Chodos A，et al.，1957. The distribution of gallium，germanium，cobalt，chromium，and copper in iron and stony-iron meteorites in relation to nickel content and structure[J]. Geochimica et Cosmochimica Acta，11（4）：263-278.

Krot A N，Keil K，Scott E R D，et al.，2014. Classification of meteorites and their genetic relationships[J]. Meteorites and Cosmochemical Processes，1：1-63.

MacPherson G J，Simon S B，Davis A M，et al.，2005. Calcium-aluminum-rich inclusions：Major unanswered questions[C]// Chondrites and the Protoplanetary Disk，341：225.

Moilanen J，Gritsevich M，Lyytinen E，2021. Determination of strewn fields for meteorite falls[J]. Monthly Notices of the Royal Astronomical Society，503（3）：3337-3350.

Ringwood A E，1961. Chemical and genetic relationships among meteorites[J]. Geochimica et Cosmochimica Acta，24（3-4）：159-197.

Scott E R D，Wasson J T，1975. Classification and properties of iron meteorites[J]. Reviews of Geophysics，13（4）：527-546.

Scott E R D，2007. Chondrites and the protoplanetary disk[J]. Annual Review of Earth and Plnaetary Sciences，35：577-620.

Takeshima Y，Hyodo H，Tsujimori T，et al.，2022. In situ argon isotope analyses of chondrule-forming materials in the Allende meteorite：A preliminary study for $^{40}Ar/^{39}Ar$ dating based on cosmogenic ^{39}Ar[J]. Minerals，13（1）：31.

Weisberg M K，McCoy T J，Krot A N，2006. Systematics and evaluation of meteorite classification[M]//Lauretta D S，

McSween H Y. Meteorites and the Early Solar System Ⅱ. Tucson：University of Arizona Press：19-52.

Weisberg M K，2018. Meteorites[M]//White W M. Encyclopedia of geochemistry. Cham：Springer International Publishing.

小行星带

Demeo F E，Carry B，2014. Solar system evolution from compositional mapping of the asteroid belt[J]. Nature，505（7485）：629-634.

Inglis M，2023. Astrophysics is easy！[M]. 3rd ed. Zug：Springer.

Gomes R，Levison H F，Tsiganis K，et al.，2005. Origin of the cataclysmic late heavy bombardment period of the terrestrial planets[J]. Nature，435（7041）：466-469.

Gradie J，Tedesco E，1982. Compositional structure of the asteroid belt[J]. Science，216（4553）：1405-1407.

Morbidelli A，Levison H F，Tsiganis K，et al.，2005. Chaotic capture of Jupiter's Trojan asteroids in the early solar system[J]. Nature，435（7041）：462-465.

Morbidelli A，Walsh K J，O'Brien D P，et al.，2015. The dynamical evolution of the asteroid belt[M]//Michel P，DeMeo F E，Bottke W F. Asteroids Ⅳ. Tucson：University of Arizona Press：493-507.

Prettyman T H，Yamashita N，Reedy R C，et al.，2015. Concentrations of potassium and thorium within Vesta's regolith[J]. Icarus，259：39-52.

Raymond S N，Nesvorný D，2022. Origin and dynamical evolution of the asteroid belt[M]//Marchi S，Raymond C A，Russell C T. Vesta and Ceres：Insights from the dawn mission for the origin of the solar system. Cambridge：Cambridge University Press：227-249.

Rivkin A S，2006. An introduction to near-Earth objects[J]. Johns Hopkins APL Technical Digest，27（2）：111-120.

Tsiganis K，Gomes R，Morbidelli A，et al.，2005. Origin of the orbital architecture of the giant planets of the solar system[J]. Nature，435（7041）：459-461.

彗　星

Altwegg K，Balsiger H，Fuselier S A，2019. Cometary chemistry and the origin of icy solar system bodies：The view after Rosetta[J]. Annual Review of Astronomy and Astrophysics，57：113-155.

Bekaert D V，Broadley M W，Marty B，2020. The origin and fate of volatile elements on Earth revisited in light of noble gas data obtained from comet 67P/Churyumov-Gerasimenko[J]. Scientific Reports，10（1）：5796.

Müller D R，Altwegg K，Berthelier J J，et al.，2022. High D/H ratios in water and alkanes in comet 67P/Churyumov-Gerasimenko measured with Rosetta/ROSINA DFMS[J]. Astronomy and Atrophysics，662：A69.

Rickman H，2018. Origin and evolution of comets：Ten years after the Nice model and one year after Rosetta[M]. Singapore：World Scientific Publishing.

Thomas N，2020. An introduction to comets：Post-Rosetta perspectives[M]. Switzerland：Springer Nature.

Tobin J J，van't Hoff M L R，Leemker M，et al.，2023. Deuterium-enriched water ties planet-forming disks to comets and protostars[J]. Nature，615（7951）：227-230.

第十三章　木星和土星

气巨星的大气层

Fletcher L N，Greathouse T K，Moses J I，et al.，2018. Saturn's seasonally changing atmosphere：Thermal structure，composition and aerosols[M]//Baines K H，Flaser F M，Krupp N. Saturn in the 21st Century. Cambridge：Cambridge University Press：251-294.

Ingersoll A P，2020. Cassini exploration of the planet Saturn：A comprehensive review[J]. Space Science Reviews，216（8）：122.

Kaspi Y，Galanti E，Showman A P，et al.，2020. Comparison of the deep atmospheric dynamics of Jupiter and Saturn in light of the Juno and Cassini gravity measurements[J]. Space Science Reviews，216（5）：1-27.

Theiss J，2006. A generalized Rhines effect and storms on Jupiter[J]. Geophysical Research Letters，33（8）：L08809.

冰卫星的天体生物学

Barge L M，Rodriguez L E，2021. Life on Enceladus？It depends on its origin[J]. Nature Astronomy，5（8）：740-741.

Culberg R，Schroeder D M，Steinbrügge G，2022. Double ridge formation over shallow water sills on Jupiter's moon Europa[J].

Nature Communications，13（1）：2007.

Postberg F，Sekine Y，Klenner F，et al.，2023. Detection of phosphates originating from Enceladus's ocean[J]. Nature，618（7965）：489-493.

巨行星内部结构与形成

Guillot T，1999. Interiors of giant planets inside and outside the solar system[J]. Science，286（5437）：72-77.

Guillot T，Stevenson D J，Hubbard W B，et al.，2004. The interior of Jupiter[J]. Jupiter：The Planet，Satellites and Magnetosphere，35：57.

Guillot T，Fletcher L N，2020. Revealing giant planet interiors beneath the cloudy veil[J]. Nature Communications，11（1）：1555.

Helled R，Bodenheimer P，Podolak M，et al.，2014. Giant planet formation，evolution，and internal structure[M]//Beuther H，Klessen R S，Dullemond C P，et al. Protostars and Planets Ⅵ. Tucson：University of Arizona Press：643-665.

Helled R，2018. The interiors of Jupiter and Saturn[DB/OL]. （2018-12-18）[2024-01-16]. https：//arxiv. org/abs/1812. 07436.

Hubbard W B，1981. Interiors of the giant planets[J]. Science，214（4517）：145-149.

Hubbard W B，Burrows A，Lunine J I，2002. Theory of giant planets[J]. Annual Review of Astronomy and Astrophysics，40（1）：103-136.

Miguel Y，Vazan A，2023. Interior and evolution of the giant planets[J]. Remote Sensing，15（3）：681.

Moore K M，Yadav R K，Kulowski L，et al.，2018. A complex dynamo inferred from the hemispheric dichotomy of Jupiter's magnetic field[J]. Nature，561（7721）：76-78.

Ossendrijver M，2016. Ancient Babylonian astronomers calculated Jupiter's position from the area under a time-velocity graph[J]. Science，351（6272）：482-484.

Stevenson D J，2020. Jupiter's interior as revealed by Juno[J]. Annual Review of Earth and Planetary Sciences，48：465-489.

行星环

Tiscareno M S，Hedman M M，2014. Planetary rings[M]//Spohn T，Breuer D，Johnson T V. Encyclopedia of the Solar System. 3rd ed. Boston：Elsevier：883-905.

Charnoz S，Crida A，Hyodo R，2018. Rings in the solar system：A short review[M]// Deeg H J，Belmonte J A. Handbook of Exoplanets. Cham：Springer.

第十四章　天王星和海王星

冰巨星

Greeley R，2013. Introduction to planetary geomorphology[M]. Cambridge：Cambridge University Press.

冰巨星大气

Hueso R，Guillot T，Sánchez-Lavega A，2020. Convective storms and atmospheric vertical structure in Uranus and Neptune[J]. Philosophical Transactions of the Royal Society A，378（2187）：20190476.

Moses J I，Cavalié T，Fletcher L N，et al.，2020. Atmospheric chemistry on Uranus and Neptune[J]. Philosophical Transactions of the Royal Society A，378（2187）：20190477.

Guillot T，2022. Uranus and Neptune are key to understand planets with hydrogen atmospheres[J]. Experimental Astronomy，54（2-3）：1027-1049.

冰巨星内部结构

French R G，Elliot J L，French L M，et al.，1988. Uranian ring orbits from earth-based and Voyager occultation observations[J]. Icarus，73（2）：349-378.

Jachobson R A，Antreasian P G，Bordi J J，et al.，2006. The gravity field of the Saturnian system from satellite observations and spacecraft tracking data[J]. The Astronomical Journal，132（6）：2520.

Jachobson R A，2009. The orbits of the Neptunian satellites and the orientation of the pole of Neptune[J]. The Astronomical Journal，137（5）：4322.

Jachobson R A，2014. The orbits of the Uranian satellites and rings，the gravity field of the Uranian system，and the orientation of the pole of Uranus[J]. The Astronomical Journal，148（5）：76.

Guillot T，2022. Uranus and Neptune are key to understand planets with hydrogen atmospheres[J]. Experimental Astronomy，54（2-3）：1027-1049.

Helled R，Fortney J J，2020. The interiors of Uranus and Neptune：Current understanding and open questions[J]. Philosophical Transactions of the Royal Society A，378（2187）：20190474.

Iess L，Folkner W M，Durante D，et al.，2018. Measurement of Jupiter's asymmetric gravity field[J]. Nature，555（7695）：220-222.

Iess L，Militzer B，Nicholson P，et al.，2019. Measurement and implications of Saturn's gravity field and ring mass[J]. Science，364（6445）：eaat2965.

Soderlund K M，Stanley S，2020. The underexplored frontier of ice giant dynamos[J]. Philosophical Transactions of the Royal Society A，378（2187）：20190479.

Teanby N A，Irwin P G J，Moses J I，et al.，2020. Neptune and Uranus：Ice or rock giants?[J]. Philosophical Transactions of the Royal Society A，378（2187）：20190489.

Tyler G L，Sweetnam D N，Anderson J D，et al.，1989. Voyager radio science observations of Neptune and Triton[J]. Science，246（4936）：1466-1473.

冰巨星探测

Fletcher L N，Simon A A，Hofstadter M D，et al.，2020. Ice giant system exploration in the 2020s：An introduction[J]. Philosophical Transactions of the Royal Society A，378（2187）：20190473.

Hammel H B，2020. Lessons learned from（and since）the Voyager-2 flybys of Uranus and Neptune[J]. Philosophical Transactions of the Royal Society A，378（2187）：20190485.

第十五章　冥王星与柯伊伯带

冥王星大气

Cheng A F，Summers M E，Gladstone G R，et al.，2017. Haze in Pluto's atmosphere[J]. Icarus，290：112-133.

Edgeworth K E，1943. The evolution of our planetary system[J]. Journal of British Astronomy Association，53：181-188.

Edgeworth K E，1949. The origin and evolution of the solar system[J]. Monthly Notices of the Royal Astronomical Society，109（5）：600-609.

Kamata S，Nimmo F，Sekine Y，et al.，2019. Pluto's ocean is capped and insulated by gas hydrates[J]. Nature Geoscience，12（6）：407-410.

Kuiper G，1951. On the origin of the solar system[J]. Proceedings of the National Academy of Science，37（1）：1-14.

Gladstone G R，Young L A，2019. New Horizons observations of the atmosphere of Pluto[J]. Annual Review of Earth and Planetary Sciences，47：119-140.

Lyttleton R A，1936. On the possible results of an encounter of Pluto with the Neptune system[J]. Monthly Notices of the Royal Astronomical Society，97（2）：108-115.

冥王星地质

Beyer R A，Spencer J R，McKinnon W B，et al.，2017. Geology of Vulcan Planum，Charon[C]//48th Annual Lunar and Planetary Science Conference，1964：2679.

Moore J M，McKinnon W B，2021. Geologically diverse Pluto and Charon：Implications for the dwarf planets of the Kuiper belt[J]. Annual Review of Earth and Planetary Sciences，49：173-200.

Nimmo F，Hamilton D P，McKinnon W B，et al.，2016. Reorientation of Sputnik Planitia implies a subsurface ocean on Pluto[J]. Nature，540（7631）：94-96.

Goldlin T，2015. Glaciology's new horizon[J]. Nature Geoscience，8（9）：666.

冥王星形成

Canup R M，Asphaug E，2001. Outcomes of planet-scale collisions[C]//32nd Annual Lunar and Planetary Science Conference，2001：1952.

Canup R M，2005. A giant impact origin of Pluto-Charon[J]. Science，307（5709）：546-550.

Lacerda P，2009. The sizes of Kuiper belt objects[C]//SPICA joint European/Japanese Workshop，2009：02004.

Sekine Y，Genda H，Kamata S，et al.，2017. The Charon-forming giant impact as a source of Pluto's dark equatorial regions[J]. Nature Astronomy，1（2）：0031.

Stern S A，Grundy W M，McKinnon W B，et al.，2018. The Pluto system after New Horizons[J]. Annual Review of Astronomy and Astrophysics，56：357-392.

Spencer J R，Grundy W M，Nimmo F，et al.，2020. The Pluto system after New Horizons[M]//Prialnik D，Barucci M A，Young L A. The trans-Neptunian solar system. Oxford：Elsevier：271-288.

Canup R M，Kratter K M，Neveu M，2021. On the origin of the Pluto system[M]//Stern S A，Moore J M，Grundy W M，et al. The Pluto system after New Horizons. Tucson：University of Arizona：475-506.

第十六章　行星探测中的设备

Acuna M H，Ness N F，1973. The Pioneer XI high-field fluxgate magnetometer[R]. Greenbelt：Goddard Space Flight Center.

Niemann H B，Atreya S K，Bauer S J，et al.，2002. The gas chromatograph mass spectrometer for the Huygens probe[J]. Space Science Reviews，1（104）：553-591.

Falkner P，Peacock A，Schulz R，2015. Instrumentation for planetary exploration missions[M]//Schubert G. Treatise on geophysics. Oxford：Elsevier：595-641.

Mahaffy P R，Benna M，King T，et al.，2015. The neutral gas and ion mass spectrometer on the Mars atmosphere and volatile evolution mission[J]. Space Science Reviews，195：49-73.

Ivanov A S，Alekseev P A，2022. Neutron spectroscopy：Principles and equipment[J]. Crystallography Reports，67（1）：18-35.

Ding L，Zhou R，Yu T，et al.，2022. Surface characteristics of the Zhurong Mars rover traverse at Utopia Planitia[J]. Nature Geoscience，15（3）：171-176.

Klonicki-Ference E F，Malaska M J，Panning M P，et al.，2023. Instrumentation for planetary exploration[M]//Badescu V，Zacny K，Bar-Cohen Y. Handbook of Space Resources. Cham：Springer International Publishing：277-307.

第十七章　系外行星

Bozza V，Mancini L，Sozzetti A，2016. Methods of detecting exoplanets[M]. Berlin：Astrophysics and Space Science Library：252.

Deeg H J，Belmonte J A，2018. Handbook of exoplanets[M]. Cham：Springer.

Winn J N，2023. The little book of exoplanets[M]. Princeton：Princeton University Press.

凌日法

Deeg H J，Alonso R，2018. Transit photometry as an exoplanet discovery method[M]//Deeg H J，Belmonte J A. Handbook of exoplanets. Cham：Springer：22.

Mancini L，Southworth J，Ciceri S，et al.，2014. Physical properties of the WASP-67 planetary system from multi-colour photometry[J]. Astronomy and Astrophysics，568（1）：459-461.

脉冲星定时法

de Campos Souza P V，Torres L C B，Guimaraes A J，et al.，2019. Pulsar detection for wavelets SODA and regularized fuzzy neural networks based on andneuron and robust activation function[J]. International Journal on Artificial Intelligence Tools，28（1）：1950003.

Wolszczan A，Frail D A，1992. A planetary system around the millisecond pulsar PSR1257+12[J]. Nature，355：145-147.

Wolszczan A，Doroshenko O，Konacki M，et al.，2000. Timing observations of four millisecond pulsars with the Arecibo and Effelsberg radio telescopes[J]. The Astrophysical Journal，528（2）：907.

Wolszczan A，2012. Discovery of pulsar planets[J]. New Astronomy Reviews，56（1）：2-8.

引力透镜法

Gaudi B S，2012. Microlensing surveys for exoplanets[J]. Annual Review of Astronomy and Astrophysics，50：411-453.

Tsapras Y，2018. Microlensing searches for exoplanets[J]. Geosciences，8（10）：365.

径向速度法

Lovis C，Fischer D，2010. Radial velocity techniques for exoplanets[M]//Seager S. Exoplanets. Tucson：University of Arizona Press：27-53.

Mayor M，Queloz D A，1995. A Jupiter-mass companion to a solar-type star[J]. Nature，378：355-359.

直接成像法

Bonnefoy M，Lagrange A. -M，Boccaletti A，et al.，2011. High angular resolution detection of β Pictoris b at 2.18 μm[J]. Astronomy and Astrophysics，528：L15.

Kopparapu R K，Hébrard E，Belikov R，et al.，2018. Exoplanet classification and yield estimates for direct imaging missions[J]. The Astrophysical Journal，856（2）：122.

Lagrange A M，Gratadour D，Chauvin G，et al.，2009. A probable giant planet imaged in the β Pictoris disk[J]. Astronomy and Astrophysics，493（2）：L21-L25.

Skemer A J，Marley M S，Hinz P M，et al.，2014. Directly imaged L-T transition exoplanets in the mid-infrared[J]. The Astrophysical Journal，792（1）：17.

Wang J J，Graham J R，Dawson R，et al.，2018. Dynamical constraints on the HR 8799 planets with GPI[J]. The Astronomical Journal，156（5）：192.

探测方法比较

Chen W，2023. The comparison of five methods of detecting exoplanets[J]. Highlights in Science，Engineering and Technology，38：235-244.

Fischer D A，Howard A W，Laughlin G P，et al.，2014. Exoplanet detection techniques[M]//Beuther H，Klessen R S，Dullemond C P，et al. Protostars and Planets Ⅵ. Tucson：University of Arizona Press：715-737.

Wei J，2018. A survey of exoplanetary detection techniques[DB/OL].（2018-05-07）[2024-01-15]. https：//arxiv. org/abs/1805. 02771.

系外行星大气

Madhusudhan N，2019. Exoplanetary atmospheres：Key insights，challenges，and prospects[J]. Annual Review of Astronomy and Astrophysics，57：617-663.

Pelletier S，Benneke B，Ali-Dib M，et al.，2023. Vanadium oxide and a sharp onset of cold-trapping on a giant exoplanet[J]. Nature，619：491-494.

系外行星天体生物学

Kopparapu R K，Wolf E T，Meadows V S，2020. Characterizing exoplanet habitability[M]//Meadows V S，Arney G N，Schmidt B E，et al. Planetary Astrobiology. Tucson：University of Arizona Press：449.

Seager S，2013. Exoplanet habitability[J]. Science，340（6132）：577-581.

系外行星统计

Udry S，Santos N C，2007. Statistical properties of exoplanets[J]. Annual Review of Astronomy and Astrophysics，45：397-439.

Mordasini C，Alibert Y，Klahr H，et al.，2012. Characterization of exoplanets from their formation[J]. Astronomy and Astrophysics，547：A111.

Winn J N，Fabrycky D C，2015. The occurrence and architecture of exoplanetary systems[J]. Annual Review of Astronomy and Astrophysics，53：409-447.

Zhu W，Dong S，2021. Exoplanet statistics and theoretical implications[J]. Annual Review of Astronomy and Astrophysics，59：291-336.

Currie T，Biller B，Lagrange A M，et al.，2022. Direct imaging and spectroscopy of extrasolar planets[DB/OL].（2022-05-11）[2024-01-15]. https：//arxiv. org/abs/2205. 05696.

第十八章　行星的形成

分子云

Chevance M，Kruijssen J M D，Vazquez-Semadeni E，et al.，2020. The molecular cloud lifecycle[J]. Space Science Reviews，216：50.

行星形成

Armitage P J，2007. Lecture notes on the formation and early evolution of planetary systems[DB/OL]. （2007-01-16）[2024-01-15]. https：//arxiv. org/abs/astro-ph/0701485.

Cleeves L I，2018. Zooming in on the chemistry of protoplanetary disks with ALMA[J]. Proceedings of the International Astronomical Union，13（S332）：57-68.

Drazkowska J，Bitsch B，Lambrechts M，et al.，2023. Planet formation theory in the era of ALMA and Kepler：From pebbles to exoplanets[DB/OL]. （2023-05-24）[2024-05-30]. https://arxiv.org/abs/2203.09759.

Dullemond C P，Monnier J D，2010. The inner regions of protoplanetary disks[J]. Annual Review of Astronomy and Astrophysics，48：205-239.

Hoppe P，2010. Measurements of presolar grains[J]. Proceedings of Science，21：1-10.

Miotello A，Kamp I，Birnstiel T，et al.，2022. Setting the stage for planet formation：Measurements and implications of the fundamental disk properties[DB/OL]. （2022-03-18）[2024-05-30]. https：//arxiv. longhoe. net/abs/2203. 09818.

Mordasini C，Klahr H，Alibert Y，et al.，2010. Theory of planet formation[DB/OL]. （2010-12-23）[2024-01-16]. https：//arxiv. org/abs/1012. 5281.

Mordasini C，Alibert Y，Klahr H，et al.，2011. Theory of planet formation and comparison with observation[C]//EPJ Web of Conferences，11：04001.

Walsh K J，Morbidelli A，Raymond S N，et al.，2011. A low mass for Mars from Jupiter's early gas-driven migration[J]. Nature，475（7355）：206-209.

Kleine T，Budde G，Burkhardt C，et al.，2020. The non-carbonaceous-carbonaceous meteorite dichotomy[J]. Space Science Reviews，216：1-27.

Liu B B，Ji J H，2020. A tale of planet formation：From dust to planets[J]. Research in Astronomy and Astrophysics，20（10）：164.

Ormel C W，2017. The emerging paradigm of pebble accretion[J]. Formation，Evolution，and Dynamics of Young Solar Systems，445：197-228.

行星种群合成

Benz W，Ida S，Alibert Y，et al.，2014. Planet population synthesis[DB/OL]. （2014-03-11）[2024-01-16]. https：//arxiv. org/abs/1402. 7086.

Emsenhuber A，Mordasini C，Burn R，2023. Planetary population synthesis and the emergence of four classes of planetary system architectures[J]. The European Physical Journal Plus，138（2）：181.